Hamm

Lust auf Leistung

Prof. Dr. Ingo Hamm

LUST AUF LEISTUNG

WIE WIR ARBEIT (WIEDER) LIEBEN LERNEN!

Verlag Franz Vahlen München

Prof. Dr. Ingo Hamm ist Professor für Wirtschaftspsychologie an der Hochschule Darmstadt, war Berater bei McKinsey & Company, arbeitete auf Konzernseite in Human Resources und Kommunikation und folgte schließlich seiner Leidenschaft für angewandte Forschung und Beratung.

Hamm berät Menschen und Organisationen bei den Herausforderungen der neuen Arbeitswelt.

vahlen.de

ISBN Print 978 3 8006 7328 5
ISBN E-Book (ePDF) 978 3 8006 7329 2
ISBN E-Book (ePub) 978 3 8006 7330 8

Wilhelmstraße 9, 80801 München
Druck und Bindung: Beltz Graphische Betriebe
Am Fliegerhorst 8, 99947 Bad Langensalza

Satz: Fotosatz Buck,
Zweikirchener Straße 7, 84036 Kumhausen
Produktion: Sieveking Agentur, München
Umschlag: Ralph Zimmermann – Bureau Parapluie

myclimate shape our future
vahlen.de/nachhaltig

Gedruckt auf säurefreiem, alterungsbeständigem Papier
(hergestellt aus chlorfrei gebleichtem Zellstoff)

INHALTSVERZEICHNIS

1 WARUM WIR ÜBER LEISTUNGSLUST REDEN MÜSSEN

»Aber in der Beschäftigung selbst Vergnügen finden – dies ist das Geheimnis des Glücklichen!«
Sophie Moreau

Würden Sie als Lotto-Millionär noch arbeiten wollen?

Was ist das für eine Frage? Da fällt uns die Antwort doch leicht:

- ☐ Auf keinen Fall, dann hätte ich ja ausgesorgt!
- ☐ Hm, vielleicht noch ein wenig.
- ☐ Ich würde weiterhin arbeiten – mir würde etwas fehlen.
- ☐ Meine Arbeit gibt mir auch etwas; warum das aufgeben?

Was haben Sie angekreuzt? Wenn ich diese Frage privat oder im Hörsaal, bei Vorträgen oder bei Unternehmensbesuchen stelle, ist die spontane Antwort oft: »Auf keinen Fall!« Sobald die Leute jedoch über den spontanen Augenblick hinaus nachdenken, was die meisten unweigerlich tun, ändern viele ihre Meinung. Meinungsforscher bestätigen das[1].

Sie stellten diese Frage einer repräsentativen Anzahl von Menschen und – was schätzen Sie? Wie viele von ihnen würden auch nach dem Gewinn der Lotto-Million noch arbeiten wollen?

Es sind erstaunliche 85 Prozent; selbst bei einem Gewinn von mehreren Millionen Euro. Wie verrückt ist das denn: Arbeit ist diesen Leuten wichtiger als mehrere Millionen Euro Lotto-Gewinn? Spinnen die? Von so einem Gewinn träumen wir doch alle!

Einmal im Lotto gewinnen und dann: Keine stressige Führungskraft, keine nervigen Kolleginnen und Kollegen und keine nörgelnden Kundinnen und Kunden mehr! Nur noch jeden Tag Cocktail schlürfend am Strand liegen oder wahlweise im Indoor-Pool – was will man mehr? Wer würde dafür nicht seinen Chef oder Chefin in die Wüste schicken? Antwort: 56 Prozent der Befragten einer zweiten Studie, diesmal von McKinsey[2]. Die Befragten dieser Studie hatten sogar eine toxische Führungskraft, also eine vorgesetzte Person zum Davonlaufen, der einen in den Wahnsinn treibt. Trotzdem wollten sie weiterarbeiten. Nicht, weil sie das Geld brauchen (wer braucht es nicht), sondern: An Arbeit muss was dran sein (außer Geld). Was?

Ganz gleich, was es auch ist, es muss mächtig sein. Mächtig, stark und hoch attraktiv. Tatsächlich muss es sehr viel attraktiver sein als ein Millionengewinn im Lotto – für viele Menschen, sicher nicht für alle, ganz sicher aber für Sie, sonst wären Sie nicht hier. Arbeit soll mehr wert sein als Millionen? Das will einiges heißen, so scharf wie jeder vernünftige Mensch auf eine schöne Stange Geld ist. Was ist es, das Arbeit entgegen aller Erwartung und sogar im Vergleich zu einem Lotto-Gewinn so attraktiv macht? Eine interessante Frage.

So interessant, dass sich Arbeitgeber, Gewerkschaften, Betriebsräte, Politiker, Forscher und nicht zuletzt wir Arbeitenden selbst brennend dafür interessieren. Was macht Arbeit so außerordentlich attraktiv?

Machen macht glücklich – darum geht es in diesem Buch, das ist das einfache Credo. Aber wie oft hören oder lesen Sie diesen Satz an einem normalen Tag? Null Mal? Was hören und lesen wir stattdessen? Worüber wird in Medien, Politik, WhatsApp-Gruppen und am Stammtisch stattdessen diskutiert?

Über die 4-Tage-Woche, die innere Kündigung, Work-Life-Balance, Homeoffice, »Quiet Quitting«, die innere Emigration am Arbeitsplatz, mehr Perks & Benefits, Workation, Holacracy (Wir brauchen keine Chefs und Chefinnen mehr), agiles Arbeiten, supermoderne Büro- und Schreibtischkonzepte, Homeoffice, Saftbar im Foyer, eigener Barista im Aufenthaltsraum, Mobilitätsbudget statt Firmenwagen, Firmen-E-Bikes, Fressnapf am Arbeitsplatz für Bello, Kinderbetreuung sowieso.

Der Zeitgeist: Weniger Arbeit ist bessere Arbeit

Sind das nicht alles Synonyme für »Arbeit muss nicht unbedingt sein...«? Dieser ganze öffentlich-mediale Anti-Arbeit-Shitstorm läuft letztendlich auf die Empfehlung hinaus: »Lasst uns weniger arbeiten, damit wir glücklicher werden!«, üblicherweise intellektuell vermengt mit Utopien eines bedingungslosen Grundeinkommens. Das neue Credo. Zeitgeist. Kultur.

Was sagt das alles über die eigentliche Arbeit aus? Arbeit ist ein Übel, eine Last, uncool, stressig, belastend, reiner Gelderwerb, Pflicht, Fron, eines modernen Menschen unwürdig, Maloche und galoppierende Fremdbestimmung. Arbeit ist für einen normalen Menschen heutzutage nur noch mit wenig Arbeitstagen, satter Entlohnung und dem neuesten Tischkicker im Aufenthaltsraum zu ertragen. Ohne Zweifel: So empfinden momentan viele hart arbeitende Menschen ihre Arbeit, ihren Job, ihren Beruf, ihre Beschäftigung. Da herrscht in weiten Teilen der Bevölkerung ein großer Leidensdruck. Irgendwoher müssen die lauten Forderungen nach weniger Arbeitszeit, mehr Teil- und Freizeit, nach immer neuen Perks & Benefits ja kommen. Vom unerträglich gewordenen Leiden an der Arbeit.

Weniger machen macht glücklich. Angeblich. Zumindest glauben das viele. Viele? Die erschreckende Mehrheit. Eine Studie der Hans-Böckler-Stiftung zeigt[3]:

- *73% der Befragten sind für die 4-Tage-Woche bei vollem Lohnausgleich.*
- *97% der 4-Tage-Wöchler wollen auch deshalb nur noch vier Tage arbeiten, damit sie mehr Zeit für sich selbst zu haben.*
- *89% wünschen sich mehr Zeit für die Familie,*
- *88% mehr Zeit für Aktivitäten wie Hobbys, Sport, aber auch Ehrenamt.*

Warum wollen so viele Menschen weniger arbeiten? Weil sie mehr Zeit mit dem verbringen wollen, was sie wirklich erfüllt. Sie wollen nicht wegen der Arbeit weniger arbeiten (»mieser Chef, schlechter Lohn, schlimme Arbeitsbedingungen«), sondern wegen eines erfüllten Lebens. Sie wollen grob gesagt nicht *weniger arbeiten*, sondern *mehr leben*, mehr *erleben*, mehr *sich selbst* erleben – und das in ihrer Freizeit, nicht bei der Arbeit. So weit, so bedenklich.

Seltsam ist nur: 17 Prozent der Befragten der Hans-Böckler-Studie tun was? Sie lehnen die 4-Tage-Woche ab. Sakrileg! Warum um Himmels willen wollen die länger als vier Tage arbeiten? Auch das sagt die Studie, was für ihre Seriosität spricht: 86 Prozent dieser befragten 17 Prozent 4-Tage-Ablehner geben an, dass sie Spaß bei der Arbeit haben. Unerhört! Ticken die noch richtig? Sowas darf man doch nicht laut aussprechen. Das ist politisch inkorrekt.

Denn wenn wir ehrlich sind, verspüren wir alle schon seit Jahren einen fortschreitend schleichenden Verlust der Zufriedenheit mit der eigentlichen Arbeit, ein Erschlaffen der inneren Motivation, einen Rückgang der Erfüllung im Job. Das hat einen so einfachen wie tabuisierten Grund:

Wir machen nicht das, was uns glücklich macht (zumindest tagsüber)

Seien wir ehrlich: Die meisten von uns kommen nach einem anstrengenden Tag in der Fabrik, der Werkstatt, auf dem Bau oder im Büro abends ziemlich erledigt heim und freuen sich schon auf Familie, Freizeit und Hobby – da können wir uns richtig erholen, ausleben und wieder auftanken (Ähnliches gilt selbstverständlich für jene, die tagsüber in der Familie *arbeiten*). Und allein der Gedanke, dass es am nächsten

Morgen wieder zurück in die Tretmühle geht, verursacht uns mildes Unbehagen bis handfestes Magengrimmen. »Wenigstens wird der Job gut bezahlt!«, trösten sich die Gutbezahlten unter uns mit einer dieser Perks & Benefits-Karotten, ohne die wir Esel den Karren scheinbar nicht mehr ziehen würden. Nur noch mit der Karotte vorm grimmig verkniffenen Maul traben wir die vorgeschriebene Strecke und erledigen die aufgezwungene Arbeit. So von Esel zu Esel: Macht Ihnen das etwa Freude? Sicher nicht. Aber: Uns bleibt ja wohl keine andere Wahl!

Wir brauchen keine Work-Life-Balance, die Work und Life als zwei gegeneinander spielende Gewichte in zwei Waagschalen betrachtet, eine Diskussion, die somit Arbeit immer als negativen Gegenpol zum Leben betrachtet. Work sollte eine faire Chance bekommen, ein erfüllender Bestandteil des Lebens zu sein.

Es klingt paradox, jedoch: Die moderne Arbeitswelt fokussiert auf Prozesse ökonomischer Optimierung (ja, darunter fällt auch fast jeder Change-Prozess zur Digitalisierung des Arbeitsplatzes oder dem Erzeugen von mehr Agilität) und eben nicht auf die Förderung individueller Kompetenzen – und ich sage bewusst nicht: auf das individuelle Wohlergehen. Individuelle Kompetenzen sind aber unsere innersten Antriebe, unseren wichtigsten Motiven allen Machens, und gleichzeitig können die ökonomisch wirken. Aber in der modernen Arbeitswelt ist »individuell« häufig zu aufwändig. Damit verbietet sie Lebensglück und Handeln aus eigenem, innerem Antrieb, aus Kompetenzverwirklichung am Arbeitsplatz.

Ökonomie ist nicht Psychologie

In meiner Beratungstätigkeit höre ich von Führungskräften oft die schlafraubende Frage: »Was kann ich tun, damit meine Mitarbeitenden mit 120 Prozent Leistung bei der Arbeit sind und nicht ständig von Teilzeit und ›Paid Time Off‹ reden?« Das ist die falsche Frage. Die richtige Frage ist: Was kann ich tun, damit meine Mitarbeitenden im Flow sind? Das beantwortet sowohl die erste wie die zweite Frage mit: Lass Sie machen! Nämlich das, was sie wirklich gut können und daher auch gerne machen. Kurz: Was sie gut und gerne machen. Dann hängen sie sich auch mit 120 Prozent rein – wie sie es für ein Hobby tun. Revolutionärer Gedanke. Doch keine Rede davon an modernen Arbeitsplätzen.

Kompetenzen werden in vielen Firmen nicht bei den Beschäftigten entwickelt, sondern am Markt »eingekauft«. Benötigt man eine bestimmte zusätzliche (oder neue) Kompetenz, holt man sich einen Zeitarbeiter oder Berater oder Interims-Manager und nach sechs Monaten: Aus. Schluss. Oder man stellt einfach neue Leute ein und hofft, dass die »Träger der nicht mehr benötigten Kompetenzen« mit dem nächsten Abfindungsprogramm freiwillig und unauffällig von selbst gehen.

Kompetenz als Kompetenzaufbau, als Kompetenzpflege, als Herstellen von kompetenzfördernden Arbeitsbedingungen gilt dem Unternehmer von heute als Kostenfaktor und nicht als bester Treiber der Motivation oder als Mittel zum Glück. Das ist die ultimative Entfremdung des Menschen von seiner Arbeit. Warum machen viele Arbeitgeber so etwas? Warum vergessen sie den inneren Antrieb ihrer Mitarbeitenden?

Vielleicht weil sie den inneren Antrieb nicht kennen. Und weil Aufdecken und Fördern von Kompetenzen als teuer gilt. So mancher Personaler freut sich zum Beispiel, dass junge Menschen ihre Fort- und Weiterbildung selbst in die Hand nehmen und sich einbilden, hierfür reichen ein paar Online-Sessions in der morgendlichen U-Bahn zur Arbeit oder bei akutem Bedarf ein YouTube-Tutorial. Das spart (Arbeits)Zeit und Geld und hält nicht von der Arbeit ab. Doch das entfremdet noch stärker von der eigenen Arbeit, so dass gerade die Generationen X, Y und Z immer lauter nach der »Teilzeit schon für Berufseinsteiger« rufen: Die kurzfristige Lösung der betrieblichen Kompetenzverweigerung wird zum langfristigen Problem von Arbeitsmotivation und Produktivität. Bumerang-Effekt, Eigentor.
Natürlich gibt es Unternehmen, welche die eminente Bedeutung von Personal- und Kompetenzentwicklung für Motivation und Produktivität erkannt haben und auch Geld dafür ausgeben. Rühmliche Ausnahmen. Seltsamerweise erleiden diese seltener einen Fachkräftemangel (das ist ironisch gemeint). Was stellt die moderne Arbeitswelt sonst noch mit unserer Motivation an?

Employability first, employee second?

Es gibt tatsächlich in Deutschland etliche Studiengänge mit Ziel »Employability«: Wie kann ich junge Menschen so ausbilden, dass sie perfekt in die moderne Arbeitswelt passen? Denn auch die moderne Bildungsökonomie denkt vom Arbeitsmarkt, vom Job aus und nicht von den individuellen Kompetenzen. Sie »produziert« Arbeitnehmer bedarfsgerecht – wie Eier in der Hühnerfarm.

Die Ausrichtung auf ganz konkrete Jobs (auch und gerade der Zukunft) erschwert oder verhindert sogar eine kompetenzbasierte Ausbildung und Persönlichkeitsformung. Du hast zwar einen gutbezahlten Job, hängst dich auch rein, engagierst dich, aber darfst deine Kompetenzen nicht weiterentwickeln, erfährst kaum Selbstwirksamkeit, lernst deine eigenen Stärken nicht kennen und darfst sie nicht einsetzen und ausbauen. Du bist eher Maschine als Mensch. Aber gut bezahlt. Wenn dir das reicht ... Vielen reicht es eben nicht mehr. Daher die lauten Rufe nach mehr »Me Work«. Daher die Leistungsverweigerung im eigenen Beruf: innere Kündigung, Dienst nach Vorschrift, Gammeldienst während der Arbeitszeit. Wenn wir uns neben Hobby, Beziehung und Familie überhaupt noch mächtig für etwas engagieren, dann wofür?

Wir brauchen Arbeit, die nicht nur Full-Time-Equivalents, Human Capital, Belegschaft sieht, sondern Menschen mit Motivation, etwas wirklich gerne tun zu wollen, idealerweise bei der Arbeit.

Wir brauchen HR-Abteilungen, die sich in die Niederungen der Rahmenbedingungen der Arbeit begibt, die individuelle Aus- & Weiterbildung in den Mittelpunkt stellt, auch wenn es Mühe macht.

Wir brauchen Führung, die Menschen als Individuen mit Potenzial sieht, die sich die Mühe gibt, überhaupt die Einzelnen zu betrachten, mit unterschiedlichen Stärken und Schwächen, mit unterschiedlichen Werdegängen und Vorstellungen – und mit einer individuellen Motivation, die von innen kommen kann und muss und nicht von außen per Leitbild, Purpose oder Vision einfach verordnet wird.

Muss Arbeit instagrammable sein?

Die Likes-Industrie ist milliardenschwer, weil so viele Millionen Menschen für eine Handvoll Likes buchstäblich alles tun (und davon Fotos und Videos posten). Warum? Warum sind TikTok und Konsorten fast noch die einzige Domäne, in der echtes Engagement in dieser Verbreitung anzutreffen ist?

Weil hier ein mächtiges Motiv unseres Handlungsantriebs wirkt: der soziale Vergleich. Soziale Medien sind die globale Arena des ewigen Kampfes um die eigene Position auf der sozialen Hackordnung, auf der Hühnerleiter der Gesellschaft. Ein Kampf, geführt mit der scharfen Waffe eines wackelig gefilmten Urlaubsvideos. Dank dieser Medien sind wir im permanenten Kampfmodus des unerbittlichen sozialen Vergleichs oder wie die Amerikaner sagen: »Keeping up with the Joneses«.

Auch im Arbeitskontext posten wir exotische Tagungs-Orte, lukullisch angerichtete Business-Lunch-Teller, exklusive Café Lounges im Coworking Space und brüsten uns mit möglichst ausgefallenen Workation-Workplaces. Und privat kaufen und kaufen wir – und posten unsere Einkäufe. Oder wie Robert Quillen, ein amerikanischer Komiker, schon vor ungefähr 100 Jahren gesagt haben soll: »Wir kaufen Dinge, die wir nicht brauchen, mit Geld, das wir nicht haben, um Leute zu beeindrucken, die wir nicht mögen.« Der ultimative soziale Vergleich regiert dabei nicht nur unser Urlaubs- und Privatleben, sondern ist auch bereits bis in die Berufswelt vorgedrungen. Frei nach Quillen:

»Wir machen Jobs, die wir nicht wollen, für Geld, das wir nicht brauchen, um Chefs zu beeindrucken, die wir nicht mögen«

Als sozial angesehen, respektiert und geachtet gilt heute nicht nur, wer gut verdient, sondern wer ganz im Sinne der 4-Tage-Ideologie möglichst viel Urlaub und Freizeit bei seinem Arbeitgeber herausverhandelt hat, wer möglichst oft im Homeoffice ist, fern vom Büro, auf Extratour – das alles sind in einer Ära der Leistungsverweigerung moderne Statussymbole. Nicht mehr wer am besten arbeitet, gilt am meisten, sondern wer es am meisten *nicht* tut. Die sozialen Medien fördern und propagieren diese Leistungsflucht. Sie sagen so implizit wie wirkungsmächtig:

»Arbeite weniger! Klicke mehr! Like und werde geliked!«

Millionen fallen auf diese Versuchung herein. Trotzdem ist es immer noch eine Versuchung, die von Glück durch (echte) Arbeit ablenkt.

Wir brauchen mehr Ich statt Wir, mehr »ich selbst« statt »die anderen«, mehr »ich denke über mich nach« statt »ich denke über die anderen nach«. Wert und Leistung fängt bei einem selbst an und nicht mit Resonanz durch andere.

Überarbeitet und zugleich unterfordert

Eines der häufigsten und heftigsten Argumente gegen Arbeit und Leistung lautet: »Wir sind doch alle total unterbesetzt und überlastet!« Kurz vor dem Burnout. Viele arbeitende Menschen fühlen sich seit Jahren erschöpft, matt und lustlos, fast ein wenig depressiv. Die Symptome passen, doch wir stellen ständig die falsche Diagnose: zu viel Arbeit!

Tatsächlich arbeiten wir nicht zu viel, sondern im Gegenteil zu wenig. Zu wenig von der Arbeit, die uns wirklich erfüllt und unserem inneren Antrieb folgt, uns in den Flow bringt. Natürlich gibt es viele Menschen, die objektiv überlastet sind. Alleinerziehende Mütter mit Halbtagsjobs, zum Beispiel. Oder Chirurgen, die wegen des Ärztemangels 12 Stunden am Stück im OP stehen und eine Operation nach der andere abliefern. Doch gerade der Vergleich zwischen diesen beiden exemplarisch extremgestressten Berufsgruppen macht den wahren Grund der Überarbeitung deutlich.

Viele Chirurgen sind nach 12 Stunden OP zwar erschöpft, aber danach noch ganz weit weg von der Kündigung – weil sie 12 Stunden lang ihrer Berufung nachgingen und das machten, was sie gut und gerne machen. Alleinerziehende Mütter dagegen reiben sich tagtäglich an so viel Papierkram, Behörden, verständnislosen Arbeitgebern, fehlenden Parkplätzen und einem indolenten sozialen Umfeld auf, dass die eigentlich beglückende Flow-Tätigkeit, sich um die eigenen Kinder zu kümmern, völlig zu kurz kommt und daher kaum bis kein Lebensglück mehr stiften kann. Muss man sich mal vorstellen! Solche Mütter sind nicht total überlastet, weil sie einen Burnout haben, sondern wegen einer Gratifikationskrise (sie geben so viel, und nichts kommt zurück). Und tatsächlich konzentrieren sich moderne Burnout-Therapien weniger auf die Reduktion von Belastung nach dem Motto »Weniger Arbeit!« als nach der Devise »Mehr von dem, was dich erfüllt!«

Wir brauchen eine offene Diskussion über Unterforderung, fehlender Erfüllung und keine heroischen Überarbeitungsmythen. Wir brauchen die Offenheit und Ehrlichkeit, so viele Fälle der mentalen Erschöpfung als das zu bezeichnen, was sie eigentlich sind: Depressionen, als verloren gegangener Antrieb, mangelndes Interesse – an der Arbeit.

Gut für Gleichheit, schlecht für die Leistung

Schließlich gibt es auch einen gesellschaftlichen Trend, der aktiv bei der Ausrottung einer beglückenden Leistungskultur mitwirkt: Mitbestimmung und Beteiligung. Ich weiß, das klingt provokant und undemokratisch – also lassen Sie es mich darlegen.

Überspitzt gesagt: Heutzutage darf quasi jeder überall mit- und dreinreden, sein Veto einlegen, seinen Senf dazugeben, die immer weniger werdenden Macher kritisieren, gegen alles protestieren, sich empören. Das ist geradezu zum Volkssport geworden, auch in den USA. Dort nennen sie es »Outrage Porn«. Damit keine Missverständnisse entstehen: Auch ich möchte mitreden und mich gegebenenfalls lautstark einmischen, wenn ein Investor am Ortsrand ein 250 Meter hohes Windrad bauen möchte! Oder wenn der Arbeitgeber sagt: Euch müssen wir leider entlassen.

Doch wenn ich den Spieß umdrehe, wird aus der legitimen Bürgerbeteiligung schnell ein Disincentive to Invest: Ich habe keine Lust mehr, angesichts so viel Empörung, Anfeindung, Shitstorm, Widerspruch und teurem Rechtsstreit noch ein Windrad zu bauen bzw. eine Belegschaft aufzustocken. Und genau das passiert aktuell tausendfach in der Republik: Es wird empört, aber nicht mehr gebaut. Weil Empörung als – vornehm ausgedrückt – Beteiligung gut ist für die Demokratie und schlecht fürs Vorankommen einer Nation, schlecht fürs Leistungsprinzip.

So lautet schon das alte Meeting-Motto lange vor der Erfindung der Windkraft-Gegner:

»Es wurde schon alles gesagt, nur nicht von mir.«

Wenn mir jeder dreinreden darf, zerstört das meine Leistungslust – Ihre doch auch, oder? Mitbestimmung untergräbt persönliche, individuelle Kompetenzen, ist das Gegenteil von Wertschätzung in »Expertenkreisen«. Mitbestimmung ist, wenn viele Köche am Brei mitwirken wollen.

Wir brauchen mehr Anerkennung von Expertise, von Erfahrung, von Kompetenzen. Wir brauchen eine wahre Wertschätzung, nicht in Form von Feedbackgesprächen, sondern der Würdigung von erworbenen und ausgebauten Kompetenzen.

Das Glück des tätigen Lebens: Selbstwirksamkeit

Dass nichts vorangeht, wenn nichts gemacht wird, erleben wir in einem deutschlandweiten Feldexperiment seit Jahren in unterschiedlichem Ausmaß und unterschiedlichen Ausprägungen. Doch nicht nur Nation und Gesellschaft nehmen dadurch Schaden – auch wir selbst als Bürger, Menschen und Individuen.

Denn Nichtstun betrügt uns um das beste Rezept für nachhaltiges Glück, Zufriedenheit und Selbstverwirklichung: Selbstwirksamkeit. Nur wer handelt, erfährt sich als wirksam. Selbstwirksamkeit wird von vielen Psychologen als eine der wichtigsten, wenn nicht *die* wichtigste Voraussetzung für nachhaltiges Glück betrachtet. Das sagen manchmal die Glücklichsten unter uns mit Redewendungen wie: »Ich könnte Bäume ausreißen!« Warum wohl setzt diese Redensart ultimatives Glücksgefühl mit einer herkuleischen Handlung gleich? Nicht weil ersteres die Voraussetzung für das zweite ist – wie jene Leute meinen, die ständig zu wenig Motivation für tatkräftiges Handeln vorschützen. Sondern weil es genau umgekehrt ist, weil unter anderem Herkules wie Sisyphus das Geheimnis des Glücks kannten: Ich handle, also bin ich – glücklich. Auf dem Sofa ist es zwar bequem, aber nicht glücklich. Die Couch Potato schiebt einen faulen Lenz und empfindet das als Genuss, doch nachhaltiges und erfüllendes Glück erlebt der Mensch nur im Tun.

Natürlich gibt es auch das Glück der stillen Kontemplation, der versunkenen Betrachtung einer schönen Landschaft oder den Genuss der Stille – unbestritten. Doch wenn es eine Rangfolge von Glück gibt, dann wissen wir aus eigener Erfahrung: Man kann nur so lange still bewundernd vor einem Caspar David Friedrich sitzen – dann nadelt es einen mächtig im Gesäß, dann spürt man Ameisen in den Beinen und damit ist nicht das Restless Legs Syndrome gemeint. Der Mensch ist zum Machen gemacht. Vita activa ist auf Dauer besser und erfüllender als Vita contemplativa, wie schon Hermann Hesse und Hannah Arendt wussten. Leider leugnet auch das unsere aktuelle kulturelle Verirrung.

Wir brauchen im Kontext von Arbeit und Ökonomie ein Verständnis von Menschsein als Wesen, das physisch tut, bewirkt, die Welt tatsächlich verändern kann – und nicht Vergleiche mit KI, wer schlauer ist, kreativer, besser denken kann.

Wir können uns nicht glücklich denken, sondern nur glücklich machen

Betrachten wir die Selbstoptimierungsströmungen der letzten Jahre, fällt uns auf: Wir üben Positives Denken und sehen die Dinge positiv – anstatt sie, vielleicht zur Abwechslung, auch mal positiv zu *gestalten*. Wir formulieren Affirmationen statt Handlungspläne. Wir optimieren unseren Mindset anstelle unserer Aktivitäten – besonders auffällig im Sport, wo »Mindset« gerade das Modewort der Stunde ist. Sagt der C-Jugend-Trainer zu einer nebenstehenden Mutter während der sich abzeichnenden 0:5-Schlappe ihres Teams in der Halbzeit: »Dem Team fehlt es am richtigen Mindset!«

Die Mutter darauf mit ungläubigem Seitenblick auf den Trainer und hochgezogener Augenbraue: »Dem Team fehlt es vor allem an der nötigen Absprache in der Verteidigung, einem passsicheren Spielmacher im Mittelfeld und mindestens einem Stürmer, der auch nur aus fünf Metern Entfernung das leere Tor treffen könnte!« Technik, nicht Motivation. Wie sagte im Kontext Fußball doch gleich der legendäre, aber wenig bekannte Spieler und Trainer Adi Preißler:

»Grau ist alle Theorie, maßgebend ist auf dem Platz.«

In anderen Worten: Machen, nicht reden. Und was machen wir?

Wir arbeiten lieber an unserer Motivation (»Wollen«, »Dinge anpacken«) statt an unserer Volition (»Dinge durchziehen«), machen Bestellungen beim Universum, statt die Ärmel hochzukrempeln und begehen bei diesen modischen Anläufen aufs Glück den immer selben Attributionsfehler: Wir versuchen, uns glücklich zu denken. Weil wir Glück für einen Gedanken halten, einen Mindset, eine Affirmation, eine Haltung, eine Gratis-Gabe von höheren Gnaden oder eine Einstellung.

Dabei liegt im Tun die Kraft. Nachhaltiges Glück ist der Zustand während und nach tätiger Arbeit. Philosophen zum Beispiel nennen diese tiefgründige Freude durch Schaffenskraft »die existenzialistische Erfahrung«, Psychologen kennen sie als Konzept der Selbstwirksamkeit, für Sisyphus ist es der Felsbrocken, den er unermüdlich den Berg hinaufrollt. Albert Camus sagte dazu: »Wir müssen uns Sisyphus als glücklichen Menschen vorstellen.« Warum? Weil er tut, weil er anfängt, den Stein zu schieben, Zentimeter für Zentimeter. Er denkt sich sein von den Göttern aufgezwungenes Los nicht schön, optimiert nicht seinen Mindset, formuliert keine Affirmationen à la »Ich muss es nur wollen!« und erspart sich jeden modernen Pathos »Ich mach' das für Euch / für eine nachhaltige Zukunft!«. Nein. Er denkt nicht. Er braucht keinen Sinn, keinen Noble Purpose, er macht einfach. Das macht ihn glücklich. Wie Goethes Engel am Ende seines Faust II sagten: »Wer immer strebend sich bemüht, den können wir erlösen.«

Im Handeln und Tun total aufgehen, das kennen Kreativitätsforscher als Flow. Und wer wollte nicht den lieben langen Tag im Flow arbeiten? Flow stellt sich nicht beim Relaxen, Chillen, Müßiggang oder Nichtstun ein – oder mit Perks & Benefits. Das Glück des Tuns belohnt uns nur beim Tun. Dieses Glück wartet auf jeden und jede von uns. Auf uns alle. Jeden Tag. Jede Stunde, jede Minute, bei wirklich jeder

Tätigkeit, in jedem Beruf, in jeder Familie und jeder Situation – sofern wir das tun können und dürfen, was uns liegt, was unseren Kompetenzen entspricht, wenn wir einen Arbeitgeber und eine Führungskraft haben, die uns voll und ganz auf »die eigentliche Arbeit« konzentrieren lässt; wenn wir ein schönes Hobby haben: Eine halbe Stunde an der Werkbank, im Garten, im Vereinsheim, oder ganz schlicht mit den Kleinen gespielt, gebastelt, gemalt, gesungen – und schon ist der stressige Arbeitstag vergessen. Das ist die Kraft des konzentrierten Tuns, der Erfüllung beim Machen.

Aus diesem Grund wollen Menschen trotz Lotto-Gewinn und toxischer Führungskraft weiterhin arbeiten – oft weit über die Renten-Altersgrenze hinaus: Weil Machen glücklich macht. Unsere Kultur leugnet das. Sie impliziert nicht: »Lass mich mehr arbeiten, damit ich glücklicher werde!« Sie impliziert: »Lass mich weniger arbeiten, mit mehr Work-Life-Balance und am besten 4-Tage-Woche, damit ich die unsägliche Last der Arbeit besser ertrage.« Genauso gut könnte der Feuerwehrmann fordern: »Füll mehr Benzin in den Schlauch, damit ich das Feuer schneller löschen kann.« Wie konnten wir nur derart auf den Holzweg gelangen?

Arbeit aus Lust am Tun

Erinnern wir uns: 85% würden trotz des Geldregens weiterarbeiten wollen, 56% trotz toxischer Chefs und Chefinnen. Diese Befragten haben die Wahl. Sie haben sie nicht nur, sie üben sie aus. Sie fühlen sich nicht als Packesel, der's nur für die Möhre, respektive Lohn, Bonus, Benefits tut. Sie würden selbst dann noch arbeiten, wenn sie nicht länger auf die Möhre angewiesen wären. Das ist seltsam.

Warum arbeiten die denn, wenn nicht wegen der Kohle? Sie arbeiten aus einem Grund, den viele Politiker, Redakteure, New-Work-Apologeten, Fernseh-Philosophen und Funktionäre für verrückt, paradox oder geradezu absurd halten. Was mag dieser Grund sein? Was tippen Sie?

Diese Menschen arbeiten nicht (nur) wegen des Geldes. Sie arbeiten wegen der Arbeit. Beruf als Berufung.

Sie arbeiten, weil ihnen die Arbeit etwas gibt – über Möhren, Geld und Status hinaus. Sie arbeiten (machen Sie ein Kreuzchen bei jedem folgenden »weil«, das Sie anspricht) weil sie sich in ihrer Arbeit selbst verwirklichen. Weil sie sich einbringen können. Oder weil sie damit anderen helfen. Weil sie mit ihrer Arbeit etwas bewegen, konkrete Ziele erreichen, die Welt zwar nicht gleich retten, aber ein klein wenig besser machen. Weil sie dank ihrer Arbeit ihre Kompetenz beweisen können und dafür den verdienten Applaus ernten. Wie viele Kreuzchen haben Sie gemacht?

Menschen, die hier ihr Kreuz gemacht haben, arbeiten nicht (allein) wegen des Geldes, sondern (vor allem) wegen der Arbeit an und für sich. Weil sie nicht nur Geld, sondern auch Erfüllung in ihrer Arbeit finden.

Das wissen nicht nur diese Glücklichen. Das wissen Philosophen, Psychologen, Mediziner und Forscher schon sehr lange. Eigentlich seit Erfindung der Arbeit vor zehntausenden Jahren. Das wusste auch die Zitatgeberin unseres Eingangszitats: Das Geheimnis des Glücks liegt in der Arbeit selbst – nicht im faulen Nichtstun oder dem erzwungenen Hinterhertraben hinter Möhren. Vor allem gibt es kein nachhaltiges Glück, keine echte Erfüllung, keine anhaltende Zufriedenheit und Selbstverwirklichung bei der Arbeit nur wegen Belohnung (oder Bestrafung), sondern:

Es gibt das Glück bei der Arbeit nur – und wirklich nur – durch die Arbeit selbst.

Nicht bei Ihrer Arbeit? Weil Ihr Job echter Mist ist, die Führungskraft arrogant, der Stress mörderisch, die Teammitglieder inkompetent und die Kundinnen und Kunden nervig? Mit so einem Job kann wirklich keiner glücklich werden? Genau diesem Irrtum unterliegen jene, die zum Ausgleich für ihr Leiden an der Arbeit immer neue kompensierende Anreize fordern, das berühmte »Schmerzensgeld in Form einer Lohntüte«. Denn tatsächlich gilt das Gegenteil. Wirklich jeder verdammte Job macht glücklich – wenn er nur eine einzige Voraussetzung erfüllt:

Jede Arbeit und jede Aufgabe machen glücklich, bei der Sie sich voll und ganz aufs Machen, aufs Tun, aufs Erledigen konzentrieren können, wollen und dürfen.

Also auf das, was die meisten Berufstätigen als »Die eigentliche Tätigkeit« kennen und nennen. Genau deshalb werden doch viele Vorgesetzte als Störfaktoren empfunden: »Der Chef stört bei der eigentlichen Arbeit nur. Am produktivsten sind wir, wenn er auf Geschäftsreise ist.« Ist er dagegen im Haus, schaut uns ständig über die Schulter und redet uns unqualifiziert drein, fühlen wir uns bei der eigentlichen Arbeit gestört – und diese Störung verhindert unser Glück bei der Arbeit. Was machen wir dann?

Wir fordern die 4-Tage-Woche! Damit wir solche Störfaktoren wenigstens einen Tag weniger in der Woche ertragen müssen. Oder wir fordern einen anderen Perk als Kompensation für die diversen Störungen – einen Bonus, eine Gehaltserhöhung, Zulagen. Das befriedigt zwar kurzfristig (weshalb wir bald schon eine neue Kompensation fordern). Doch langfristig bringt uns das nicht die Selbstverwirklichung zurück, die der einzige Garant für Glück bei der Arbeit ist:

Der Schlüssel zum Glück bei der Arbeit ist Arbeit.

Im Tun liegt das Glück. Machen macht glücklich. Das ist die Kraft des Tuns, die etwas verleiht, das ich Leistungslust nenne: Das Glück und die innere Befriedigung über ein geschaffenes Werk. Das unvergleichliche Gefühl, etwas aus eigener Kraft, Dank eigener Kompetenz geschaffen, erledigt, erreicht zu haben. Konzept und Idee dieser Schaffenskraft und Schaffensfreude sind allgegenwärtig und tauchen in allen Disziplinen auf.

Das ist das Bestechende an der Leistungslust: Wir haben es selbst in der Hand. Das Glück bei der Arbeit und im Leben liegt voll und ganz in unserer eigenen Macht – sofern wir uns nicht von materiellen Motivatoren ablenken lassen und uns stattdessen voll und ganz auf die eigentliche, ganz konkrete Tätigkeit konzentrieren. Dann winken uns bei und durch die eigene Arbeit nachhaltige Arbeitszufriedenheit und ultimative Selbstverwirklichung.

Das ist mein Versprechen und die einzige Frage, die wir auf den folgenden Seiten gemeinsam erschöpfend beantworten werden:

Wie schaffen Sie es, dass Sie überzeugt sagen können: »Ich mache meinen Job gerne«, »Mir gefällt meine Arbeit«, »Ich gehe gerne zur Arbeit«? Wie verspüren Sie Leistungslust, die Lust, einfach gerne zu arbeiten?

Die Antwort auf diese Frage hängt überraschenderweise weniger von Ihrem aktuellen Job ab und viel stärker von dem, was Sie im Innersten antreibt. Was könnte das sein?

2

LEISTUNGSLUST IST INNERER ANTRIEB

»It's not whether you win or lose,
it's how you play the game.«
Grantland Rice, US-Sportreporter

Oder anders gefragt: Was meint Leistungslust?

Eine indiskrete Frage: Ihr Beruf, Ihr Job oder Ihre aktuelle Aufgabe – eher total stressig oder überwiegend langweilig? Dito Familie oder Verein: Überfordert oder unterfordert Sie das oder treibt es Sie langsam in den Wahnsinn? Überraschenderweise hängt das nicht nur und vor allem nicht hauptsächlich davon ab, ob Ihr Beruf, Ihr Job oder Ihre aktuelle Aufgabe stressig oder langweilig ist, überfordernd oder irre.

Vielmehr hängt Ihr Berufsglück und Ihre Zufriedenheit von etwas ab, das in Arbeitswelt und Gesellschaft, in Medien und Tarifverhandlungen mit nahezu militanter Konsequenz seit Jahren weitgehend ignoriert wird: von Ihnen. Nicht ganz allein, aber ganz wesentlich.

Genauer: von Ihrem inneren Antrieb. Klingt unglaublich?

Dann an einem Beispiel verdeutlicht: Welcher Verrückte würde auf die Idee kommen, hundert Meter hohe glatte Wände ohne Sicherung hochzusteigen und sich dabei ganz wunderbar zu fühlen? Spiderman?

Jedenfalls kein normaler Mensch, weil: Was für ein Stress-Job! Extrem gefährlich. Unglaublich nervig, anstrengend, irgendwie sinnlos, wozu das Ganze? Angeben? Anderen etwas beweisen? Und dann auch noch bei geringer bis mieser Bezahlung. Hunderttausende Bergsteiger auf der ganzen Welt würden diesem Urteil vehement widersprechen. Warum?

Weil genau das, was für uns nach Mega-Stress klingt, ihre Leidenschaft ist, ihr innerer Antrieb.

Dieser innere Antrieb treibt sie buchstäblich die kahle Wand hoch. Sie leben dafür. Was ist das für ein Leben? Wofür genau leben sie denn? Für ein äußerst intensives Ganzkörper-Kompetenzerlebnis in grenzwertigen Extremlagen. Wenn das auch Ihr innerer Antrieb ist, gehen auch Sie irgendwann die Wand hoch. Weil das – für Sie, mit so einem inneren Antrieb – ein ganz tolles Erlebnis ist. Für Millionen andere wäre das der Horror. Doch für Menschen mit diesem inneren Antrieb fühlt es sich super an. Besser als alles andere: Das macht schlicht und einfach Lust. Leistungslust. Was ist das?

Es ist die überwältigende Lust, die wir emotional, intellektuell, manchmal fast schon spirituell und stets ausgesprochen körperlich erleben, wenn wir eine Aufgabe aus eigener Kraft auf Basis unserer eigenen Kompetenz erfolgreich meistern: Da – schau her! Das habe ich geschafft! Was sagste nun?

Es ist die Lust, etwas zu schaffen, zu bewegen, über sich selbst hinaus zu wachsen.

Schön und gut, aber nicht jeder von uns hat die Zeit und die Fähigkeit, das Matterhorn zu erklimmen? Weil die meisten von uns einen *ganz normalen* Job haben, Geld verdienen müssen, keine Zeit für so etwas Seltsames wie »Leistungslust« haben? Man mag einwenden, Leistungslust ist nur in extremen Lagen zu spüren. Da drängt sich als Gegenbeweis doch förmlich die Betrachtung von drei *ganz normalen* Menschen in ihren *ganz normalen* Jobs auf.

Ganz konkret, ganz normal – Arbeiten wie ein Fährmann

Achim Landwehr hat einen Knochenjob am Neckar[4]. In einem kleinen Ort bei mir ganz in der Nähe. Er hat keinen Zukunftsberuf mit KI-Einsatz, Hochglanz-Marketing oder Weltenretter-Purpose. Nein, er schippert mit seiner antiquiert wirkenden Fähre über einen sicherlich nicht international bekannten Fluss und setzt Menschen und Fahrzeuge über. Und das mit irren Arbeitszeiten.

Im Winter arbeitet er von 6 bis 19 Uhr, im Sommer schon mal bis 20.30 Uhr (wo bleibt da der Arbeitsschutz?). Was für ein Job! Dann ist wenigstens sein Gehalt super? Mitnichten. Er macht 1.700 € im Monat plus Einnahmen aus Gebühren und ähnlichem. Als er gefragt wird, wann er das letzte Mal länger als eine Woche Urlaub hatte, muss er lange nachdenken, bevor er sagt: »Ich glaube, das war 1982.« Dann ist er wenigstens eine Sensation in den sozialen Medien? Auch nicht. In seiner WhatsApp-Gruppe sind gerade mal 90 Mitglieder; vor allem seine Stammkunden. Wie würden Sie so einen Job bezeichnen?

Rhetorische Frage, das Urteil fällt einstimmig aus: Bullshit-Job. Achim Landwehr aber sagt: »Das macht mir richtig Spaß. Die Dankbarkeit der Leute ist einfach unbezahlbar. Ich liebe diesen Job.« Verrückt. Oder?

Wenn ein namhafter internationaler Konzern diesen Job anbieten müsste, würden die brillanten Köpfe der hochbezahlten HR-Strategen rauchen: »Auf so einen Anti-Job bewirbt sich doch kein Mensch! Da müssen wir erst einen eminent wichtig klingenden Purpose drüberkleben!« Etwa: »Auf zu neuen Ufern!« Oder: »Gestalte die Zukunft der nachhaltigen Mobilität!« Achim Landwehr würde abwinken.

Der Fährmann setzt Tag für Tag über, ganz ohne knalligen Purpose, hochtrabende Mission oder mit Millionen-Etat aufgestelltem Corporate Statement, bei Wind und Wetter und unter widrigsten Bedingungen. Warum?

Weil sein Job – für ihn ganz allein, nach seinem Empfinden – einen inneren
Antrieb hat, ihm tagtäglich etwas bietet, was er zutiefst schätzt: Menschen helfen, etwas für und mit Menschen machen, und das mit einem Schiff, wo er Technik und Wasser gleichermaßen mag. Für diesen inneren Antrieb ist sein »blöder« Job der perfekte Job. Bei jeder Überfahrt blickt er in dankbare Gesichter. Das lohnt sich. Für ihn. Nichts Besseres. Seine Leistung besteht darin, Menschen über den Fluss zu helfen, an ihr Ziel zu gelangen, ohne ihn sind sie buchstäblich gestrandet. Er kennt sich aus, er lenkt bei Wind und Wetter, ganz allein, er hält die Fähre in Fahrt und über Wasser, er sortiert die Autos, er ist Kapitän, Steuermann, Stewart in einer Person. Er kümmert und sorgt sich um seine Passagiere, damit sie heil ans andere Ufer kommen. Übrigens hat Landwehr nun nach mühsamer Suche einen Nachfolger gefunden[5]: Markus Seibert. Der wiederum sagt über seine Tätigkeit: »Geiler Job!«. Denn auch er erlebt direkt die Dankbarkeit seiner Fahrgäste, aber er begründet die Faszination dafür damit, dass »jede Fahrt anders ist«. So müsse er mit »Strömungen, kreuzenden Frachtkähnen, Motorboten und manchmal sogar mit unvorsichtigen Hobbykanuten« klarkommen. Das ist sozusagen das Geile daran für ihn: nicht hedonistischer Spaß, sondern Herausforderung, die in der Tätigkeit liegt, abwechslungsreiche Konkretheit, eine gewisse Bodenständigkeit des Tuns. Diese Leistung macht ihm Freude. Leistungslust. Was heißt das für Sie?

Wo bleibt Ihre Leistungslust? Der Leverage-Effekt

Sicher haben Sie bereits im Hinterkopf Vergleiche zwischen Achims bzw. Markus' Job und Ihrem angestellt: Könnten Sie mit und in Ihrem Beruf, Ihrer Familie, Ihrem Verein ebenso glücklich werden wie ein Fährmann auf dem Neckar? Das ist die Frage. Ist Achims bzw. Markus' Beispiel übertragbar?

Klappt der Transfer auf Ihre Lebenssituation und die Adaption an Ihre persönlichen Bedürfnisse?

Natürlich muss niemand Fährmann werden, auch wenn er sich noch so sehr nach Glück im Leben und im Beruf sehnt. Denn nicht der Beruf »Fährmann« macht glücklich, sondern?

Die Übereinstimmung, der Fit, die Verzahnung, die Passung zwischen innerem Antrieb und Lohn der Arbeit, zwischen Antrieb, Leistung und Feedback im Job. Achim – genauso wie sein Nachfolger Markus – sehnt sich danach, etwas für Menschen zu tun und ihre unmittelbare Dankbarkeit zu genießen, und beides gibt ihm sein gewählter Beruf im Übermaß. Der Job, das Helfen ist so wahnsinnig konkret. Nicht erst auf die Weihnachtsfeier warten, wo die Führungskraft gönnerhaft auf die Schulter klopft, sondern nach jedem Übersetzen glückliche Kundschaft. Zufriedenheit generieren, trotz mieser Rahmenbedingungen: magere Bezahlung, irre Arbeitsstunden, Wind und Wetter. Doch das alles spielt keine Rolle für Sinn und Lebensglück, wenn der Job gleichzeitig bietet, was der innere Antrieb verlangt. Das ist der Leverage-Effekt der Leistungslust:

Schon ganz wenig Befriedigung des inneren Antriebs macht ganz viel miese Arbeitsbedingungen wett.

Man könnte das auch die »Kraft der Authentizität« nennen: Nichts ist authentischer als der innere Antrieb. Wenn wir nur ganz wenig unseres inneren Antriebs in Job oder Familie oder sonstwo ausleben, bringt das ganz viel tiefe innere Befriedigung. Umgekehrt schließen wir: Arbeitsbedingungen machen noch keinen Glücks-Beruf – und auch keinen Horror-Job. Arbeitsbedingungen sind nicht notwendig und schon gar nicht hinreichend für Leistungslust und Arbeitszufriedenheit. Achim jucken seine irren Arbeitszeiten nicht, weil er in jeder Minute jeder langen Überstunde seine innersten Bedürfnisse befriedigen kann. Toller Job.

Warum sind dann umgekehrt selbst Menschen mit Traumjob und Traumgehalt oft unglücklich in ihrem Job?

Weil sie vor allem auf Bezahlung und Arbeitsbedingungen fokussieren. Das nennt der Psychoanalytiker Arno Gruen einen »Verrat am Selbst«[6]. Dass sie einen inneren Antrieb haben, wissen sie oft nicht einmal oder stellen ihn fahrlässig hintan. Achim dagegen ist sich seines inneren Antriebs wohl bewusst. Deshalb ist er glücklich in seinem »miesen« Job. Jeder miese Job wird zum Traumjob, wenn Sie Ihren inneren Antrieb darin ausleben (wollen). Das heißt nicht, dass Sie dafür auf ein Traumgehalt verzichten müssen: Man kann auch beides haben.

Ganz konkret, ganz normal – Arbeiten wie eine Oberärztin

Sie ist Ärztin am Helios-Klinikum in Berlin[7]. Ärztin? In einer Klinik? In diesen Tagen? Mit diesem prekären Beruf assoziieren wir spontan Pflegenotstand, Unterversorgung, Kostenchaos, Krankheit und wuchernde Bürokratie an einem Ort, an dem man weder als Patient noch als Arzt gern sein möchte. Und vielleicht beklagt Antonia das alles auch täglich – wie ihre Kolleginnen und Kollegen, Patientinnen und Patienten. Doch sie sagt noch etwas anderes.

Sie sagt: »Was mich begeistert (...), sind vor allem die täglichen Erfolgserlebnisse. (...) Nach der Operation sind die Patienten wieder gesund und zufrieden – und meistens auch dankbar und glücklich.« Also der perfekte Job – für sie.

Denn ihr innerer Antrieb ist: Menschen glücklich und gesund machen, Patienten Gutes zu tun, Dankbarkeit ernten. Durch die eigene Leistung, durch die eigene Kompetenz und fachliche Erfahrung ganz konkret etwas bewirken. Tägliche Erfolgserlebnisse erzielen: Das ist eine gar nicht so nach Anerkennung heischende Leistung, sondern eine einfach-bewirkende Leistung, die glücklich macht. Und zwar selbst und gerade unter den schlimmsten Arbeitsbedingungen, die man sich in der modernen Arbeitswelt aktuell vorstellen kann. Das Leid, die Not und der Stress auf vielen Stationen vieler Krankenhäuser ist unvorstellbar. Oder wie eine Krankenschwester sagte: »Allein von den Arbeitsbedingungen hier wird man ja schon krank!« Und trotzdem liebt Antonia ihren Job, sie blüht darin auf – inmitten von Chaos, Stress und Not.

Und zwar nicht *trotz* Chaos, Stress und Not. Das ist ein weiterer Effekt von Leistungslust: Sie immunisiert gegen Chaos, Stress und Not. Antonia ist davon nicht unberührt – doch im Endeffekt perlt von ihr ab. Warum? Weil sie ihrem inneren Antrieb folgt und in der Tätigkeit an sich aufgeht. Umkehrschluss:

Eigentlich können nur Menschen gestresst sein, die ihren inneren Antrieb verloren (oder nie entdeckt) haben. Man erkennt solche Menschen an Eigenaussagen wie: »Totaler Stress bei der Arbeit – aber wenigstens ist die gut bezahlt.« Das funktioniert nicht. Auch das dickste Gehalt kann kein stressbedingtes Magengeschwür kompensieren. Wer dagegen im dicksten Stress seinem Nordstern folgt, seinem inneren Antrieb, also dem folgt, was seine Welt im Innersten zusammenhält, der und die ist nicht nur weitgehend Stress-immun, sondern erlebt auch und gerade im dicksten Stress eine stabile, tiefe Motivation. Persönliche Erfüllung selbst unter widrigsten Bedingungen.

Dieses antriebsgerechte Glück im Job erlebt Antonia Hammer übrigens ganz ohne die modischen Motivationstriebmittel unserer Zeit wie einen gesamtgesellschaftlich Gold-laminierten Purpose oder einen höheren Sinn, wie er uns aus Politik und PR-Publikationen entgegenschlägt à la: »Eine moderne Gesellschaft braucht eine moderne Medizin!« Das stimmt, das hört und liest man oft, auch von verzweifelt unter Fachkräftemangel leidenden Kliniken und deren Personalabteilungen – doch damit ködert man Antonia Hammer nicht. Das juckt sie nicht (wesentlich), das treibt sie nicht an, das ist allenfalls angenehmer Nebeneffekt, einen angesehenen Job auszuüben. Ihr innerer Antrieb sind, wie sie selbst sagt, »die täglichen Erfolgserlebnisse«, wenn Patienten wieder »gesund und zufrieden« sind und »dankbar und glücklich«. Das treibt sie an (ob das auch ihr Arbeitgeber weiß?). Warum treibt das nicht alle Ärzte an?

Weil wir nicht finden können, was wir nicht suchen

Warum treibt das nicht ganz viele Abiturienten an, die aus diesem inneren Antrieb heraus dann das Medizinstudium und danach die notleidenden Kliniken in überwältigender Zahl überrennen?

Weil nicht nur die meisten Ärzte, Studierenden, Abiturienten und Arbeitgeber, sondern auch die meisten anderen Menschen ganz im Gegensatz zu Achim Landwehr und Antonia Hammer was nicht kennen, nicht reflektieren und nicht bewusst in Arbeit und Leben einsetzen?

Ihren inneren Antrieb.

Das klingt absurd. Doch das ist seit Tausenden Jahren bekannt. Schon immer bekannt war das den Philosophen, Weisen und Dichtern. Viele von uns kennen zum Beispiel die Legende vom Glück des Lebens. Die Götter der Legende beratschlagen, wo sie das Geheimnis des Lebensglücks verstecken sollen, damit moralisch ungefestigte Menschen es nicht finden und missbrauchen. In den Tiefen des Meeres? »Dann werden sie Fische dressieren, ihnen das Glück zu bergen.« Also auf den höchsten Gipfeln. »Dann werden sie mit langen Leinen und Maultierzügen die Berge erklimmen.« Zwischen den kleinsten Teilchen der Elemente? »Dann erfinden sie die Wissenschaft, um das Glück dort zu erspähen«. Am Ende beschließen die Götter, das Geheimnis des Lebensglücks dort zu verstecken, wo die Menschen es ganz sicher nicht suchen werden. In ihren Herzen.

So sagt es die Legende: im Innern des Menschen. Übersetzt: innerer Antrieb. Wir alle haben ihn, nur die wenigsten kennen ihn, weil nur die wenigsten wissen, wie man ihn entdeckt (mit Selbstreflexion, mit Erfahrung, mit guten Ratschlägen von Experten, die die Vielfalt innerer Antriebe benennen können). Wer seinen inneren Antrieb nicht kennt, kennt sich selbst (noch) nicht. Achim und Antonia kennen ihren inneren Antrieb. Und wir alle können es ihnen gleichtun. Warum tun wir das nicht längst alle?

Die meisten Menschen sind derart mit ihrer Arbeit und Geldverdienen, mit Familie, Sport, Gesundheit und Freizeitstress beschäftigt, dass sie keine Zeit und/oder keine Lust haben, zu der ganzen Arbeit auch noch ihren inneren Antrieb zu reflektieren oder ihn sogar ganz aktiv im eigenen Beruf einzubringen. Für Job und diverse Aufgaben gilt für sie: Man macht's halt, weil man's machen muss, weil man Geld verdienen, die Familie ernähren muss (extrinsische Motivation) – und nicht aus einem tiefen inneren Antrieb heraus (intrinsische Motivation). Innerer Antrieb will errungen, entdeckt, ausgegraben, erkannt, anerkannt, reflektiert werden.

Viele von uns denken nicht einmal an diese tiefgründige archäologische Arbeit der Selbsterkenntnis, weil sie sich ablenken und narkotisieren lassen von zugegebenermaßen üblen Rahmenbedingungen im Job: Stress, Leistungs-, Zeit- und Erwartungsdruck, miese Arbeitsbedingungen, Konflikte, toxische Kundschaft und Vorgesetzte, tägliche Sorgen. Wer hat da noch Zeit und Lust, seinen inneren Antrieb zu suchen? Zugegeben, das muss man sich auch erst einmal leisten können – sich die Zeit nehmen, um auf die Suche zu gehen, was einen innerlich wirklich antreibt, was tief in einem an Kompetenzen verborgen liegt, die man noch gar nicht ausleben konnte.

Das ist das Geheimnis der Leistungslust: Jeder »Bullshit-Job«[8] kann zum

Glücksberuf werden – wenn ich mir meines inneren Antriebs bewusst werde und ihn in meinem Beruf, Job, Familie, Verein ... auslebe, soweit es die Umstände eben zulassen. So machen es Achim und Antonia und Millionen anderer Menschen (von denen man selten hört, weil Jammern mehr Lärm macht als Glück). So macht es auch Hans Harbers.

Ganz konkret, nicht normal – Arbeiten als Philosoph?

Hans Harbers ist niederländischer Professor für Philosophie. Besser: Er war es. Denn nach Jahren der erfolgreichen wissenschaftlichen Arbeit in Forschung und Lehre, das heißt nach Jahren von stressigem Publikationszwang, hyperbürokratischem Wissenschaftsbetrieb und dem Management prekärer Arbeitsverhältnisse (der wissenschaftlichen Mitarbeitenden) hatte er die Nase voll und kündigte[9]. Einfach so.

Als Philosoph war er natürlich besonders geeignet und motiviert, sich vorab Gedanken zu machen, was er denn stattdessen machen könnte, um glücklich mit seinem Leben und seiner Arbeit zu werden. Folgerichtig kam er nach reiflicher und wissenschaftlich fundierter Überlegung zum weisen Schluss und der beeindruckenden Berufswahl – worauf tippen Sie?

In welchem Beruf könnte ein Ex-Philosophieprofessor denn glücklich werden? Buchautor? Vortragsredner? Lehrer? Weltreisender? Oder ganz simpel: Besitzer eines Bio- & Fair-Trade-Ladens? Hans Harbers wurde Putzkraft.

Damit hat niemand gerechnet, weil damit niemand rechnen konnte. Das war und ist so überraschend, dass es damals öffentliche und mediale Aufmerksamkeit erregte. Der Ex-Professor wurde überschüttet von Interview-Anfragen, in denen eine Frage seine Motivation auf den Punkt brachte:

»Wie ist das denn so als putzender Philosoph – führen Sie beim Putzen tiefgründige philosophische Gespräche mit den Menschen über den Sinn des Lebens?«

Worauf Hans Harbers gleichbleibend antwortete: »Gar nicht. Ich habe schlicht geputzt.« Warum?

Und jetzt alle: Weil nicht nur gedanklich abgehobenes Philosophieren, sondern ganz schlichtes körperliches Aufräumen und Putzen Sinn und Befriedigung sein kann. Das sagt zumindest sein persönlicher innerer Antrieb. Seit wann ist Putzen Lebenssinn? Warum macht ausgerechnet Putzen Sinn?

Auch das wissen wir alle. Es ist nicht das Putzen an sich. Es ist der für viele Menschen beeindruckend motivierende Antrieb, dass man nach jedem Putzen sofort ein gutes, glänzendes, sauberes Ergebnis sieht. Es gibt vielen einfach ein gutes Gefühl, wenn alles wieder sauber ist. Das Fazit der frischgebackenen Putzkraft Hans Harbers: »Die akademischen Philosophen sollten einmal selbst mit den Füßen im Matsch und in der Welt stehen, anstatt noch ein Buch oder eine Analyse mehr zu lesen.« Warum?

Erfüllung im Matsch und Dreck dieser Welt

Warum macht Putzen Sinn und gibt Erfüllung? Weil wir Menschen von alters her Sinn und Erfüllung im Konkreten finden, im geradezu unheimlich Konkreten, im Konkretesten, was man sich vorstellen kann: im Matsch und Dreck dieser Welt. Diesen Dreck wegzumachen, alles wieder sauber zu machen, schenkt eine intensive Wirksamkeitserfahrung: Siehst du diesen vor einer Stunde noch dreckstrotzenden Flur voller Schmutz, Flusen und Staub? Jetzt ist alles wieder blitzblank sauber – habe alles ich gemacht, ich allein, ich selbst, mit meinen Händen, mit einfachen Geräten, ohne KI & ohne großes Teamwork, ohne großen weltrettenden Sinn! Etwas tun, damit am Ende kein großes Werk entsteht, sondern schlichtweg nur Ordnung und Sauberkeit. So rein, dass man vom Boden essen kann. Saubere Arbeit.

Das erfüllt einen doch mit Stolz und Freude; eben mit Leistungslust. Okay: nicht alle Menschen. Es gibt Menschen, denen schlicht Neigung und Motivation fürs Putzen fehlt, also der innere Antrieb dafür. Nicht, weil sie sich vor Schmutz oder Putzmitteln ekeln oder faul sind, sondern weil sich wohler fühlen im kreativen Chaos, mit Unordnung, mit Ungenauigkeit, weil die innere Erfüllung nicht so stark durch körperliche Tätigkeit und deren Ergebnisse entsteht, sondern eher im intellektuellen Erschaffen, vielleicht als Künstler.

Genau deshalb ist es so wichtig, dass wir diesen inneren Antrieb (er)kennen. Er ist bei jedem Menschen anders, weil jeder Mensch besonders ist. Deshalb sollte man sich irgendwann im Laufe des eigenen Lebens selber (besser) kennenlernen. Weil das wichtig ist. Weil ohne dieses Kennenlernen nachhaltiges Lebensglück nicht möglich ist. Das wusste schon das Orakel zu Delphi, über dessen Eingang zum Tempel (in der besser bekannten lateinischen Fassung) zu lesen war:

Nosce te ipsum.

Erkenne dich selbst – vor allem deinen inneren Antrieb. Was uns zur Frage bringt:

Was ist Ihr Antrieb?

Die meisten Menschen kennen ihren inneren Antrieb nicht, oder besser gesagt: nicht genau. Weil niemand uns die Kunst der Selbsterkenntnis beigebracht hat. Als hilfreich haben sich dabei in der Praxis folgende Suchfragen erwiesen:

- *Wenn Sie einmal nicht an Ihren konkreten Job denken: Welche konkreten Aufgaben, Tätigkeiten, Abläufe, Hobbys machen Ihnen besondere Freude? Warum?*
- *Bei welchen Tätigkeiten können Sie sich richtig ausleben, mit Freude verausgaben? Warum? Was geben Ihnen diese Tätigkeiten?*
- *Wobei fühlen Sie sich echt, unverstellt, ganz, authentisch?*
- *Was liegt Ihnen mehr: Passiver Konsum von Medien und Gütern? Oder wenn Sie etwas ganz konkret tun, selbst machen?*

Wenn Sie auf diese Fragen nicht auf Anhieb klare konkrete Antworten erhalten – ist das ein gutes Zeichen. Unser Innerstes gibt sich nicht so ohne weiteres preis. Das erfordert etwas Mühe und Hinwendung. Doch wer beides investiert, wird unter Garantie belohnt. Mit dem Geheimnis der Zufriedenheit mit dem, was man tut – idealerweise bei der täglichen Beschäftigung, die wir »Arbeit« nennen. Hans Harbers hat es erkannt.

Er erkannte seinen inneren Antrieb, wechselte den Beruf und wurde glücklich. Indem er putzte. Irre. Putzen? Selbst wenn ein Intellektueller das macht, erscheint uns das immer noch als trivial, banal, dreckig. Wir sollten uns von diesem Anschein nicht von der Fährte des Glücks abbringen lassen. Denn tatsächlich ist nicht das Putzen an sich das Geheimnis des Glücks oder der saubere Glanz, der dabei herauskommt, sondern die Leistung, die der gute Professor (und Achim und Antonia und alle anderen mit sich zufriedenen Menschen) darin investiert und deren Früchte er erntet. Hoppla: Leistung?

Das ist doch ein Unwort!

Wir müssen Leistung anders denken

Denn »Leistung« steckt in so unangenehmen, stressigen und belastenden Phänomenen wie »Leistungsdruck«, »Leistungsgerechtigkeit« oder »Leistungsgesellschaft«. Leistung löst Unbehagen bis Empörung aus, wenn wir ehrlich sind. Und wer ist daran schuld?

Klar, die verdammten Ökonomen! Von Smith über Marx, Keynes bis zu von Hayek – allen ging es mehr oder weniger: um's Geld, um's Kapital, um das Ergebnis von Leistung. Um Arbeit und Arbeiter als Variablen einer Gleichung.

Was okay ist. Leistung ist ein wichtiger ökonomischer Messbegriff. Sehr bedeutsam. Ohne Leistung finden wir morgens nach dem Aufwachen keine Brötchen, keinen Kaffee, keine Zeitung respektive Internet, keine Zahnpasta, keine Straßenbeleuchtung, keine Kleidung, keine U-Bahn. Die (medial und politisch) wichtigste Größe einer Volkswirtschaft? Richtig, das BIP, das Bruttoinlandsprodukt, also die effektive produzierende Leistung einer Volkswirtschaft (übrigens nicht nur unsere bewährte westliche Marktwirtschaft, sondern ebenso in planwirtschaftlichen, sozialistischen Modellen, nur mit dem Unterschied, wie sich Preise für die Leistungen ermitteln). Gut und richtig. Wenn Ihnen beim Begriff »Leistung« trotzdem leicht übel wird, liegt das jedoch nicht an Begriff oder Leistung an sich.

Es liegt vielmehr daran, dass wir es uns wegen der vielbeschworenen Ökonomisierung der Gesellschaft leider angewöhnt haben, Leistung nur noch und ausschließlich als ökonomische Größe zu betrachten. Im Sinne von: viel hilft viel. Bei diesem Bias, dieser gedanklichen Verzerrung, ignorieren wir jedoch ganz unbewusst ausgerechnet – und das ist nun wirklich paradox – jenen Aspekt von Leistung, der ausschlaggebend für unser Lebensglück ist (wie die Götter es vorsahen: gut versteckt): nicht den *ökonomischen*, sondern den *psychologischen* Aspekt von Leistung.

Dieser Aspekt ist in den letzten Jahrzehnten tatsächlich so gut wie nie selbst in hitzig geführten Leistungsdiskussionen aufgetaucht. Dabei ist er ausschlaggebend, weil in ihm das Geheimnis des Glücks liegt:

Leistung macht glücklich – wenn wir es psychologisch betrachten.

Wie wir an unseren drei ganz normalen glücklichen Menschen gesehen haben (es gibt Millionen mehr). Deshalb biete ich hier eine neue Definition von Leistung an:

Wirken, machen, ändern

Leistung ist Lust. Leistungslust. Sollte jemand angesichts der verirrten öffentlichen und medialen Konnotation von »Leistung« noch Zweifel an der Lusthaftigkeit von Leistung haben, bitte ich ihn oder sie, an sein oder ihr Hobby zu denken, sei es Felsklettern, Fußball, Kochen, mit Kindern spielen, malen, Modelleisenbahnen zusammenschrauben, ja selbst geruhsame Tätigkeiten wie Yoga oder Walking: Macht Spaß, macht Lust, gibt Befriedigung und steigert das Selbstwirksamkeitsgefühl. Warum?

Weil ich im wahrsten Sinne, ganz ursprünglich etwas leiste, weil ich bei meinem Hobby oder vielleicht auch im Job etwas mache, bewege, verändere. Biken, Jäten, Stricken, Basteln, Spielen, Tüfteln, Werkeln, Schreiben... Das alles und viel mehr wollen wir im psychologischen Sinne ab sofort als Leistung an und für sich verstehen – und uns an diese Begriffsverwendung gewöhnen (auch wenn es eine Umstellung, eine Kehrtwende im Kopf erfordert).

Leistung in diesem Sinne ist nicht eine Kennzahl einer Volkswirtschaft, eine Ergebnisgröße, sondern die höchst individuelle Tätigkeit, die zu einem Ergebnis führt, wie auch immer das Ergebnis von anderen Menschen beurteilt wird.

Dass sich diese äußerst positive psychologische Begriffsbelegung von »Leistung« vor allem im deutschsprachigen Raum noch nicht ganz herumgesprochen hat, mag auch an einer Eigenheit der deutschen Sprache liegen. Andere Nationen haben es leichter.

Denn wie der Blick in ein Deutsch-Englisches Wörterbuch zum Beispiel enthüllt, gibt es in anderen Sprachen viele psychologisch äußerst aufschlussreiche Begriffe für das einsilbige deutsche »Leistung«, beispielsweise:

- *Performance: Darbietung von Können – vor Publikum eventuell, mit der Aussicht auf Applaus und Anerkennung*
- *Achievement: etwas geschafft, erreicht haben – und stolz darauf sein*
- *Output: es kommt hinten was dabei raus, ist also produktiv und effektiv*
- *Accomplishment: das Erreichte, Erzielte, Vorzeigbare, der nachweisliche Erfolgsbeweis*
- *Merit: die Meriten, die man sich mit Leistung verdient*
- *Power: Leistung ist »Power« im physikalischen Bereich*

Es gibt nicht wenige Menschen, die Leistung als Glück durch Handeln verinnerlicht haben. Warum nicht Ihr arbeitsscheuer Kollege, der sich gerne mit den fremden Federn Ihrer Leistung rühmt und dabei die heiklen Aufgaben lieber Ihnen überlässt, für deren Erledigung er wiederum unberechtigt die Meriten beim Vorgesetzten einstreicht? Warum ist er ein Leistungsverweigerer? Weil Leistung (für ihn) ein Problem hat.

Das Problem: Leistung ist anstrengend

Wir würden ja alle gerne, wie Seneca es ausdrückte, »per aspera ad astra«, durch Mühsal zu den Sternen gelangen, durch Leistung zum Lebensglück. Doch da ist ein Problem: Leistung ist, wie Seneca es nannte, mühsam; Leistung ist anstrengend. Ist das tatsächlich ein Problem?

Leistung kann anstrengend sein, aber muss es nicht. Oder anders gedacht: Anstrengung kann positiv wahrgenommen werden.

Ziehen wir wieder den Vergleich zu unseren Hobbys; zu Wandern, Werkeln, Gärtnern, Angeln, Biken, Surfen, Klettern, Fußball, Volleyball, Schach ... Leistung? Ganz sicher! Mühsal? Qual? Ganz im Gegenteil. Dass Leistung lästig sei, ist eine typisch deutsche Assoziation, korrekt ausgedrückt: eine Fehlattribution (eine fälschliche Zuordnung von Eigenschaften). Das erkennen wir wiederum an den oben diskutierten englischen Begriffen: Wirklich keiner von ihnen deutet auch nur ansatzweise Anstrengung, Mühsal, Stress, Überforderung oder Qual an. Ganz im Gegenteil.

Das sind alles große, gute, strahlende Begriffe, weshalb sie das deutsche Management auch in seinen Business-Sprachgebrauch übernommen hat. In Ermangelung von eigenen deutschen Wörtern, die eine echte Leistungskultur beschreiben könnten. Eine Schlussfolgerung drängt sich auf: Wir sind bekanntermaßen eine Nation von Dichtern und Denkern, aber offensichtlich keine Leistungsnation. Zumindest nicht begrifflich und nicht im Sinne einer motivierenden, positiven Psychologie. Eine Psychologie der Leistungskultur kennen wir nicht. Nicht nur der Blick auf andere Sprachen bestätigt dies, sondern auch der Blick in die Naturwissenschaften.

Leistung wie in der Physik – überraschend vielfältig

Pikanterweise hat die Physik keinerlei Probleme mit dem Leistungsbegriff. Leistung ist ganz zentral und einfach:

Arbeit pro Zeit (W durch Delta t)

Also der Quotient aus verrichteter Arbeit und der dazu benötigten Zeit. Eine Formel. So weit, so klassisch. Deshalb kommen etliche Vorgesetzte in den frühen Phasen ihrer Entwicklung zur Führungskraft auch auf die banale Idee, Aufforderungen zu tätigen wie: »Arbeitet schneller (Nenner des Quotienten wird kleiner), dann leistet ihr auch mehr!« Logisch (und nervig).

Nebenbei bemerkt: Betrachten wir im Lichte dieser Formel einmal die stellenweise hysterisch propagierte 4-Tage-Woche, muss uns auffallen: Je weniger Zeit ich für eine bestimmte Aufgabe habe, desto mehr muss ich für das gleiche Ergebnis »Leistung« arbeiten. Ob das dem eigentlichen Wunsch der 4-Tages-Apologeten entspricht, steht doch sehr in Zweifel.

Es gibt eine weitere Definition, eine zweite physikalische Formel für Leistung, die uns in eine psychologisch äußerst fruchtbare Richtung weist: Leistung ist demnach auch der Quotient aus aufgewendeter Energie Delta E und der dazu benötigten Zeit Delta t. Das macht ein kleines Aha-Erlebnis, weil: Leistung wird mit Energie assoziiert und Energie ist selbst in der Volkspsychologie durchaus positiv konnotiert. Auch steckt in Energie so etwas wie Potenzial, das von innen heraus wirkt, sehr positiv,

auch – und jetzt springen wir von der Physik in die Psychologie – positiv auf die persönliche Entwicklung eines Menschen. Persönliche Entwicklung ist Verwirklichung von Potenzialen – und entsprechend die Entfaltung daraus resultierender Energie.

Solche Überlegungen führen uns geradewegs in eine neue Leistungskultur: positiv, energetisch, potenzialentfaltend. Hier scheint uns die Physik um Jahrhunderte voraus zu sein. Für sie ist Leistung etwas durch und durch Gutes. Als Gesellschaft sind wir von dieser Einstellung noch Jahrhunderte entfernt. Wir leben hierzulande eher in einer psychologischen Leistungswüste.

Es gibt in der Physik auch eine mechanische Leistung, die mit so schönen Begriffen beschrieben wird wie Translation, Rotation oder Hydraulik. Da steckt selbst für den Laien erkennbar was dahinter? Bewegung. Der bekannteste Begriff aus diesem Feld ist wohl die Pferdestärke: Da bewegt sich – zumindest im Volksmund, nicht streng wissenschaftshistorisch – ein Pferd und was es dabei an Last zieht, was es dabei leistet, ist per definitionem eine Pferdestärke. Das kennt jeder. Doch Leistungskultur mit Bewegung (statt mit Druck und Stress) gleichzusetzen, fällt uns trotzdem schwer. Und noch ein letzter physikalischer Leistungsbegriff.

Die elektrische Leistung. Sie ist die Stromstärke in Bezug zum Widerstand – manchmal könnte man meinen, Physiker könnten auch ziemlich gute Psychologen sein. Leistung überwindet Widerstände. Ist das nicht herrlich ermutigend, psychologisch betrachtet? Da bedankt sich der Psychologe bei der Physik. Leistung, die Widerstand überwindet, entwickelt Energie. Wissen wir nicht. Interessiert uns nicht. Uns interessieren solche essenziellen Formeln nicht, weil für uns nur eine Formel, eine simple Gleichung gilt:

Leistung = Stress (und damit steigt im Quadrat die Burnout-Gefahr)

Soweit unsere »Leistungs(un)kultur«. Wir pflegen noch andere kulturelle Leistungspathologien, in die man – wie Tucholsky meinte – reingetreten sein muss, zum Beispiel:

Der Zweite gilt leider schon als der erste Verlierer

Als diese Zeilen geschrieben wurden, war Deutschland Gastgeber der Special Olympic World Games, an denen auch die deutsche Leistungskultur teilnahm und in der Disziplin »kultureller Amoklauf« startete, weshalb der Leiter des deutschen Teams, Tom Hauthal[10] ordentlich vom Leder zog:

»Wenn ein Athlet oder eine Athletin am Höhepunkt des Jahres die beste Zeit, die er oder sie jemals gelaufen ist, bringt und damit den fünften Platz erreicht, dann ist das für mich die größte Leistung. In der Öffentlichkeit würde sie aber aufgrund unseres Leistungsbegriffs nicht gewürdigt werden. Britta Steffen … war jahrelang unsere Sportbotschafterin und hat mir mal einen Satz gesagt, der mir sehr in Erinnerung geblieben ist: »Ich wusste, wenn ich zu Olympia fahre und nicht gewinne, selbst wenn ich Silber hole, dann gelte ich in der Öffentlichkeit schon als erste Verliererin.« Das ist doch verrückt! Wir müssen dringend unser Verständnis von Leistung überdenken.«

Ich schließe mich diesem Angebot von Tom Hauthal an: Lassen Sie uns ab hier und heute Leistung fundamental anders verstehen. Weg von »Der Zweite ist schon der erste Verlierer« und hin zu »Leistung ist Tun, Machen, Bewegen. Leistung ist Lust«. Einverstanden?

Leistung ist all das, was wir machen, tun, anpacken und bewegen, weil wir davon überzeugt sind, dass es uns das wert ist. Komplexer Satz, der jedoch emotional einiges bei uns auslöst und innerlich bewegt, nicht wahr? Selbst notorische Leistungsverweigerer spüren beim Lesen dieses Satzes, dass sich innen drin etwas bewegt. Jeder Mensch wird sozusagen mit diesem Leistungs-Gen geboren. Auch wenn wir es kategorisch verleugnen: Es ist immer noch da, im Verborgenen. Es will einfach nur geweckt werden. Wird es geweckt, kommt die Lust mit dem Machen. Wenn das so ist: Warum machen wir dann so wenig Beglückendes? Anders gefragt:

Motivforschung – Warum »tun« wir überhaupt?

Wir könnten auch den lieben langen Tag auf der faulen Haut liegen! Trotzdem tun wir so manches. Ja, klar, vieles davon ist einfach nötig für Essen, Trinken, Wohnen, Kleidung. Aber das Wohnmobil? Der große Garten, der Drittwagen, alle paar Monate ein neues Smartphone, drei Streaming-Abos, die Edel-Espresso-Maschine … Ist das zum täglichen (Über)Leben wirklich »nötig«? Hierzu bedarf es eigentlich keiner Antwort – aber trotzdem arbeiten wir, um uns das alles leisten zu können, in immer neuen Facetten, in allen Lebensbereichen. Warum machen wir das?

Diese Frage hat schon viele Forscher interessiert, allen voran Psychologen wie Abraham Maslow mit seiner Bedürfnishierarchie[11]: Erst machen wir, weil wir essen müssen und ein Bett brauchen. Sind diese und andere Grundbedürfnisse erfüllt, hören wir nicht mit Machen auf, sondern erfüllen uns Sicherheitsbedürfnisse wie eine schöne Wohnung und ein sicheres Einkommen. Sind diese Bedürfnisse … et cetera, bis zur Spitze der »Motivpyramide«. Schön und gut und leicht angestaubt: Maslow publizierte seine Theorie bereits in den 1940er-Jahren. Außerdem, wie

Wikipedia charmant andeutet: »Seine Theorie könnte von den Blackfoot-Indigenen inspiriert gewesen sein. Er hatte kurz vor der Verfassung seines Werkes mehrere Wochen bei ihnen verbracht.« Da erscheint das doch sehr basale Konzept der Pyramide gleich in einem ganz anderen Licht, weshalb Motivationsforscher seither weitergeforscht haben: Was treibt uns wirklich an, außer den niedrigschwelligen basalen Aktivitäten, die für Tier und Mensch gleich sind? Warum tut der Mensch (anders als das Tier), was er tut? Warum machen wir auch dann noch munter und oft gestresst weiter, wenn wir bereits alles haben, was man zum Leben braucht? Warum machen wir immer weiter und weiter, bis Klima, Umwelt, Weltfrieden und unser Seelenheil komplett zerstört sind? Was treibt uns um und an? Seit Maslow sind wir wesentlich weiter.

Nicht nur die psychologische Motivationsforschung, auch in der Pädagogik bzw. pädagogischen Psychologie, in der Sozialpsychologie, aber auch in den Kulturwissenschaften sind in den vergangenen Jahrzehnten einige Erkenntnisse und neue Erklärungsansätze zusammengekommen, die man im Wesentlichen auf drei Dimensionen reduzieren kann, jeweils mit gegensätzlichen Treibern wie sich anziehende und abstoßende Magnetpole[12]. Und so lässt sich eine Motiv-Landkarte wie mit Himmelsrichtungen vorstellen, wobei jeder Mensch nicht »entweder oder« tickt, sondern immer und fortwährend sich in verschiedenen Ecken, in verschiedene Richtungen auf dieser Motiv-Landkarte bewegt, eben im Gleich- oder Ungleichgewicht dieser wenigen Antriebskräften des menschlichen Handelns[13].

Das 1. Motiv allen Machens: Zugehörigkeit

Wie heißt es so schön: wir sind soziale Wesen. Und das bedingt nicht nur, dass wir zusammenleben, in Gruppen leben und arbeiten, sondern dass wir uns gedanklich anderen Menschen bzw. Gruppen hingezogen fühlen – oder im Gegenteil: diese meiden, ablehnen. Wir suchen Zugehörigkeit, siehe Anschlussmotiv. Aber gleichzeitig sind wir allergisch gegen Vereinsmeierei und Dichtestress, weshalb dieses Motiv des Machens gegensätzlich wirkt:

Soziale Gruppenorientierung vs. Wunsch nach Individualität

Wir suchen unser ganzes Leben lang nach Menschen, die ähnlich denken wie wir, unsere Werte teilen, die gleichen Ansichten haben. Wie treibend diese Suche ist, demonstrieren eindrücklich die sozialen Medien, die diesem Zugehörigkeitsmotiv ihre Existenz und ihre Milliardengewinne verdanken: Zugehörigkeit lassen wir uns was kosten! Wir fühlen uns geborgen in einer Gruppe Gleichdenkender. People that are like each other, like each other. Gleichzeitig hassen wir Konformismus und Überangepasstheit. In einer Gruppe Gleicher fühlen wir uns wohl, wollen aber trotzdem oder gerade deshalb gleichzeitig auch einzigartig innerhalb der Gruppe sein, vielleicht sogar stellenweise aus unserer Gruppe herausragen.

Das gelingt zum Beispiel im Sport allen Mannschaftskapitänen, Trainern, Abteilungsleitern, Vorständen, Kampf- und Schiedsrichtern ... Das gelingt auch auf

Instagram: Ich fühle mich wohl in meiner Community zum Beispiel von Campern, will aber trotzdem das beste und schönste Urlaubsfoto von allen posten und bin erst dann zufrieden, nicht nur Likes zu bekommen (als Sinnbild der Gruppenzugehörigkeit), sondern auch Likes und Kommentare, weil ich Zuspruch zu meinen Fotos bekomme, die eine ganz eigene individuellen Interpretation eines schicken Campers darstellen. Nicht von der Stange gekauft, sondern selbst umgestaltet. Damit bin ich Teil der Gruppe, aber dennoch individuell.

Dieses ständige Hin- und Her zwischen »Wir-Gefühl« und »Ich-Gefühl« kann auch leicht dazu führen, dass nicht nur »innen« oder »außen« zählt, sondern auch »besser als die anderen«, was uns zum zweiten Motiv führt:

Das 2. Motiv allen Machens: Vergleich

Der sogenannte soziale Vergleich ist ein Mega-Motiv, nicht nur unserer aktuellen durchdigitalisierten Social-Media-Tage. Es beherrscht geradezu unser Leben. Ein Beispiel? Jede Clique von Gleichaltrigen.

Das fängt schon im Kindesalter an und erreicht einen für viele Eltern nervenaufreibenden ersten Höhepunkt in der Jugend der Kinder: Hat das erste Kind in der Schulkasse sein erstes Smartphone/Pony-Reitkurs/E-Bike/Luxus-Sneaker etc., wollen bald alle andern auch das Gleiche. Warum? Weil man sonst im sozialen Vergleich zurückfällt, verliert – und keiner liebt Verlierer. Man steht fortwährend auf einer sozialen Leiter und schaut **nach oben**, zu **Vorbildern**, zu Leuten, die mehr haben, erfolgreicher sind (»**sozialer Aufwärtsvergleich**«) – und wird inspiriert, das man noch etwas erreichen kann.

Man schaut zugleich **nach unten** (»**sozialer Abwärtsvergleich**«), wo es viele Menschen gibt, die weniger haben, weniger können, denen es schlechter geht, die man tatsächlich als minderwertig, bemitleidenswert wahrnimmt.

Diese Leiter des sozialen Vergleichs wird prächtig gestaltet durch eine Konsumgüterindustrie, die uns unzählige Produkte bietet, die allein durch eine Preisgestaltung und trendwellen-artigen Verknappung eine Menge Distinktionspotenzial frei Haus liefert: nicht nur verspielte Gadgets und modische Accessoires, sondern bald auch teure Autos, Urlaube, exquisite Hobby-Artikel und Freizeit-Events, bis hin zur schicken Penthouse-Wohnung. Und immer heißt der gekaufte soziale Mehrwert: ich kann mir mehr leisten als die anderen, mir geht es besser, ich *bin* besser.

Sozialer Vergleich hält so ganze Volkswirtschaften am Laufen, trotz materiell irrationalen Verhaltens – doch das ist die Macht des sozialen Vergleichsmotivs. Natürlich könnten wir uns diesem Motiv auch verweigern. Kennen sie wen, der das tut? Warum fällt uns diese Verweigerung so schwer?

Sozialer Vergleich – ein Abfallprodukt menschlicher Kulturgeschichte

Man muss weit in die Zeitgeschichte der Menschwerdung zurückgehen, um zu verstehen, wie der soziale Vergleich zustande gekommen ist. Der Psychoanalytiker Wolfgang Schmidbauer hat hierzu einen faszinierenden, weiten Bogen gespannt und den modernen Menschen mit dem prähistorischen Menschen psychologisch verglichen[14]. Stellen Sie sich einmal bildlich die folgende Situation vor: In grauer Urzeit, ein paar Urmenschen pflücken Beeren, andere sind gerade auf der Jagd. Sie tun das in kleinen Gruppen, Familien, Clans. Das Leben ist die Familie, die Gruppe. Es gibt schlicht noch keine Notwendigkeit, sich mit anderen hierarchisch komplex zu vergleichen, weil es sehr viel wichtiger war, dass jeden Abend genügend Beeren in der Schüssel waren und genügend Fleisch am Spieß hing. Wichtiger als der soziale Vergleich waren Nahrung und Überleben der Familie.

Dann, nach Jahrtausenden, taten sich durch die Sesshaftwerdung sehr viel größere Menschengruppen zusammen. Die Arbeitsteilung wurde erfunden, damit die Spezialisierung und diese führte unweigerlich zum sozialen Vergleich: Ich bin in einer Dorfgemeinschaft nur soweit etwas wert, solange ich etwas ganz Besonderes kann, in dem ich auf meinem Gebiet auch besser bin als andere. Jeder fürchtet instinktiv, dass er durch andere irgendwann überflügelt wird, dass die eigene Fertigkeit, das eigene Potenzial nicht mehr viel zählt.

Sprung in die Neuzeit: Wer bin ich, und was bin ich wert, bei der Arbeit, in der Nachbarschaft, in der Familie. Bin ich in der Gesellschaft weit oben genug, um das gute, beruhigende Gefühl zu haben, genug zu haben, genug zu können, um mich nicht ausgestoßen zu fühlen? Wenn der Nachbar ein neues teures E-Auto kauft, der alte Schulfreund ein schickes neues Motorrad sein Eigen nennt, viele Menschen im Lieblings-Café plötzlich diese sündhaft teure Marke tragen...

Das ist Angst vor dem Verlust des sozialen Status; Positionsangst. Der Urmensch hatte vor allem Existenzangst: »Habe ich genug zu futtern?«. Der moderne, zivilisierte Mensch hat dagegen vor allem Positionsangst: »Bin ich noch gut genug (im Vergleich zu meiner Peer Group)?« Also werden wir tätig, machen wir, tun wir, arbeiten wir, um zu verdienen, damit wir es wieder ausgeben können, um uns unserer sozialen Position auf der Leiter sicher zu sein.

Diese Angst, dieser fortwährende soziale Vergleich ist ein extrem starkes Handlungsmotiv. Motivation durch Angst – ein aufreibendes Handlungsmotiv. Und nicht nur im Sinne einer Konsumkultur, nicht nur durch häufig offensichtlich unnütze Status-Symbole, die lediglich ausdrücken helfen: »Ich kaufe es mir, weil ich es *kann.*«

Auch in der Arbeitswelt ist sozialer Vergleich ein ständiger Begleiter, denn dort umfasst der sozialer Vergleich nicht nur das, was ich darstelle oder mir leisten kann, sondern man sieht sich direkt seinen Kompetenzen konfrontiert. Was ist das, was ich kann, in einem Unternehmen wert? Wir vergleichen dort ständig, was wir tun, wir sind in einer sozialen Mikro-Umgebung, in der – nach Schmidbauer – im schlechtesten Fall ständig die Angst mitschwingt, nicht mehr gebraucht zu werden.

Sie sind mehr als ein soziales Wesen!

»Der Mensch ist ein soziales Wesen.« Lernen wir schon in der Schule und hören und lesen wir täglich in den Medien. Leider reflektieren nur die wenigsten die Implikation: Wenn das stimmt, wenn wir wirklich vorrangig soziale Wesen sind, dann sind wir praktisch zum folgerichtigen sozialen Vergleich und zur damit einhergehenden Positionsangst verdammt.

Dann *müssen* wir uns mit den Meiers von nebenan messen, mit den Kontakten in den sozialen Medien, aber auch mit den Kolleginnen und Kollegen am Arbeitsplatz. Wir müssen uns in Rangkämpfe verbeißen, andern am Stuhl sägen und uns selbst vor umtriebigen Neidern und subversiven Kronprinzen schützen, müssen Positionssicherung betreiben wie ein Infanterie-Major den Stellungskampf. Wir müssen unsere eigene Position möglichst imposant, überhöht, Applaus-heischend und Neid-erzeugend zur Schau stellen und dabei viel Energie auf ein soziales Motiv verschwenden, was uns individuell nicht wirklich hilft, was uns nicht unseren inneren Antrieb, unsere ureigensten Kompetenzen erleben lässt.

Wir machen uns damit selbst zu Opfern. Wir brauchen noch nicht mal einen Unterdrücker (Kollege mit Ellbogen, schlecht gelaunter Chefin...), der uns übel will. Wir machen das selber. Wir machen uns selbst zu Opfern des Sozialvergleichs, als ob wir noch wie vor Zehntausenden Jahren befürchten müssten, bei Positionsverlust aus dem Neandertal, geworfen zu werfen. Das ist verrückt?

Nein, das darf man heutzutage nicht mehr sagen. Man sagt: »Das ist neurotypisch.« Also weit jenseits von verrückt. Machen wir Schluss damit. Machen wir Schluss mit dem Handlungsmotiv des sozialen Vergleichs. Verweigern wir uns diesem:

Der Hund ist sicher ein soziales Wesen – aber Sie doch nicht!

Nicht vorrangig und vor allem nicht ausschließlich – und schon gar nicht, wenn es darum geht, seinen inneren Antrieb zu finden. Der Mensch ist viel mehr. Er ist Macher, ganz gleich ob allein oder mit anderen zusammen. Wenn wir machen, sollten wir es nicht aus sozialen Ränkespielen heraus tun. Das ist vergebene Liebesmüh und bringt keine nachhaltige Leistungslust, nur Neidfrust, Erwartungsenttäuschung und Enttäuschungswut. Wenn wir dem Sozial- und Gruppen-Fetisch den Vorrang einräumen, riskieren wir leicht, dabei unsere individuellen Bedürfnisse und Ich-bezogenen Handlungsmotive zu vernachlässigen – und damit uns selbst im Kern der Leistungslust.

Trotzdem sprechen zum Beispiel Management-Ratgeber ständig von emotionaler Intelligenz (in Bezug auf Kollegium und Mitarbeitende), von Empathie für andere (anstatt von Reflexionskompetenz für ureigene Motive) und von moderner Führung als Fähigkeit, mit anderen auszukommen. Das alles ist wichtig. So wichtig wie die

Karosserie eines Autos. Doch der Motor treibt das Auto an. Unser Motor ist vor allem das Handlungsmotiv der persönlichen Entwicklung. Kinder wissen das noch.

Das 3. Motiv allen Machens: Entwicklung

Wir machen vieles, damit wir uns weiterentwickeln, um weiterzukommen, weil das ein urmenschliches Bedürfnis ist. Schon das Kleinkind entfleucht in einer unbeaufsichtigten Minute seinem Laufstall, um richtig, frei, ohne Sicherheitsgerüst Laufen zu lernen: Entwicklung!

Danach fällt es erleichtert in die Arme der besorgt herbeieilenden Mutter respektive Vater: Sicherheit! Wir merken schon: Dieses Modell unserer Motive weiß, wie komplex wir sind, wie dichotomisch (gegenpolig), weshalb es unser Handlungs-

motiv der persönlichen Entwicklung zweiteilig differenziert in ein ständiges Hin und Her zwischen

Selbsterweiterung und dem Gegenpol Stabilität, Sicherheit.

Das deuten auch so bekannte Sprichwörter an wie: »Gib deinen Kindern, wenn sie klein sind Wurzeln und wenn sie größer werden Flügel.« Das stimmt grob, mit zwei Korrekturen: Auch kleine Kinder brauchen bereits Flügel, um zu wachsen – sonst bleiben sie in ihren Fähigkeiten immer klein. Und auch wir Erwachsenen brauchen neben großartigen Entwicklungsschritten auch immer einen sicheren Hafen der Stabilität, sonst stockt unsere persönliche Entwicklung im Dauerstress (was leider für viele Menschen in unserer Zeit der Fall ist: No Safe Haven!).

Wie gesagt: Bei Kindern ist dieser Handlungstrieb nicht nur herzallerliebst zu beobachten, sondern auch stark ausgeprägt. Kindern macht es sichtlich großen Spaß (Leistungslust), herauszufinden: Was kann ich schon alles?

Sie versuchen hoch motiviert, dem Laufstall zu entrinnen, nicht weil sie »unartig« sind, sondern weil sie getrieben werden vom Entwicklungsmotiv: Kinder probieren aus. Was passiert, wenn ich das mache? »Kann ich das?«, »Ich kann das ganz alleine!«, »Schau mal, was ich kann!« Dabei lernen sie auch, was schmerzt, was die Umwelt (Eltern, Geschwister) reizt, was zu nichts oder gar zu negativen Konsequenzen führt. Dann sucht man Schutz in der Familie. Stabilität, Berechenbarkeit. Fühlen wir uns sicher, haben wir genügend Sicherheit aufgetankt, geht's wieder raus in die Welt, Neues lernen, uns weiterentwickeln.

Das kennen wir aus unserem bisherigen Verständnis von Leistung: Neues meistern, hinzulernen, über uns hinauswachsen, ständig neue Herausforderungen suchen und bewältigen oder wie es eine US-Studentin ausdrückte: »A culture of facing challenges.« Das ist Leistung, die unserem innersten Antrieb folgt, unserem Trieb zu persönlicher Entwicklung, was die Frage aufwirft: Warum werden wir dann im Laufe unseres Erwachsenenlebens im Vergleich zum Kleinkind (!) so träge, so lern-unwillig?

Warum wir träge werden

Warum tendieren so viele von uns im Erwachsenenalter fast komplett zum Gegenpol Sicherheit und treten ins Selbsterweiterungs-Koma? Oder um Churchill zu variieren: No Challenges! Warum scheuen so viele von uns neue Aufgaben und neue Herausforderungen? Warum dauert es immer so lange, bis wir eine neue Challenge annehmen? Es gibt eine einfache Erklärung dafür, wenn man bewandert ist in Motiv-Modellen.

Wir werden träge, weil wir uns bei neuen Herausforderungen viel zu oft einreden lassen, diese ausschließlich aus der ökonomischen Perspektive zu betrachten: Was bringt mir das? Für meinen Gehaltszettel, meinen Bonus, die nächste Beförderung, meine Personal Brand? Das ist der Korrumpierungseffekt unserer Kultur: Ignorier doch einfach deinen inneren Antrieb zu persönlicher Entwicklung! Schau nur auf den Bonus, also die Möhre. Sei ein guter Esel! Und verrate dabei deinen inneren Antrieb! So hört man auf, zu lernen, zu leben und sich auch persönlich zu entwickeln. Nicht alle.

Neulich traf ich einen befreundeten Arzt, der mir stolz seine ersten Code-Zeilen am Notebook zeigte. Auf meine verwunderte Frage hin, ob er jetzt zu den Codern wechseln wolle und was das mit seiner Arbeit zu tun habe, antwortete er: »Nichts! Aber das hat mich schon immer interessiert, das finde ich super spannend. Meine Arbeit kenne ich schon – Kodieren ist doch mal was total Neues.« Weil es seine ganz persönliche Entwicklung vorantreibt. Seine Chefin hat (noch) nichts davon, die Teammitglieder und Patienten auch nicht – aber er. Und er ist sich selbst wichtig genug, um sich den Luxus persönlicher Entwicklung zu gönnen. Lernen, um Neues zu meistern – das ist persönlicher Gewinn, der in unserer Gesellschaft leider häufig genug wenig zählt. Gelernt wird an der Schule! Oder per Lernvideo auf YouTube, moderner Coaching-App oder Business-Ratgeber. Doch nicht im normalen Leben!

Der gefährliche Korrumpierungseffekt der Motivation

Kinder folgen noch ganz automatisch ihrem Entwicklungsmotiv: Sie probieren sich aus, machen einfach mal was und wachsen an ihrem Tun, auch nehmen sie dabei viel Frust in Kauf, weinen, stampfen, fluchen, wenn etwas nicht auf Anhieb klappt. Aber sie machen! Sie machen und wachsen dabei als Persönlichkeit und je mehr sie dabei wachsen, desto mehr machen sie auch. Klingt nach dem perfekten Entwicklungsplan für einen hoch kompetenten, extrem intelligenten und charakterlich reifen Heranwachsenden. Aber sobald wir den Ernst des Lebens betreten, werden wir zurückhaltend, vorsichtig, stets gefasst und diszipliniert, vor allem: korrumpiert, im psychologischen Sinne.

Es gibt fiese Studien dazu. Studien an Kindern. Heute erlaubt diese sicher keine Ethik-Kommission mehr. Doch damals ließ man eine erste Gruppe Kinder malen. Kinder malen gerne. Das macht ihnen Lust. Weil sie dabei ihr Entwicklungs-Motiv ausleben und daran wachsen: Erst ein Strichmännchen, dann bekommt das

Strichmännchen ein Gesicht und am Ende steht der/die kleine Künstler/in. Das war Gruppe 1. Die Kontrollgruppe.

In der Experimentalgruppe nahm man nur eine einzige Veränderung vor: Man ließ auch diese Kinder Bilder nach ihrem Gusto malen. Doch diese Gruppe wurde dafür belohnt. Für jedes einzelne Bild.

Dann ließ man beide Gruppen erneut in Ruhe malen, und danach nochmal. Und zu Beginn der wiederholten Mal-Session geschah etwas erstaunliches. Die Kinder der Experimentalgruppe wollten nicht malen. Sie malten nur noch, wenn sie dafür belohnt wurden. Was als »Incentive«, als vielleicht gut gemeinte Belohnung, Bestärkung, positive Geste gemeint war, entpuppte sich als total kontraproduktiv. So schnell killt man Motive, den inneren Antrieb und die gesunde Entwicklung des Homo sapiens. Eigentlich ganz einfach. Halt einem Menschen eine Möhre hin und er transformiert sich in einen Esel. Das passierte glücklicherweise nur in diesen üblen Studien?

Alltägliches Geschäft am Arbeitsplatz: Verhandeln. Verhandeln um mehr. Mehr Gehalt, mehr Bonus, die bessere Stelle mit mehr Gehalt und allerlei Bling-Bling. Mehr Budget, mehr von allem. Mehr extrinsische Motivation, die auf die intrinsische Motivation, auf den inneren Antrieb pfeift. Leistung im klassischen Sinne von »mehr«, »immer mehr«. Korrumpiert, des inneren Antriebs beraubt, zum perfekten Untertanen gemacht von einer leistungsfeindlichen Kultur der extrinsischen Belohnung. Wir bringen das bereits unseren Kindern bei: keine Belohnung – keine Leistung. Die persönliche Entwicklung als Handlungsmotiv wird konsequent operant wegkonditioniert – durch die Möhre.

Kein Wunder, dass so viele Esel herumlaufen. Übrigens ein passendes Bild: Der ungestört freilebende Esel braucht keine Möhre, um sich zu bewegen: innerer Antrieb. Der domestizierte Esel dagegen macht keinen Schritt mit seiner Traglast, wenn er dafür nicht belohnt wird. Der Antrieb des Eselmenschen wandert in der Selbstwahrnehmung von innen nach außen, der innere Antrieb geht verloren, bis wir alle nur noch hinter der Möhre der extrinsischen Belohnung her traben und unser gestörtes Selbstbild mit Hilfe des sozialen Vergleichs wieder ins Lot rücken wollen. Dabei gäbe es eine phantastische Alternative zur »Eselswerdung«: Flow.

Anregungen für Führungskräfte & HR

Sinnsuche ist nicht gleich Sinnsuche. Viele denken, es geht um die existenzielle Frage des Lebens, »warum das alles?«. Oft ist aber die Sinnleere bei Mitarbeitenden eine negative Erfahrung ausbleibender Wirksamkeit. Nach dem Motto: Ich tue viel, einiges, schon seit langem etc. – aber ich spüre keinen Effekt. Das Warum meint dann hier: Passiert etwas mit dieser Arbeit, mit dem, was ich mache, herstelle, erledige? Was halten die anderen davon? Gibt es jemanden auf der Welt, der das gut findet und ganz konkret mit dem Ergebnis meiner Arbeit etwas anfangen kann? Kommt – gerade bei nicht selten voll-digitalisierter Arbeit – überhaupt etwas Konkretes bei heraus?

Reduzieren Sie sozialen Vergleich in Ihrem Unternehmen: Keine großen öffentliche Diskussionen um Gehälter, Privilegien, tolle Benefits, das schürt nur das Ur-Motiv des sozialen Vergleichs, das lenkt ab von Leistung und Tun. Und Vorsicht: Die Karriereleiter ist eine Leiter des sozialen Vergleichs (»Wer ist besser, wer ist schlechter«, »bin ich mehr (oder weniger) Wert als die anderen?). Also bitte keinen »Employee of the Month« mehr. Keine Angst, ein Verzicht auf zu viel (materielle) Benefits wird eben nicht dazu führen, dass alle weglaufen. Die intrinsisch motivierten Angestellten werden bleiben – und genau die wollen Sie ja!

Nicht zuletzt: Akzeptieren Sie, dass es **ein erfülltes Leben außerhalb der Arbeitswelt** gibt – vielleicht nicht für Sie, aber für viele andere Arbeitnehmer, die andere Prioritäten setzen, die aber auch nicht so viel Glück in der Lotterie »Gute Bildung und Erfolgschancen« gehabt haben, die sich mit einfacheren Jobs über Wasser halten müssen, deren Kompetenzanforderungen gering sind. Betrachten Sie solche Mitarbeiterinnen und Mitarbeiter ohne Vorurteile und gehen Sie davon aus, dass die ein Vertragsverhältnis erfüllen und gute Arbeit leisten wollen und können – dafür dann aber pünktlich nach Hause wollen, um wo anders als in der Firma Selbstwirksamkeit zu erfahren.

Überprüfen Sie Ihren **Mindset**: Die allermeisten Menschen wollen nicht weniger arbeiten, sie wollen mehr Erleben, erfüllendes Leben, etwas, was sie fordert und erfüllt. Will jemand weniger arbeiten oder gar ganz aufhören, das Unternehmen verlassen, ist er nicht faul, sondern er findet hier nicht seine Rolle entsprechend seiner Kompetenzen oder das Umfeld hindert ihn daran, seine Kompetenzen zu leben.

Unterschätzen Sie nicht die **Basics der Arbeitsplatzgestaltung & Arbeitsmittel**. Das sind lohnende Benefits mit direktem Bezug zum »Machen«. Natürlich darf man auch neue Mitarbeiterinnen und Mitarbeiter locken mit Versprechungen, mit herausragender Ausstattung, aber nicht nur Dienstwagen und Dienstfahrrad, sondern erfüllen Sie lieber arbeitsbezogene Wünsche wie das herausragende PC/Smartphone, die Luxus-Werkbank, erstklassiges Werkzeug, Software-Tools, Top-IT-Betreuung, Buch- und Zeitschriftenzugänge, Lernvideos, Unterstützung durch Coaches, Trainer, Moderatoren auch auf niedrigen Führungsebenen, vielleicht sogar auch schon für die Fachebenen.

Anregungen für Mitarbeitende

Jeder Mensch trägt in sich bestimmte **Motive**, die für Leistungslust und Schaffenskraft nicht immer gut oder günstig sind. **Sozialer Vergleich ist unvermeidbar, aber nicht günstig**. Bei der Arbeit ist er Gift (Mobbing, Tratsch & Kungelei). Fokussieren Sie sich auf Ihre Tätigkeit und die Teammitglieder, die dafür wichtig und hilfreich sind.

Jeder Mensch will wachsen (»**Selbsterweiterung**«), will sehen und erleben, wie man mit eigenen Händen, durch eigene Tätigkeit Einfluss auf seine Umwelt nimmt, in der Welt einen Effekt hat. Das ist es, was wirklich antreibt, bei Ihnen im Innersten Energien freisetzt. Sobald Sie – umgekehrt – zu viel über Benefits nachdenken, über eine Belohnung Ihrer Leistung nachdenken, sollte das ein Alarmsignal sein, denn dann fehlt **der innere, inhaltliche Antrieb für die Tätigkeit** (oder den Jobwechsel)

Sie belohnen sich selbst, wenn Sie das tun können und dürfen, was Ihnen im Innersten liegt, Ihnen gefällt, Sie gut können.

Motivation kann man auch mal von der »Rückseite« her betrachten: von der **Depression** her, als GAU der persönlichen Motivation und Zufriedenheit. Denn ein psychologischer Zustand, der typisch bei Depressionen ist, nennt sich **Anhedonie, Lustlosigkeit**. Das meint den Verlust von Interesse und Freude – alles andere sind Nebensymptome.

- Achtung, bei der Diagnose Depression werden selbst manche Psychiater getrieben vom Vorurteil, dass Depression Verlust an Freude überhaupt sei. Tatsächlich ist aber das wesentliche Merkmal der Verlust an Freude bei eigentlich wertgeschätzten Aktivitäten oder **Verlust des Interesses, diese Tätigkeiten auszuüben**.

- Es geht also um **Willen versus Tun, Interesse versus Tätigkeit, oder: »Wanting« versus »Liking«**.

- Wenn wir vereinfachend und gerne über Glückshormone, v.a. Dopamin sprechen, ist dies nur auf das »Wanting«, die Erwartung von Lust beschränkt. Schaltet man im Tierversuch Dopamin aus, so verschwindet die Neugier, die Motivation nach

Exploration – die Nager sitzen satt und genüsslich mümmelnd in der Ecke, aber machen nichts mehr, suchen kein Futter mehr.

- Werden Sie sich dieses Unterschieds bewusst: **mögen heißt noch nicht wollen!** Um zu mögen, zu genießen, muss man erst »seinen Arsch hochkriegen« (sorry für die barsche Formulierung, aber man muss es mal so drastisch ausdrücken, weil es oft übersehen, falsch gedeutet und nicht selten auch falsch behandelt wird!)

3

LEISTUNGSLUST
IST IM »FLOW« SEIN

»The best moments in our lives are not the passive, receptive, relaxing times … The best moments usually occur when a person's body or mind is stretched to its limits in a voluntary effort to accomplish something difficult and worthwhile.«
Mihaly Csikszentmihalyi

Wenn der innere Antrieb alles um einen herum vergessen lässt

Flow? Kennen wir. Total aufgehen in einer Tätigkeit, alles um sich herum vergessen, erstmals systematisch erforscht vom Glücksforscher Csíkszentmihályi[15]. Selbst Hobbysportler reden davon, Sportkommentatoren sowieso. Ständig hört man Redewendungen wie »Er hat den Rekord gebrochen, weil er war voll im Flow!« Oder: »Kein Wunder, dass sie so erfolgreich war – sie war voll in the Zone.« Flow muss was ganz Tolles sein. Ist es. Es ist, scheuen wir keine großen Worte, ein Spitzengrenzerlebnis, das ohne großen Aufwand selbst bei alltäglichsten Tätigkeiten erlebt werden kann. Und vor allem: es hat erst einmal rein gar nichts mit Leistung oder gar Spitzenleistung zu tun. Machen Sie den Test!

Denken Sie an Ihre liebste Freizeitbeschäftigung, alles geht: Surfen im Meer mit anschließendem Barbecue unter Palmen, Hobby-Gärtnern im eigenen Garten, Lesen, Basteln, Nähen, Kochen, Tagebuch-Schreiben, Cabrio-Fahren, Biken, SUP-Paddeling – also alles, bei dem Sie sich trotz einer gewissen »Bewältigungsmühe« nicht quälen, sondern die Tätigkeit durch und durch genießen können;

Stichwort: lustvolle Beschäftigung. Und nun Kreuzen Sie all jene Aussagen der Flow-Kurzskala (FKS)[16] an, die auf Sie bei der Ausübung dieser Tätigkeit zutreffen:

1. *Ich fühle mich dabei optimal beansprucht.*
2. *Meine Gedanken bzw. Aktivitäten laufen flüssig und glatt.*
3. *Ich merke gar nicht, wie die Zeit vergeht.*
4. *Ich habe keine Mühe, mich zu konzentrieren.*
5. *Mein Kopf ist völlig klar.*
6. *Ich bin ganz vertieft in das, was ich gerade mache.*
7. *Die richtigen Gedanken/Bewegungen kommen wie von selbst.*
8. *Ich weiß bei jedem Schritt, was ich zu tun habe.*
9. *Ich habe das Gefühl, den Ablauf unter Kontrolle zu haben.*
10. *Ich bin dabei völlig selbstvergessen.*

Wie oft haben Sie angekreuzt? Die meisten Menschen erreichen bei ihrer Lieblingsbeschäftigung sechs bis acht Kreuze. Herzlichen Glückwunsch! Das bedeutet, Sie sind bei dieser Tätigkeit im Flow. Wie fühlt sich das an? Eben. Laufen Sie dabei einer Möhre hinterher?

Ganz sicher nicht. Flow ist das Gegenteil davon. Flow entsteht rein über den inneren Antrieb und die Tätigkeit an sich. Eine von außen versprochene Belohnung würde dabei nur stören und den falschen Anreiz setzen. Wenn Kinder ganz selbstvergessen spielen, sind sie im Flow. Wenn Sportler wie in Trance Spitzenleistung bringen. Wenn Literaten das Buch des Jahres abliefern und hinterher nicht wissen, warum sie dafür einen Preis gewonnen haben. Wenn Musiker auf offener Bühne das Konzert ihres Lebens hinlegen (und dabei überhaupt nicht an die Gage gedacht haben). Das schafft man nicht mit der Möhre vor der Nase, das schafft man nur aus innerem Antrieb heraus. Das Ergebnis spielt dabei keine Rolle; Beispiel: Lesen im Urlaub. Nichts kommt dabei heraus.

Wo man Flow nicht erwartet

Wir setzen uns nach dem Frühstück an ein schönes Plätzchen am Hotel-Pool, schlagen die erste Seite des Buches auf – und plötzlich ertönt der Gong zum Abendessen, wir haben die Zeit völlig vergessen, verloren und waren versunken und glücklich. Ohne jedes Ergebnis. Ohne Belohnung. Warum? Weil die Tätigkeit an sich die beste Belohnung ist. Die Tätigkeit, die man liebt, spendet Leistungslust (Lesen ist Leistung – lassen Sie sich da nichts einreden). Denken Sie nur: Eine der banalsten und ökonomisch kostengünstigsten Tätigkeiten spendet so eine Lust (für Menschen, die gerne Lesen; andere haben einen anderen inneren Antrieb mit korrespondierenden anderen Flow-Tätigkeiten).

Das heißt, dass wir, wenn wir echte Lebenslust erfahren möchten, weg müssen von der ökonomischen Betrachtung von Leistung, von Belohnung (Möhre), des Outputs, der Effizienz und Effektivität, der Produktivität und des »am Ende zählt nur, was unten dabei rauskommt«. Ja, auch – aber eben nicht vorrangig, wenn man Lebenslust erfahren möchte. Echte Erfüllung im Sinne einer Leistungslust ist nicht ökonomischer, sondern psychologischer Natur und lässt sich nur durch das eigene Tun erreichen. Sich ganz dem hingeben, was man wirklich gerne und gut macht – und wenn es »bloß« Lesen ist. Was aber können immer weniger Kinder, weil immer weniger Eltern es mit ihnen praktizieren? Lesen. Laut der Internationalen Grundschul-Lese-Untersuchung 2023 (IGLU) versteht ein Viertel der deutschen Viertklässler einen gelesenen Text nicht. Dafür haben 8 von 10 Kindern bereits ein Smartphone. Es geht uns leider oft nicht ums Lebensglück unserer Kinder. Es geht uns leider zu häufig darum, dass sie bespaßt, unterhalten, beschäftigt sind – und nicht eine Tätigkeit (teilweise mühsam) finden und erlenen müssen, die ihnen wirklich wirklich liegt.

Aber machen wir die Gegenprobe: Ihr aktueller Job. Gehen Sie nochmal die FKS von oben mit Ihrem aktuellen Job durch. Wie viele Kreuze? Zwei, drei, null? Frönen wir kurz der ungezügelten Ironie.

Kennen auch *Sie* den Flow?

Zum Beispiel Item 3: »Ich merke gar nicht, wie die Zeit vergeht.« Ha! Eher im Gegenteil: Wir zählen an vielen Tagen die Minuten; wann ist endlich Feierabend? Wann der nächste Urlaub? Der Tag / das Fiskaljahr nimmt wieder mal kein Ende!

Oder Item 4: »Ich habe keine Mühe, mich zu konzentrieren.« Wenn mich ständig ein Kollege, Kundin oder Chef stört?

Item 1: »Ich fühle mich dabei optimal beansprucht.« Nee, die Realität der eigenen Beanspruchung liegt meist zwischen Bore- und Burnout. Alles andere als »optimal«.

Oder die 8: »Ich weiß bei jedem Schritt, was ich zu tun habe.« Schön wär's! Selbst wenn, gibt es immer einen oder eine (Vorgesetzte, nervige Kollegin), die oder der mir unterstellt, ich wüsste es eben nicht oder schlimmer: Ich habe selbst keine Ahnung, was ich hier tue und welche Variante von vielen komplexen Optionen jetzt die beste Wahl wäre. Daher auch 9: »Ich habe das Gefühl, den Ablauf unter Kontrolle zu haben.« An einem modernen Arbeitsplatz hat man nur selten etwas unter Kontrolle, ständig droht das Chaos, das Unvorhergesehene regiert und die nächste Katastrophe wartet bereits. Wir leben bekanntermaßen in VUCA-Zeiten, die gekennzeichnet sind durch Volatility, Uncertainty, Complexity und Ambiguity. Und im Job ist eigentlich immer zu hören, wir müssten flexibler, dynamischer werden – von wegen sichere Flow-Routine. Wir kommen nie wieder in den Flow des optimalen tätigen Lebensglücks?

Wo der Flow auf Sie wartet – im Job

Trotz VUCA und obwohl sich manche von uns bewundernswert intensiv und durchaus berechtigt über ihre Arbeit (Familie, Verein ...) beklagen können: Flow lauert überall, wenn wir uns auf ihn einlassen. Auf diese ubiquitäre Weise entdeckte

Csíkszentmihályi übrigens den Flow: in Bullshit-Jobs, zum Beispiel in Detroit am Band (als dort noch Autos gebaut wurden). 99 von 100 Bandarbeitern beklagten sich über die monotone, nervtötende, hirnbetäubende Arbeit – einer von 100 war acht Stunden im Flow. Im selben Job!

Zweite Ausnahme: Selbst in Jobs am Band fanden sich einzelne Tätigkeiten, bei denen manch einer der sonst zu Tode gelangweilten Arbeiter im Flow war. Diese zweite Ausnahme ist Ihre große Hoffnung und Chance:

Es gibt selbst im schlimmsten Bullshit-Job zwei, drei, vier oder mehr einzelne Tätigkeiten, die sechs, sieben, acht FKS-Kreuze und Sie in den Flow bringen!

Wenn ich ein wenig nachbohre, kommen die meisten auch nach wenigen Sekunden auf diese Flow-Tasks, zum Beispiel eine total unterforderte Buchhalterin: »Ja, stimmt, muss ich zugeben: Alle paar Wochen zieht mich der Geschäftsführer von meinen langweiligen Tabellenkalkulationen ab und lässt mich Szenarien durchrechnen! Darin gehe ich total auf! Aber das passiert wie gesagt nur alle paar Wochen...« Als ich sie fragte, ob sie dann wieder Wochen warten oder lieber den Geschäftsführer dazu drängen wolle, ihr mehr davon zu geben, kicherte sie und meinte: »Darauf hätte ich auch selber kommen können!« Warum kam sie nicht drauf? Anerzogene Möhren-Mentalität. Nichts geht über einen sicheren Job und dem Fixgehalt am Ende eines jeden Monats. Und dafür wird gemacht, was (von der Führungskraft) gefordert wird und nicht, was einen in den Flow bringt. Doch das ist die Gewissensfrage unserer Tage, eher: die Frage unserer geistig-seelischen Gesundheit. Wollen wir immer nur abarbeiten, was die Möhre uns aufoktroyiert – oder so regelmäßig in den Flow kommen, dass wir nach Feierabend zufrieden, erfüllt nach Hause gehen?

Es gibt einige wenige Tätigkeiten bei der Arbeit (in der Familie, in ...), die Sie in den Flow bringen? Dann: Mehr davon! Länger! Öfter! Mit anderen ähnlichen Elementen ergänzen! Andere Menschen bitten, dabei mitzuhelfen, mehr aus diesen Tätigkeiten zu machen! Sich freiwillig für solche Flow-Jobs melden! Andere Non-Flow-Tätigkeiten so modifizieren, dass sie mehr FKS-Kreuze bekommen! Nach dem Motto: »Was nicht passt, wird passend gemacht!« Wobei »passend« bedeutet: zu Ihrem inneren Antrieb passend, der Sie in den Flow bringt. Wir ernten den Flow, den wir sähen. Flow bekommt man nicht geschenkt, man muss ihn sich verdienen. Die meisten Jobs lassen sich so modifizieren, dass Sie deutlich mehr Flow erleben. Und wenn nicht?

Es gibt tatsächlich Tätigkeiten und Berufe, die bei einigen Menschen überhaupt nicht zu deren innerem Antrieb passen (aber manchmal gut bezahlt sind). Das geht kurzfristig gut, fordert jedoch langfristig einen hohen seelischen Tribut: Flow-Deprivation führt unweigerlich in resignative Arbeitszufriedenheit, Dauerstress, Neurosen, Kompensationshandlungen (z. B. Kaufrausch) und Psychosomatik. Das ist keine nachhaltige Lösung. Die Lösung liegt in der Frage: Was ist mir langfristig wichtiger? Möhre oder echte innere Erfüllung?

Viele Angehörige der Generationen Y und Z praktizieren das bereits, was ihnen vom Establishment als Leistungs- und Arbeitsverweigerung ausgelegt wird. Dabei verweigern nicht wenige junge Menschen lediglich die vorgehaltene Möhre – leider ohne zu wissen, was sie wirklich antreibt. Sie verweigern die Möhre, ohne zu wissen, was sie stattdessen wirklich wollen. Sie wissen, dass sie kein Esel sein wollen – aber was dann? Niemand hat ihnen die Fähigkeit zur Selbstreflexion beigebracht. Warum auch? Wer einen Esel braucht, will sicher nicht, dass dieser sich selbst reflektieren kann und irgendwann dabei entdeckt, dass eine Möhre auf Dauer nicht seinem inneren Antrieb entspricht. Umso wichtiger ist es heute für jeden Menschen, zu wissen: Bin ich Esel oder Rennpferd?

Wo der Flow auf Sie wartet – im Leben

Flow ist Ausdruck, Resultat und Belohnung echten inneren Antriebs. Csíkszentmihályi entdeckte den Flow unter anderem auch bei seinen Interviews mit Personen, die »ohne Sinn« handelten; das heißt ohne ökonomische Relevanz, ohne Möhre. Darunter waren Extremkletterer[17] (ohne Influencer-Provision), Künstler (ohne lukrativen Galerie-Vertrag), Schachspieler im Park: Alles Tätigkeiten, die »nichts bringen«, also keine Knete, Kohle, Kies, Karriere im formellen Sinne. Warum machen die das, wenn das so sinnlos ist? Fragte sich Csíkszentmihályi.

Und fand heraus: Die machen das, weil sie bei diesen Tätigkeiten im Optimalfall alle 10 Statements der FKS ankreuzen können. Weil es sie hochgradig beglückt. Der Forscher nannte das Flow, das höchste der Gefühle, welches man bei einer konkreten Tätigkeit genießen kann. Alle Befragten zeigten vier Flow-Merkmale, die gleichzeitig die vier Faktoren sind, mit denen auch Sie in den Flow kommen:

1. *Nichts außer der aktuellen Tätigkeit zählt mehr; man ist komplett ins Machen involviert.*
2. *Bewusstsein und Handlung verschmelzen; es gibt keine Selbstzweifel mehr.*
3. *Ein Gefühl starker Kontrolle stellt sich ein.*
4. *Verzerrte Zeitwahrnehmung: Man vergisst Zeit und Raum.*

Insbesondere der vierte Faktor macht aus Flow quasi die billigste Zeitmaschine, die man sich selber basteln kann.

Wie kommen Sie in den Flow? Aus den vier Faktoren lassen sich Rezepte ableiten, die inzwischen millionenfach praxisbewährt sind, zum Beispiel:

Flow braucht: Hundertprozentigen Fokus

Jeder Job ist komplex und besteht aus vielfältigen Tätigkeiten. Leider ist ein Job, im Sinne dieser komplexen Kombination von Tätigkeiten, nicht immer gleich der »Job mit Flow« schlechthin, aber einzelne Tätigkeiten des Jobs können es sein. Flow kann sich leichter bei Teilaufgaben einstellen (Detroit am Band!) – sofern Sie sich voll und ganz darauf konzentrieren.

Das klingt simpel, ist es jedoch nicht, weil wir den Kopf nicht ausschalten können, Beispiel Tennis: Nichts ist so geradezu körperlich befriedigend wie eine satte, absolut zentriert getroffene, mit voller Wucht und schmackigem Schwung durchgezogene Rückhand: Flow, Leistungslust. Und doch spüren wir bei neun von zehn Rückhandschlägen keinen Flow, sondern? Zweifel, Skepsis, »Treffe ich wieder nicht? Bleibt der Ball im Netz hängen? Verziehe ich? Stehe ich richtig?« Wir kommen nicht in den Flow, weil wir uns nicht hundertprozentig auf die Tätigkeit konzentrieren können. Deshalb hat Timothy Gallwey den Millionen-Seller »The Inner Game of Tennis«[18] geschrieben. Er erfand eine simple Konzentrationstechnik mit garantierter Wirkung:

»Konzentrier dich nicht auf deine Störgedanken, sondern auf die Filzhaare des Balls!«

Das funktioniert. Wer versucht, auf einem fliegenden Ball die Haare zu erkennen, hat keine kognitive Kapazität mehr übrig für Selbstzweifel. Kfz-Mechaniker, die höllische Angst vor einem schwierigen Kunden haben, weil sie nicht wissen, ob sie seine Karosse bis 17 Uhr Feierabend fertig repariert haben, lassen sich von ihren Zweifeln nicht vom Flow, ihrer Kompetenz und Produktivität ablenken, sondern denken immer nur an die nächste Schraube, die nächste Dichtung, den nächsten Handgriff und sind dem Flow deutlich näher als der inneren Blockade.

Flow braucht: Feedback durch die Tätigkeit selbst

Ball nicht satt getroffen? Nächstes Mal Schlägergriff eine Viertelumdrehung rotieren. Radlager hat zu viel Spiel? Sachte nachziehen. Kollegin oder Chef runzelt die Stirn? Nachfragen!

Das Feedback aus der Tätigkeit selbst hält Sie im Flow – wenn Sie darauf hören und dabei nicht denken: Ah, Mist, warum kriege ich das immer noch nicht hin?! Warum mache ich immer noch so viele Fehler? Es gibt keine Fehler, nur Feedback – für Menschen im Flow. Gleichzeitig ist das die beste Fehlerkultur. Warum ist Feedbackwahrnehmung eine zentrale Voraussetzung für Flow?

Weil Sie nur mit Feedback und Handlungskorrektur immer besser und besser werden, Ihre Kompetenz ausbauen, dadurch persönlich wachsen und damit Ihrem innersten Antrieb folgen in Gestalt des ersten Motivs allen Machens: Persönliche Entwicklung (siehe oben).

Wichtig dabei: sehen Sie Feedback nicht zu formal, nicht als »Feedback-Prozess«. Ja, die sind wichtig, aber eher für komplexes Team- und Prozess- und Projektmanagement – aber nicht für Ihre ganz persönliche Flow-Erkenntnis, was Ihre konkrete Tätigkeit angeht.

Flow braucht: Alle Zeit der Welt

Ebenso wichtig wie alle Faktoren, die Sie in den Flow führen, sind jene, die Sie daran hindern; sozusagen die Flow-Bremsen. Wenn Sie diese lösen, kommen Sie schneller, öfter und einfacher in den Flow. Was ist die häufigste Flow-Bremse?

Richtig geraten: Zeitdruck. Unter Zeitdruck fällt es jedem schwer, sich voll und ganz auf die eigentliche Arbeit zu konzentrieren (einer der beiden wichtigsten Flow-Faktoren, s. o.), weil man ständig mit einem Auge auf die Uhr guckt. Manchmal klagen Betroffene: »In diesem Stress finde ich doch nie zum Flow!« Das täuscht.

Den Gegenbeweis lieferte ausgerechnet ein Kollege, der Experte im Erstellen von Powerpoint-Präsentation ist. Eines Tages musste seine Chefin überraschend zum Vorstand und wies den Kollegen an, ihm binnen 20 Minuten ein paar Charts zusammenzustellen und teilweise auch neu zu »bauen«. Wer das schon mal in »Vorstands-Qualität« machen sollte, weiß: kaum zu schaffen. Also Stress-Trigger, weil: Zeitdruck! Massive Flow-Bremse. Der Kollege aber löste diese gekonnt, indem er verkündete: »Ich schaffe das in 19 Minuten!« Er schaffte es in 18 Minuten – im Flow. Er schloss sich ein, keiner störte ihn, Chefin ließ ihn in Ruhe (Stichwort: Vertrauen), sein Arbeitsplatz respektive Dateisystem war bestens organisiert. Und er verwandelte sich in einen Maus-Athleten. Bei dem Stichwort Athletik: Gäbe es keinen Flow unter Zeitdruck, gäbe es auch keine Olympiade oder Weltmeisterschaft. Da kommen viele Wettkämpfer auch und gerade unter Zeitdruck in den Flow, keine Höchstleistung ohne Zeitbegrenzung. Und gerade dort sieht man den Flow in vielen Gesichtern. Fällt Ihnen bei dem Beispiel oben noch eine Flow-Bremse auf?

Natürlich: Störungen von außen. Daher (auch) die Popularität von Homeoffice. Da kann man ungestört arbeiten. So löst man die Bremse (glauben viele, bis sie dahinterkommen, dass es eine Menge häuslicher Störungen geben kann).

Lösen Sie die Anspruchs-Bremsen

Eine dritte Flow-Bremse sind überzogene eigene Ansprüche, welche die Transaktionsanalyse nach Taibi Kahler ursprünglich als Antreiber formuliert hat, aber leider auch sehr wirksame **Anspruchs-Irrtümer** darstellen können[19]:

1. ***Sei perfekt!*** *Was du da machst, ist nicht gut genug! Das wird es auch nie sein – für einen Perfektionisten.*
2. ***Sei beliebt!*** *Mach es allen recht und sag bloß nie nein! Bestes Rezept für Hektik, Stress und den Verrat an den eigenen inneren Bedürfnissen. Dieser rein auf nach außen projizierten Erwartungen basierende Antreiber ist praktisch das Gegenteil des inneren, authentischen Antriebs.*
3. ***Sei stark!*** *Komm stets allein zurecht und frag nie nach Hilfe! Direkter Weg in die garantierte Überforderung. Selbst Superman braucht manchmal Hilfe von der Justice League*
4. ***Streng dich an!*** *Erst wenn du völlig erschöpft bist, darfst du mit einer Aufgabe aufhören (auch wenn sie rein sachlich bereits mit 150 % übererfüllt ist)! Das Mantra der Sport-Süchtigen.*

Das sind Flow-Verhinderer, innere Antreiber, die nur jene vom Flow abhalten können, die das Gegenmittel nicht kennen: innere Erlaubnisse via innerem Dialog:

1. *»Ich erlaube mir hiermit, diese Aufgabe mit 80% abzuliefern, Hauptsache, ich komme dabei in den Flow!«*
2. *»Ich muss nicht ständig den (oft vermuteten) Wünschen anderer hinterherhecheln – jetzt bin ich mal dran und zwar mit Flow!«*
3. *»Ich kann nicht alles wissen und können, schon gar nicht allein. Ich suche die Hilfe anderer Menschen, vor allem im Sinne einer Wiss- und Lernbegierde.«*
4. *»Leistung und Glück lassen sich nicht quantitativ messen, Leistung ist nicht zwingend ›viel‹, sondern vor allem ›gut‹ – und ich lege fest, ob es in meinen Augen ›gut‹ gelungen ist!«*

So kommt man leichter in den Flow. Verkürzt gesagt. Denn natürlich dauert es einige Tage ausdauernder Selbsterziehung, bis wir unsere jahrelang gepflegten Antreiber mit inneren Erlaubnissen überschreiben können. Manchmal ist das mehr Arbeit, manchmal weniger. Eine in der Transaktionsanalyse kompetente Coachin oder Coach kann dabei sehr hilfreich sein. Doch Antreiber-Management ist ein weites Feld, ein anderes Buch.

»Komm raus aus der Komfortzone!« Aber nicht zu weit...

Eine ganz entscheidende Abkürzung zum Flow ist die Passung zwischen Aufgabe und Fähigkeiten, also auf gut Deutsch der Schwierigkeitsgrad. Weder bei Überforderung (langfristig: Burnout) noch bei Unterforderung (Boreout) kommt man in den Flow. Ein mittlerer Schwierigkeitsgrad führt am schnellsten in den Flow. Das klingt banal, doch dem widerspricht unsere aktuell herrschende Kultur, die uns mit dem Slogan zu manipulieren versucht:

Neulich im Hochseilgarten: »Hau rein! Gib alles! Nicht nach unten schauen! Überwinde dich!« Das ist gut gemeint, aber leider ohne jede wissenschaftliche oder empirische Fundierung: Es schießt Sie auf ein Adrenalin-Hoch – und es macht den Flow kaputt. Wegen Überlastung. Wer sich überfordert, katapultiert sich raus aus dem Flow-Fenster zwischen Unter- und Überforderung. Die Flow-Forschung zeigt klar:

Fordern, nicht überfordern!

Die Metapher eines Flow-Fensters zwischen Unterforderung und Überforderung hält: Stay in the middle! Denn oft stellt sich ein besonders eindrückliches Flow-Erlebnis gerade in der Mitte eines Zeitraums ein, nach einer Warmlauf-Phase und vor einem »Auslaufen«, einem Cool-Down, zwischen Vor- und Nachbereitung. Man kann nicht um 7.00 oder 8.30 Uhr ins Büro kommen, den Rechner hochfahren, den ersten Kaffee des Tages zapfen und 7.08 oder 8.39 Uhr einen satten Flow erwarten. Nein, Flow braucht Warmlaufzeit. Natürlich nur dann, wenn wir schon beim Warmlaufen nicht ständig gestört werden (s. o.). Warmlaufen – Flow – Ausklang. Flow lässt sich nicht forcieren. Vor allem nicht mit olympischen Höchstleistungs-Aufforderungen wie »Komm raus aus deiner Komfortzone!«

Weil das insbesondere viele Profi- und Freizeitsportler intuitiv oder aus Erfahrung ahnen oder wissen, haben die meisten von ihnen ihre Aufwärm-Rituale: Alle Sportler laufen sich ein, machen sich warm, dehnen sich vielleicht vorher kurz, schwingen das Racket ein, machen Probeschläge mit dem Ball, stimmen sich auch mental ein, nehmen Abläufe vorweg. Auf immer dieselbe Art und Weise: Aufwärm-Ritual. Der Surfer wachst sein Board mit immer denselben Handgriffen. Er begibt sich geistig-seelisch »in die Zone«.

Die Goldene Mitte gilt auch für den Schwierigkeitsgrad, egal ob PC-Spiele, Sprachenlernen, Rechenaufgaben oder Großprojekt bei der Arbeit: Auf Schwierigkeitsgrad Level 1 stellte sich kein Flow ein, weil man unterfordert ist. Auf Höchststufe Level 3 streicht man innerlich die Segel, weil man sich leicht überfordert fühlt. Auf Level 2 dagegen treten statistisch gesehen die meisten Flow-Events auf. Dort, wo sich Skills und Challenge die Waage halten. Das heißt: Das Glück des Lebens und der Arbeit können wir gezielt anvisieren. Wir können unseren Flow selbst aktiv steuern:

- *Wählen Sie eine Aufgabe, die Ihren Fähigkeiten entspricht!*
- *Das heißt auch: Verlassen Sie nicht zwangsläufig Ihre Komfort-Zone!*
- *Überfordern Sie sich nicht mit überzogenen Ansprüchen!*
- *Die Aufgabe per se überfordert Sie? Machen Sie bei geeigneten Teilen der Aufgabe Abstriche, soweit möglich (und soweit Sie Ihre inneren Antreiber, s. o. davon überzeugen können).*
- *Oder zerlegen Sie die Aufgabe in fordernde Teilaufgaben.*
- *Geben Sie überfordernde Elemente ab.*
- *Bilden Sie sich weiter, bis Ihre Skills zur Challenge passen.*

Das sind ziemlich viele Flow-Tools, nicht wahr? Kennen Sie jemanden, der diese anwendet? Das dürfte rein empirisch betrachtet eher selten der Fall sein. Wir sind nun mal keine Flow-Nation. Ganz im Gegenteil. Wir sind die Nation der Dauergestressten. Kein Wunder, dass so viele Menschen mit ihrer Arbeit und ihrem Leben unzufrieden sind. Wir sind »Beggars, sitting on a beach of gold«, wie Mike and the Mechanics singen. Wir könnten durchaus in den Flow kommen, aber irgendwie kriegen wir den Hintern nicht hoch vom bequemen Beach.

Fazit: »Get out of your Comfort Zone!« kommt zwar in jedem Motivationsseminar vor, doch das funktioniert nicht. Das ist ein gutgemeinter Mythos, solange man nur damit meint: »Tu was, irgendwas, Hauptsache Du tust«. Aber bewusst über seine Kompetenzen hinausgehen, das macht Stress, weshalb man das nicht lange durchhält. Flow dagegen kann man ewig »durchhalten«. Wer aus der Komfortzone rausgeht, geht in den Stress. Geh da nicht hin! Bleib im Flow!

Konzentrieren Sie sich nicht auf das Verlassen Ihrer Komfortzone, sondern auf die Tätigkeit an sich. Das heißt: Konzentrieren Sie sich nicht auf sich selbst (Komfortzone), sondern auf Ihre Handlung. Dann erleben Sie Flow. Folgen Sie nicht

Ihrem Ego, sondern der Tätigkeit an und für sich, erleben Sie immer und immer wieder diese ganz spezielle Euphorie des Handelns. Das fühlt sich einfach gut an. So gut, dass Sie mehr davon wollen. Und immer mehr. Ahnen Sie das Problem? Oder haben Sie es gar schon selbst erfahren und erlitten?

The Dark Side of Flow

Was ist die dunkle Seite von Flow? Leicht zu erraten: Suchtgefährdung. Eben weil Flow das höchste der Gefühle bei einer Aufgabe ist. Warum stürzen sich wohl Menschen in Wingsuits von Gebirgsklippen und kommen dabei ums Leben? Weil Flow süchtig machen kann. Weniger dramatisch: Warum spielen Jugendliche ihr liebstes PC-Spiel das komplette Wochenende durch, trinken nicht, essen nicht und

schlafen nicht? Weil sie im Flow sind. Warum tüftelt der Ingenieur seit Wochen bis nachts um halb zwölf am neuen Getriebe, obwohl seine Kinder den Mann nicht mehr erkennen? Weil er im Flow ist.

Flow kann zur Sucht werden. Flow-Sucht. Unter Freizeit-Joggern ist das Phänomen bekannt als »Runner's High«. Joggt man *in the Zone,* kann das nicht bei allen, aber bei erstaunlich vielen Läufern eine derartige Kaskade an Botenstoffen triggern, dass man tatsächlich davon high wird und das Gefühl hat »Ich könnte ewig weiterlaufen!« und »Ich möchte nie wieder damit aufhören!« Suchtgefahr. Nicht nur beim Jogging, sondern auch im Büro.

Gerade weil man im Flow alles um sich herum vergisst, vergisst man auch, dass das Kreuz schon seit einer Stunde zwickt, dass man viel zu wenig trinkt, dass andere Aufgaben und die Beziehung leiden. Glück macht süchtig. Beispiel Motorradfahrer[20].

Sich in strammem Tempo in die Kurve zu legen, ist Flow auf Speed. Bis man aus der Kurve fliegt und von der nächsten Leitplanken-Verankerung zweigeteilt wird. Sämtliche Millionen-Kampagnen mit Slogans wie »Fahr vorsichtig!« haben versagt (was viele Initiatoren und Etatgeber bis heute nicht wissen oder nicht wahrhaben wollen). Man kann einem spielsüchtigen Jugendlichen ebenso wenig sagen: »Spiel weniger!«

Weil das eine wirkungslose Aufforderung ist? Nein, es ist viel zu abstrakt. Deutlich wirksamer ist eine konkrete Ansage an den jugendlichen Gamer wie: »Spiel wie du möchtest – aber exakt jede volle Stunde stehst du auf, rennst runter in die Küche und trinkst ein Glas Wasser! Sonst zieh ich dir den Stecker!« Das löst Frust aus (weil es den Flow stört, kurzfristig), führt zu Widerworten, wirkt jedoch in geschätzt 60 bis 80 Prozent der Fälle – Suchtgefahr abgewandt oder zumindest deutlich gemindert. Flow-Büroarbeiter machen das so; Beispiel A: »Jedes Mal, wenn ich Textpassagen abspeichere, trinke ich einen Schluck.« Beispiel B: »Ich drucke nicht mehr mit dem Büro-Drucker aus, sondern mit dem Etagen-Drucker – Bewegung muss sein.« Ergo: *Jeder Flow hat ein Ende, muss ein Ende haben. Deswegen definiere selbst vorher konkrete Grenzen.*

Das höchste der Gefühle beim Machen

Stress, Frust, Unzufriedenheit, Lebenskrisen – trotz allen materiellen Wohlstands und aller Online-Frust-und-Kompensationskäufe erleben Millionen Menschen das täglich. Warum? Weil wir Krieg gegen uns selbst führen. Gegen unseren eigenen, authentischen inneren Antrieb. Das führt ins Unglück. Ins Glück dagegen führt uns das Ausleben des inneren Antriebs. Bezeichnenderweise folgen wir diesem inneren Antrieb am besten nicht durch Kontemplation, Denken und Meditation (so nützlich und gut diese intellektuellen Beschäftigungen auch sind), sondern durch tätiges Handeln: Machen bringt Glück.

Premium-Glück sozusagen bringt Machen, wenn wir dabei im Flow-Fenster tätig sind. Wie realistisch ist das? Sehr.

Csíkszentmihályi selbst führt eine ganze Reihe von historisch verbürgten Beispielen auf, zum Beispiel vom Fleischer am Hof eines chinesischen Kaisers vor Hunderten von Jahren, der bei seiner äußerst gewöhnlichen Tätigkeit so tief im Flow war, dass er stets massenhaft Publikum anzog, welches das »Ballett« seiner fast schon tänzerisch aufgeführten Handbewegungen bewunderte. Im Internet finden sich Tausende von Videos mit Straßenhändlern vor allem in asiatischen Ländern, die komplexe Speisen in Sekundenschnelle tellerfertig zubereiten mit einer wirbelwindschnellen Choreographie fast schon ritueller Bewegungen, die uns Flow-fremde Westmenschen in den Kommentaren unter dem jeweiligen Video zu Begeisterungsstürmen hinreißen. Und in jeder Werkstatt, jedem Büro, jedem Coworking Space, jeder Fabrikhalle gibt es meist einen älteren Meister oder erfahrene Mitarbeiterin, die mit der Hälfte der Handbewegungen der jüngeren Kollegen das Doppelte schafft.

Flow ist Könnerschaft, anmutiges Können, Souveränität – durch konkretes, geübtes und geliebtes Tun. Flow kommt nicht allein von wollen, Flow ist nicht »ich könnte«, Flow ist »Ich tue«.

Anregungen für Führungskräfte & HR

Kann man Flow bei den Mitarbeitenden aktiv unterstützen? Leider relativ begrenzt, aber man kann **Ablenkung der Angestellten reduzieren**. Das kann sein:

- Als Führungskraft **den Rücken freihalten**, von störender Bürokratie, aber auch von zu viel »Demokratie« und Mitbestimmung.

- Viele Beschäftigte werden dann glücklich, wenn sie in der Tätigkeit ungestört aufgehen können, **ohne** viel über **Verantwortung und Teilhabe** am Großen und Ganzen nachdenken zu müssen.

- Auch lässt sich eher Flow erreichen, wenn man **Zeitdruck reduziert**, denn Flow braucht eine Anlaufzeit und vor allem auch die (begrenzt) zeitliche Freiheit der kompetenzorientierten Entfaltung.

- **Bewahren Sie Ihre Mitarbeiterinnen und Mitarbeiter auch vor »zu viel« Flow**, denn das passiert leicht, wenn es mal »rund« läuft. Flow kann Überarbeitung bedeuten, im Moment des Genusses noch voller Hingabe, aber auf dem Arbeitszeitkonto, im betrieblichen Kontext einfach zu viel. Aber nicht *Sie* sollen kontrollieren und die Stechuhr anmahnen, sondern *die Menschen selbst* sollen wissen, dass die Firma nicht ihr Zuhause ist, dass man in der Firmenkultur ernsthaft und penibel die Arbeitszeiten und auch Erholungsmomente schätzt (angefangen von kleinen Pausen über Arbeitszeitplanung und -erfassung, bis hin zur Planung von Urlaub und anderen Abwesenheiten).

Im **Recruiting** ist es eine wahre Kunst, bei (zu besetzenden) Jobs **die ideale Passung der Aufgabe zu den Fähigkeiten herauszuarbeiten**, sonst wird Selbstwirksamkeit oder gar Flow der Arbeitskraft nie passieren. Und wichtig dabei als Anforderung an die Bewerbenden: **Der mittlere Schwierigkeitsgrad, die mittlere Herausforderung ist ideal**. Also nicht jemanden einstellen, nur weil er das Potenzial hat (evtl. zu hohe Herausforderung), aber auch nicht denjenigen, der es perfekt kann und nichts anderes gemacht hat (evtl. zu geringe Herausforderung). Gerade im Recruiting tendiert man dazu, diejenigen einstellen zu wollen, die exakt die Jobanforderung schon seit Jahren und Jahrzehnten ausüben – aber für diese Menschen wird das ewig Gleiche mit Sicherheit wenig herausfordernd sein.

Alle reden von Wertschätzung, aber **welche Werte erarbeitet eigentlich ein Mitarbeiter**? Sind sich die Mitarbeitenden eigentlich bewusst, was sie mit ihrem Tun bewirken? Welchen Mehrwert sie für ihr Unternehmen erarbeitet? Organisieren Sie z. B. über neutrale Dritte eine anonyme, qualitative Befragung, bei der eine Moderatorin oder Moderator bzw. Coach oder Coachin das mit jeder einzelnen Person aus Ihrem Team individuell durchgeht. Gibt es ein Verständnis für die eigene Leistung im Sinne: weiß, was man erstellt, wozu man beiträgt, was es bewirkt, für wen es ist etc. Kennt man seine eigenen Kompetenzen im Team, kennt man die eigene Einzigartigkeit im Team? Falls Sie das Ergebnis erhalten, dass all dies nicht oder wenig bekannt ist: Denken Sie nicht über Sanktionen nach, sondern gehen Sie mit den Führungskräften der Teams die konsolidierten Ergebnisse durch, um eine Verbesserung der Transparenz der Leistung zu erhöhen, decken Sie mit der Führungskraft und den Mitarbeitenden auf, was ihr Beitrag ist, im Sinne des gemeinsamen Tuns, des Werks, des Wertes.

Anregungen für Mitarbeitende

Flow ist nicht nur eine Eigenschaft eines tollen Jobs oder toller Umstände. **Flow liegt in der Tätigkeit**, die einem *wirklich wirklich wirklich* liegt – und Rahmenbedingungen, die einen ungestört und fokussiert diese Tätigkeit ausüben lassen. Für Flow ist man also zu großen Teilen selbst verantwortlich!

Herausfinden, was einen wirklich antreibt, kann man nicht nur mit professioneller Unterstützung oder Karriereberatung versuchen, sondern durch **Einsicht**. **Beschäftigen Sie sich mit sich selbst und erinnern Sie sich an Ansätze von Flow-Erlebnissen**…

- Welche Tätigkeit oder Beschäftigung, egal ob bei der Arbeit oder Freizeit, erzeugt bei mir absolute Begeisterung, innere tiefe Auseinandersetzung mit dem Thema? Überprüfen Sie dabei das **»Free Choice«-Kriterium**: Wie lange bleibt man aus freien Stücken bei der Sache? Je länger, desto mehr Flow-Potenzial mit dieser Tätigkeit. Achtung: bei Belohnung von außen findet evtl. eine kognitive Neubewertung statt, somit Korrumpierungseffekt!

- Sie können auch die Methode des »**Experience Sampling**« anwenden (»Erlebnis-Stichprobe«): Nehmen Sie ein Smartphone, programmieren Sie einen regelmäßigen Wecker tagsüber, etwa 5- bis 10-mal. Wenn es klingelt, schätzen Sie Ihr Befinden ein und geben Sie an, was Sie zu diesem Zeitpunkt konkret machen. Hierfür funktioniert am einfachsten eine Memo-App, evtl. mit Sprachaufzeichnung. Geben Sie als Titel der Kurznotiz auch die Bewertung Ihres Befindens an. Das alles machen Sie ein-zwei Wochen lang, dann werten Sie aus: Filtern Sie alle sehr positiven Memos, gehen die nochmal kurz durch und interpretieren, bei welchen Aktivitäten Sie besonders gut drauf waren. Und vielleicht gibt Ihnen das Hinweise auf Tätigkeiten, die bei Ihnen ein Flow-Potenzial haben.

- Eine einfachere Version des Experience Sampling ist die »**Diagnose per Rückschau**«, die man möglichst konkret und verhaltensnah anstellen sollte, praktischerweise schriftlich oder auch mit Tagebuch: Was mache ich auch ohne Belohnung immer wieder und ziehe das zeitlich vor? Wobei habe ich besonders gerne und problemlos gearbeitet, konnte kein Ende finden?

- Auch hilfreich sind »**Umkehr-Fragen**«, die helfen zu verstehen, was man vielleicht intensiv macht, aber es nicht wirklich gerne, mit dem inneren Antrieb macht (sondern wegen der »Möhre«): Wann konnte ich mich trotz erfolgreicher Arbeit nicht über das Ergebnis freuen? Gibt es einen »Schalter« für ungeliebte Tätigkeiten, die bei Ihnen sofort für einen negativen Stimmungsumschwung sorgen? (etwa »aufräumen müssen«, »Protokoll im Meeting schreiben müssen«, »einen Kunden anrufen müssen«)

4

LEISTUNGSLUST DURCH SUCHE NACH ERFOLGEN STATT VERMEIDEN VON MISSERFOLGEN

»I never dreamed of success.
I worked for it.«
Estée Lauder

Das Geheimnis des Glücks

... in Beruf und Leben ist also: Leistungslust. Wenn das so ist, dann: Wollen wir! Brauchen wir! Bitte mehr davon! So schnell wie möglich, so viel wie möglich, so intensiv wie möglich. Aber:

Ausgesprochene Leistungslust als Basis für ein erfülltes Leben: Wie soll das gehen? Muss man damit nicht geboren sein? Ist das nicht vererbt? In die Wiege gelegt? Wer sich bei der Geburt die falschen Eltern ausgesucht hat, hat eine Niete gezogen? Dieses Argument der genetischen Prädisposition, des DNS-Determinismus höre ich oft: »Ja, verstehe, im Machen liegt das Glück. Aber ich war nie so ehrgeizig und leistungsgetrieben wie zum Beispiel einige Kollegen im Betrieb oder Mitglieder meiner Familie. So bin ich nun eben. In meinem Alter ändert sich das auch nicht mehr.« Richtig.

Ab einem bestimmten Alter ändern sich gewisse Dinge nicht mehr, viele körperliche Merkmale werden vererbt. Leistungslust nicht.

Leistungslust wird nicht ererbt, sondern erworben. Prinzipiell, generell, ausnahmslos. Und was man bislang noch nicht erworben hat, kann man jetzt erwerben. Jederzeit, jedermann/frau, überall. Leistungslust ist wie körperliche Fitness: nicht vererbt, sondern Trainingssache. Sie brauchen keinen Hometrainer oder Ab-Roller dafür. Das Training kostet auch kein Geld. Leistungslust braucht keine 60-Minuten-Trainingseinheit täglich – so viel Zeit hat ohnehin niemand mehr.

Alles in allem also ideale Voraussetzungen für ein erfolgreiches Training. Ein Wunder, dass nicht viel mehr Menschen Leistungslust trainieren und erwerben. Die Gründe dafür kennen wir bereits: kulturelle Leistungsverweigerung. Wobei diese kulturell verordnete Leistungsabneigung das beste respektive das schlechteste Argument dafür ist, dass Leistungsmotivation nicht vererbt, sondern erlernt

ist. Denn unsere kulturelle Leistungsunlust haben wir nicht ererbt, sondern via Kultur *erlernt*. Kulturelle Indoktrination ist nichts anderes als ein Lernprozess. Für Erwachsene. Denn als Kinder haben wir etwas ganz anderes gelernt. Kinder sind extrem leistungsorientiert, oft bedeutend mehr als ihre Eltern – bevor Letztere Ersteren die Leistungslust gründlich austreiben.

Schon Kinder lernen Leistungslust

Sie lernen Leistungslust ganz natürlich, automatisch, authentisch, menschlich, normal. Leistungslust liegt in der Natur des (jungen) Menschen. Ohne dieses Lernprogramm wäre die Menschheit längst ausgestorben. Das Erlernen von Leistungslust erst macht Menschen aus uns. Das wissen alle, die jemals kleine Kinder beim Großwerden beobachtet haben. Tun wir das, fällt uns früher oder später auf, was die beiden Pädagogen Manfred Holodynski und Rolf Oerter in vier Phasen aufgedeckt haben[21]:

1. ***Freude am Effekt**, ab drei Monaten: Die menschliche Leistungsmotivation entwickelt sich bereits so früh. Klein-Susi zum Beispiel hat von ihrem Patenonkel eine schöne neue Rassel in die Krippe gereicht bekommen, die nicht viel kann: Sie rasselt halt. Susi hält sie beseelt lächelnd mit ihren kleinen Händchen, wedelt und rasselt damit, und als ihr stolzer Vater den Kopf in die Krippe steckt und »Oh, wie süß!« macht, zieht Susi ihm damit eins über, quietscht danach hörbar und sichtlich vergnügt. Warum? Beobachten wir hier frühe Symptome einer späteren Psychopatin, der es Freude bereitet, andere zu quälen? Nein: Leistungslust. So sieht Leistungslust im Alter von wenigen Monaten aus. Susi denkt, nein, empfindet eher: »Der Große macht ›Autsch!‹. Ich kann das! Ich habe diesen Effekt ausgelöst!« Freude am Effekt. Das ist die erste Lernphase beim Erwerb von Leistungsmotivation. Deshalb stoßen kleine Kinder mit großer Begeisterung Klötzchentürme um oder werfen Besteck vom Tisch. Das ist keine Zerstörungswut, keine Provokation der am Rande des Nervenzusammenbruchs changierenden Erziehungspersonen, sondern reine, pure, unverfälschte Lust am Effekt, ein erstes Kennenlernen der Selbstwirksamkeit. Kinder lernen ganz früh nicht (nur) Essen und Trinken, sondern vor allem: Leis-*

tung – im ureigenen Sinne einer bewirkenden Tätigkeit – wird belohnt, fühlt sich gut an! Die Geburtsstunde der Leistungsmotivation. Und so geht das weiter:

2. ***Verständnis der Urheberschaft**, ab circa zwei Jahren: In diesem Alter erkennt und versteht das Kind die Urheberschaft des lohnenden Effekts seiner Handlung: Das bin ja ich! Ich bewirke das! Nicht die Rassel! Bis zu diesem Zeitpunkt hat das kleine Kind den Effekt nur sehr vage verstanden. Setzt jedoch das Aha-Erlebnis der Urheberschaft ein, signalisieren sie den Erwachsenen danach gehäuft »Selber machen wollen!« Sie lassen Papa nicht mehr die kleinen Schuhe zumachen – sie wollen selber. Auch und gerade, wenn sie das nicht einmal annäherungsweise können: So lernt man, so genießt man die eigene Urheberschaft. Leistungslust. Viele Kinder wollen in diesem Alter auch nicht mehr mit dem Löffel gefüttert werden, sie greifen ständig selber danach, obwohl sie mit Brei das Zimmer dekorieren, sobald sie den Löffel tatsächlich zu fassen kriegen. Ein Schlüsselmoment der Entwicklung von Leistungsmotivation. Stolz. Urheber-Stolz. Werkstolz. Ohne die Erkenntnis der Urheberschaft gibt es keine Leistung. Für uns ist das selbstverständlich. Es ist selbstverständlich – das war es zwei lange Jahre jedoch nicht. Wir haben das erst lernen müssen: Ich. Kann. Das.*
3. ***Erkenntnis der eigenen Kompetenz**, ab ungefähr drei Jahren: Das Kind schreibt das Ergebnis seiner Taten mehr und mehr allein seiner Urheberschaft und vor allem auch der der eigenen Tüchtigkeit, Fähigkeit, Kompetenz, Skills zu – und hier beginnt der Einfluss der sozialen Umwelt. Sie nimmt Einfluss, indem sie wertet: »Das hast du gut gemacht!« Damit wird die Kompetenz ganz im Sinne von B.F. Skinner verstärkt, konditioniert. Oder die Erwachsenen sagen nichts oder meckern. Dadurch wird die betreffende Fähigkeit geschwächt. Das Kind lernt in dieser Lernphase der Leistungslust, nicht mehr so sehr effektorientiert als stärker leistungsorientiert zu handeln: Effekt + Wertung = Leistung. In dieser frühen Phase bilden sich zwei Motive heraus, die unser ganzes Leben beherrschen werden: Erfolgsmotivation und Misserfolgsmotivation. Erfolg motiviert zur Wiederholung der Handlung, Misserfolg motiviert zu deren Vermeidung. Klein-Susi lernt: Rassel auf den Kopf von Papi hauen bringt zwar einen Effekt, wird auf Dauer aber als Leistung nicht honoriert – dafür strahlen alle Großen, wenn ich mein Glockenspiel an der Krippe selbst aufziehe. Damit hat Susi zwei für das Überleben eines jungen Menschen und einer ganzen Spezies extrem wichtige Dinge gelernt: Erfolgs- und Misserfolgsmotivation.*
4. ***Festlegen des Anspruchsniveaus**, ab circa viereinhalb Jahren: Kleine Menschen lernen jetzt, sich Ziele zu setzen aufgrund vergangener Erfahrungen mit Erfolgs- und Misserfolgsmotivation: Den Klötzchen-Turm noch ein wenig höher bauen als beim letzten Mal, ein noch schwierigeres Lego-Modell komplett zusammenbauen – und sich über den Kompetenzzuwachs zu freuen: Leistungslust.*

Fazit: Nach diesen vier Lernphasen wussten und konnten wir alles, was Leistung bringt und wurden dafür mit Leistungslust belohnt. Damit war das Lernen nicht beendet. Als Schüler, Jugendliche und Erwachsene lernten wir dank unserer westlichen Kultur hinzu, zum Beispiel: Leistung ist uncool, weil Strebertum, weil herausstechen, weil Ellenbogen. Streng dich bloß nicht zu sehr an! Chill mal, Alter! Daher verlernten wir nach und nach: Leistungslust ist etwas vollkommen Natürliches, Biologisches, Ur-Menschliches. Sie entwickelt sich, indem der Mensch sich entwickelt. Wir erwerben sie, indem wir sie erlernen. Wir haben schon ganz früh gelernt, uns an Leistung zu freuen – bevor uns Erziehung, Kultur und Sozialisation diese Freude durch soziokulturelle Wertung nicht selten vermiest oder genommen haben. Wie wir mit Leistung umgehen, haben wir früh gut gelernt, danach wieder verlernt – also können wir es wieder lernen, neu lernen. Das ist nicht kompliziert. Im Prinzip können wir uns dabei auf nur zwei Handlungsmotivationen konzentrieren: Erfolgs- und Misserfolgsmotivation. Ist wie beim Fußball.

Sind Sie lieber Stürmer oder Verteidiger?

Leistungsmotivation hat zwei zentrale Dimensionen: Wir suchen Erfolg und versuchen, Misserfolg zu vermeiden[22]. Jede Fußballmannschaft (und jedes Team jeder anderen Ballsportart) macht es ebenso: Die »Offense« sorgt für Tore und so für den erhofften Erfolg, während die »Defense« den drohenden Misserfolg verhindern, indem sie den Gegner am Toreschießen/-werfen hindert. Konzentrieren wir uns auf diese beiden Handlungsmotive:

Erfolg suchen und Misserfolg vermeiden.

Wie jedes sportliche Team verspürt auch jeder Mensch täglich beide Handlungsmotive. Wir alle wollen Erfolg und meiden Misserfolg. Das ist nicht die Frage. Die Frage ist: In welchem Verhältnis? Stürmen Sie zum Beispiel im Beruf ständig ungestüm nach vorne und vernachlässigen dabei die »Verteidigung« Ihrer errungenen Erfolge? Oder verhalten Sie sich so defensiv, »mauern«, bremsen Sie Ihr Leben so stark aus, dass es fast zum Stillstand kommt? Anders gefragt: Wer sind Sie?

Eher Stürmer oder eher Abwehrspieler? Was überwiegt?

Einige wenige Fragen helfen bei der Aufklärung der eigenen Motiv-Balance. Stürmer mit überwiegender Erfolgsmotivation fühlen sich angesprochen von folgenden Aussagen (machen Sie gedanklich oder mit Stift Ihre Kreuzchen, und zwar grundsätzlich bzw. unabhängig davon, ob Sie dies in Ihrem aktuellen Job so umsetzen können):

- ☐ *Ich setze mir gerne anspruchsvolle Ziele (also knapp über meinem aktuellen Kompetenzniveau).*
- ☐ *Es macht mir Freude, mich Herausforderungen zu stellen.*
- ☐ *Ich sehe in jeder Herausforderung eine Chance.*
- ☐ *Ich bin täglich daran interessiert, meine Fähigkeiten zu erweitern.*
- ☐ *Ich vervollkommne gern mein Können durch mein Tun.*
- ☐ *Ich fürchte mich nicht vor Fehlern – ich lerne gerne hinzu.*
- ☐ *Erfolg ist mein Treibstoff!*

Wie viele Kreuze haben Sie gemacht? Bei welcher Aussage war das Kreuz am stärksten, haben Sie die intensivste affektive Aktivierung verspürt? Wenn Sie sich von diesen Aussagen angesprochen fühlen, wenn diese etwas Positives in Ihnen auslösen, haben Sie das Naturell eines Stürmers in Beruf und Leben. Wenn Sie sich bei keiner dieser sieben Aussagen angesprochen und richtig wohlgefühlt haben, sprechen Sie wohl eher folgende Statements an:

- ☐ *Ich verhalte mich in Beruf und Leben umsichtig, vorsichtig, warte lieber mal ab, also direkt loszustürmen.*
- ☐ *Fehler sind ärgerlich, und kein vernünftiger Mensch sollte leichtsinnig unnötige Risiken eingehen.*
- ☐ *Man sollte sich immer der Konsequenzen des eigenen Handelns bewusst sein, dann auch lieber mal »Nein« oder »Stop!« sagen.*
- ☐ *Ich betrachte jede Chance als Herausforderung.*
- ☐ *Bei Misserfolgen fühle ich mich einfach mies, das kann ich nicht so leicht wegstecken.*
- ☐ *Ich setze mir lieber leichte als schwere Ziele, denn dann prasselt auch weniger Kritik auf mich ein.*

Wer also sind Sie? Bei welchem der beiden Fragenblöcke haben Sie mehr Kreuze gemacht? Das ist natürlich kein wissenschaftlicher Test. Das sind bloß einige exemplarische Fragen, mit Hilfe derer Sie sich selbst auf die Schliche kommen können. Also:

Sind Sie lieber »Erfolgssucher« oder »Misserfolgsvermeider«?

Räumen wir ein häufiges Missverständnis aus: Es gibt keine Erfolgs- und Misserfolgsmenschen. Es gibt keinen lebenden Menschen, der bei den ersten sieben Aussagen sieben Kreuz macht und bei den zweiten sechs keines – oder umgekehrt. Es gibt keine Menschen, die nur die eine, aber nicht die andere Motivation spüren (abgesehen von schwer Depressiven, Traumaopfern, Bipolaren oder ähnlichem).

Jeder Mensch erfolgsmotiviert sich in bestimmten Situationen, Gesprächen, Lagen, Kontexten und misserfolgsmotiviert sich in anderen. Wenn Sie also das Champions League-Upgrade dieses kleinen Tests machen wollen, dann beantworten Sie beide Blöcke situationsbezogen à la: »Wenn ich mit meiner Chefin rede, bin ich dann eher erfolgs- oder misserfolgsmotiviert?«, »Wenn ich mit meinem Beziehungspartner rede ...«, »Wenn plötzlich die Steuerprüfung ansteht, kriege ich dann Panik (Misserfolgsmotivation) oder freue ich mich, einer Finanzbeamtin meine tadellose Buchhaltung zu erläutern (Erfolgsmotivation)?«

Sie fühlen sich von diesen tiefgründigen Fragen intellektuell angeregt? Dann spüren Sie gerade Erfolgsmotivation. Sie finden die Fragen eher impertinent oder schambesetzt? Misserfolgsmotivation. Was von beiden ist richtig? Beide. Es geht nicht darum, dass eine Motivation besser ist als die andere. Es geht darum, zu erkennen, wann wir auf welche setzen und wann wir es lieber lassen sollten.

Ein Mensch, der erfolgreich Beruf und Leben bestehen möchte, braucht beide Motivationen – und das ist auch gar nicht anders möglich, so wie eine Fußball-Mannschaft auch Offensive und Defensive braucht. Eine Mannschaft, die bei einem von beiden Schwächen hat, mag zwar hin und wieder ein Spiel gewinnen oder zumindest nicht verlieren. Aber eine Meisterschaft gewinnt man so nicht. Deshalb sind Menschen mit kontextuell überwiegender Misserfolgsmotivation auch keine »Loser«. Sie verhalten sich ganz im Gegenteil absolut rational, indem sie Risiken vermeiden. Das ist zwar vernünftig, hat jedoch einen Haken: Wer Risiken vermeidet, vermeidet damit oft ungewollt auch Chancen. Das ist nicht mehr rational, sondern insbesondere auf Dauer selbstschädigend: So kann man sich Beruf und Leben kaputtmachen. Indem man zu oft blind voranstürmt oder zu oft so heftig bremst, dass das eigene Leben zum Stillstand kommt. Beides ist ärgerlich, aber wie gesagt: vorwiegend unterbewusst verursacht.

Nur Pessimisten sind »hinterher immer schlauer«

Meist kommen wir erst hinterher drauf: »Ich hätte meinem Chef nicht 20 neue Kunden versprechen dürfen, wenn ich schon zehn kaum schaffe!« Bereut der kontextuelle Über-Stürmer sein Ungestüm. Oder: »Als alle Kumpels Krypto kauften, hab' ich erst mal vorsichtig abgewartet. Jetzt sind einige der Kumpels reich, und ich kann kaum meine Wohnungsmiete bezahlen.« Die Klage des situativen Bremsers.

Hinterher sind wir immer schlauer – leider nützt das nichts, weil wir selten draus lernen. Besser als hinterher schlauer zu sein ist es, im Voraus schlauer zu sein. Das schaffen alle, die ihre leistungsmotivatorische Dysbalance zum Beispiel dank heuristischer Tests wie dem obigen erkannt haben und dann zum Beispiel im Coaching sagen:

- *»Im Mitarbeitergespräch morgen mit der Chefin werde ich meinen inneren Verteidiger die letzten fünf Minuten vom Gespräch vom Feld nehmen, damit mein innerer Stürmer endlich auf das Tor schießt und ich vielleicht die Gehaltserhöhung bekomme, die ich schon lang verdient aber nie erreicht habe, weil ich in solchen kritischen Gesprächen zu oft nur mauere!«*
- *»Nächste Woche im Projektmeeting nehme ich meinen Stürmer an die Zügel, damit er nicht noch mehr Arbeitspakete annimmt und große Leistung verspricht. Mir wird es sonst vielleicht langsam zu viel, und das nur zur übertriebenen Selbstdarstellung.«*

Wie das Orakel zu Delphi sagte: »Nosce te ipsum.« Wer sich selbst erkennt, kann sich ändern. Nur wer seine eigene Leistungsmotivation (er)kennt, kann hinzulernen, sich in kritischen Situationen anders zu verhalten. Was absolut rational ist. Apropos rational: Sind Sie beim letzten Statement des obigen Tests auch leicht zusammengezuckt? Kam Ihnen das auch etwas irrational vor, ja geradezu paradox? Da haben Sie recht.

Das Misserfolgs-Paradoxon der zu leichten und zu schweren Aufgaben

Es fällt auf, dass Menschen mit überwiegender Misserfolgsmotivation oft entweder viel zu leichte oder aber viel zu schwere Aufgaben wählen. Ersteres ist leicht zu verstehen: Ist die Aufgabe viel zu leicht, kann ich mich dabei nicht durch Misserfolg blamieren, weil ich die Aufgabe locker bewältige. Ich schütze dadurch mein Selbstwertgefühl vor Abwertung. Unvermeidlicher Nachteil: Ich unterschätze mich konsequent und prinzipiell. Ich mache es mir zu oft zu leicht, bleibe also unter meinen Möglichkeiten, wachse daher nicht in meinen Fähigkeiten, lerne wenig und erfahre daher auch keine oder kaum noch Leistungslust.

Wenn ich es mir im Leben viel zu leicht mache, erlebe ich so gut wie nie Misserfolge! Ich bringe es nur eben nicht sehr weit und habe auch kaum Freude an Erfolgen (weil sie so selten sind, wenn man hauptsächlich defensiv lebt). Die Vermeidung von Misserfolgen spendet nicht dieselbe Freude und Zufriedenheit wie das Erringen von Erfolgen. Das klingt logisch. Doch warum sollten viel zu hohe Ziele demselben Zweck dienen?

Weil auch und gerade im Misserfolgsfall die Blamage ausbleibt, denn: »Sieht doch jeder, dass diese Aufgabe viel zu schwer für mich war!« Auch die anderen werden sicher denken: »Das hat nicht gutgehen können. Dafür kann sie/er doch nichts!« Damit ist ebenfalls das Ziel des Selbstwertschutzes durch Defensivverhalten erreicht. Der Misserfolg wird nicht dem eigenen Mangel an Fähigkeiten zugeschrieben, sondern der überwältigend schweren Aufgabe – die sogenannte externale Attribution, dazu gleich mehr.

Diese Taktik vermeidet zwar die Selbstbildbeschädigung, doch sie führt immer weiter weg von der lustvollen Erfolgsmotivation. Man steigert mit den gestiegenen Anforderungen nicht die eigene Kompetenz und erfährt daher viel zu selten die Selbstwirksamkeit des Stürmers: zu viel Defensive, zu wenig Offensive. Für ein gutes Fußballspiel und ein gutes Leben braucht man aber beides in einem ausgewogenen Verhältnis. Was heißt das?

Man möchte als Mensch doch auch Tore schießen und gewinnen und nicht einfach immer nur nicht verlieren. Nicht wegen irgendeines Pokals, eines Bonus, eines Wettbewerbs oder Siegerkranzes oder des schlichten Besser-sein-Wollens, sondern weil man nur mit Erfolgsmotivation erfährt, was man draufhat, was man alles bewegen, erreichen kann, sich in seiner eigenen Stärke, Kraft und Kompetenz erlebt: Selbstwirksamkeit, Leistungslust.

Das heißt aber auch: Wir müssen aufhören, hinter der Möhre her zu laufen. Wir sollten uns nicht wegen der Möhre anstrengen, sondern wegen unseres Selbstbildes und Seelenheils, unseres Selbstwertgefühls und einer gesunden, nachhaltigen Selbstwirksamkeitserfahrung.

Genau deshalb sind heutzutage doch so viele Menschen so unzufrieden mit Beruf, Familie und Leben. Nicht, weil sie keinen Bonus bekommen haben (sie haben), sondern weil sie an jedem Tag ihres Lebens nicht ausreichend mitbekommen, was sie alles draufhaben, was sie alles bewegen könnten – wenn man sie nur ließe und wenn sie sich nur selber ließen. Und wie schnell wird aus der vermeintlichen Erfolgsmotivation (»Bonus«) eine permanente Defensive, ein Verteidigen des Status Quo (»Bonus respektive bequemen Job bloß nicht verlieren, sonst steht man als Loser dar«)

Der Ballast der kindlichen Erlebnisse

Sollten Sie noch Zweifel haben, wie entscheidend ein ausgewogenes Verhältnis von Erfolgs- und Misserfolgsmotivation sich auf unser Leben auswirkt: Hier die Ergebnisse einer etwas älteren psychologischen Studie von C. H. Mahone[23], die heute

noch Gültigkeit besitzt, weil sie einen grundlegenden Mechanismus menschlichen Erfolgs und Lebensglücks aufdeckt und beschreibt:

- *Überwiegend **erfolgsmotivierte Menschen** wählten der Studie nach zu 94 Prozent Berufe, die in der Beurteilung der studienbegleitenden Psychologen realistisch zu bewältigen sind, betrachtet man Können und Kompetenz der Studienteilnehmer.*
- *Überwiegend **misserfolgsmotivierte Menschen** wählten zu 83 Prozent hochgradig unrealistische Berufe (die im oben diskutierten Sinne viel zu einfach oder viel zu schwer waren).*

Das heißt: Wer in der Kindheit die falsche Balance der Leistungsmotivationen erlernt hat, wählt eher den falschen Beruf und leidet ein ganzes Leben lang darunter. Was deterministisch klingt, aber es nicht ist. Denn genauer formuliert müssen wir erkennen: Wer in der Kindheit zu defensiv erzogen und kulturell beeinflusst wurde – und seither nichts dazu gelernt hat in Bezug auf seine schlagseitige Handlungsmotivation – der leidet ein Leben lang unter dem falschen Beruf. Mit einem Risiko von 83 Prozent. Wie George Santayana sagte: »Those who don't remember the past are condemned to repeat it.« Wer dagegen sein Erbe der Kindheit erkennt, kann es ablehnen und hinzulernen, indem er seine Leistungsmotivation wieder in Balance bringt, denn – nochmal in aller Klarheit – Erfolgs- und Misserfolgsmotivation wird erlernt und ist reversibel.

Wer als Kind die falsche Leistungsmotivation lernte – und seither nicht umlernte – ergreift fast zwangsläufig den falschen Beruf. So viel zum Thema »Traumberuf«. Trotzdem ist das Problem natürlich lösbar: Was Hänschen gelernt hat, verlernt Hans locker – wenn er sich dazu aufraffen kann. Was Hänschen gelernt hat, kann und sollte Hans verlernen. Oder noch entwicklungsorientierter ausgedrückt: Ich höre im Alter von sieben Jahren nicht auf zu lernen, sondern lerne auch und gerade über meine Leistungsmotivation immer noch und immer weiter dazu. Denn sonst wache ich als 45-Jähriger Mensch eines unschönen Morgens in einem Beruf auf, den ich mir mit dem Mindset eines (Klein)Kindes unterbewusst gewählt habe. Das ist leider die Crux am Motivationsproblem: Wir erlernen beide Leistungsmotive im Grunde völlig unterbewusst – und so wirken sie auch. Nirgends sieht man das deutlicher als bei der Frage: Wer ist schuld?

Attribution: Wer hat's verbockt? Und wer hat's geleistet?

Zurück zur Sportmetapher: Unser Team hat schon wieder verloren! Wie kann das sein? Sind wir so schwach oder die Gegner so stark? Was stimmt mit unserer Leistung nicht? Wo haben wir Leistungsdefizite? Oder haben uns etwa die Schiedsrichter auf dem Kieker? Oder fehlt uns der Rückhalt der Fans?

Was zur Antwort auf diese Fragen führt, nennt man in der Psychologie »Attribution« (**Zuordnung, Zuschreibung**)[24]: An wem oder was liegt es? Wem ordnen wir – meist völlig unterbewusst – die Verantwortung für ein Resultat zu? Wir unterscheiden zwei diametrale Attributionsstile, die entscheidend unser Lebensglück, unsere Leistungslust und unseren Erfolg determinieren – auch wenn das die meisten Menschen noch nicht bemerkt haben, weil Attribution wie gesagt unterbewusst passiert:

- ***Die internale Attribution:*** *Ich habe es selbst geschafft, habe die Aufgabe erfolgreich gemeistert, aus eigener Tüchtigkeit, Leistung und Kompetenz heraus oder wie Goethe in seiner Sturm-und-Drang-Zeit (im »Prometheus«) meinte: »Hast du's nicht alles selbst vollendet, heilig glühend Herz?«*
- ***Die externale Attribution:*** *»Danke fürs Kompliment – aber ich hatte auch ein gutes Team (Glück, günstige Umstände, Hilfe durch den Zufall, ein großzügiges Budget).«*

Ja, wir alle kennen Menschen, die ihre Erfolge external attribuieren, sie also wegerklären und den Erfolg anderen oder günstigen Umständen zuschreiben. Das wirkt bescheiden bis altruistisch und sorgt dafür, dass external attribuierende Menschen selten bis nie die Früchte ihres Erfolgs genießen können, weil sie diese Früchte dankend ablehnen und immer gleich an andere verteilen. Wir kennen den Ausdruck »die Schuld auf andere schieben«. Nun, external Attribuierende mit ausgeprägter, einseitiges Misserfolgsmotivation schieben ausgerechnet *den Erfolg* (ja, den haben sie tatsächlich manchmal) anderen zu. Warum sie das tun, führt an dieser Stelle zu weit (über die tiefenpsychologischen Ursachen dieser fast schon charakterlichen Eigenart, dieses Traits, sind ganze Bibliotheken geschrieben worden). So tief wollen die meisten Menschen auch gar nicht gehen. Ihnen reicht die Erkenntnis: »Ja, da kenne ich auch einige super bescheidene Mauerblümchen.« Oder: »Stimmt – damit mache ich mir oft das Leben schwer.« Wie der Volksmund sagt: Bescheidenheit ist eine Zier, doch weiter kommt man ohne ihr.

Als sei dies im Erfolgsfall nicht schon selbstsabotierend genug, kommt bei solchen Menschen im Misserfolgsfall noch etwas hinzu: Ist irgendwo irgendwem ein Fehler passiert, attribuieren sie nun *internal*: »Ja, mein Fehler (nein, war es objektiv betrachtet nicht oder nicht komplett), geht voll auf meine Kappe (warum das denn? Andere tragen doch auch Verantwortung), ich hau ständig daneben (ständig?

Stimmt doch gar nicht). Ich hab's halt nicht drauf (wegen eines banalen Fehlers die komplette eigene Kompetenz negieren?). Ich kapier' das nie (Selbstwertgefühl endgültig im Keller). So war ich schon immer (Kommentar erübrigt sich).«

Misserfolg wird internal attribuiert, Erfolg external – was brüllend unlogisch ist: Für den Misserfolg des gesamten mich umgebenden Biotops bin ich selbst, nur ich und nur ich allein verantwortlich, aber für meinen Erfolg immer nur die anderen? Das ist zwar nicht logisch, dafür aber psychologisch. So attribuieren Misserfolgsmotivierte: external für Erfolg, internal für Misserfolg. Es gibt kein wirksameres, nachhaltigeres oder tödlicheres Rezept für anhaltend tief empfundenes Unglück in Leben, Beziehung, Familie und Beruf. Und das machen die Betroffenen völlig freiwillig (aber eben unbewusst)! Die Hölle auf Rädern. Fehlattribution ist mieses Karma im Kubik. Daher meine Empfehlung, nein, mein dringender Wunsch:

Hören Sie auf, sich selbst ein motivatorisches Bein zu stellen!

Was der Erfolgs-externale und Misserfolgs-internale Attributionsstil mit dem eigenen Selbstwertgefühl und den eigenen Erfolgsaussichten in der Zukunft anstellt, ist nicht selten verheerend. Wer so einen Attributionsstil (natürlich völlig unbewusst und unabsichtlich) pflegt, braucht keine Feinde und kann sich den Spruch von Pogo übers Bett hängen: »We have seen the enemy and he is us.« Auch Raymond Chandler variierte (in »The Long Goodbye«) dieses universelle Motto der Selbstsabotage: »There is no trap so deadly as the trap you set for yourself.« Eben, indem man Erfolg external und Misserfolg internal attribuiert. Es sollte genau umgekehrt sein:

Attribuieren Sie (auch mal) Erfolge internal, Misserfolge external!

Also zum Beispiel nach einer gelungenen Projektpräsentation: »Ja, mein Team war wieder einmal toll. Doch die Folien habe ich wirklich gut erklärt. Alle im Publikum haben spontan mit dem Kopf genickt. Das Erklären hab' ich einfach gut drauf.« Das ist Eigenlob, das stinkt? Ja und nein. Es ist Eigenlob, aber dass es stinkt, denken und sagen wirklich nur – wer?

Richtig geraten: Misserfolgsmotivierte. Es hilft ihnen (Ihnen?) schon, wenn man ihnen und/oder wenn sie sich täglich ein Dutzend Mal sagen: »Eigenlob stimmt!« Das ist vielleicht nicht immer sachlich gerechtfertigt, doch Eigenlob stimmt eigentlich immer in Bezug worauf? In Bezug auf unser Selbstwertgefühl. Dieses kann in unseren Weltkrisenzeiten gar nicht genug Lob bekommen.

Es heißt ja nicht nur deshalb »Selbstwert«, weil dieser Wert alles über uns selbst aussagt, sondern weil wir diesen Wert auch komplett selbst definieren können – wenn wir ihn *bewusst* definieren, zum Beispiel mit bewusster statt unbewusster Attribution. Manchmal gelingt das ganz leicht: »Ja, stimmt, ich hatte zwar auch ein gutes Team, aber die entscheidenden Impulse fürs Projekt kamen dann doch klar von mir. Dazu stehe ich.« Bravo! Gut attribuiert! Erfolg? Internal attribuiert, Selbstwertgefühl wächst! Leider selten. Häufiger höre ich:

»Aber ich hatte doch wirklich ein gutes Team! Ist doch eigensüchtig, wenn ich den Erfolg ganz für mich allein vereinnahme!« Nein, ist es nicht, sondern einfach nur mental-hygienisch erforderlich, angemessen und verhältnismäßig. Außerdem: Gehörst du nicht auch zum Team? Also was soll die übertrieben altruistische und kodependente Verschiebung des errungenen Erfolgs nur und ausschließlich aufs Team (also auf die anderen)? Warum sich selbst herausnehmen? Weil der situativ falsche aber leider unreflektierte Attributionsstil uns das diktiert. Wir sind die Sklaven seines Diktats – nicht des Schicksals, nicht des Lebens, nicht der widrigen Umstände: So, wie der Mensch attribuiert, so ist er auch. Nämlich erfolgreich, wenn er bei gegebenem Anlass Erfolge internal attribuiert oder unzufrieden, unterfordert und unglücklich, wenn er hauptsächlich nur external attribuiert. Daher die

Eine Faustregel der Erfolgs- und Misserfolgs-Attribution

Nein, das heißt nicht, dass wir Misserfolge external stets andern in die Schuhe schieben: Bitte nicht immer so haltlos übertreiben! Und es heißt auch nicht, dass wir uns ständig internal mit fremden Federn schmücken. Wie jede Faustregel will auch diese mit Fingerspitzengefühl angewandt werden:

- *Sehen Sie und stehen Sie zu Ihrem persönlichen Anteil am Erfolg!*
- *Auch wenn er noch so klein und »unbedeutend« sein mag. Erfolg und Erfolgsbeteiligung ist niemals unbedeutend – nicht für Ihr Selbstwertgefühl.*
- *Denken Sie daran: Erfolg haben Sie sich verdient.*
- *Gönnen Sie sich diese Leistungslust!*

Und auf der anderen Seite:

- *Verfallen Sie bei Misserfolgen nicht in Toxic Self-Blaming: »Alles wieder meine Schuld! Bin einfach zu blöd dafür.«*
- *Vereinnahmen Sie lediglich Ihren Anteil am Fehler und lassen Sie anderen deren Anteil. Erinnern Sie die Gemeinschaft an der gemeinsamen Verantwortung.*
- *Akzeptieren Sie lediglich Ihren Problemanteil – und nicht die Schuld der ganzen Welt.*

Sich der eigenen, auch kleinen Erfolge bewusst werden

Mit Fehlattribution aufzuhören geht nicht so leicht, wenn man das seit 20, 30, 60 Jahren praktiziert? Doch. Nehmen Sie zum Beispiel Ihren Werdegang. Sie sind, wo Sie sind, sind vielleicht zufrieden, stolz oder im Gegenteil frustriert über ihren aktuellen Bullshit-Job. Im letzteren Fall können Sie jammern, fluchen, auf Ihre Inkompetenz fehlattribuieren. Sie können sich aber auch bewusstwerden, was Sie bis hierhin alles schon geleistet, bewerkstelligt, gelöst, gelernt haben. Plötzlich ist es nicht mehr der aktuell miese Job, sondern eine weite Karriere, die eigentlich Respekt zollt.

Was haben Sie eben gespürt? Ein klein wenig Stolz wegen des hervorragenden Studiums, auch wenn dies schon ein wenig her ist? Ein wehmütiger Rückblick auf Ihre Leistungen in Ihrem ersten Job? Dann attribuieren Sie richtig (Erfolgs-internal). Oder ging bei Ihnen das spontane Bauchgefühl eher in die Richtung: »Soviel gemacht, soviel probiert, und nun bin ich hier...« Inzwischen wissen Sie, was das ist. Nicht gut. Gar nicht gut. Wenn Ihre Erfolgs-externale Attribution noch Hand in Hand mit Ihrer Misserfolgs-internalen Attribution geht, werden Sie vielleicht selbst schon gespürt haben, wie dieser Attributionsstil Sie in Leben und Beruf behindert und unglücklich macht – und sich dafür insgeheim schämen; was bedeutet: noch mehr schädliche Misserfolgs-internale Attribution. Hören Sie auf damit!

Jetzt. Sofort. Und sagen Sie sich: »Stimmt eigentlich. Mein ganzer Werdegang ist Leistung. Ich habe vieles gut und gerne gemacht, klar, nicht alles, aber doch einiges!« Und das wird sich immer besser anfühlen, je öfter Sie korrekte, leistungsgerechte, selbstwertförderliche und glücksinduzierende Attribution lernen, neu lernen, wieder lernen und sich jeden Tag die nötige, notwendige und selbstwerterhaltende bis selbstwertförderliche Dosis gönnen. Als Kinder konnten wir das noch alle. Der Klötzchenturm steht? Freude! Er fällt? Dito Freude! Weil wir beides mit eigener Hände Leistung schafften. Wir sollten diese zutiefst menschliche Leistungslust nicht unterschätzen.

Denn wer nicht Erfolgs-internal denkt, attribuiert sich direkt in die latente bis galoppierende Depression, Lebenskrise und resignative Berufsunzufriedenheit. So schlimm das ist: Es kommt noch schlimmer.

Der Anstrengungs-Leistungs-Disconnect

Was passiert schlimmstenfalls, wenn ein Mensch seinen Erfolg anderen in die Schuhe schiebt und jeden Misserfolg auf die eigene Kappe nimmt? Er durchtrennt praktisch mit dem ersten Tag, der ersten Fehlattribution die geradezu naturgesetzlich vorgegebene Verbindung zwischen eigener Anstrengung und verdienter Leistung.

Er strengt sich an, bringt Leistung und erzielt Erfolg – zu dem er nicht steht? »Ihre Verbindung wurde leider unterbrochen!« Er tut nichts, macht nichts, bringt keine Leistung und macht sich trotzdem für sich einstellenden Misserfolg verantwortlich? Dito Leistungsunterbrechung.

Auf Dauer zerstört das den Selbstwert jedes Nobelpreisträgers und Olympiasiegers. Das führt in die chronifizierte Opferhaltung der erlernten Hilflosigkeit[25], bei der sich die Misserfolge häufen, weil man sie quasi selbst produziert, indem man falsch attribuiert. Weil man denkt, man sei Spielball des Schicksals, dunkler Mächte, sadistischer Führungskräfte, nerviger Ellenbogen-Kollegen, fieser Lehrer oder verständnisloser Beziehungspartner. Aus dieser Opferhaltung kommen Sprüche, Bücher und Filme à la »Das Schicksal ist ein mieser Verräter«. Das ist der Titel eines sehr populären Films, aber auch einer noch viel populäreren Fehlattribution: Das Schicksal diktiert mein Leben, nicht ich, ich (armes altes krankes etc.) Opfer.

Fällt Ihnen etwas auf? Stichwort Verschwörungstheorien. Nota bene: Viele arme alte kranke Menschen sind arm, alt und krank – und haben trotzdem beide Hände am Steuerrad ihres Lebens. Das eine hat mit dem anderen nichts zu tun, wie auch Viktor Frankl, der Begründer der Logotherapie wusste: »Zwischen Reiz und Reaktion liegt ein Raum. In diesem Raum liegt unsere Macht zur Wahl unserer Reaktion. In unserer Reaktion liegen unsere Entwicklung und unsere Freiheit.«[26]

Wer dagegen glaubt, dass ihm das Schicksal (wer oder was auch immer das sein mag) keine Wahl lässt, erfährt auch keine, weil er keine ausübt. Aber das ist jetzt fast schon philosophisch. Kehren wir lieber zurück auf die Ebene des konkreten Lernens von Leistungslust.

Wie gute Führung bei Erfolgsattribution unterstützt

Vielleicht kam Ihnen auch schon der Gedanke: Die Parallelen zwischen Attribution und Führungskompetenz sind frappierend. Wir alle kennen Vorgesetzte (Eltern, Lehrer, Ausbilder, Trainer ...), die uns jede Fehlentwicklung (des Marktes, von Lieferanten, Geschäftspartnern, Umständen, Wetter, höhere Gewalt ...) pseudo-internal attribuierend in die Schuhe schieben, während sie unsere Erfolge ignorieren, external attribuieren (»Sie hatten doch bloß Glück!«) oder gar für sich vereinnahmen. Leaders from hell. Toxic Leaders.

Es gibt leider nicht viele Führungskräfte in Wirtschaft, Familie, Politik und Gesellschaft, die wertschätzend und konstruktiv attribuieren (können und wollen). Steile These? Dann verraten Sie mir doch mal, wann Sie das letzte Mal von einer Führungskraft im Misserfolgsfall Sätze gehört haben wie:

- *»Das ging daneben – kein Ding, wir machen das Beste draus!«*
- *»Mund abputzen, weitermachen, einfach mehr anstrengen, dann packen wir (!) das auch!«*
- *»Wenigstens haben wir (!) was daraus gelernt und machen es das nächste Mal besser.«*
- *»Wegstecken und beim nächsten Mal: besseres Konzept, mehr Budget, bessere Vernetzung – damit schaffen wir's (!) dann!«*

Und jetzt die peinlichere Frage: Wann haben Sie das letzte Mal solche oder ähnliche Sätze gesagt? Zu Ihren Kolleginnen und Kollegen, in Ihrer Familie, beim Hobby, beim Sport, im Verein?

Wir leben in Krisenzeiten. Ständig wird uns das von Medien und Politik gepredigt. Zum Beispiel: Die Rezession droht! Sagen alle. Denken alle: Opferdenke. Wirklich selten hört man jemanden sagen: »Okay, der Markt ist schwach – dafür hauen wir umso stärker rein!« Das ist Motivation, das ist eine Erfolgsstrategie. Weil solche Sätze auf die internale Attribution von Erfolgen referieren. Und nur die internale Attribution von Erfolgen führt zu Leistung: Ich kann's, also mache ich's. Das ist das Geheimnis von Erfolg, oder wie die Amerikaner sagen: It works, if you work it. Der einzige Garant für Erfolg: eigene Anstrengung. Man kann diese Garantie eigentlich nicht überschätzen – aber übertreiben.

Flogging a Dead Horse – Attribution hat Grenzen

Wer Erfolg internal attribuiert und sich daher voll engagiert für das, was man tut, erntet unweigerlich psychologische Erfüllung, und nicht selten auch Erfolg. Mit einer Ausnahme: klinisch tote Projekte. Sich für diese zu engagieren, ist Zeitverschwendung. Trotzdem tun wir's (zu) oft. Weil wir emotional zu sehr daran hängen. Wir können nicht loslassen. Sollten wir aber.

Weil selbst mit größter Anstrengung nichts mehr zu holen ist. Dass Erfolg hauptsächlich ein Produkt unserer Anstrengung ist, sollte uns nicht zum

Jimmy-Cliff-Übergeneralisierungsschluss verleiten: You can get it if you really want it! Nein, kannst du nicht. Nicht immer, nicht in jedem Fall.

Nicht alles im Leben ist Resultat eigener Skills, Kompetenz, Leistung und Anstrengung. Es gibt auch Zu- und Unfälle, Glück, Pech, höhere Gewalt und fiese Konkurrenten, die mit üblen Tricks spielen. Pessimisten missbrauchen dieses Naturgesetz zur Fehlfolgerung: »Sag ich schon immer: Es lohnt nicht, sich zu engagieren!« Typisch Misserfolgsmotivation. Wer sich nicht engagiert, blamiert sich auch nicht – denkt der Misserfolgsmotivierte. Doch in einer erfolgsmotivierten Kultur tut er das gerade durch seine Leistungsverweigerung (gut, dass wir keine Erfolgskultur haben). Erfolgsmotivierte Menschen kommen zu einer anderen Schlussfolgerung.

Sie denken und sagen: »Ich weiß, dass es Projektkiller und Shop Stopper gibt. Doch den Kill Point, den Point of no Return, an dem ich das Projekt aufgebe – den bestimme allein ich!« So sieht Selbstbestimmung, Leistungsethos und Erfolgsmotivation im Angesicht von unüberwindlichen Hindernissen aus. So fühlt sich das an. Stark, weil selbstwirksam.

Anregungen für Führungskräfte & HR

Die beiden US-Amerikanerinnen Angie Morgan und Courtney Lynch haben eine, sagen wir, spezielle Erfahrung als Führungskraft hinter sich. Sie waren Offiziere bei den US Marine Corps. In dieser Zeit haben sie das Konzept des »**Service Based Leadership**« erarbeitet[27], d.h. einem Führungsstil, bei dem sie explizit ihren Untergebenen gedient haben. Moment mal – ist das gerade beim Militär nicht komplett umgekehrt? Könnte man meinen, und Morgan & Lynch belehren uns einen besseren. Sie tun als Führungskräfte alles dafür, dass es ihren Teammitgliedern gut geht, sie helfen, wo sie können, sie unterstützen. Morgan & Lynch leben »Dienen« nicht als Unterwerfung oder bloße Geste des Respekts, sondern als eine radikale Ermöglichung der Selbstwirksamkeit bei ihren anvertrauten Teammitgliedern. Sie
stellen sich demonstrativ hinter das Team, stellen ihre eigenen Ansprüche hinter denen des Teams. Die Grundidee dabei ist, dass man an als Führungskraft positive Rahmenbedingungen schafft, und zwar heruntergebrochen bis ins kleinste, scheinbar unbedeutende Detail des oft mühsamen Mitarbeiter-Alltags. Sie schaffen eine Grundlage, dass die Mitarbeiter nicht Mühe, nicht Misserfolge, nicht demotivierende Hierarchien und Statusgehabe sehen, sondern **ein Umfeld zum Erfolgreich-sein** bereitet bekommen. Was machen sie dabei ganz konkret?

- Service Based Leadership ist zum Beispiel: Sie gehen in die Kantine oder Feldküche und übernehmen auch mal die Essensausgabe, jedem einzelnen Soldaten persönlich mit der Kelle in der Hand bedienen. **Bedienen ist dienen**. Eine Geste, wie wichtig sie die Rekreation einstufen, und dass vermeintlich niedere Aufgaben von jedem übernommen werden können und sollten. Alle sind gleich – was basale Wirksamkeitserfahrungen und auch team-interne Unterstützung angeht.

- Service Based Leadership ist zum Beispiel: Sie pflegen den Grundsatz »**Vorne mit dabei sein – und nicht im warmen Zelt**«, nicht führen vom »Feldherrenhügel«, sondern die harten Arbeitsbedingungen selbst erleben, selbst kennen, führen von innen heraus.

- Service Based Leadership ist zum Beispiel: Sie haben von »Kollege zu Kollege« **übertragbare Abwesenheits-/Krankheits-Tage** eingeführt, denn gerade in den USA sind diese ja insgesamt spärlich – und reichen oft nicht für ein ausgeglichenes Privat- und Familienleben. Hier unterstützen sich dann die Teammitglieder selbst untereinander, selbstgesteuert, selbstverantwortlich. Jeder hilft jedem.

- Service Based Leadership ist zum Beispiel: Sie haben die **Standardkommunikation im Team einem Sprachcheck unterzogen** und eingeschlichene Bezeichnungen abgeschafft, die Teammitglieder und Rollen in mehr oder weniger nützlich für die Haupthandlungen kategorisiert haben. So wurde etwa die Unterscheidung »operator vs. overhead« abgeschafft.

- Service Based Leadership ist zum Beispiel: **Meetings fangen immer mit dem Team an**, also nicht »die Führungskraft begrüßt und gibt zuerst eine Lageinfo«, sondern die Teammitglieder berichten reihum vom aktuellen Status, von Beobachtungen und Besonderheiten, so ergibt sich eine »bottom-up-Lage«.

Für Service Based Leadership haben Morgan und Lynch sich zur Realisierung und auch Aufrechterhaltung all dieser neuen Ideen und Ansätze ein **festes Zeitbudget für »frontline work«** eingerichtet, d. h. pro Tag eine feste Zeiteinheit raus aus dem Büro respektive Hauptquartier, hin zur Trainings- und Einsatzfront.

Anregungen für Mitarbeitende

Lernen Sie Leistungslust! Dass wir als Kinder Leistungslust gelernt haben, heißt nicht, dass uns das Wiedererlernen heute leichtfallen würde. Eher im Gegenteil. Wer erinnert sich schon daran, wie er das als Kind gemacht hat? Außerdem erfahren nur wenige Erwachsene Leistungslust beim Klötzchenturm-Bauen. Also wissen wir oft nicht mehr, wie das geht: Leistungslust lernen. Hier einige Tipps und Abkürzungen, in der lern- und erfolgsförderlichen Ich-Form formuliert:

1. *Ich beanspruche meinen Anteil am Erfolg für mich! Ganz selbstverständlich und selbstbewusst.*
2. *Wenn mir das heute noch nicht gut gelingt, wird es mir morgen besser gelingen. Weil, wie gesagt: Das ist reine Trainingssache.*
3. *Ich stehe zu meinem Problem- und Misserfolgsanteil – zu mehr aber auch nicht!*
4. *Kann ich das aus dem Stand noch nicht, erinnere ich mich ad hoc freundlich daran, dass selbstwertförderliche Attribution ein Lernprozess ist: Ich lerne jeden Tag hinzu!*
5. *Im Fall unvermeidlicher Misserfolge nutze ich erst einmal (!) besser die Kraft der Tat statt der Mühe der Fehleranalyse: Das hat jetzt nicht geklappt, deshalb strenge ich mich das nächste Mal mehr an (bereite mich besser vor, konzentriere mich stärker, lege mir die noch fehlenden Fähigkeiten zu)!*
6. *Das heißt: Ich attribuiere Misserfolg nicht mit persönlichem Versagen (= Toxic Shame), sondern lediglich mit noch nicht ausreichender Anstrengung oder Kompetenz.*
7. *Champions eliminieren übrigens mit dieser Attribution 95 Prozent ihrer Misserfolge in Leben und Beruf: Es gibt keine Misserfolge, sondern lediglich Gelegenheiten zu lernen.*

8. *Ich lehne alle Einflüsterungen des sozialen Vergleichs ab, der mir einreden will, dass Misserfolg Versagen bedeutet. Ich weiß, dass dies eine (soziokulturelle) Fehlattribution ist.*
9. *Ich feiere (selbst kleine) Erfolge, wie sie fallen! Damit verstärke (konditioniere) ich meine Erfolgsmotivation, damit sie schön stark und nachhaltig bleibt.*
10. *Ich feiere – wenn ich die Erfolgsattribution exzellent beherrsche – selbst meine Misserfolge! Denn ich habe mich wirklich angestrengt, mir Mühe gegeben, Leistung gebracht – das ist ja alles vorhanden. Dass es diesmal nicht geklappt hat, liegt sicher nicht allein an meinem Input. Wie die Spitzensportler sagen: Es gibt keinen Misserfolg, wenn du alles gegeben hast!*
11. *Je mehr ich mich für errungene Erfolge selbst belohne, und sei es auch noch so bescheiden, Stück für Stück, Tag für Tag, desto eher werde ich künftig Leistungssituationen suchen – und der Erfolgskreislauf beginnt von vorne.*

Hören Sie nicht auf »Tschakka-Motivations-Gurus!« – zumindest nicht, wenn diese ständig, unisono, unaufhörlich und penetrant mittels sogenannten Kraftworts raten: »Du musst nur an dich selbst glauben! Und genau *jetzt, Tschakka*, wird alles besser!« Sehr populär, einleuchtend und falsch. Nach allem, was Sie auf diesen Seiten gelesen haben, **hat Leistungslust nichts mit reinem Glauben zu tun, sondern mit Erleben von Effekt**.

Es geht bei Glück im Leben und Leistungslust im Beruf nicht darum, an sich selbst zu *glauben*, sondern **sich als kompetent zu *erleben***. Das ist etwas komplett anderes. Man kann an einen Gott *glauben*, doch Leistungslust lässt sich nur *erleben*. **Leistungslust ist Psychologie, nicht Theologie**. Natürlich ist es schön, nützlich und motivierend, wenn Sie an sich selbst glauben! Doch dieser Glaube allein verhilft Ihnen nicht zu Leistungslust. Das ist gerade bei den Problemfällen ähnlich absurd wie einer Person mit einer Angststörung zu raten: »Du braucht keine Angst haben!«

Denken Sie bei der Arbeit, im Job **weniger rollenorientiert, nicht so sehr nach »Arbeitsvertrag«, sondern tätigkeitsbezogen**. Das, was Sie tun, sollte Sie erfüllen, und wenn sich das mit dem deckt, was Sie ohnehin immer schon gerne taten, dann werden Sie es auch gut tun. Und dadurch steigt auch die Wahrscheinlichkeit, dass nicht nur Ihre konkrete Tätigkeit positiv bewertet wird, sondern Sie als Person tatkräftig, motiviert, ganzheitlich positiv wirken – da schaut dann niemand mehr so sehr auf das, was im Papier stand.

Gewöhnen Sie sich in den Kreisen der Kolleginnen und Kollegen, Chefs und Chefinnen einen **Habitus** an, **der Können und Erfolge ernst nimmt und sichtbar macht. Reden Sie über Erfolge**, im Sinne von »das und das habe ich geleistet, gemacht, konkret getan, fertig gemacht, zu Ende gestellt.« Das ist nicht zu verwechseln mit karriereorientierter Selbstdarstellung oder Prahlerei. Zeigen Sie, was Sie können – und reden darüber. Aber sagen Sie auch, was Sie nicht können und was Sie nicht wollen – und was Sie noch lernen, verbessern wollen. Leistungslust ist ein Prozess, das muss sich erst entwickeln, und Sie spielen dabei die Hauptrolle.

Sehen Sie **Work-Life-Balance mal aus einer anderen Perspektive**: Nicht nur als Frage der zeitlichen Organisation, sondern als grundsätzliche Einstellungsfrage, **wo und wie Sie erfüllende Momente erleben** – und nicht nur, wann Sie und die Arbeit ruhen. Denn somit wird aus schnöder Erholung (»Abschalten!«) vielleicht auch ein angenehmer Lernerfolg, ganz nebenbei.

5 LEISTUNGSLUST DURCH »TIEFENINTERESSE« – DAS, WAS SIE KÖNNEN, MÖGEN UND WOLLEN

»Ich dreh den Scheiss in 8 Tagen herunter, den Rest der Zeit spiel' ich Tennis.«
Klaus Kinski, Schauspieler[28]

Mythos Möhre

Hand aufs Herz: Warum fühlen Sie sich so wohl, wenn Sie Ihrem Hobby nachgehen? Logisch: Ist ja mein Hobby! Also automatisch toll. Sonst wäre es ja kein Hobby, wenn man seine Freizeit dafür aufbringt.

Aber warum?

Und warum sind viele, ja die meisten Menschen nicht ebenso glücklich in Beruf und/oder Familie, in gesellschaftlichen Situationen, bei der Ablage, der Korrespondenz, der Steuererklärung, dem Team-Meeting? Es gibt viele Gründe dafür. Konzentrieren wir uns auf den SMIF, den Single Most Important Factor:

Wir leiden unter Motivationsvergiftung. Oder wie das auf Neuhochdeutsch heißt: Toxic Motivation.

Motivation ist das, was uns antreibt. Leider lassen wir uns in Beruf, Familie und anderswo allzu häufig von toxischen Gründen antreiben, insbesondere von einem besonders toxischen:

Wir lassen uns häufig antreiben von den Folgen einer Tätigkeit und nicht von der Tätigkeit an sich.

Das ist der Mythos der Möhre. Die Möhre ist keine *Tätigkeit*, sondern *die Folge* einer Tätigkeit: Die Belohnung oder neutral ausgedrückt: das Ergebnis. Der Esel trabt los, sobald man ihm die Möhre vor die Nase hält. Ganz gleich, ob das Esel wirklich so tun oder ob es nur eine plastische Metapher ist – der springende Punkt ist: In freier Wildbahn trabt der Esel los, weil er gerne trabt. Das Traben, die Tätigkeit an sich motiviert ihn. Der domestizierte Esel als Nutztier trabt dagegen schlimmstenfalls erst, wenn ihm eine verlockende Folge seiner Tätigkeit verführerisch vorgehalten wird. Für den Esel die Möhre, für den modernen Angestellten ein Incentive. In diesem Sinne sind wir alle Esel. Beispiele gefällig?

Welche Beispiele für toxische, das heißt Folgen-orientierte Motivation fallen Ihnen ein? Natürlich, häufigste Nennung, immer wieder und mit großer Aufregung: Schulnoten. Niemand, der bei rechtem Verstand ist, schreibt eine Klausur, weil er oder sie es *gerne* macht. Wir schreiben Klausuren a) weil wir es müssen und b) wegen der Belohnung: eine gute Note. Oder für die Vermeidung einer »negativen« Belohnung: stänkernde Eltern, nörgelnde Arbeitgeber.

Manche schreiben auch gute Noten, um den Sitznachbarn auszustechen (siehe sozialer Vergleich). Nur wirklich wenige schreiben eine Klausur im Gefühl des unvergleichlichen Stolzes, vor allem sich selbst zu zeigen, was sie alles gelernt haben und jetzt richtig toll beherrschen: Leistungslust. Diese Wenigen sind jene Wenigen, die bei rechtem Verstand sind, weil sie (noch?) nicht toxisch motiviert sind. Natürlich gibt niemand, der sich auf diese Weise motiviert, nämlich mit Lust an der Leistung, diese Motivation jemals im Leben zu: »Ich schreibe eigentlich gern Klausuren, weil es mir noch während der Klausur so schön bestätigt, was ich alles gelernt habe.« Für so eine Aussage bezieht man – in unserer Kultur – Prügel oder wird mindestens gemobbt, allermindestens als Geek, Nerd oder Streber stigmatisiert. Die Macht der Möhre in einer Nation von Eseln. Kein Vorwurf! Die Macht der Möhre ist Kultur, und Kultur ist die größte Macht im Universum; da kann Newton mit seiner mickrigen Gravitation einpacken.

Natürlich nennt unsere Kultur diese toxische Motivation nicht »toxisch«, sondern wie? Normal, zweckrational, vernünftig, zielführend. Schöne Euphemismen für: Wir fokussieren auf die Folgen einer Tätigkeit und nicht auf die Tätigkeit an sich und berauben uns damit unserer Leistungslust. Das stinkt jedem vernünftigen Menschen irgendwann. Ich nehme an, dieses »irgendwann« ist bei Ihnen schon eingetreten, zumindest andeutungsweise. Sonst wären Sie nicht hier, also:

Vom Folgenanreiz zum Tätigkeitsanreiz

Wenn wir mehr Leistungslust im Leben und im Beruf fühlen wollen, dürfen wir uns nicht mehr so oft und so sehr von den Folgen einer Tätigkeit antreiben lassen (Folgenanreiz). Der Anreiz einer Tätigkeit sollte die Tätigkeit selbst sein (Tätigkeitsanreiz), wenn wir das Glück des Handelns spüren wollen. Doch welche Tätigkeiten lassen uns das spüren?

Klar, wie bereits mehrfach erwähnt: Hobbys. Der Rosenzüchter zum Beispiel züchtet, obwohl viel nicht gelingen wird, viel eingehen wird, Schädlinge unvermeidbar kommen usw. Aber er züchtet dennoch, eben weil er sich nicht ausschließlich über den Erfolg seiner Züchtung motiviert, sondern ihm bereits das Pflanzen und Beschneiden, die Tätigkeiten an sich Freude bereiten. Das ist ein naheliegendes und einleuchtendes Beispiel von Tätigkeiten, das wenig beschreibt und nichts erklärt, weshalb die Motivationsforscher aller Zeiten und Länder schon immer dem Geheimnis intrinsisch motivierender Tätigkeiten auf die Spur kommen wollten.

Einer der führenden Motivationsforscher in Deutschland ist zum Beispiel Falko Rheinberg[29], der auf der Spur dieses Geheimnisses unglaublich viele Menschen interviewt hat, die »nutzlosen« Tätigkeiten nachgehen, die nichtsdestotrotz oder gerade deshalb glücklich machen[30]. Er fragte sie: Warum? Natürlich: Weil Klettern, Surfen, Skifahren oder Musizieren eben glücklich machen. Aber wie? Und wie fühlt sich dieses Glück an? Seine Probanden gaben Antworten – und Sie dürfen überall ein Kreuz machen, wo Ihnen die Beschreibung des Glücksgefühls auch nur annähernd oder sogar vollständig vertraut ist:

- *»Sobald ich auf dem Motorrad sitze, ist alles weg: Der Druck in der Firma, der Stress mit meinen Kindern.«*
- *»Ich spüre und mache nur eines: Fahren, fahren, fahren.« Eine extreme und extrem pointierte Formulierung für Tätigkeitsorientierung: Nur noch die Tätigkeit an sich zählt.*
- *»Ich kann da total abschalten, sobald ich das Board wachse. Ich habe keine anderen Gedanken mehr im Kopf.«*
- *»Jede innere Spannung verflüchtigt sich praktisch in Sekundenschnelle.«*
- *»Ich fühle mich einfach nur ausgeglichen, zufrieden, im Einklang mit mir und dem Universum. Fast schon ein mystisches Erlebnis.«*
- *»Die Zeit steht still. Alles andere ist vergessen. Ich fließe mit der Musik dahin.«*

Da kann man richtig neidisch werden. Und: Das erinnert uns stark ans Flow-Erlebnis (siehe oben). Kein Wunder: Das Glück des Handelns wurde und wird von unzähligen Motivationsforschern untersucht. Viele Wege führen nach Rom. Nicht nur der Flow führt zum Glück des Handelns, auch die reine Tätigkeitsorientierung. Doch Rheinberg wäre nicht Rheinberg, wenn er sich mit diesen schönen Erkenntnissen zufriedengegeben hätte.

Auf Anhieb erkannte er nämlich den Haken an den Hunderten, ja Tausenden euphorischen Bekenntnissen der Surfer, Biker, Musiker und Skifahrer: Sie alle beschreiben in beneidenswert begeisterten Worten – was?

Sie beschreiben *den Effekt* einer Tätigkeit.

Das ist erhellend, beantwortet aber nicht zwei zentrale Glücksfragen:

a) Warum stellen sich diese Effekte nicht bei allen oder zumindest auch bei anderen Tätigkeiten ein?

b) Warum stellen sich diese Effekte von bestimmten Tätigkeiten nur bei bestimmten Menschen und nicht bei allen oder zumindest anderen Menschen auch ein?

Einfache, jedoch bedeutsame Antwort: Weil nicht der Effekt der Tätigkeit uns Glück empfindet lässt, sondern der Antrieb, der uns dazu treibt. Das nenne ich Tiefen-Interesse an einer Tätigkeit. Und dieser Antrieb geht sehr viel tiefer als der bloße Effekt. Rheinberg fand 15 dieser inneren Antriebe.

Wissen, was man tun will – statt bekommen will

Natürlich sind »Abschalten« oder »einfach nur fahren, fahren, fahren« beglückende Erlebnisse, geradezu euphorische Effekte einer Tätigkeit. Doch was wollen wir eigentlich damit erreichen? Was ist unser innerster Antrieb fürs Biken, Surfen, Skifahren, Musizieren, whatever? Was treibt uns auf den Bock, in die Welle, in den Pulverschnee, an die Tasten des Pianos? Rheinberg fand innere Antriebe heraus wie:

- *das eigene Selbstwertgefühl steigern durch das eigene Kompetenzerleben (»Schwarze Piste gefahren – ohne Sturz!«)*
- *der Genuss vollkommen harmonischer Bewegung (typisch dafür: die Kurvenbeschleunigung eines Motorrads)*
- *Alleinsein, in der eigenen Mitte sein, sich selbst finden (z. B. beim Surfen)*
- *Erregung, Abenteuer, Nervenkitzel (fast alle Extremsportarten)*

Um nur vier seiner 15 Anreizgruppen herauszugreifen. Diese inneren Antriebe leuchten unmittelbar ein. Es geht beim Biken eben nicht nur ums »Abschalten« oder ums »Fahren, fahren, fahren«, sondern in der Tiefe der menschlichen Psyche um viel mehr, um einen dieser vier exemplarischen oder insgesamt 15 viel tieferen Anreize für eine Tätigkeit. Diese treiben uns im tiefsten Innern an und dafür gilt:

Was mich im Innersten antreibt, macht mich glücklich – wenn ich es kann, wenn ich es auslebe, tätig auslebe, körperlich umsetze, und wenn ich es auch will. Das ist Tiefen-Interesse.

Und das ist der entscheidende Unterschied zwischen dem Effekt einer Tätigkeit (»Abschalten«) und dem Motiv für das Ausüben einer Tätigkeit (»mit mir selbst eins zu sein«). Das ist die vielzitierte eigentliche intrinsische Motivation, das Geheimnis unseres Menschseins, unser Schicksal, der Urgrund unserer Existenz und allen Glücks in Leben und Beruf: Was treibt mich an?

Für eine Antwort auf diese Fragen sollten Sie wissen, was Sie wirklich wollen im Leben, von der Familie und im Beruf.

Wissen Sie's?

Motivationale Kompetenz: Seinen inneren Antrieb finden wollen

Niemand weiß das. Okay, die Weisen, Einsiedler und Zen-Mönche. Aber sonst? Wir laufen doch alle wie die Esel hinter der Möhre her und meinen, sie zu wollen, sie wirklich zu wollen und nichts anderes zu wollen. Doch gleichzeitig ahnen wir, dass die Möhre zwar nice ist, aber auf Dauer eben nicht das, was uns echt total interessiert und was wir im Grunde unseres Herzens in unserem Leben wirklich wollen. Woher sollten wir auch?

Haben unsere Eltern uns das beigebracht? Die Schule? Die Uni? Der Arbeitgeber? Die Medien? Vor allem die vorgeblich sozialen? Fehlanzeige. Gerade die sozialen Medien propagieren mit manipulativer Finesse und immensen ökonomischen Interesse doch nicht The Real Thing, sondern die modische, quasi mit Werbung umhüllte Möhre: Urlaub! Reisen! Unterhaltung! Food! Fashion! In Unternehmen spricht man manchmal auch von KoKo und SoKo, von Kommunikations- und Sozialkompetenz, aber von MoKo? Böhmisches Dorf.

Motivationale Kompetenz hat, wer weiß, was ihn oder sie im tiefsten Inneren antreibt. Motivationale Kompetenz hilft, sein Tiefen-Interesse aufzudecken.

Warum wollen wir das wissen? Weil nur dieses Wissen uns auf Dauer und intensiv glücklich machen kann. Manche Biker wollen »am liebsten den Rest vom Leben auf'm Bock sitzen und nur noch fahren, fahren, fahren« – warum? Nicht, weil sie dabei abschalten. Dafür auch. Aber im tiefsten Inneren, weil sie dabei ihrem innersten Antrieb folgen: mit sich, der Maschine, der Straße und dem Universum eins zu sein (um nur einen inneren Antrieb zu nennen – es gibt andere). Das ist der Sinn des Lebens: dem inneren Antrieb zu folgen. Der Sinn eines *erfüllten* Lebens. Das Gegenteil davon ist Selbstverleugnung, Selbstentfremdung, Abspaltung, strukturelle Dissoziation, Sublimation, Verdrängung, Möhren-Safari – alles Synonyme für ein vergeudetes Leben. Oder kurz: Kultur und Geißel unserer Zeit.

Der innere, nicht selten seit Kindertagen gewachsene Antrieb ist unsere wahre Motivation, ist das und nur das, was uns durch die Höhen und Tiefen eines miesen oder auch nur normalen Jobs trägt. Oder durch den Stress des Familienlebens. Was uns diesen ganzen Mist überleben lässt. Und nicht nur überleben und aushalten, sondern auch was uns inmitten dieses ganzen Mists, der Belastung, Überforderung oder Langeweile auch und gerade Freude und Glück fühlen lässt. Wenn wir diesem inneren Antrieb folgen. Wenn wir uns nicht selbst verleugnen. Das ist die eigentliche intrinsische Motivation. Sie ist immun gegen äußere Einflüsse. Weil äußere Einflüsse nicht an sie heranreichen: So tief dringen diese nicht vor. Möhren sind sehr oberflächlich. Möhren werden uns auch nicht immer ausreichend offeriert. Was treibt uns dann zur Tat, wenn keine Möhren locken? Da bleibt nur der innere Antrieb. Wenn wir ihn finden können.

Woher sollen wir denn wissen, was uns im Innersten antreibt? Vor allem, wenn man nicht nach Trial & Error vorgehen kann: Heute mal diesen Job, morgen jenen, heute diese Familie, morgen ... Heute auf dem Motorrad und morgen Extremkletterer. Niemand von uns hat so viel Zeit, Energie, Geld und vor allem Gelegenheit – obwohl einige wenige von uns genau nach diesem Prinzip zu suchen scheinen, so schnell wie sie Jobs, Hobbys und Partner wechseln. Und doch suchen wir alle insgeheim danach.

Wir brauchen motivationale Kompetenz: Wir wollen wissen, was uns im Innersten antreibt, was unsere Welt im Innersten zusammenhält (Goethe, Faust), weil wir dann das Geheimnis der Motivation und eines erfüllten Lebens kennen würden: Wir würden wissen, wie wir uns selbst motivieren könnten – immer, überall, in jeder Situation, für jedes Ziel, selbst im dicksten Stress. Weil wir uns dann von allen Möhren emanzipieren würden. Weil wir dann wüssten, was uns im Innersten antreibt und nachhaltig glücklich macht.

Wir würden uns immer und überall selbst und ganz allein motivieren können, aus uns selbst heraus, ohne jegliche äußere Anreize, Konsequenzen, Belohnungen oder Bestrafungen. Klingt verlockend. Also fragen Sie doch mal Ihren besten Freund/Freundin oder Ihren Beziehungspartner: Was motiviert dich? Was ist dein innerster Antrieb?

Schwer in Worte zu fassen

Warum ist es nur so schwer, das Tiefen-Interesse zu ergründen, das herauszufinden, was uns wirklich und auf Dauer glücklich macht? Oder wie Hermann Hesse (im Demian) fragte: »Ich wollte ja nichts als das zu leben versuchen, was von selber aus mir herauswollte. Warum war das so sehr schwer?«

Weil uns diese tief verborgenen Motive im Sinne des Wortes nicht bewusst sind, da wir sie so extrem früh und daher noch vorsprachlich erworben haben. Als kleine Kinder, die noch keine Sprache beherrschen, haben wir bereits unsere inneren Antriebe entwickelt.

Der vorsprachliche Erwerb dieser inneren Antriebe führt zum Problem, das wir alle kennen: Man kann uns nicht einfach nach diesem Antrieb fragen. Wofür wir keine Worte haben, dafür haben wir auch keine (brauchbare) Antwort. Also kann man keine Fragebögen einsetzen, um den inneren Antrieb herauszufinden. Forscher haben das lange versucht, sind gescheitert und daher schlauer geworden. Deshalb erforschen sie den inneren Antrieb heute nicht mehr mit Fragebögen, sondern mit sogenannten Phantasieaufgaben, die bildhafte Assoziationen nutzen. Viele dieser nützlichen Instrumente haben grauenhafte Namen wie Thematischer Apperzeptionstest (TAT), ein echter Zungenbrecher. Brauchen wir nicht – wir sind hier keine Wissenschaftler. Wir stoßen vielmehr quasi mit einem Science Hack zu unseren inneren Antrieben vor: Wir nehmen eine Abkürzung.

Diese Abkürzung konzentriert sich auf das, worüber wir die ganze Zeit reden: auf die Tätigkeit an sich. Das Glück des Handelns liegt, wie der Name schon sagt, im Tun, in der Tätigkeit. Also brauchen wir »nur« jene Tätigkeit(en) zu finden, die uns im Innersten voll und ganz entspricht oder entsprechen – und schon sind wir unserem innersten Antrieb auf die Schliche gekommen. Ich nenne diese vielsagenden und tiefreichenden Tätigkeiten…

Die »DNA des Tuns«: Warum mach' ich, was ich mach'?

Blenden wir einmal konkrete Berufe aus, denn es gibt schlichtweg zu viele. Allein über 320 Ausbildungsberufe sind in Deutschland ganz offiziell verzeichnet und bis ins kleinste Detail definiert und geregelt, ganz zu schweigen von unzähligen inoffiziellen, schicken Berufsbezeichnungen, die Unternehmen sich ausdenken, um knappes Personal zu ködern und schnöde Tätigkeiten attraktiv zu verpacken. Bestes Beispiel ist mir im Italienurlaub begegnet: nicht »Straßenfeger« nannte sich der Herr mit Besen und Mülltonne von der Stadtreinigung, sondern »Operatore Ecologico« – das braucht keine Übersetzung.

Die Vielzahl der Berufe ist nicht nur verwirrend groß, sondern schert sich sozusagen in vielen Fällen um Kompetenzen, sondern definieren sich durch den ökonomischen Bedarf, Stichwort Employability. Insofern sollte man solche Berufe nicht als Ausgangsbasis für eine breite Betrachtung von wesentlichen Kompetenzen nutzen, nicht als Startpunkt einer Berufs- oder Karriereberatung.

Hierfür ist es sehr viel mehr zielführend, vom Menschen und nicht vom Job her zu denken. Und die grundlegendste Betrachtung der menschlichen Kompetenzen ist: Was kann ein Mensch mit seiner biologischen »Ausstattung« alles anstellen?

Was kann er mit seinen naturgegebenen Augen, Ohren, Händen, Füßen, mit seinem Verstand und seinem Mund machen? Eine ganze Menge. Wir können mit dieser »Grundausstattung« denken, reflektieren, überreden, lachen, bauen, wieder einreißen, streicheln, schlagen, laufen, rennen, sehen, hören, reden, singen, malen, zeichnen, tanzen … Eine schier unendliche Liste, die wir auf nur drei Urbausteine des Tuns komprimieren können:

Machen – Denken – Interagieren

Mit nur diesen drei Begriffen können wir alles beschreiben, was ein Mensch kann. Wenn wir nicht machen, denken wir. Um mit anderen Menschen etwas zu machen oder zu denken, interagieren wir. Daher: Die ganze menschliche Kompetenz- und Schaffens-Welt in nur drei Wörtern. Mit diesen drei Urbausteinen bewegt der Mensch seine Welt. Was genau bewegt er damit? Was erreicht er, was ist der Gegenstand dieser weltbewegenden Tätigkeit? Das können etliche Gegenstände seines Tuns sein, zum Beispiel

- *Natur und Leben*
- *Kreativität und Ästhetik*
- *Schönheit und Genuss*
- *Hilfe und Nächstenliebe*
- *Werk, Schöpfung, Technologie*
- *Erkenntnis und Wissen*

- *Fortschritt*
- *Einfluss und Macht*
- *Ordnung*
- *Kraft*

Wenn man so will, ergibt sich mit diesen Gegenständen des Tuns die DNA aller Kompetenzen, als ungeheuer kraftvolle und zugleich einfachste Grundlage eines jeden (Arbeits)handelns. Einige Beispiele:

- *Wer in seinem Leben und mit seinem Beruf hauptsächlich dem Urbaustein »Machen« folgt, wer sich im Sinne des Wortes als Macher fühlt und versteht, wird den Fokus seines Tuns vor allem auf die obigen Gegenstände Werk, Schöpfung, Technologie, Natur, Leben und Kraft konzentrieren – in Berufen tun wie Schreiner, Gärtner, Sporttrainer oder Soldat.*
- *Beim Urbaustein »Denken« ist die Sache schon weitaus konzentrierter. Wessen tiefste Sehnsucht von dieser Kompetenz erfüllt ist, wer sich also zutiefst als (Vor)Denker fühlt, strebt vorrangig nach Erkenntnis und Wissen in Berufen von Wissenschaft, Forschung, Entwicklung, Recherche, Redaktion, Innovation oder Start-ups.*
- *Der Urbaustein »Interagieren« dagegen treibt Menschen förmlich in Positionen und Berufe mit Einfluss und Macht wie Richter, Missionar, Geistlicher oder Führungskraft.*

Und natürlich gibt es drei »Mischtypen«, wenn Menschen hauptsächlich von zwei Urbausteinen motiviert werden:

- *Wer den beiden Urbausteinen »Machen« und »Interagieren« folgt, sucht sich einen Blaulicht-Beruf, arbeitet in der Medizin (im Patientenkontakt) oder in der Pflege, aber auch in der Kunst (Kunst ohne Publikum ist die Ausnahme) oder ist Entdecker im weitesten Sinne.*
- *Machen und Denken zusammen drängen in Berufe rund um Fortschritt und Kreativität: Erfinder, Innovator, Maler, Dichter.*
- *Denken und Interagieren zusammen motivieren Menschen für Ur-Tätigkeiten auf dem Feld der Ordnung; also Verwalter, Lehrer, Administrator, Händler.*

Das Reizvolle an dieser Kategorisierung ist: Wir kommen uns ohne komplexe Diagnostik sehr schnell selbst auf die Schliche. Jeder kann mit etwas Nachdenken und Nachspüren sagen, zu welchen dieser drei Urbausteine »Machen – Denken – Interagieren« er oder sie sich hingezogen fühlt. Kein selbst empfundener Denker wird sich jemals, Hand aufs Herz, als Macher kategorisieren et vice versa. Keine Führungskraft, die seit Jahren strikt eine Politik der geschlossenen Bürotür verfolgt, wird sich als dem Urbaustein »Interagieren« verschrieben fühlen – es sei denn im Führungskräfte-Seminar, wo es Gesichtsverlust samt Karriereschaden bedeutet, wenn man sich nicht selbst als größten Kommunikator aller Zeiten bezeichnet.

Passt Ihr Job zu Ihrer »DNA des Tuns«?

Es würde Sie erstaunen, wenn Sie erführen, wie viele Führungskräfte in allen Branchen und Positionen allein deshalb nicht oder nur sehr schwach führen, weil ihnen der Urbaustein »Interagieren« einfach nicht »liegt«. Aber sie haben sich von Kindesbeinen an nur schwach dafür interessiert, wollen aber natürlich trotzdem Karriere machen und können das in schlecht gemanagten Unternehmen auch oft, weil denen meist die Fachkarriere fehlt. Also machen führungsschwache Manager Führungskarriere, weil sie in ihrem Fachgebiet keine interaktionsschwache Karriere machen können.

Welche(r) Urbaustein(e) bzw. auch Mischtypen haben bei Ihnen spontan innerlich Resonanz ausgelöst? Und passt Ihr Job dazu nebst Arbeitsumfeld? Wenn Sie zum Beispiel wie ein Macher fühlen – lässt man Sie im Job machen? Wenn Sie tief drin ein Denker sind, lässt man Sie denken? Was, wie oft und wieviel? Und reicht Ihnen das? Wenn Sie für Ihr Leben gerne kommunizieren, networken und interagieren, erfahren Sie genügend interessante Kontakte im Job? Oder sperrt man sie allzu viel und allzu oft hinterm Bildschirm eines PC oder Notebooks und lässt Sie Zahlen verbiegen?

Ich erinnere mich an eine Bekannte, deren Vorgesetzte sie eines schönen Dienstagmorgens in der Kaffeeküche anfuhr: »Ständig stehen Sie hier und tratschen mit den Kollegen! Haben Sie keine Arbeit?« Glasklarer Fall: Die Vorgesetzte kennt den dritten Wert nur vom Hörensagen, ist selbst schwach darin und will nicht wahrhaben, dass die Kolleginnen und Kollegen in der Kaffeeküche rund 90 Prozent der Effizienzsteigerungen und Produktinnovationen ihrer Abteilung brainstormen und initiieren, sich gegenseitig helfen, Communities bilden, Informationen updaten, Politik betreiben. Selbst wenn sie es wüsste, wäre es ihr egal, da sie mit dem eigentlichen Wert der Interaktion nichts anfangen kann. Sie ist eine Löwin. Sie ist Einzelgängerin und Denkerin.

Eine Idee, die nicht solo in der Abgeschiedenheit des eigenen Büros erdacht wurde, kann ja nichts wert sein. So regiert ihr Wert »Denken« ihr Denken und Handeln – ohne dass es ihr bewusst wäre. Doch zurück zu Ihnen. Passt Ihr Job zu Ihren Kompetenzen in Form der Urbausteine? Und wenn nicht: Wie wollen Sie in so einem Werte-strangulativen Job-Umfeld jemals nachhaltig Leistungslust erfahren?

Deshalb flüchten viele Menschen in Hobbys, Beziehung und Familie. Was häufig nicht hilft, denn woher soll Ihre Familie oder Ihr Beziehungspartner wissen, welche Kompetenzen Sie leiten? Hinter der Frage nach den Kompetenzen verbirgt sich das Glück oder das Leid eines ganzen Lebens ... Und das waren lediglich drei Urbausteine der Kompetenz-DNA. Diese DNA kodiert...

Die 17 Archetypen der beruflichen Tätigkeit

Tätigkeiten wie Mural-Painting oder Home-Staging, Metallbearbeitung oder Kfz-Mechatronik, C++ Programmierung oder Ernährungsberatung sind kultur-

und zeitabhängig. Schon in zehn Jahren mag es die meisten dieser Tätigkeiten gar nicht mehr, oder wissen Sie noch, was ein Schriftsetzer, Stellmacher oder Rohrpostbeamte konkret machte? Aktuelle Kataloge von Tätigkeiten sind – als Grundlage einer Erforschung von in der Tätigkeit liegenden Basis-Motivationen – daher viel zu instabil und oberflächlich. Wenn wir zu unserem innersten Antrieb vorstoßen wollen, brauchen wir Tätigkeiten, die sozusagen ewig gültig sind, die es schon immer gab und immer geben wird. Eben deshalb kann man sie als Archetypen bezeichnen. Ich habe einige Modelle der Berufseignungsdiagnostik bzw. Berufs- und Karriereberatung durchforstet und konnte 17 Archetypen ableiten[31]. In den Archetypen steckt die oben erläuterte DNA mit den drei Urbausteinen »Machen – Denken – Interagieren«, jedoch sind die Archetypen konkreter und vielfältiger – ohne zu konkret auf Employability und Arbeitsmarkt einzugehen. Die Archetypen bringen eine Unzahl von Jobs mit drei Urbausteinen zusammen, in dem sie 17 wesentliche Job-Typen beschreiben, wie die »Moleküle des Lebens« auf Basis der DNA:

Jeder und jede findet sich in diesem Katalog der Archetypen wieder – sofern wir uns in eine passende Situation hineinversetzen. Stellen Sie sich also zum Beispiel vor, Sie stranden mit drei Dutzend anderen Menschen auf einer einsamen Insel und wollen die Zivilisation neu aufbauen: Welche der folgenden archetypischen Tätigkeiten würden Sie wählen, die Ihnen im Innersten voll und ganz entspricht, die Sie am meisten anspricht, wenn Sie die freie Wahl hätten?

Damit Sie Ihrem innersten Antrieb, Ihrem Tiefen-Interesse annähernd zuverlässig auf die Schliche kommen: Bitte überlegen Sie nicht lange. Entscheiden Sie buchstäblich von innen, aus dem Bauch heraus, im besten Sinne intuitiv. Denken Sie nicht an Beruf, sondern an Berufung. Und machen Sie sich gedanklich frei von den üblichen Restriktionen wie »Ich muss damit doch aber auch Geld verdienen!« oder »Was soll meine Familie dazu sagen?« oder »Aber was ist mit meiner Karriere?« Nehmen wir einfach an, Geld ist genug da, die Karriere ist gebongt und die Familie sagt zu allem Ja und Amen (oder ist nicht auf der Insel gelandet). Es geht also nicht nur um »wollen« im Sinne einer angenehmen Entlohnung, eines Ergebnisses, sondern um »können« und »mögen«.

Die Archetypen sind hier im Beispiel »Einsame Insel« konkretisiert, genauso können Sie sich aber mit den archetypischen Tätigkeiten in eine mittelalterliche Welt á la Game of Thrones denken oder gedanklich in ein abgeschiedenes Dorf vor hunderten von Jahren versetzen (kleine Anregung, da soziologisch, technologisch und ökonomisch vielfältig und spannend: Bau des Gotthard Tunnels in der Schweiz – und nun versetzen Sie sich in die Dörfer Airolo und Göschenen und denken an die ganzen Arbeiter, Bedienstete, Helfer und Helfershelfer...). Versuchen Sie selbst zu abstrahieren, durchdenken Sie dabei die Ur-Tätigkeit an sich. Und damit Sie sich in diesem Sinne besser einfühlen können, ist die Beschreibung der Tätigkeiten in der ersten Person Singular formuliert:

Anführer/in: Ich führe unsere kleine Expedition auf die Insel an, ich leite alles Nötige ein, ich führe unsere Gruppe in eine bessere Zukunft. Es gibt mir ein gutes Gefühl, meinen Einfluss richtungsweisend geltend zu machen. Schließlich muss jemand die Gruppe anführen und mir liegt das einfach. Ich fühle mich wohl, als jemand der die Richtung vorgibt, Verantwortung übernimmt und Ansagen trifft, wenn andere eher zaudern. Eine führende Position liegt mir.

Bevor wir mit der Erforschung Ihres innersten Antriebs weitermachen, eine Bemerkung: Wenn Sie eben bei der Beschreibung des Anführer-Antriebs spontan Unwohlsein jeglicher Art empfunden haben, ist das ein gutes Ergebnis: Der Anführer einer Gruppe zu sein ist ganz offensichtlich und affektiv validiert nicht Ihr innerster Antrieb. Wenn Sie sich dagegen angesprochen fühlten: Vergeben Sie Sternchen von eins bis fünf. Denn es werden noch einige andere Ur-Tätigkeiten auftauchen, die Ihnen zusagen. Am Ende wählen Sie dann jene zwei bis drei archetypischen Tätigkeiten, die Sie am stärksten ansprechen. Hier die weitere Auswahl:

Handwerker/in: Ich baue und repariere für mein Leben gern – und auf einer einsamen Insel gibt es jede Menge zu bauen und zu reparieren. Konstruieren, Verbessern, Herumbasteln, mit Holz Hütten bauen, Zäune, aber auch die Programmierung unserer mitgestrandeten Notebooks sind meine Welt: Ich nehme mir ein Werkstück vor, baue etwas zusammen oder mache etwas Bess'res draus.

Kunsthandwerker/in: Ich liebe die Ästhetik schöner Objekte, Gegenstände und Dinge, die ich diesen durch meiner Hände Arbeit verleihe und dann interessierten Menschen anbiete. Wir brauchen auf unserer einsamen Insel auch Schönes! Das können reine Kunstobjekte sein, aber auch nützliche und zugleich ästhetisch ansprechende Gebrauchsgegenstände oder das Schöne an den Menschen. Zum Beispiel: dekorative Blumengebinde, schöne Frisuren oder gutaussehende Kleidung.

Bauer/Bäuerin: Ich arbeite mit der Natur zusammen, produziere Nahrungsmittel, lasse Pflanzen gedeihen, mache alles grün und fruchtbar und sorge für Wachsen, Leben und Gedeihen in der Natur. Ich habe den grünen Daumen Wir müssen auf der Insel ja auch etwas zu essen haben ...

Händler/in. Ich handle gerne, the Art of the Deal macht mir Freude, ich kaufe und verkaufe Ware, bringe sie unter die Leute, verbinde Produzenten und Konsumenten auf sinnvolle Weise. Im Mittelpunkt meines inneren Antriebs stehen Waren, Wertschöpfung, Geschäfte, Deals.

Verwalter/in: Es gibt mir ein gutes Gefühl, das Erreichte zu bewahren, Hab und Gut zu hegen und zu pflegen und effiziente Prozesse zu schützen. Ordnung und ordnungsgemäße Abläufe sind mir wichtig. Lager, Ablage, Übersichten, Regeln dabei einhalten usw. Gutes Planen und Organisieren sind die halbe Miete.

Richter/in: Ich vermittle, moderiere, schlichte und richte gerne, um die Inselgemeinschaft (wenn wir in der Insel-Metapher bleiben) oder das Team, die Gemeinschaft und die Familie (wenn Sie Ihrem inneren Antrieb eher mit Bezug zur realen Welt auf die Spur kommen wollen) in gedeihlicher Harmonie zusammenzuhalten.

Ich hasse Ungerechtigkeit und Unfairness. Es ist mir wichtig, dass es in unserer Gemeinschaft gerecht und fair zugeht, dass Macht nicht missbraucht wird und ein regelmäßiger Interessenausgleich betrieben wird.

Heiler/in: Ich kümmere mich gern um Menschen, damit es ihnen besser geht. Ich helfe, wo ich kann und freue mich, wenn es Menschen dank meiner Hilfe, Intervention und Unterstützung gesundheitlich, beruflich oder auch sozial besser geht. Dazu muss ich kein Arzt sein – heilend zu helfen kann ich auf unterschiedlichste Art und Weise.

Maler/in & Bildhauer/in: Ich male, zeichne, koloriere, entwerfe und forme gerne, schaffe neue Formen oder dokumentiere alte Formen. Ich lebe meine Kreativität aus, schaffe kleine oder auch große Kunstwerke.

Dichter/in & Erzähler/in: Ich erzähle die Welt und alles, was passiert. Ich verleihe dem Leben ein kohärentes Narrativ und bringe dadurch Sinn in das Erlebte in gesprochenem und geschriebenem Wort. Ich schreibe, lese und erzähle gerne – in jeder Form (soziale Medien, Bücher, Posts, Reden, Notizen, Tagebücher ...).

Erfinder/in: Ich erfinde für mein Leben gern – große und kleine Dinge, Problemlösungen mit neuen und alten Technologien. Wo es keine Lösung gibt, tüftle ich eine aus. Wo es eine gibt, finde ich eine bessere. Ich denke mir die Welt und ihre Lösungen neu.

Forscher/in: Mich treibt der Drang, neue Erkenntnisse aller Art zu gewinnen und zu erringen. Erforschen, beschreiben, erklären oder berechnen sind meine Passion; Zahlen, Daten und Fakten mein Handwerkszeug. Auf einer einsamen Insel gibt es so viel neues Wissen zu erwerben!

Entdecker/in: Mich reizt es, Neues zu entdecken, das Unbekannte zu erforschen, auf Reisen Überraschendes zu erleben, um es danach zu erschließen, zu beschreiben und für andere zugänglich zu machen. Ich gehe raus, in die Ferne, ins Unbekannte, um es zu erleben und darüber zu berichten. Perfekter Ort dafür: einsame Insel.

Kämpfer/in: Ich bin ganz in meinem Element, wenn ich mich in Konflikten schützend vor andere stelle und für ihre Sicherheit kämpfe, sie vor Angriffen verteidige. Ich sorge dafür, dass es möglichst wenig gewalttätige Konflikte gibt, wilde Tiere ins Lager einbrechen – und wenn es passiert, greife ich aktiv ein.

Athlet/in: Ich tobe mich auf der Insel aus! Ich genieße körperliche Anstrengung; Kraft, Beweglichkeit, Schnelligkeit, Ausdauer und Koordination und die intensiven und vielfältigen körperlichen Erfahrungen, die ich dabei erlebe und genieße. Body work is good work!

Lehrer/in: Ich liebe es, unsere kleine Gruppe mit meinem umfangreichen Wissen klüger, besser, erfolgreicher zu machen, ihr Nützliches oder Wissenswertes zu vermitteln, damit wir auf der Insel ein gutes Leben haben. Bilden, Aus- und Weiterbilden in jedwedem Rahmen und jeder Form sind meine Passion.

Aufklärer/in: Mit meiner fundierten Meinung überzeuge und beeinflusse ich jene Mitglieder unserer Gruppe, die sich mit den neuen Gegebenheiten noch etwas schwertun. Das kann ich sowohl ganz offiziell von einer Kanzel herab wie auch im kleinen Kreis oder als Influencer in sozialen Medien – mein Podium ist überall.

Soweit die Auswahl der 17 archetypischen Tätigkeiten. Welche zwei bis drei davon haben Sie am meisten angesprochen; ganz spontan, intuitiv, tief drin?

Wenn Sie nicht zu einem schlüssigen Ergebnis gekommen sind, liegt das daran, dass Sie *noch* nicht zu einem schlüssigen Ergebnis gekommen sind. Machen Sie noch zwei, drei Durchgänge; eventuell mit einem oder zwei Tagen Pause dazwischen – oder auch mit einem anderen gedachten Setting. Unser Innerstes ist kein Kühlschrank, den man bloß aufmachen und reingucken muss – sonst hätte Sigmund Freud als Bäcker oder Maler gearbeitet. Manchmal muss man ein paar Mal anklopfen, bis die Tiefe uns schlüssig antwortet. Woran merken Sie das? An dem Gefühl: »Ja, das isses jetzt! Das erzeugt eine Resonanz ganz tief drin.«

Die wenigen Dinge im Leben, die Sie *echt total* antreiben

Zugegeben: In der lesefreundlich komprimierten obigen Form ist das kein wissenschaftlicher Test mit verbriefter Validität, aber es greift auf validierte Ansätze zurück. Und wer eine gute Selbstwahrnehmung hat, merkt bei den »passenden« Urtypen und gegebenenfalls nach einer Handvoll Wiederholungen, wie das berühmte Bauchgefühl sich meldet. In der praktischen Anwendung des Tests ergeben sich daher erfahrungsgemäß regelmäßig erhellende und tiefgehende Aha-Erlebnisse wie: »Mir ging gerade ein Licht auf«, »Ein schönes Gefühl, sich selber zu entdecken – fühlt sich so echt an«, »Ich hab's eigentlich immer geahnt …«, »Dass ich ein heimlicher … bin, hat schon meine Oma über mich gesagt«, »Das sagt auch meine beste Freundin über mich«, »So wollte ich eigentlich immer sein, aber bin es viel zu selten!« Wie Ödön von Horváth sagte: »Ich bin nämlich eigentlich ganz anders, aber ich komme nur so selten dazu.« Wir leben viel zu selten unseren innersten Antrieb aus.

Man erfährt einiges über sich, wenn man sich mit den 17 Archetypen beschäftigt – deshalb heißen sie so; sie sind arche-typisch: typisch, bezeichnend und ewig gültig. Es wird sie geben, solange es Menschen gibt.

Das, wovon Sie sich in der Auswahl der 17 angesprochen fühlten, ist Ihr innerer Antrieb, Ihr Tiefen-Interesse. Jeder Mensch hat zwei bis drei dieser inneren Antriebe. Es sind zwei bis drei – nicht fünf bis sechs. Viele populäre Ratgeber und Persönlichkeitsmodelle widersprechen da.

Sie behaupten, dass es ein einziger Antrieb ist, der Sie definiert. Sie sind demnach also X, nur X und nur X allein. Das ist mir angesichts der vielen Talente jedes Menschen doch zu spärlich. Da wird man zu schnell in eine zu enge Schublade gesteckt. Mit nur einem Antrieb wären wir doch arg eingeschränkt, vor allem in unserer Verhaltensvariabilität. So engstirnig ist die Evolution nicht, wenn sie das Überleben einer Spezies sichert. Natürlich ist einer der zwei bis drei Antriebe dominant – wobei das von Situation zu Situation auch wechseln mag.

Der »geborene« Anführer in der Firma ist vielleicht beim Spielen mit seiner Vierjährigen ein großartig kreativer Künstler (also zusammengenommen der ideale Papa). Doch seine zwei anderen Antriebe sind dann immer noch da und warten darauf, aktiv zu werden. Die Herausforderung des obigen Tests und Ihres Lebens liegt darin, das herauszufinden, was Sie am meisten antreibt und voranbringt – und was noch. Wenn Sie mit dem obigen Test nicht ganz zurechtkamen: Es gibt auch eine Abkürzung in Ihr Innerstes.

Kurztest: »Was treibt mich innerlich wirklich an?«

Sie kommen sich selbst auch dann auf die Schliche, wenn Sie, Hand aufs Herz, eine oder mehrere der folgenden Fragen offen und ehrlich und ohne die üblichen Bedenken (Geld? Familie? Status?) beantworten. Die Fragen überschneiden sich teilweise, was Sinn macht, wenn wir bedenken, welche feine und spezifische Ansprache unser Innerstes benötigt. Der besseren Ansprache Ihres Inneren wegen sind die Fragen wieder in der ersten Person Singular formuliert:

- *Welche Tätigkeit könnte ich ewig machen?*
- *Warum? Was gibt sie mir – über den oberflächlichen Nutzen (wie Ergebnis, Belohnung, Resultat) hinaus?*
- *Welche Resonanz spüre ich tief drin, wenn ich dieser Tätigkeit nachgehe?*
- *Welche Aufgabe erzeugt in mir Flow? Absolute Begeisterung, völliges Aufgehen in der Aufgabe, eine hoch konzentrierte Auseinandersetzung mit der Sache und nur mit der Sache allein, um mich herum die Zeit vergessen?*
- *Wie könnte ich das bezeichnen, was bei dieser Aufgabe in mir stark angesprochen und aktiviert wird?*
- *Free Choice Paradigma: Wie lange bleibe ich aus freien Stücken bei einer Aufgabe? Bei welcher am längsten? Warum? Was in mir kann ich dabei ausleben?*
- *Was mache ich auch ohne Belohnung immer wieder gerne und ziehe das auch zeitlich vor andere Aufgaben, wenn ich kann?*
- *Woran habe ich besonders gerne und problemlos gearbeitet, konnte kein Ende finden?*
- *Wann konnte ich mich trotz erfolgreicher Arbeit nicht über das Ergebnis freuen? (Weil es meinen inneren Antrieb nicht angesprochen hat).*
- *Oder umgekehrt gefragt: Wann konnte ich mich trotz eines letztendlichen Misserfolgs über eine Tätigkeit freuen? Weil mir die Tätigkeit Freude bereit, unabhängig vom Ergebnis?*
- *Wenn ich heute 40 Millionen Euro geschenkt bekomme: Was würden ich den Rest vom Leben nur noch machen wollen? (Nach ausspannen, relaxen, feiern und an den schönsten Ort der Welt umziehen).*

Wenn Sie in sich hineinhören, werden Sie spüren: Mit jeder dieser Fragen versuchen wir dem Folgenanreiz (s. o.) auszuweichen, der behauptet, dass wir nur dann Spaß am Machen haben dürfen, wenn »unterm Strich was dabei rauskommt«. Da wir kulturell alle extrem indoktriniert sind, ist es eher die Regel als die Ausnahme, dass bei jeder der obigen Fragen dieser kulturelle Imperativ »Es kommt nur auf das Ergebnis an!« unsere Selbsteinschätzung ex post verfälscht und im Sinne des Wortes entfremdet (nämlich uns selbst entfremdet). Seien Sie ehrlich zu sich selbst und machen Sie sich soweit es eben geht (Übung nützt) von kulturellen Einflüsterungen frei. Es lohnt sich.

»Ja, das bin genau *ich*!«

Je länger ich mit den 17 Archetypen arbeite, desto stärker stellt sich heraus: Wenn man nur tief genug bohrt, läuft es immer auf einen einzigen super-dominanten Antrieb hinaus. Das ist der eine der 17 Archetypen, bei denen Sie sagen, nein, tief drin spüren: »Ja, genau das ist es! Das bin ich. Das liebe ich mehr als alles andere! Das kann ich gut, das mache ich gerne, das habe ich schon immer am liebsten gemacht. Wenn ich ausschließlich das machen und alles andere vergessen könnte, dann wäre mein Leben perfekt!« Das ist Tiefen-Interesse!

Bereits bei kleinen Kindern merkt man das, bevor sie selbst es merken: Es sind dieselben Bausteine oder Lego-Klötzchen. Doch das eine Kind entwirft damit ständig bizarre Phantasiegebilde (Maler und Bildhauer), während das andere mit den anderen Kindern am Tauschen besonders beliebter Klötzchen (Händler) ist und ein drittes damit einen Tisch-Kran bastelt, der Pommes servieren kann (Erfinder).

Jedes Kind lebt seinen Antrieb aus – bis die Erziehung dazwischenfunkt; die Schule, die Karriere, die Möhre, das Geldverdienenmüssen und »Was sollen denn die Leute sagen – das kannst du doch nicht dein Leben lang machen!« Nicht zu vergessen die angebliche Berufsberatung à la: »Werde doch einfach Lehrer, dann hast du einen sicheren Arbeitsplatz!« Was wir wegen solcher untauglichen Einflussnahmen verloren haben, müssen wir wiederentdecken und wiedererringen.

Wie Sie bemerkt haben werden, gibt es für viele Archetypen mindestens eine relativ analoge berufliche Realisierung. »Der Lehrer« wird eben Lehrer. Der Künstler wird Künstler. Da fällt die Berufswahl leicht – leider nicht wirklich. Denn bis wir alt genug sind, einen Beruf zu wählen, haben wir schon so viel Indoktrination hinter uns, dass unser innerer Antrieb garantiert davon verschüttet wurde.

Warum haben Sie den Beruf, den Sie haben?

Weil Sie schließlich von etwas leben müssen. Oder die Familie ernähren. Oder endlich was gelten wollen. Oder nach oben kommen. Weil die eigene Berufswahl leider nur zu oft sozial erwünscht ist, Geld bringen, der Familie gefallen muss. Doch tief im Inneren ticken Sie vielleicht ganz anders.

Ich erinnere mich an die Ärztin, die endlich Chefärztin wurde, wovon sie schon als Mädchen geträumt hatte. Nach nur wenigen Monaten war sie todunglücklich und wusste nicht warum: »Ich habe doch jetzt meinen Traumjob!« Aber machte sie ihn auch? Sie machte gefühlte sechs Stunden am Tag Admin-Kram, Meetings,

Management, Bürokratie, Beschaffungsanträge und Papierschlacht. Und war vom Archetyp her – Sie haben es erraten – Heilerin. Sie war eben nicht »Anführerin«, auch nicht »Verwalterin«. Sie wusste vom ersten Tag an, dass ihr der ganze mit der Beförderung verbundene Papierkram zutiefst zuwider ist. Doch sie dachte: »Das gehört halt zum Job!«

Sie dachte nicht: »Und wie verhelfe ich jetzt meinem innersten Antrieb stärker zum Durchbruch?« Sie dachte, sie könne »es aushalten«. Das kann man nur sehr schwer. Man kann nicht sein ganzes Leben gegen seinen innersten Antrieb kämpfen. Diesen Kampf verliert man. Sie dachte, dass der Job eben stressig sei, dass das alles dazu gehöre. Doch es war nicht der Arbeitsstress. Es war die Unterdrückung ihres innersten Antriebs. Kein Stress ist größer. Denn das ist der Stress der Selbstverleugnung, die Negierung der Authentizität, der archetypische Verrat am Selbst.

Also kam sie irgendwann ins Coaching, kam dort ihrem innersten Antrieb auf die Spur und hat seither ihre Arbeit re-organisiert. Sie delegiert den Papierkram stärker, hat sich kurzfristig mehr »Stunden am Patienten« organisiert und spielt längerfristig mit dem Gedanken einer eigenen Praxis außer Haus. Was machen jene Ärzte, die archetypisch nicht Heiler, sondern Denker sind? Die holen sich Forschungsaufträge von Pharma-Industrie oder Ministerien. Wer Arzt ist mit Antrieb »Lehrer« wird was? Referent oder Honorarprofessor an der nächsten Hochschule. Und nicht wenige Mediziner werden zutiefst zufriedene Pharma-Referenten, weil sie entdecken, dass sie wie »Händler« ticken. Deshalb ist es in gewissem Sinne falsch, wenn Ärzte beim Cocktailempfang auf die Frage »Und was sind Sie?« mit »Arzt« antworten.

Das sind sie nicht. Das ist bloß ihr Beruf. Denn eigentlich, in ihrem Innersten, sind sie Denker oder Heiler oder Händler oder sonst etwas. Das sind sie dann aber wirklich, weil das die größte Resonanz in ihnen auslöst und sie glücklich macht. Weil sie ihrem Nordstern folgen. Und Sie?

Sie sind kein Arzt? Macht nichts. Jeder Mensch hat einen Beruf. Und selbst wenn dieser das blanke Gegenteil Ihres inneren Antriebs ist: Kündigen Sie noch nicht! Denn für wirklich jeden Beruf gilt: Erst kündigen, wenn wirklich keine Freiheitsgrade zu finden sind. Diese Freiheit bietet jedoch jeder Beruf. Wir finden in jedem Beruf Freiräume, besondere Tätigkeiten und Steckenpferdprojekte, die ganz oder weitgehend unserem inneren Antrieb entsprechen. Wir müssen sie lediglich suchen, zurechtbiegen und nutzen und nicht nur wie der Esel hinter der Möhre her einfach das abarbeiten, was man uns vorsetzt. Wir können jeden Beruf ur-typisch modifizieren, umstricken, re-organisieren, verbessern, auf links drehen. Das trifft oft auf Widerstände. Und solche »innerbetrieblichen Widerstände« sind nichts gegen ein komplettes Umkrempeln des ganzen Lebens, nichts gegen einen radikalen Neuanfang. Widerstände kann man überwinden, wenn man nur weiß, wofür man es macht: Nichts motiviert stärker, als sich für den eigenen inneren Antrieb zu engagieren. Uns nichts belastet mehr, als einen inneren Antrieb zu ignorieren oder zu trivialisieren.

Es ist *Ihr* Beruf und nicht der Job des Arbeitgebers!

Es ist daher unsinnig, zu sagen: Der ist Ingenieur und das ist eine Zahntechnikerin, wenn in Wirklichkeit und Authentizität der eine Denker ist und die andere Handwerkerin. Und was sind Sie?

Ihr Beruf ist wichtig, doch das Wichtigste in Ihrem Leben sind Sie selbst und Ihr innerer Antrieb. Das macht nämlich aus, wer Sie wirklich sind – wenn und soweit Sie diesem inneren Antrieb folgen. Das meinte Shakespeare (im Hamlet), als er sagte: »This above all: to thine own self be true!« Sich selbst treu zu bleiben ist der schönste Lohn des Lebens, ist die Garantie für Lebensglück. Oder wie es Reinhold Messner ausdrückt: »Das Glück findet sich nicht am Gipfel, sondern in uns. Wenn wir ganz wir selbst sind.« Sind Sie es gerade?

Kein Vorwurf, wenn Sie es im Moment nicht sind. Die Möhre ist gar zu verführerisch; außerdem stehen wir enorm unter sozialem Druck, unter dem fürsorglich belagernden Erwartungsdruck unserer Lieben. Deshalb schieben wir es immer und immer wieder auf, echt zu werden, zu uns selbst zu stehen. Beispiel Intensiv-Krankenschwester: Zehn lange Jahre fand sie ihren Beruf viel zu stressig, aber: »So ist die Intensiv halt. Macht dich auf Dauer kaputt.« Sie wechselte auf eine normale Station.

Das machte sie nicht wesentlich glücklicher. Ihre beste Freundin brachte sie schließlich auf den Trichter: »Du beschwerst dich doch ständig, wie fies die Chefärzte sind, dass sie nur auf die Fallpauschale achten und total unfair mit Patienten und Schwestern umgehen. Kann es sein, dass du deine Berufung verfehlt hast?« Inzwischen ahnen Sie es: Die Intensivschwester hat den Archetyp »Richterin«. Sie hasst Ungerechtigkeit. Nach weiteren drei Jahren Leidens am Job konnte sie endlich zu sich selber stehen.

Manchmal dauert es so lange, bis man sich selbst ernstnehmen, zu sich selbst stehen und sich selbst treu bleiben kann. Sie studierte mit 34 Jahren tatsächlich noch Jura. Sie war die älteste Studierende in ihrem Jahrgang. Heute ist sie eine Anwältin, ohne Allüren, ohne Star-Kanzlei, lieber Strafrecht. Nicht selten auch pro bono, also gratis, denn: »Es gibt für mich keine größere innere Befriedigung als der Arroganz der Macht den Marsch zu blasen!« Und ja, Sie ahnen richtig: Da schwingt auch stark die archetypische Kämpferin mit. Was schwingt bei Ihnen?

Ergo: Jeder der 17 Archetypen lässt sich so einsetzen, dass Ihr Leben und Ihre Laune so viel besser werden. Manchmal zweifeln Menschen daran, deren Beruf und deren Archetyp scheinbar im Widerspruch zueinanderstehen. Zum Beispiel traf ich tatsächlich mal eine Buchhalterin mit Archetyp Künstlerin. Wahrscheinlich fragten sich alle in ihrem Umfeld, wie das denn zusammenpasse. Sie fragte sich das auch, hatte aber die typische Antwort parat: »Ich muss schließlich von was leben! Damit ich mich in meiner Freizeit ausleben kann.« Sie ist nach Feierabend und an Wochenenden eine begnadete Zeichnerin – und natürlich todunglücklich über ihren beruflichen Kontenrahmen und Excel-Tabellen. Bis sie eine Mathematikerin traf, die sagte: »Du kennst die Ästhetik der Zahlen nicht? Dann verpasst du was!« Sie führte sie in die erstaunliche Schönheit von komplexen Zahlenwerken ein. Seither empfindet sie sogar im Beruf immer öfter Freude – und erledigt diesen besser, weil sie sofort hellhörig wird, wenn irgendwo die höhere Zahlenästhetik beeinträchtigt ist: »Dann ist nämlich was faul!«

Jeder Archetyp kann jeden Beruf und jede Familiensituation besser machen und den ganzen Rest vom Leben, wenn Sie es schaffen, das eine mit dem anderen zu verbinden. Ich drücke Ihnen die Daumen dafür.

Anregungen für Führungskräfte & HR

Als Führungskraft können, nein – sollten Sie Ihr Team nicht nur »managen«, sondern **entwickeln**, und zwar **bezüglich Kompetenzen**, egal ob diese schon vorhanden sind oder vielleicht auch noch im Team, bei einzelnen Mitarbeitenden »schlummern«. Diese Prinzipien einer **kompetenzorientierten Team- und Personalentwicklung** kann Leistungslust bei den einzelnen Mitarbeitenden wecken, siehe…

- **Teambuilding**: es wird immer trivial vom Team-Spirit gesprochen, von einer »guten Stimmung«, die nötig sei, aber es geht bei Leistungslust um **das geteilte Wissen, wer im Team was gerne und gut macht oder machen würde**. Hier ist Empathie geboten, aber mit professioneller Distanz (»Sozial, aber nicht privat«). Es geht nicht um Freundschaft, sondern darum, dass man sich bezüglich der Kompetenzen und Erfahrungen extrem gut kennt.

- Trennen Sie die **Rollen Leader vs. Coaches**, denn der Coach oder die Coachin ist vom Prinzip her sicher sinnvoll und heiß begehrt – als Gesprächspartner, als Spiegel, als System-Beeinflusser von außen. Sie sind aber innen, haben inhaltliche und prozessuale Verantwortung. Und als solche Führungskraft sollten Sie inhaltliche Kompetenz, fachliche Glaubwürdigkeit mit- und einbringen, um das Buy-In des Teams zu bekommen. Und der Kreis schließt sich, denn fachliche Kompetenz, inhaltliches Arbeiten (und nicht nur abstrakt ein Team führen) baut auf Leistungslust, verstärkt Leistungslust bei Ihnen und im Team.

- **Personal-Entwicklung**: Tun Sie alles, um Ihre Mitarbeiterinnen und Mitarbeiter inhaltlich zu fördern und zu fordern, und zwar auf Kompetenzen bauend. Nutzen Sie hierzu auch **diagnostische Tools** zur professionellen Einschätzung der Kompetenz von Beschäftigten. Das ist nicht zu verwechseln mit Tools, die eher den Stil der Zusammenarbeit oder Persönlichkeitsfaktoren betrachten (wie etwa DISC Personality Profiling oder MBTI). Es geht um allgemeine und berufsbezogene Tätigkeits-Kompetenzen, die Sie kennen sollten. Und auch müssen nicht immer die Tools selbst zum Einsatz kommen, aber Sie sollten die Logiken, die Ansätze der Tools kennen, wie sie jeweils Kompetenzen definieren – dieses Wissen allein ist schon viel wert, um es intuitiv in Entwicklungs- oder Auswahlgesprächen einzusetzen.

- Nicht nur bei der Arbeit können und wollen sich Angestellte inhaltlich entfalten, ihre Kompetenzen zum Zweck der Selbstwirksamkeit einsetzen, gerade auch privat ist bei vielen Menschen das Spielfeld der »wahren Kompetenzausübung« (Familie, Hobby, Ehrenamt, Sport…). Fördern Sie solche **privaten Aktivitäten** und Projekte und Ehrenamt, geben Sie großzügig zeitliche Freiheiten, mindestens Flexibilität, damit die Menschen sich auch privat selbstverwirklichen können. Wenn

Sie schaffen, das sogar mit dem Job zu verbinden, um so besser (Ehrenamts-Tag, Pro-bono-Projekte etc.)

Leistungslust kann man über die ganze **Prozesskette von HR** stärken. Grundannahme dabei ist, dass, wo es auch immer geht, Kompetenzen der Mitarbeiterinnen und Mitarbeiter aufgedeckt, gefördert, bestärkt werden – und eine ideale Passung von Aufgabe und Kompetenzen sichergestellt werden sollte. Angefangen mit **Recruiting**:

- Beachten Sie bei Bewerbungen bzw. eingereichten Lebensläufen nicht nur die von Ihnen gesuchten und erwarteten Kompetenzen und Erfahrungen, sondern achten Sie auf sogenannte »**Mad Skills**«, also sinngemäß »**verrückte Fertigkeiten**« – das sind außergewöhnliche Hobbies, Ehrenämter, einfach im wahrsten Sinne ungewöhnliche, herausragende Erfahrungen und Tätigkeiten. Diese können zum einen ganz allgemein eine hohe Leistungslust kennzeichnen, also eine wünschenswerte Fähigkeit, sich selbst zu motivieren und im positiven Zustand einer intensiven Selbstwirksamkeitserfahrung zu sein. Auf der anderen Seite können »Mad Skills« auch indirekt für die Stelle gewinnbringende Fertigkeiten aufzeigen, z. B. bei der »Gruppenleiterin Technisches Hilfswerk Abteilung Wasserversorgung (im Ehrenamt)« ein Hinweis auf Leadership-Skills, auf Organisationsfertigkeiten, auf eine gewissen Stress- und Krisenresistenz. Oder die Person mit dem Gap-Year »6 Monate mit dem Fahrrad durch die Mongolei« wird dann spannend, wenn man im Gespräch von den gemeisterten Schwierigkeiten erfährt und von den besonderen Kommunikations-Skills, wenn es darum geht, mit der einheimischen Bevölkerung in Kontakt zu kommen. Übrigens sind beides reale Beispiele, die im Bewerbungsgespräch den Ausschlag für die Person brachten!

- Führen Sie **kompetenzbasierte Auswahl-Interviews**, idealerweise angereichert mit Arbeitsproben (vorher eingereicht oder in Echtzeit erstellt), mindestens aber den entsprechenden Fragentypen (»Nennen Sie ein Beispiel / ein Projekt, bei dem Sie…«).

- Gehen Sie **Case Examples** durch, d. h. durch simulierte Aufgaben und Fallbeispiele, bei denen Bewerbende »live« auf Ihre Kompetenzen zurückgreifen bzw. diese zeigen müssen. Die können sich auf den ausgeschriebenen Job beziehen, etwa »Sie haben 50.000 EUR zur Verfügung und müssen damit ein neues Führungskräfte-Training entwickeln, für 100 mittlere Führungskräfte«.

- Sofern möglich, bieten Sie **Probetage** an, damit beide Seiten sich – und die Anforderungen an Kompetenzen – in der Realität des Betriebs konkret kennenlernen können.

- Schildern Sie **extrem konkret den Job** an sich und nicht nur die Annehmlichkeiten des Unternehmens, die Strategie etc. Eine interessierte, sich bewerbende Person sollte exakt wissen, was sie zu tun hätte, am nächsten Montag um 08:00, am Dienstag um 11:00 und am Freitag um 16:00 – und mit wem, mit welchen Tools, für welche Kundinnen und Kunden usw.

Im Bereich der **Mitarbeiterentwicklung** bzw. **Weiterbildung...**

- ...sind **Job Rotation, Job Enrichment und Job Enlargement** Gold wert, weil sie die inhaltlichen Anforderungen anreichern, für Abwechslung sorgen, geistige Flexibilität fördern, aber auch die Verschiedenartigkeit von konkreten Tätigkeiten bieten – all das wirkt stark auf die Selbstwirksamkeitserfahrung ein. Und ganz nebenbei: vermeiden Sie, dass Trainings und Weiterbildung das interne Image von »Trostpreisen« entwickeln, denn das passiert nicht selten, wenn aus Mangel an inhaltlicher Perspektive externe Angebote und Veranstaltungen als Benefits eingesetzt werden.

- ...ist das Thema der **Fachkarriere** enorm wichtig, für eine Vielzahl von Fachkräften, die sich sachlich-fachlichen Kompetenzen entwickeln möchten, zu denen aber bei ihnen nicht Führung gehört. Der fachliche Karrierepfad fristet leider immer noch in vielen Unternehmen ein Schattendasein, gilt nicht selten als »zweite Wahl« oder »B-Seite« – das kann im Sinne von Kompetenzorientierung und Leistungslust nicht sein! Denn hier gilt das Prinzip, das Führung immer einen fachlichen Kern enthält – und fachliches Arbeiten immer auch Komponenten der Führung aufzugreifen in der Lage sein sollte, denn die wenigsten Experten werden immer im stillen Kämmerlein vor sich hin werkeln.

- Wenn interne **Beförderungen kommuniziert** werden oder auch Einstellungen hoher Ebenen von außen anstehen und vermittelt werden müssen, dann kommunizieren Sie ins Unternehmen bitte nicht nur Herkunfts-Level, Ursprungs-Unternehmen oder eine »Wäscheliste« der Stationen, sondern liefern Sie **fachliche »Kompetenzbeweise«** mit, benennen Sie konkrete Erfolge, inhaltlich Herausragendes der beförderten oder eingestellten Führungskraft.

- Nicht jede unzufriedene Arbeitskraft will gehen und alles an den Nagel hängen. Dafür sollten **interne Arbeitsmärkte** transparent und zugänglich sein. Vor allem sollten sie auch »**silo-frei**« sein, d.h. von neutraler Stelle mit Vorschlagsrecht, Abteilungsübergreifende Recruiting-Teams etc.

- Und sollte es doch einmal zum Äußersten kommen und eine Trennung unausweichlich sein, helfen Sie den Beschäftigten im Sinne einer **langfristigen Kompetenzentwicklung**. Nutzen Sie professionelles **Outplacement**, um Mitarbeitende woanders entsprechend ihrer Kompetenzen adäquat unterzubringen. Professionelle Trennungen kennt kein beleidigt sein, kein »zerschnittenes Tischtuch«, sondern eine ernstgemeinte Betreuung in einen anderen, externen Job hinein – das erhöht auch ganz nebenbei die Chance, dass jemand wieder zurückkommt, und dann sogar mit woanders gesammelten Erfahrungen.

- Sollten Sie **professionelle Fragebogen-Instrumente** einsetzen wollen, um Mitarbeitende bezüglich ihrer Kompetenzen und präferierten Arbeitsstile einschätzen zu wollen, stechen einige wenige Diagnose-Tools heraus, da sie validiert und über Jahrzehnte hinweg kontinuierlich aktualisiert wurden[32]: Zu **Arbeitsverhalten und -präferenzen**: - BIP Bochumer Inventar zur berufsbezogenen Persönlichkeitsbeschreibung - AVEM Arbeitsbezogenes Verhaltens- und Erlebensmuster (auch gut geeignet zur »Früherkennung« von problematischen Entwicklungen in Richtung Burnout…) Zu **Kompetenzen und Interessen**: - BIS Basic Interest Scale (etwa in der frei verfügbaren Variante openBIS von Psymetrix) - RIASEC (auch den gibt es in einer frei verfügbaren Variante »openRIASEC« von Psymetrix) Speziell für **Führungsstile und -präferenzen** empfiehlt sich… - Gallup Cliffton Strengths

Anregungen für Mitarbeitende

Im Sinne Ihrer Karriereentwicklung sollten Sie zunächst einmal Ihre **Kompetenzen** detailliert kennen bzw. kennenlernen. Fangen Sie mit den **Urbausteinen** oder **Archetypen** an, aber nutzen Sie ruhig auch mal professionelle Instrumente, sog. »**Berufseignungsdiagnostik**« oder »**Karriereberatung**«. Das ist nicht zu verwechseln mit Coaching, denn hierbei erhalten Sie »nur« Impulse von außen, Sie wollen aber vielleicht – wie bei einem Arztbesuch mit Blutabnehmen – eine komplette und konkret-detaillierte Diagnose, von einem externen Experten. Sie werden überrascht sein, dass eine solche professionelle Unterstützung nicht teuer sein muss, zumindest meist günstiger als ein Arztbesuch.

Wenn Sie sich unklar über Ihre Kompetenzen sind, können Sie auch allgemeiner und einfacher darüber nachdenken, was Sie generell in der Tätigkeit antreibt. In der Arbeitspsychologie gibt es einen Ansatz der »**berufsbezogenen Persönlichkeit**«[33], und der unterscheidet nur drei einfache und grundlegende Arten von berufsbezogener Motivation:

- **Leistung**: Sie sind an eigener Leistung interessiert, an einem hohen Gütemaßstab, bei dem, was Sie machen. Sie haben eine hohe Anstrengungsbereitschaft.

- **Gestaltung**: Sie wollen lieber gestalten, erschaffen, Einfluss nehmen bei der Entwicklung von Konzepten – das geht oft einher mit einer hohem Veränderungswillen bei Missständen

- **Führung**: Sie präferieren Führungsaufgaben, wollen Menschen anleiten, menschliche Zusammenarbeit koordinieren und sozialen Einfluss ausüben

Antrieb als Lebensaufgabe – eine konkrete »narrative« Übung

Wie bringe ich möglichst viel inneren Antrieb in möglichst viele Alltagsaufgaben hinein? Eine der wirksamsten Interventionen, die bereits eine eigene wissenschaftliche Teildisziplin gebildet hat: die **Narrative Psychologie**. Warum wohl schreiben sich Millionen Menschen mit Dankbarkeits-Tagebüchern aus Motivationslöchern heraus? Warum Tagebücher? Warum ist eine der wirksamsten Therapien bei »austherapierten« Patienten ein narrativer Ansatz? Weil wir zwar auch Menschen sind, aber vor allem sind wir unsere Geschichte. Schreiben wir sie um, schreiben wir unser Leben um. Müssen Sie nicht glauben.

Können Sie ausprobieren:

1. *Was müssen Sie heute noch alles machen? Denken Sie an drei Muss-Aufgaben.*
2. *Wie fühlt sich jede von ihnen an? Auf einer Skala von 0 (»Bin total frustriert davon«) bis 10 (»Bin total motiviert dafür«). Notieren Sie die drei Zahlen an den Rand.*
3. *Woher kommen die Zahlen? Vom unterbewussten Narrativ. Jetzt gestalten Sie es um...*
4. *Sagen Sie sich pro Aufgabe drei bis fünf Mal, auch wenn Sie kein bisschen daran glauben (narrative Power hat nichts mit Glauben zu tun): Ich will ... heute noch machen! Wie verändern sich Ihre drei Zahlen?*

Und das war nur eine Mini-Narrative-Intervention. Stellen Sie sich vor, dass Sie die Geschichte Ihres ganzen Lebens umschreiben!

6

LEISTUNGSLUST DURCH WERT-VOLLES HANDELN

»Your beliefs become your thoughts,
Your thoughts become your words,
Your words become your actions,
Your actions become your habits,
Your habits become your values,
Your values become your destiny.«
Gandhi

Das Wertvollste im Leben (und Beruf)

Wir reden von Arbeit, Handeln, Leistung, Machen und Tun – aber nicht nur darum geht es. Und dennoch wird bei Ihnen ziemlich sicher ein Gefühl bleiben, ob denn das wirklich alles ist, ob tiefgreifende Erfüllung mehr braucht.

Wie soll das gehen, in der Tätigkeit an sich, im Tun Erfüllung finden – aber dann im schlechtesten Fall für eine »falsche Sache«? Nehmen wir an, Sie bekommen als Maschinenbau-Ingenieur oder begnadeter Handwerker von einem Headhunter einen Job angeboten, der Ihnen völlig glaubwürdig und konkret eine super spannende Tätigkeit beschreibt: Sie arbeiten im Team, tragen Verantwortung, werden ganz konkret an technisch sehr aufwändigen Produkten arbeiten und forschen, die extrem nachgefragt sind, weltweit. Sie denken sich, »prima!«, Erfüllung durch konkretes Tun, eingebunden, nicht viel »meeten & palavern«, sondern entwickeln, konstruieren, mit eigenen Händen mal wieder etwas bewirken. Schließlich deckt der Headhunter den möglichen Traum-Arbeitgeber auf: Firma Kalaschnikow.

Der Gründer selbst dieses sagenumwobenen, sicherlich renommierten »Produkts« soll sogar, spät in seinem Leben, gesagt haben: »Ich frage mich immer wieder, ob ich die Schuld für den Tod von Menschen trage, die mit meinem Sturmgewehr getötet wurden – selbst, wenn sie Feinde waren ... Hätte ich doch bloß etwas anderes erfunden, so etwas wie einen Rasenmäher.«

Es muss nicht gleich ein Sturmgewehr sein, das einen über Werte und Moral nachdenken lässt. Genauso kann es beinahe jeden Tag, in jedem Unternehmen der Welt zugehen, auf viel niedrigerer Ebene von moralischen Entscheidungen, in Diskussionen mit einer Führungskraft, in Tätigkeiten für ein ganz normales Unternehmen, mit Kolleginnen und Kollegen, die fundamental anders ticken. Man selbst als Mach-Maschine zwar dumpf zufrieden, aber mit einem unguten Gefühl, ob man das *Richtige* macht.

Wie wollen Sie nachhaltig glücklich werden und bleiben, wenn ein krawall-gebürsteter Kollege oder eine blöde Chefin ständig Ihre Überzeugungen mit Füßen tritt, Sie sich dauernd in die Haare kriegen, weil auf die Jugend, die Boomer, die Palästinenser, die Juden, die Afghanen, die Flüchtlinge, die Ostdeutschen, die Westdeutschen, die Amerikaner, die Russen, die Ukrainer, die Chinesen, die Heavy-Metal-Fans, die Deutsch-Rapper, die Autofahrer, die Fahrradfahrer, die Rentner, die Gastronomen, die Makler, die Bahn, Amazon, Google geschimpft wird? Wenn der eine sagt: »Bitte mehr Respekt für die Altgedienten!« und eine andere dagegenhält: »Bitte mehr Freiraum für die Neuen!«?

Natürlich ist es wichtig, dass Sie in Ihrem Job und Ihrer aktuellen Aufgabe Ihre ganze persönliche Kompetenz einbringen können und diese auch möglichst intensiv ausleben. Denn dies – und nicht Boni, Perks und Purpose oder Workation & Co. – schenkt Ihnen dieses unvergleichliche und vor allem nachhaltige, da endlos wiederholbare Glücksgefühl. Doch wie gesagt: Wenn gleichzeitig eine Kollegin sich nicht schert darum, was Ihnen wichtig ist, im Sinne der Welt, des Zusammenlebens, der Kultur, als Grundregel des Miteinanders?

Es braucht einiges, um einen Menschen glücklich zu machen. Werte gehören wesentlich dazu. Werte wie Ehrlichkeit, Respekt, Offenheit, Verträglichkeit, Gewissenhaftigkeit, Sicherheit, Stabilität, Familie, Erfolg, Gerechtigkeit, Fairness ... Bei welchen Werten in dieser Aufzählung haben Sie spontan eine innere Resonanz gespürt? Welche davon sind Ihre persönlichen Werte? Bei welchen Werten werden Sie sauer, wenn jemand sie missachtet? Schwierige Fragen?

Kein Vorwurf: Niemand kann aus dem Stand seine eigenen Werte benennen. Denn Werte determinieren, was uns im Leben wichtig ist. Doch nur im Ausnahmefall sind wir unserer eigenen Werte tatsächlich bewusst. Auch deshalb sind wir hier auf diesen Seiten: Damit Sie sich und Ihre eigenen Werte (besser) kennenlernen. Denn Werte sind Über-Motivatoren: Was mir nichts wert ist, das mache ich auch nicht!

Tun, weil es einem wert ist

Für meine eigenen Werte gehe ich die Extra-Meile, was mir wiederum mehr Leistungslust schenkt. Wieviel Mehrwert an Leistungslust unsere gelebten Werte uns schenken, sehen wir besonders eindrücklich an einigen besonders erfolgreichen und engagierten Menschen: Prominente Anwälte, die pro bono (gratis) für arme Menschen vor den Kadi ziehen, weil Gerechtigkeit für alle (ein mächtiger Wert) ihnen das eben wert ist. Gutverdienende Mediziner, die gratis für Ärzte ohne Grenzen arbeiten, aus reiner Menschlichkeit (ein Wert).

Private Katastrophenhelfer im Ahrtal, die knietief im Schlamm standen und nix dafür bekamen, außer das gute Gefühl, im richtigen Moment das absolut Richtige getan zu haben. Warum machten die das? Aus Solidarität (ein Wert), christlicher Nächstenliebe (dito), Zusammenhalt (ebenfalls) oder schlicht guter Nachbarschaft.
Alles Werte, die uns glücklich machen, wenn wir uns innerlich erlauben, dass sie unser tätiges Handeln bestimmen. Leistungslust, werte-basiert. Richten wir unser Handeln an unseren Werten aus, erfahren wir automatisch und garantiert Leistungslust. Einfach? Ja, wenn es so einfach wäre. Ist es leider nicht.

Bestes Beispiel dafür ist ein Chef, der es noch nicht einmal böse meinte, sondern einfach nur andere Werte hat als ich und daher sagt: »Lassen Sie doch mal Fünfe grade sein! Der Auftrag geht so raus an den Kunden. Dass da noch fünf Prozent fehlen, merkt der Kunde doch nicht!« Da dreht sich allen der Magen um, die für Werte leben wie Präzision, Exzellenz, gute und ordentliche Arbeit, Ehrlichkeit und Respekt. Diesen andauernde Wertekonflikt am Arbeitsplatz hält keiner lange aus und bleibt gesund dabei. Aus diesem Grund kündigen Menschen gutbezahlte Jobs selbst noch nach Jahren (des stillen Leidens). Weil sie den Job nicht mehr mit ihren Werten vereinbaren können.

Jene, die trotzdem in einem Werte-konfliktären Job bleiben, richten sich im andauernden intrapsychischen Konfliktstress seelisch zugrunde – wir kennen solche Kollegen und Kolleginnen, Mitmenschen und Vorgesetzte. Sie leiden, werden krank und/oder unausstehlich. Aus einem einfachen Grund: Sie verkaufen sich und ihre Werte, täglich. Ein Verrat am Selbst zu hohen Kosten. Wer sich derart ständig selbst verrät, erlebt kaum noch Leistungslust. Weil das Werte-Fundament weggebrochen ist. Weil dieses Fundament so fundamental wichtig ist, schauen wir Ihres etwas genauer an und betrachten zwei Klassen von Werten: Werte für das Ich und Werte für das Wir.

Werte als Konsens des Zusammenlebens

Ganz gleich, ob Sie die obige 3-Urwerte-Klassifizierung nehmen oder eine andere, mit der Sie Ihre persönlichen Werte erkennen: Sie haben ein Problem. Denn nicht nur Sie folgen Werten.

Auch Ihr Umfeld, Ihre Familie, Ihr Beziehungspartner, Ihre Firma. Und leider stehen diese sozialen Werte oft in Konflikt zu unseren persönlichen Werten.

Viele urtypische Macher zum Beispiel arbeiten in Firmen mit vierfarbiger Hochglanz-Macher-Kultur – und werden in Wirklichkeit von Bürokratie und Regelungszwang täglich am Machen gehindert, was sie buchstäblich ohne Ende stresst und frustriert, weshalb sie mehr Gehalt, mehr Boni, mehr Purpose, mehr Tischkicker, weniger Mental Load, mehr Vereinbarkeit von Familie und Beruf und die 4-Tage-Woche fordern – was nichts bringt. Denn damit wird der tobende Wertekonflikt nicht gelöst. Auch bei Teilzeit bleibt ein Werte-Killer-Job ein Werte-Killer-Job. Doch das versteht man nicht, wenn man ausschließlich in Kategorien wie Gehalt, Boni und Work-Life-Balance denkt und »Werte« für einen Begriff mit fünf Buchstaben senkrecht aus dem Kreuzworträtsel hält. Heute entwickelt bereits KI ein (rudimentäres) Selbstbewusstsein. Wann der Mensch? Wann wird sich der Mensch der biologischen Tatsache *bewusst* (daher das Wort »Selbstbewusstsein«), dass er Werte hat und dass diese sein Leben, sein Glück und seine Leistungslust determinieren?

Für alle, die diese Bewusstseinsschwelle bereits überschritten haben, besteht eine Lebensaufgabe in der Fragestellung: Passen meine Werte zu denen der Firmenkultur, meiner Beziehung, Familie, meines Freundeskreises? Immer noch? Wo nicht? Wo ist die rote Linie schon überschritten? Bei chronisch Unzufriedenen ist sie das oft seit Jahren.

Leider wird die Frage nach dem, was unsere persönliche Welt im Innersten zusammenhält, äußerst selten gestellt. Warum?

Der große Trend in den westlichen Gesellschaften besteht darin, dass wir viel zu sehr über soziale Werte nachdenken und lauthals diskutieren: Chancengleichheit, Integration, Diversity, bezahlbare Wohnungen für alle ... Das sind wichtige Werte. *Soziale* Werte. Doch wir übersehen bis verleugnen dabei unsere *persönlichen* Werte, die wir doch eigentlich ausleben möchten, um glücklich zu werden, zu sein und zu bleiben. Das sagt uns nur leider keiner. Keiner sagt uns, dass es eine gesunde Balance zwischen persönlichen und sozialen Werten geben muss. Sagt das tatsächlich mal einer, zückt die Woke Culture sofort die Keule der sozialen Stigmatisierung: »Du Egoist! Man kann doch nicht immer nur an sich denken.« Nicht immer, aber immer öfter.

Eben weil die schlagseitige Diskussion der sozialen Werte uns täglich in die Suppe des persönlichen Glücks spuckt, sollten wir besser kennenlernen, wer und was da spuckt:

Neun Werte als Bausteine einer jeden Kultur

Soziale Werte sind relevant für jede Gesellschaft, Nation, Familie, Beziehung, Firma, Peer Group, Arbeitsgruppe oder Abteilung. Sie stellen sehr allgemeine Regeln des Zusammenlebens dar, sie sind »common sense« des Handelns, sie sind stillschweigende Grundbausteine für das Entstehen von Kultur.

Soziale Werte determinieren als sinnvolle Regulative, doch leider auch oft als restriktive bis repressive Rahmenbedingungen, unser persönliches Handeln und damit unsere Chance auf Lebensglück und Leistungslust. Deshalb ist Value Management, Werte-Management, so wichtig zum Beispiel für Unternehmen: Wer die richtigen Werte hat, hat beispielsweise keinen Fachkräftemangel, keine Motivationsprobleme, kaum X-Inefficiency, wenig Konflikte, wenig Absenz und wenig Fluktuation.

Im Management ist das längst bekannt und wird selten praktiziert, weil: Value Management ist Management auf Champions League-Niveau. Das beherrschen nur wenige, was logisch ist: Nur wer sich seiner eigenen persönlichen Werte bewusst ist, kann die Werte seiner Firma managen. Das Management etlicher Firmen jedoch bekämpft dieses Bewusstsein, weil es in der Illusion managt, dass durch diese Brandbekämpfung ihr favorisierter Wert der kurzfristigen Gewinnmaximierung oder des Hierarchie-Primats (oder jeder andere ex cathedra verschriebene Wert) noch ein wenig länger überleben kann.

Das geht auf Dauer immer schief, weil die persönlichen Werte der beschäftigten Individuen dieses hermetische soziale Werte-Korsett auf Dauer zuverlässig sprengen, was uns zum ersten sozialen Wert bringt[34]:

1 Individualität

Das große Modewort unserer Zeit, der Inbegriff des (westlichen) Zeitgeists: Je individueller eine Gesellschaft, desto stärker ihre Pluralität. Die Einzigartigkeit des Individuums gilt als oberster Wert, während in weniger pluralen Gesellschaften eher der Trend zur Uniformität geht und in Extremen in Dirigismus umschlägt.

Wo der soziale Wert der hohen Individualität regiert, finden wir große persönliche Freiheiten, viel Mitbestimmung, demokratische Prinzipien auf Basis einer freiheitlichen Grundordnung und weitgehend freie Märkte. Auf der Kehrseite der Medaille finden wir jedoch oft in allzu individualistischen Gesellschaften, Teams und Familien sehr tiefe Spaltungen, verfeindete Fraktionen, zentrifugale Partikularinteressen, die das Gemeinwesen zu zerreißen drohen sowie ausufernde Mitbestimmung und Endlosdiskussionen. Was ist nun besser? Individualität oder gesellschaftlicher Zusammenhalt? Ironischerweise ist das nicht die Frage. Die Frage ist: Ist sich eine Gesellschaft, in der das Individuum die höchste Instanz ist, dieser Werthaltung überhaupt ausreichend bewusst? Ihrer Kosten? Ihrer anderen Folgen? Wer sich seiner Werte nicht bewusst ist, wird von ihnen geritten. Er denkt, er sei der Reiter. Dabei ist er das Pferd.

2 Sozialität

Auch unter den Begriffen Gemeinsinn, Wir-Gefühl oder Nächstenliebe bekannt. Dominiert dieser soziale Wert eine Nation, Gruppe, Firma oder Familie, fällt kein Mitglied hinten runter, keiner wird zurückgelassen, um alle wird sich gut gekümmert.

Übertreibt man die Praxis dieses Wertes, landen wir schnell im Konformismus, Uniformismus oder Sozialismus – was kein Nachteil sein muss. Es heißt lediglich: Das Wohl aller ist wichtiger als das Wohl des Einzelnen. Diesen Slogan kennen Star Trek-Fans: Auf Vulkan wird so gelebt, regiert und gemanagt. Im Grenzfall hat der Einzelne keine Chance auf Selbstentfaltung und muss sich nolens volens dem Sozialmittelmaß unterordnen – jeder deutsche Teenager weiß ein Lied davon zu singen: Familien halten per se Sozialität hoch, sonst hießen sie nicht so. Mit Ausnahme natürlich dysfunktionaler Familien, die so heißen, eben weil sie es nicht schaffen, diesen Wert zu leben. Wie sozial ist Ihr soziales Umfeld? Sozial genug? Das ist eine sehr persönliche Frage, die jeder und jede nur persönlich beantworten kann – und regelmäßig sollte.

3 Gerechtigkeit und Gleichberechtigung

Das sind doch mal zwei Werte – oder zwei Begriffe für *einen* Wert – denen wir aus vollem Herzen zustimmen können. Teams und Nationen, Familien und Sportvereine, die diesen Wert hochhalten, dulden Ungerechtigkeiten um keinen Preis; worauf auch der Wert des Fairplay im Sport zurück geht (auf dem Spielfeld, leider oft nicht auf Verbandsebene). Keiner wird bevorzugt, alle haben dieselbe Chance auf Erfolg, Glück und Besitz, Leistungslust und Wohlstand. Schon irgendwo auf der Welt erreicht? Würde mich interessieren.

Probleme gibt es viele mit diesem Wert, zum Beispiel: Klar, alle vernünftigen Menschen wollen Gleichberechtigung. Aber was meinen wir mit diesem Wort? Equality of Opportunity oder Equality of Outcome? Chancengleichheit oder Ergebnisgleichheit? Seltsamerweise tobt in westlichen Nationen derzeit eine heftige Diskussion um Gleichberechtigung, während kaum einer der Kontrahenten klar sagen kann, welche von beiden Gerechtigkeiten er nun meint und wie diese erreicht werden soll – Resultat: Wir leben in einer Gesellschaft, die soziale Werte über persönliche Werte stellt, jedoch diese dominierenden Werte nicht klar definieren kann (oder möchte?). Chaos ist das Resultat; Desorientierung, soziale Entfremdung – und endloser Streit, ohne jemals den Grund des Streits erkannt zu haben: nebulös definierte Werte.

4 Leistung

Wer diesen Wert favorisiert, favorisiert im Prinzip Leistungsgerechtigkeit: Wer viel leistet, bekommt auch viel, zum Beispiel Eigentum, Status und Erfolg. Sofort wird uns der Werte-Widerspruch in vielen westlichen Nationen klar, wo zum Beispiel eine alleinerziehende Frau, die liebend gerne ihren Beruf wieder ausüben möchte, jetzt wo die Kinder Teenager sind, sich finanziell verschlechtert, sobald sie nicht mehr von der Stütze lebt, sondern selber leistet und verdient. Das Finanzamt und die Sozialkassen lassen herzlich grüßen! Nur um ein Beispiel zu nennen, wo Leistung bestraft wird. Natürlich möchte das angeblich niemand.

Auf der anderen Seite läuft derselbe Wert in denselben Gesellschaften an vielen Stellen Amok, weil er galoppierenden Egoismus befeuert, Dekadenz und Luxus. Nicht weil der Wert der Leistungsgerechtigkeit per se falsch wäre, sondern weil, wie Henry Mintzberg gesagt haben könnte, wir alle von Werten regiert werden, aber nur die wenigsten wissen, wie sie funktionieren (Mintzberg sagte das über Organisationen).

5 Sicherheit

Wer wollte keine Sicherheit? Wer angegriffene Länder ohne Gegenwehr untergehen sehen möchte, ist kein Schuft, sondern favorisiert lediglich andere der neun sozialen Werte, sagt das aber nicht, weil ihm oder ihr Werte Fremdbegriffe sind, auch und gerade wenn und weil es die eigenen sind. Das klingt absurd, doch niemand hat behauptet, dass Menschen sich selbst besonders gut kennen. Das ist ja das Problem.

Auf der anderen Seite hat eben auch so ein scheinbar nötiger Wert wie Sicherheit seine dunklen Seiten: Sicherheit kostet, Unsummen, die anderen Bereichen und Werten fehlen. Außerdem arten sicherheitsgetriebene Gesellschaften leicht in Polizeistaaten, Autokratien oder Militärdiktaturen aus. Unternehmen mit ausgeprägtem Sicherheitsdenken verfolgen ein nahezu strangulatives Risikomanagement, das viele gute Ideen, Vorschläge und Innovationen erstickt – was gut ist, wenn auch Sie stark auf Sicherheit setzen und schlecht, wenn nicht.

6 Tradition

Eng mit diesem sozialen Wert verbunden sind Werte wie Respekt, Ehre und feste soziale Rollen und Grundsätze wie zum Beispiel das Prinzip der Seniorität bei Beförderung und Karriere: Befördert wird nicht der Leistungsstärkste, sondern der Seniorität – als natürliches Korrelat von Erfahrung. Dieses traditionelle Prinzip regiert in vielen hierarchisch geprägten Unternehmen und vertreibt auf Dauer gerade junge, leistungshungrige, aktive, aber eben auch noch nicht so erfahrene Teammitglieder, was diese Unternehmen dann als Fachkräftemangel beklagen: selbstverursacht, jedoch nicht selbst erkannt.

Ein unbestreitbarer Vorteil dieses Wertes ist der Respekt vor dem Alter, die Wahrung gemeinschaftsstiftender Traditionen und Gebräuche und die Wertschätzung älterer Menschen und deren Lebensleistung und Erfahrung.

7 Mut

Mut ist das Gegenteil zur Tradition: Progressivität. In Unternehmen heißt dieser Wert »Innovation«, in der Politik »Fortschritt«. Unmittelbares Problem: Auch die Atombombe war ein technologischer Fortschritt. Generell ist jede Progressivität von Disruption nicht zu unterscheiden. Die USA sind für ihren nationalen Mut bekannt: Jährlich gründen sich Zehntausende neue Unternehmen und Start-ups. Zehntausende machen Pleite und legen sofort danach wieder los. Andere Länder teilen diesen Wert »Mut« nicht so. Vielen Unternehmen fehlt er ebenfalls, was gut ist, wenn auch Sie nicht viel auf diesen Wert geben und schlecht, wenn Sie ein recht mutiger Mensch sind.

8 Selbstbestimmung

Mit Verwandten wie Selbstverwirklichung, Hedonismus, Stimulation, dem blinden Nachgeben persönlicher Antriebe oder Triebsteuerung. In Firmen und Familien, die von diesem Wert geprägt sind, dürfen Menschen ihre uneingeschränkte Authentizität ausleben, Kinder in der Schule ihren Namen tanzen, Erwachsene den Pursuit of Happiness praktizieren für die größtmögliche Verwirklichung ihres persönlichen

Wohlergehens, was auf der nachteiligen Seite schnell zu Egoismus, Elitenbildung und amoklaufendem Hedonismus führen kann, zur totalen Spaßgesellschaft, in der Arme, Alte und Kranke hinten runterfallen. Kommt Ihnen einiges davon bekannt vor?

Wenn man denn die oft geliebte, uneingeschränkte Selbstbestimmung klar und deutlich über Werten wie Sozialität oder Gleichberechtigung stellen würde – das wäre ehrlich und man könnte die soziale Werte-Rangfolge diskutieren und neu ausrichten. Wahrscheinlich sagt das genau deshalb keiner. Womit gleichzeitig das Geheimrezept zur Aufrechterhaltung des Status Quo aufgedeckt ist: Bezeichne einen Wertekonflikt niemals als solchen – und er wird ewig toben!

9 Spiritualität

In früheren Epochen war dieser Wert auch unter dem Namen »Schicksal« bekannt: ein Mega-Wert. Was müssen Menschen wohl für einen Drive, Disziplin und unerschöpfliche Motivation genießen, die sich sicher sind, ein ganz bestimmtes Schicksal zu erfüllen? Meta-Physik, ein Glaube an höhere Mächte, ein Glaube an das, was über die eigene Endlichkeit hinausgeht, kann Flügel verleihen. Religionen wurden von solchen spirituell erfüllten Menschen gestiftet.

In einer Welt, in der etwas Spirituelles existiert, das größer ist als der Mensch und die Gesellschaft, ist alles Erlebte und Denkbare von inhärenter Bedeutung, macht alles einen höheren Sinn, weil es spirituell erklärt werden kann. Im schlimmsten Fall mit Erklärungen nicht von dieser Welt, die nichtsdestotrotz *auf* dieser Welt zu Abstraktivismus verführen, zu Weltvergessenheit und Weltflucht, Glaubens- und Religionskriegen.

Werte an sich sind weder gut noch schlecht: Jeder hat Vor- und Nachteile. Das ist nicht der springende Punkt. Der springende Punkt ist: Wir leben nach Werten, kennen sie aber nicht und verhandeln sie daher auch nicht. Wobei: Das stimmt nicht. Nicht ganz. Denn es gibt Menschen und Gruppen gerade auch in unserer Gesellschaft, die sich sehr wohl Gedanken um ihre Werte machen. Besuchen wir eine dieser Gruppen.

Der ehrbare Kaufmann – Stärker als Ökonomie

Dass einzelne Gruppen einer Gesellschaft eine eigene (Sub)Kultur pflegen und damit eigenen Werten folgen, ist selbstverständlich: In der Heavy-Metal-Szene zum Beispiel gelten andere Werte als im Klassik-Publikum. Doch nur wenige dieser Gruppen haben ihre Werte kodifiziert und dokumentiert. Eine dieser wenigen Gruppen, die ohne großen philosophisch-wissenschaftlichen Anspruch über einheitliche, erstrebenswerte Werte nachgedacht haben, sind die Kaufleute.

Sie haben ihren Werte-Kanon bereits 1517 aufgestellt. Wobei es genau betrachtet keine Werte, sondern Mega-Werte sind. Quasi der Kant'sche Kategorische Imperativ für Händler. Meta-Werte liegen eine Ebene über »normalen« Werten. Werte determinieren bestimmte Handlungsweisen in bestimmten Kontexten oder die Art des

Zusammenlebens in bestimmten Situationen. Meta-Werte dagegen sagen mir, wie ich mich als Mensch verhalten soll – generell und prinzipiell, also ungeachtet des Kontextes, der Kultur oder der konkreten Situation. Genau das sagen die Grundsätze des ehrbaren Kaufmanns[35] für die drei Rollen des Kaufmanns:

Der Ehrbare Kaufmann als Person...

- *... verpflichtet sich zur Einhaltung von Werten.*
- *... ist weltoffen und freiheitlich orientiert.*
- *... steht zu seinem Wort, sein Handschlag gilt.*
- *... entwickelt kaufmännisches Urteilsvermögen.*

Der Ehrbare Kaufmann in seinem Unternehmen ...

- *... schafft die nötigen Bedingungen für ehrbares Handeln*
- *... ist Vorbild in seinem Handeln.*
- *... legt sein unternehmerisches Wirken langfristig und nachhaltig an.*

Der Ehrbare Kaufmann in Wirtschaft und Gesellschaft ...

- *... begreift und gestaltet den Rahmen für ehrbares Handeln.*
- *... hält sich an das Prinzip von Treu und Glauben.*
- *... erkennt und übernimmt Verantwortung für die Wirtschafts- und Gesellschaftsordnung.*
- *... tritt auch im internationalen Geschäft für seine Werte ein.*

Während Sie das eben lasen, haben Sie das Gelesene vielleicht mit jenem verglichen, was heute unter dem ausfüllungsbedürftigen Begriff »Manager« bekannt ist. Was war Ihre Reaktion auf das Ergebnis dieses Vergleichs? Wie kommt Ihre Führungskraft bei diesem Vergleich weg? Und wenn Sie Ihr eigenes Handeln und Denken mit diesen Grundsätzen vergleichen? In Ihrer Rolle als Führungskraft, HR-Verantwortlicher, Angestellter oder auch »nur« Konsument? Jetzt wird es vielleicht unangenehm.

Moral ist unangenehm.

Moral als Meta-Wert

Die Grundsätze des ehrbaren Kaufmanns kodifizieren nichts weniger als moralische Metawerte wie verlässliches, vertrauensvolles Handeln (Handschlag gilt sowie Treu und Glaube), die Vorbildfunktion des Vorgesetzten oder die Nachhaltigkeit des (kaufmännischen) Handelns. Man denke: Schon 1517 war Nachhaltigkeit eine moralische Meta-Norm. Doch die Grundsätze des ehrbaren Kaufmanns beeindrucken nicht nur, weil sie schon so alt und noch immer hoch modern sind. Sie beeindrucken auch, weil sie die gängigen Härte-Tests für moralische Prinzipien bestsehen; zum Beispiel den Kant'schen Maximen-Test, der sich aus dessen Universalgesetzformel ergibt[36]:

»Handle nur nach derjenigen Maxime, durch die du zugleich wollen kannst, dass sie ein ***allgemeines Gesetz*** werde.«

Picken Sie einen x-beliebigen Grundsatz des ehrbaren Kaufmanns heraus und prüfen Sie. Passt? Passt! Jeden dieser Grundsätze könnte man zum *allgemeinen Gesetz* erheben.

Wenn wir schon bei der Moral sind, was heutzutage so selten passiert, wollen wir auch die Kant'sche sogenannte Selbstzweck- oder auch Menschheitsformel nicht unterschlagen:

»Handle so, dass du die Menschheit sowohl in deiner Person, als in der Person eines jeden anderen jederzeit ***zugleich als Zweck***, niemals bloß als Mittel brauchst.«

Heute würde man grob verkürzt »Wertschätzung« dazu sagen und mit voller Überzeugung von sich selbst behaupten, sämtliche Menschen im Lauf eines Tages selbstverständlich wertschätzend behandelt zu haben (einschließlich sich selber, was noch etwas schwieriger ist). Allerdings sähe dann die Welt anders aus … Vergessen wir auch nicht Kants Reich-der-Zwecke-Formel:

»Handle so, dass alle Maximen aus eigener Gesetzgebung zu einem möglichen ***Reich der Zwecke*** als einem Reiche der Natur zusammenstimmen.«

Das nennt man heute Nachhaltigkeit. Kant ist offensichtlich alt, aber hochmodern. Wie kann das sein?

Warum Kant mehr denn je gefragt ist

Die Stärke und Universalität seiner und anderer Meta-Werte liegt darin, dass sie nicht zweck- oder kontextgebunden sind, sondern allgemeingültiges und vor allem ideales Handeln kennzeichnen, quasi eine Handlungs-Logik. Deshalb fühlt es sich zum Beispiel gut an, wenn man der autoritären, erfahrenen Führungskraft Paroli bietet, weil man seiner Meinung nach etwas Dummes getan hat, das jedoch etwas absolut Gutes im Kant'schen Sinne ist: Da kann die Führungskraft noch so toben, man fühlt sich einfach im Recht – weil man es *ist*. Moralisch betrachtet. Man ist der moralische Sieger. Warum ist Moral so mächtig?

Weil moralisches Handeln vernünftig ist, also logisch – was viele nicht wissen. Moral ist weder dogmatisch noch metaphysisch, hat also nichts mit Ideologie oder Esoterik zu tun. Kant sagt nichts anderes als – in heutiges Deutsch übersetzt: Vernünftiges Denken soll dein Handeln bestimmen! Das klingt simpel, ist es aber nicht.

Denn wenn moralisches Handeln vernünftig sein muss, dann muss es rein logisch betrachtet zum Beispiel auch widerspruchsfrei sein. Das ist es in der wirklichen Welt jedoch eher im Ausnahmefall, Beispiel Eigentum: Wir alle behaupten geradezu empört, dass wir natürlich und selbstverständlich fremdes Eigentum achten. Was ist dann mit dem Buch oder Handwerkszeug oder der Tupperschüssel, die wir vor Urzeiten mal ausgeliehen haben und die noch immer bei uns rumliegt und nicht zurückgegeben wird? Unsere vorgeblichen moralischen Maximen sind –

am realen Handeln gemessen – voller Widersprüche und damit unmoralisch wie der Politiker, der von anderen Politikern volle Transparenz einfordert und seinen eigenen Beratervertrag verschweigt. Die berühmte Doppelmoral eben – nichts anderes als ein umgangssprachlicher Ausdruck dafür, dass man den Kant'schen Test nach Widerspruchsfreiheit krachend verfehlt hat.

Ein anderer Begriff in diesem Kontext auch gerne: Kavaliersdelikt. Das sagt: »Ich achte selbstverständlich die Gesetze, und ich bin absolut für Steuergerechtigkeit, doch unser Kinderzimmer setze ich als Arbeitszimmer ab, weil das ja kein Gesetzesverstoß ist, sondern ein Kavaliersdelikt, ich gehöre ja schließlich zu den kleinen Leuten, es geht ja nicht um viel, das machen doch vermutlich fast alle so.« Verschafft das auch Leistungslust? Ich kenne keinen Steuer-Kavalier, der das behaupten würde. Behaupten vielleicht, aber empfinden sicher nicht. Unrecht Gut gedeihet nicht. Warum nicht? Weil es unmoralisch ist.

Widerspruchsfreies Handeln dagegen verschafft eben auch Leistungslust. Werte zu formulieren ist wichtig, aber sie sollten sowohl in sich selbst, als auch in der Anwendung und Konsequenz widerspruchsfrei sei – und dabei hapert es bei den sicherlich gut gemeinten Vorsätzen vieler Unternehmen.

Wertebeispiel: Das aufstrebende Medienunternehmen

Wenn Werte bei Berufswahl und Lebensglück keine Rolle spielen würden, könnte ein eingefleischter Pazifist auch bei einem Rüstungsunternehmen arbeiten, ein Gesundheitsfanatiker bei einem Zigarettenhersteller, eine Anti-Alkoholikerin bei der Paulaner Brauerei oder eine gestandene Linksliberale bei der katholischen Kirche. Tun sie aber meist nicht und wenn, dann endet das im beiderseitigen Unglück, warum? Werte-Inkompatibilität. Gehen wir von der Theorie in die Praxis und betrachten einen großen, international bekannten US-Medienkonzern[37]. Seine Unternehmenswerte sind nach eigenen Angaben

- *die Förderung der selbstständigen Entscheidungsfindung der Mitarbeitenden*
- *das offene, breite und bewusste Teilen von Informationen*
- *die außerordentlich aufrichtige Zusammenarbeit*
- *der Verbleib nur der hocheffektiven Mitarbeitenden im Unternehmen*
- *die Vermeidung von Regeln*

Diese fünf sind sozusagen die übergeordneten Werte. Darauf folgt die Nennung von zehn weiteren Unternehmenswerten inklusive konkreter Handlungsanweisungen und dem Hinweis: »Je mehr diese Werte nach Ihnen klingen und die Menschen beschreiben, mit denen Sie zusammenarbeiten möchten, desto wahrscheinlicher werden Sie bei … (Firmenname) Erfolg haben.« Diese zehn Erfolgswerte sind (wir verzichten an dieser Stelle auf die konkreten Handlungsanweisungen):

1. *Beurteilung*
2. *Kommunikation*

3. *Neugierde*
4. *Mut*
5. *Leidenschaft*
6. *Selbstlosigkeit*
7. *Innovation*
8. *Inklusion*
9. *Integrität*
10. *Auswirkung*

Jeder dieser zehn Werte klingt absolut konsensfähig – finden Sie nicht auch? Wer könnte schon etwas gegen »Mut« oder »Leidenschaft« haben! Niemand. Ich bin dieser Niemand. Denn solche Marketing-Aufzählungen verschleiern die Werte-DNS eines Unternehmens eher als dass sie diese transparent machen. Ein probates Mittel zum Aufdecken dieser Verschleierung ist (s. o.) die Testung auf logische Widerspruchsfreiheit von Werten. Finden Sie die Widersprüche?

Es gibt einige. Ins Auge springt zum Beispiel der Widerspruch zwischen 7. Innovation und 9. Integrität. Diese finden sich wieder in den konträren universellen Werten »Mut« versus »Tradition (und Sicherheit, Konformität«). Jeder HR-Verantwortliche, der seit mehr als zwei Jahren dabei ist, kennt (oder verwendet sogar) zum Beispiel den Stigma-Begriff der »subversiven Innovativen« oder der »schwer zu managenden Kreativen«. Wer hoch innovativ ist, wird mit seinen innovativen, abweichlerischen Ideen immer gegen den Status Quo verstoßen und damit zumindest kurzfristig, bis das Management und die Kolleginnen und Kollegen seine Innovation akzeptieren, nicht integer sein können: Widerspruch! Ebenso widersprüchlich ist »die Förderung der selbstständigen Entscheidungsfindung der Mitarbeitenden« (universeller Wert (»Individualität«) und »das offene, breite und bewusste Teilen von Informationen« (dem Gegenspieler von »Individualität« in Form von »Sozialität«). Wer selbstständig entscheidet, wird selten vorab sämtliche seiner entscheidungsführenden Informationen mit anderen teilen – denn dann wäre es ja keine selbstständige Entscheidung mehr.

Der Knüller jedoch ist »die Vermeidung von Regeln«: Also sollen wir uns nicht an die eben postulierten Unternehmenswerte halten? Denn was sind Werte anderes als Regeln? Natürlich wissen wir alle, was damit gemeint ist: Bitte keine Prinzipien- und Paragraphenreiterei! Der Geist der Werte zählt und nicht deren Buchstabe.

Dennoch kann man zur persönlichen Orientierung ein paar Grundtendenzen bei diesem Unternehmen herauslesen, was die zu Grunde liegenden universellen Werthaltungen angeht: Es gibt eine erkennbare Tendenz zu einem, sagen wir mal, traditionellen Leistungsprinzip, also dem Grundwert »Leistung«. Zudem ist auch viel Wohlwollen gegenüber »Mut«, »Progressivität« etc. zu sehen, aber es bleibt das irritierende Spannungsfeld des offenbar gelebten oder gewünschten Sozialverhaltens, zugleich individuell, aber bitte nicht die Sozialität vernachlässigend.

Werte sollte man klar formulieren, reduzieren, und nicht Mitarbeitenden und Führungskräften die Auflösung von Wertewidersprüchen reindrücken, die an höherer Stelle verursacht wurden. Wobei ich schon den Einwand höre: »Ach, Papier ist geduldig! Im Berufsalltag hält sich doch sowieso keiner an die Werte-Leitlinie eines Unternehmens.« Das stimmt – bis auf jene Unternehmen, die so klar, widerspruchsfrei und eindeutig formuliert haben, dass sich wirklich jeder an die kodifizierten Werte hält und man den Geist dieser Werte bei wirklich jedem Arbeitsprozess und erst recht jedem Ergebnis förmlich spürt. Solche Unternehmen leiden keinen Fachkräftemangel, weil ein widerspruchsfreies Werte-Gerüst einen unwiderstehlichen Reiz auf Menschen ausübt.

Wertebeispiel: Der traditionsreiche Automobilkonzern

Betrachten wir einen deutschen Automobilkonzern, der auf seiner Homepage seine Core Values auflistet:

1. *Integrität, Offenheit, Respekt*
2. *Inspirierte, eigenverantwortliche und vielfältige Mitarbeitende*
3. *a Finanzielle und...*
4. *b gesellschaftliche Verantwortung*
5. *Kundenfokus*
6. *Verpflichtung zu Exzellenz*
7. *Nachhaltigkeit*

Schön übersichtlicher Werte-Kanon, der wiederum kein Veto erwarten lässt: Das sind alles wunderbare Werte. Doch die Widersprüche springen einen förmlich an; zum Beispiel zwischen »Offenheit« und »Respekt«, also ganz klar eine Polarität zwischen den Ur-Werten »Mut« und »Tradition«. Wenn ich »offen« ein Riesenproblem zum Beispiel bei der Konstruktion eines neuen Getriebes ansprechen möchte, komme ich nicht umhin, zu sagen: »Herr Müller, was Sie da konstruiert haben, ist eine geniale technische Lösung, die unsere Fertigung komplett überlasten wird, geschweige denn den vorgesehenen Marktpreis des neuen Fahrzeugs!« Und das ist noch höflich formuliert.

Wir wissen, dass es in der Praxis aller Unternehmen meist anders zugeht. Aber geschenkt: Auch wenn man das so höflich ausdrückt – empfindet das Herr Müller dann noch als respektvoll? Er wird sich in seiner Ehre als Entwickler angegriffen fühlen! Was okay ist, Reibung gehört dazu, doch welcher Wert hat in solchen kritischen Situationen Vorrang? Bedingungsloser Respekt oder bedingungslose Offenheit? Oder etwa ein Kompromiss? Ganz zu schweigen vom Widerspruch zwischen »eigenverantwortlichen Mitarbeitenden« und »Kundenfokus«: Wer hat im Zweifelsfall Recht? Der mosernde Kunde, der sein hypermodernes Dashboard im Fahrzeug einfach nicht versteht oder die geniale und eigenverantwortliche Fachkraft, der von der technischen Lösung überzeugt ist? Wer hat Vorrang, welcher Wert »sticht«?

Es reicht eben nicht, wohlklingende Werte-Hauptwörter zu veröffentlichen. Was über die Werthaltung eines Unternehmens entscheidet, ist die faktische Ausfüllung dieser Substantive im Führungsalltag. Welche Werte bestimmten tatsächlich das Handeln von Management und Belegschaft? Das finden wir alle sehr zuverlässig in der Probezeit heraus – und genau dafür sollten wir sie auch nutzen. Denn was in der Probezeit nicht zu den persönlichen Werten passt, wird es auch danach nicht. Mit einer Ausnahme.

Bei Exkursionen in die Praxis treffe ich immer wieder Führungskräfte oder auch »einfache« Mitarbeitende, die auf meine Rückfrage antworten:

»Ja, so wird das im Konzern gehandhabt – aber bei uns in der Abteilung nicht!«

»Wieso nicht? Sie sind doch auch Teil des Konzerns!«

»Ja, schon, aber nicht, wenn es um konkrete Arbeit, jeden Tag, geht, das könnten wir gar nicht durchhalten, immer nur die bunten Charts herunterzubeten. An der Konzernspitze mag der sinnvoll sein, aber nicht im direkten Kundenkontakt. Da richten wir unser Handeln in bestimmten Fällen anders aus.«

Das ist mutig (ein gleichnamiger Wert), kundenorientiert (entsprechend einer Werthaltung »Leistung« und nonkonform (sowohl »Mut« als auch »Individualität«). Es gibt in jedem Unternehmen Werte-Exklaven, die in bestimmten Fällen nach eigenen Werten handeln. Manchmal geht das ungesehen durch, manchmal gibt das Ärger – doch wie fühlt sich das für die Werte-Nonkonformisten an? Gut, überlegen, moralisch superior – weil der verfolgte Wert dem eigenen entspricht. Das ist übrigens kein Aufruf zur Subordination meinerseits. Ich berichte lediglich von der gelebten Werte-Realität in Unternehmen. Und weil es so schön war, ein drittes:

Wertebeispiel: Der locker-dynamische »Internet-Riese«

Insbesondere US-Unternehmen bestechen durch ihre ganz eigene Art der Formulierung und unter diesen leicht verständlichen Sprach-Champions stechen wiederum die Internet-Konzerne hervor. Picken wir einen heraus, der seine Unternehmenswerte nicht »Unternehmenswerte« oder »Core Values« nennt, sondern:

10 Dinge, von denen wir wissen, dass sie stimmen:

1. *Der Nutzer steht an erster Stelle, alles Weitere folgt von selbst.*
2. *Es ist am besten, eine Sache so richtig gut zu machen.*
3. *Schnell ist besser als langsam.*
4. *Demokratie im Internet funktioniert.*
5. *Man sitzt nicht immer am Schreibtisch, wenn man eine Antwort benötigt.*
6. *Geld verdienen, ohne jemandem damit zu schaden.*
7. *Irgendwo gibt es immer noch mehr Informationen.*
8. *Informationen werden über alle Grenzen hinweg benötigt.*
9. *Seriosität braucht keinen Anzug.*
10. *Gut ist nicht gut genug.*

Das ist einer der seltenen Fälle, in denen einen die Werte-DNS eines Unternehmens geradezu anspringt: 2., 3., 7. und 10. sind glasklar stark leistungsorientierte Werte. In diesem Konzern tritt man also keinen Job an, sondern quasi Spitzensport. Wer top-fit ist, wird's mögen. Eine ruhige Kugel schiebt hier keiner. Zumindest ist das nicht vorgesehen laut Werte-Kanon. Auffällig auch jene Werte, die fehlen.

Zum Beispiel »selbstbestimmte Mitarbeitende«. Dass diese fehlen, ist übrigens kein Widerspruch, sondern gewollt. Denn »an erster Stelle« steht ja »der Nutzer«: »alles Weitere folgt von selbst.« Das ist extreme Customer Centricity, wie das heute heißt: ein Wert. Der Kunde ist König, und der Mitarbeiter sein Kammerdiener, glasklar ein Prinzip der »Leistung« als Erfolgsorientierung.

Wenn ein Werte-Leitbild eines Unternehmens so provokant klar und mit eindeutiger Tendenz formuliert ist, dann gibt es starke Orientierung. Es wird Leistungssportler mit starker Submissionstendenz anziehen und Work-Life-Balancer abschrecken und damit seinen möglicherweise beabsichtigten Zweck erfüllen: Bewerbende-Selektion.

Bleiben Sie Werte-treu!

Nur die wenigsten von uns werden demnächst als Bewerbende auftreten, weil sie einen neuen Job suchen. Die meisten von uns haben einen guten Job und wollen ihn behalten, wollen ihn höchstens etwas besser machen. Werte liefern den besten Hebel dazu, weil Werte so tief in unserem Moralbewusstsein verankert sind.

Niemand wird auf Dauer in einem Job (Familie, Verein, Gemeinde ...) glücklich und erfolgreich, wenn dieser nicht ausreichend den eigenen Werten entspricht. Der Berater-Spruch dafür lautet: Am Nordpol wächst keine Ananas.

Die Ananas ist lecker und gut und bietet ein tolles Geschäftspotenzial. Doch wenn Werte-Umfeld und -Klima nicht passen, wächst und gedeiht sie nicht. Das heißt: Wenn Ihre Werte nicht zu denen Ihres Unternehmens passen, werden Sie hier auf Dauer weder so recht glücklich noch erfolgreich, weil Sie viel zu selten Leistungslust empfinden werden. Wir können sogar umgekehrt behaupten: Wenn Sie wieder eine Aufgabe, ein Projekt, einen Arbeitsprozess oder einen Arbeitstag ohne ausreichend Leistungslust erlebt haben, steckt irgendwo tief drin ein Wertekonflikt dahinter. Sie können sich diesen Konflikt materiell kompensieren lassen. Doch davon geht der Konflikt nicht weg.

Er geht nur dann weg, wenn Sie Value Management betreiben, nichts als Chart-Schlacht, sondern als konkrete Werte-Arbeit. Das müssen Sie nicht. Doch das lohnt sich. Denn nachhaltige und intensive Leistungslust ist nur mit Werte-Authentizität (ebenfalls ein Wert) zu erleben. Nichts befriedigt so sehr wie das zu tun, zu denken und zu kommunizieren, was einem am wertvollsten ist: Werte.

Anregungen für Führungskräfte & HR

Moralisches Handeln ist nicht das Befolgen von gesellschaftlichen Trends, die Gutes versprechen. Moralisches Handeln braucht vielmehr eine **Freiheit einer individuellen Entscheidung zum generell guten Handeln**. Für das Unternehmen bedeutet das, eine Kultur zu haben, die den Einzelnen ermutigt, Dinge zu hinterfragen, zu fragen, ob man das Richtige tut…

- Durch **einen Unternehmenswert »Obligation to dissent«** (**»Die Pflicht zum Widerspruch«**) etwa etabliert man eine Atmosphäre, in der sich jeder jederzeit gegen eine unternehmerische Entscheidung aussprechen kann – aber es muss fundiert sein, mit Fakten belegt. Und wirklich jeder Angestellte, auf jeder Hierarchie- oder Erfahrungsstufe kann dies völlig gleichberechtigt tun, denn es zählt nicht, wer ein bedenkenswertes Argument einbringt, sondern was eingebracht wird. Das kann ein Praktikant genauso sein wie der CEO.

- Diese »Pflicht zum Widerspruch« hat theoretisch großes Potenzial für einen tiefgreifenden Wandel, aber man muss sich bei der Umsetzung vergegenwärtigen, dass man hier **Diskussionen** zulässt, die unter **Zeitdruck** stattfinden können, dass man Diskussionen zulässt, wenn die Erfahrenen ausgehen, es wäre alles schon durchdacht, dass man Diskussionen zulässt, wenn ein Produkt schon kurz vor dem Launch steht, wenn der Kunde schon gebucht hat usw. Ein solcher Wert ist schnell dahingesagt, aber er fordert ein gewaltiges **Commitment, Zeit und Ressourcen einzusetzen, um das moralisch richtige Handeln zu gewährleisten**, weil man sicher sein kann, jederzeit alle Gedanken, alle Einwände zugelassen zu haben.

Was ist überhaupt »**das Richtige**«? Das Richtige ist etwas anderes als das Gute. Was gut ist, ist gesellschaftlich bestimmt; gutes Handeln ist – einfach gesprochen – vorbildhaftes Handeln. Aber richtig handeln ist: **widerspruchsfrei handeln**. Das ist die wahre, kraftvolle Universalität einer moralischen Handlung, so wie sie Immanuel Kant definiert hat. Das ist die ungemein starke Kernkraft der gedanklichen Logik, und nur diese sollte man nutzen für moralisch einwandfreies Handeln.

- Was ist im Kontext von Organisationen ein widerspruchsfreies, und somit »echtes« moralisches Handeln? Ein Beispiel: »Wir dulden in unserem Unternehmen keine harten Maßnahmen durch Führungskräfte mehr! Darauf steht ab sofort die fristlose Kündigung!« Man will nicht mehr hart sein, behält sich aber zur Kontrolle des angestrebten Zustands selbst Härte vor. Hier liegt ein logischer Widerspruch vor, in der Formulierung des obersten moralischen Prinzips, in der Anwendung eines moralischen Grundsatzes. Eine widerspruchsfreie Definition des gutgemeinten Grundsatzes wäre dann eher so: »Jede Maßnahme im Unternehmen soll verhältnismäßig und wertschätzend sein«. Somit sollte selbst bei einem Verstoß gegen diese Regel der Regelbrecher so behandelt werden. Das wäre ein echter Kant'scher Imperativ.

- Wenn wir von Werten sprechen, dann meinen wir leider nicht solche kategorischen, universellen, widerspruchsfreien Verhaltensregeln, sondern wir fassen **gesellschaftliche Vorstellungen** zusammen. Diese sind häufig gewachsener Konsens, aber stehen in Widerspruch zu sozialen Wertvorstellungen anderer gesellschaftlicher Teile – oder anderer Kulturen. Dazu muss man stehen und das verteidigen, sonst verstrickt man sich in Widersprüchen, die jede Glaubwürdigkeit unterminieren.

Anregungen für Mitarbeitende

Stellen Sie sich vor, Sie wären im idealen Unternehmen. Und in diesem Unternehmen – so stellen Sie erstaunt fest – sind alle Mitarbeiterinnen und Mitarbeiter absolut integer, unpolitisch, immer im Einsatz für das große Ganze, stellen eigene Interessen zurück, keine Ellenbogen, keine Silos usw. Nennen wir die charismatischen Angestellten dieses gedachten Unternehmens »Werte-Champions«. Was machen sie anders, was macht sie besonders?

1. *Werte-Champions reden über den Elefanten im Wohnzimmer, stoßen Werte-Diskussionen an, zum Beispiel: »Ist so eine Auftragsabwicklung nicht eigentlich wenig vorteilhaft für den Kunden? Sollte uns Kundenbindung nicht mehr wert sein?«*
2. *Werte-Champions regen die Formalisierung solcher Diskussionen in Arbeitsgruppen oder Value Circles an – sie überlassen das nicht der Strategiegruppe unterhalb der Geschäftsleitung.*
3. *Werte-Champions thematisieren Werte-kritische Vorfälle ex post oder ex ante: »In solchen Fällen müssen wir laut Anweisung immer X machen. Wäre Y in Ausnahmefällen nicht deutlich mehr wert?«*
4. *Werte-Champions benutzen recht selten das Wort »Wert« – weil es viele Werte-Amateure abschreckt. Sie sagen häufiger: »was uns wichtig ist« oder »was Vorrang hat«.*
5. *Werte-Champions drängen auf eine Prioritäten-Reihenfolge bei Werten: »Natürlich ist beides wichtig – aber was ist uns in dieser Situation wichtiger«?*
6. *Werte-Champions drängen darauf, dass das Werte-Leitbild redaktionell regelmäßig aktualisiert wird, damit es von Monat zu Monat besser in die Arbeitsrealität passt.*

7. *Werte-Champions machen den Werte-Check täglich, bei jeder Aufgabe: »Wie passt das zu meinen eigenen Werten? Wie könnte es besser passen? Welche meiner/unserer Werte brauchen eine Aufwertung? Wie erreiche ich diese?«*
8. *Werte-Champions praktizieren Werte-Kompensation: Benachteiligt oder schädigt ein Unternehmenswert zum Beispiel einen Kunden, zeigen sie Kulanz oder kommen ihm anderweitig entgegen, um den Schaden möglichst klein zu halten oder auszugleichen.*
9. *Werte-Champions scheuen keinen Werte-Konflikt: »Das ist mir an dieser Stelle dann doch wichtig – und sollte es uns ebenfalls sein!«*
10. *Werte-Champions nennen ex post und verstärken damit den konkreten Wert: »Ja, so machen wir das hier eben: (Wert) ist uns besonders wichtig!« Das verleiht noch ein wenig mehr Stolz und verankert Werte stärker im kollektiven Bewusstsein. Das ist der alte PR-Grundsatz: Tue Wertvolles und rede darüber!*

7

LEISTUNGSLUST WIE EIN SPITZENSPORTLER

»Sieger spielen so lange,
bis sie es richtig machen.«
Billie Jean King, US-Tennisspielerin

Wollen wir nicht alle spitze sein? Nicht wirklich

Wenn wir im TV die sensationellen Leistungen der Spitzensportler bewundern? Ihre Begeisterung und Hingabe an ihren Sport (und der Jubel der Zuschauer) sind ansteckend. Wir erleben live und hautnah, wieviel Erfolg, Freude und Leistungslust herausragende Leistung schenken kann. Das ist ansteckend.

Nachdem Steffi Graf und Boris Becker Wimbledon gewannen, verkauften sich Schläger und Tennisstunden wie Sprudelwasser in der Wüste. Oder Fußball, Basketball, Triathlon – hunderttausende Nicht-Profis wollen mitmachen, dabei sein, auf den Motivations-Zug aufspringen. Das ist bis heute so. Kaum werden wir in irgendeiner Sportart Weltmeister, gehen deren Trikots und Utensilien weg wie geschnitten Brot – nur um nach spätestens sechs Wochen im Schrank der einst so enthusiastischen Käufer zu vergammeln. Warum?

Weil wir zwar alle die euphorisierende Leistungslust der Spitzensportler genießen und daher selbst erleben möchten – möglichst 24/7 – jedoch so gut wie niemand außerhalb des Spitzensports weiß, wie man auf dieses Lust- und Leistungs-Level kommt. Das ist das Geheimnis des Spitzensports. Lüften wir es! Lernen wir ein wenig näher die Leistungslust von Spitzensportlern kennen.

»Willkommen im Leistungszentrum!«

Das steht über dem Eingang eines der vielen deutschen Sportleistungszentren. Stellen Sie sich vor, das stünde über den Eingang zu Ihrem Betrieb oder an der Pforte zum Firmen-Areal. Da würde sofort ein Drittel der Belegschaft zum Betriebsrat rennen! Leistung? Igitt! Lieber 35-Stunden-Woche verhandeln, besser neue Betriebsvereinbarungen zur Regelung der Annehmlichkeiten. Jedoch im Sport stößt sich niemand an dieser dezidierten Leistungsorientierung. Denn im Leistungssport wissen alle:

Leistung macht Lust.

Nun können wir nicht alle Spitzensportler werden – doch das ist auch gar nicht nötig, wie Reinhard Müller in der FAZ schrieb[38]: »Spitzensport begeistert und setzt dadurch den Anreiz, sich selbst anzustrengen.« Der Anreiz genügt schon! Wir müssen keinen Weltrekord auf 100 Meter laufen, um Leistungslust wie ein Weltrekordhalter zu empfinden.

Es reicht schon für eine Menge Freude und Erfolg an der Leistung, wenn wir uns von Spitzensportlern inspirieren lassen und unser eigenes Leistungspotenzial aktivieren, so klein es auch sein möge. Leistungslust ist nicht an Rekorde gebunden. Seltsamerweise ist das wenig bekannt. Was viel bekannter ist, sind Sport-Mythen.

Wenn normale Menschen Spitzensportler wie Usain Bolt sehen und nach deren Talent gefragt werden, gehen viele davon aus, dass solche Spitzensportler von Natur aus und schon immer so spitze waren, mit ihrem Talent geboren wurden, es ihnen buchstäblich in die Wiege gelegt wurde und sie noch in Windeln bereits der Hebamme weggekrabbelt sind. Warum ist dieser Mythos so verbreitet?

Weil er Nichtstun legitimiert. Weil ein Denken in der Kategorie »Schicksal« die eigene Verantwortung, aber auch die eigene Anstrengungsbereitschaft weg delegiert. Weil man als erwachsener Mensch bequem größere Ambitionen zur Seite legen kann, nach dem Motto »Ist eh zu spät« oder »Bin ich vom Typ her nie gewesen«. Wenn Usain Bolt einfach Glück bei seiner Geburt hatte, kann ich es ihm nicht nachmachen – denn ich hatte kein Glück mit meinen Genen. Ich habe keine Weltrekordler-Gene.

Der Mythos vom angeborenen Talent

Viele glauben, man wird als Talent geboren und muss dann nur noch entdeckt werden, zum Beispiel im Leistungszentrum oder von einem Talentscout. Viele kluge Menschen versuchen seit Jahrhunderten, diesem Mythos den Garaus zu machen – unter ihnen auch Usain Bolt, der immer wieder betont, wie hart er trainiert hat, um so erfolgreich zu sein. Er reagiert jedes Mal beleidigt, wenn man ihm die Anstrengung des harten Trainings abspricht und seine Erfolge nur auf seine Gene schiebt – da ist übrigens beinah-rassistisches Schubladendenken nicht weit weg.

Spitzensportler werden nicht geboren, sondern gemacht. Unter den klügsten Menschen, die gegen diesen Mythos angehen, ist der weitgehend unbekannte Sportwissenschaftler Winfried Joch[39]. Er widerlegte ein für alle Mal den Mythos von der frühen Leistungsauffälligkeit, also die Behauptung, dass außergewöhnliches Talent sich schon früh zeige. Oder die verbreitete Annahme, dass spätere Weltmeister bereits in der ersten Klasse der Grundschule alle Mitschüler abgehängt haben. Joch arbeitet empirisch, das heißt er untersuchte Schülerklassen zum Beispiel in der Sportart Leichtathletik. Dabei widerlegte er nicht nur den Mythos des »frühen Talents«, sondern belegte praktisch das Gegenteil:

Rund 80 Prozent der leistungsbesten Schüler und 65 Prozent der besten Schülerinnen verschwanden in ihren späteren Jahren aus den Bestenlisten. Das frühe Talent war also kein Beweis für spätere Spitzenleistung, sondern im Gegenteil eher Beweis für späteres Abrutschen ins Mittelmaß. Eine frühkindliche Talententdeckung ist daher kein Erfolgsgarant, sondern eher tückisch. Das hält jedoch viele Eltern nicht davon ab, ihre Kinder bereits in der Grundschule auf berufliche Neigungen oder anderweitiges Potenzial für späteren exorbitanten Erfolg testen zu lassen. Man könnte fast schon sagen: Bitte nicht!

Deshalb unterscheidet die Sportwissenschaft Anfangsleistung von Endleistung. Dazwischen wird die sportliche Talentförderung aktiv: der wahre Garant für Spitzenleistung. Förderung, nicht Gene. Machen, nicht geboren werden.

Spitzenleistung wird nicht geboren, sondern gemacht. Wer macht, wird belohnt. Das ist das Prinzip der Leistungslust auf Spitzenniveau und dieses Prinzip ist eben nicht auf das Spitzenniveau beschränkt, sondern ist generalisierbar: Wer so trainiert und sich so entwickelt wie ein Spitzensportler, wird auch so viel Leistungslust erfahren. Spitzenleistung ist kein Talent, kein Schicksal oder Gabe, sondern ein dynamischer Prozess. Oder wie die Leute von der Acceptance and Commitment Theory sagen:

Outcome is the process by which process becomes outcome.

Locker übersetzt: Wenn du ein Spitzenergebnis willst, bau dir einen Spitzentrainingsprozess. Der Input bestimmt den Output – nicht die Gene oder das Schicksal. Bestes Beispiel gegen den Mythos vom angeborenen Talent ist übrigens Deutschlands Superstürmer Miroslav Klose, der eben nicht schon mit Strampelanzug im Straßen-Kick seine um Jahre älteren Mitspieler austrickste, sondern erst mit 21 Jahren aus dem Amateurbereich in den Profifußball wechselte und bis zu seinem 15. Lebensjahr überhaupt nicht Fußball gespielt hat. Das muss man sich mal vorstellen! Vor allem, wenn man auf dem Fußballplatz Eltern trifft, die schon ihrem Sechsjährigen den Ball aufzwingen: »Na los, dribbel mal, schieß mal, und jetzt Bananenflanke!« Und die Trainer stehen hilflos und stumm daneben. Sie wissen besser, woher die Talente kommen.

Fazit: Was man als Kind gemacht hat, sagt nichts über das, was man als Erwachsener macht, um Leistungslust zu erfahren. Und: Es ist nie zu spät für Leistungslust auf höchstem Niveau. Wenn ich diese beiden Erkenntnisse locker in ein Gespräch einfließen lasse, kommt gelegentlich der Einwand: »Mit 45 werde ich aber kein Konzertpianist mehr!« Nein, doch darauf kommt es nicht an! Für Leistungslust auf Spitzensport-Niveau müssen Sie keinen Spitzensport betreiben. Das kann Ihnen übrigens jeder Klavierschüler sagen, der zum ersten Mal »Für Elise« fehlerfrei schafft. Das macht Lust! Und wie! Leistungslust ist nicht an Spitzenergebnisse gebunden, sonst würde sie »Ergebnislust« heißen. Nicht das Spitzenergebnis ist für Leistungslust auf Spitzenniveau maßgeblich, sondern eben die Leistung, das Leisten an sich. Und zum ersten Mal »Für Elise« fehlerfrei zu spielen, setzt eben eine tolle Leistung voraus.

Zweiter Einwand, den ich oft höre: »Ich habe als Kind das Klavier (oder Sport,

Malen, Gärtnern ...) immer gehasst!« Eben diesen Mythos entlarven Menschen wie Joch und Klose doch dezidiert: Was Sie als Kind geliebt, gekonnt oder auch gemieden haben, sagt nichts darüber aus, mit welchem Sport, Musikinstrument oder mit welcher Tätigkeit Sie *heute* und *morgen* Leistungslust erfahren können und werden. Es kann jedwede Aktivität sein – selbst Spitzensport ist dafür nicht nötig. Leistungslust auf Spitzenniveau können Sie überall erfahren, sogar auf so »exotischen« Gebieten wie der Kunst.

Was hatte Picasso, was van Gogh nicht hatte?

Keine Bange: Sie müssen weder Picasso noch van Gogh sein, um Leistungslust mit der Kunst zu erfahren. Tatsächlich muss es noch nicht einmal Kunst sein: Die Tipps und Hacks aus der Kunst sind übertragbar auf viele andere Schaffensbereiche. Das haben wir Professor David W. Galenson zu verdanken.

Er ist ein renommierter Wirtschafts- und Kunstgeschichtsprofessor an der University of Chicago. Er hat den künstlerischen Schaffensprozess und die unterschiedlichen Karrierewege von Künstlern genauer unter die Lupe genommen[40]. Galenson hat anhand umfangreicher Datenanalysen und historischer Fallstudien die Karrierewege und kreativen Entwicklungen von Künstlern untersucht. Seine Arbeit zeigt, dass es im Grunde zwei radikal unterschiedliche Wege gibt, seine künstlerische Schaffenskraft auf ein hohes Niveau zu bringen.

So unterscheidet Galenson grundlegend zwischen dem »konzeptuellen« und dem »experimentellen« Künstlertyp. Beide sind sehr erfolgreich, obwohl sie ihre Kunst so unterschiedlich ausüben und entwickeln. Die beiden Kategorien basieren auf völlig unterschiedlichen Herangehensweisen an die künstlerische Arbeit und führen zu verschiedenen Karrierewegen und kreativen Ergebnissen.

Der konzeptuelle Künstlertyp entwickelt bereits früh in seiner Karriere eine klare künstlerische Vision, eben ein konkretes Konzept, an dessen Umsetzung, Entwicklung und Verfeinerung er Jahr um Jahr arbeitet. Konzeptuelle Künstler zeichnen sich durch eine intensive Vorbereitung, eine gründliche Planung und eine ausgeprägte Beherrschung ihrer Techniken aus. Beispiele für konzeptuelle

Künstler sind Pablo Picasso, Paul Cézanne und Jackson Pollock. Wenn Sie weder Pollock noch Picasso sind – was bringt Ihnen das?

Die generalisierbare Erkenntnis: »Intensive Vorbereitung, gründliche Planung und eine ausgeprägte Beherrschung der Techniken« machen im Grunde aus jeder Tätigkeit einen kontrollierbaren, steuerbaren Anlass für Leistungslust. Es ist eben nicht die geniale Eingebung (einmal pro Quartal), die Lust verschafft. Es ist das, was Sie mitbringen, dazutun können: Sich gut vorbereiten, realistisch planen und fortwährend die eigene Technik verbessern. Das gilt für alle Hobbys, jeden Griff im Haushalt, jeden Freizeitsport und erst recht jeden Beruf. Doch genau das wird heutzutage immer weniger gemacht, weil es auch überhaupt nicht mehr gedacht wird.

Schuld daran sind Arbeitsüberlastung, Stress und Druck, aber auch persönliche Nachlässigkeit und falsch verstandene Mythen wie »Disruption«, die beinahe jedem Arbeitnehmer mittlerweile aufdrückt, sich fortwährend neu zu erfinden. Nur selten hört man am Arbeitsplatz: »Chef, geben Sie uns mehr Zeit für eine ordentliche Vorbereitung!« oder »Ich möchte mich gerne noch länger mit dem Thema beschäftigen, um…« Doch was man nicht denkt, kann man auch nicht fordern.

Wir lernen also: Leistungslust erfährt, wer konzeptionell vorgeht. Das leuchtet ein. Überraschend ist, dass auch das blanke Gegenteil zu Leistungslust und Erfolg in der Kunst und anderswo führt.

Spitze auch später im Leben

Der zweite Künstlertyp, den Galenson identifizierte, der sogenannte experimentelle Typ, zeichnet sich durch eine explorative Herangehensweise aus. Ein eher wilder Typ also, der erst einmal und über längere Zeit ganz verschiedene bis gegensätzliche Stile und Techniken ausprobiert, bis er seine künstlerische Stimme gefunden, seinen eigenen Stil entwickelt hat. Deshalb sind experimentelle Künstler oft sehr viel später im Leben erfolgreich: Gut Ding will Weile haben. Beispiele für experimentelle Künstler sind Vincent van Gogh (man glaubt es kaum), Andy Warhol und Willem de Kooning.

Auch das bestätigt wieder: Mit Kunst und Leistungslust ist es nicht so, dass man das Talent entweder hat oder nicht hat. Dass man es in die Wiege gelegt bekommen haben muss oder dass man es von Kindesbeinen an entwickelt und gefördert hat. Nein, selbst und gerade unter den berühmtesten und erfolgreichsten Künstlern haben viel erst mächtig lange herumexperimentiert und alles Mögliche querfeldein ausprobiert, Erfahrung gesammelt und sind in viele Bereiche quereingestiegen, bevor sie gefunden oder besser: entwickelt haben, was ihnen wirklich, wirklich zusagt – und was ihnen daher auch Erfolg bringt (es ist sehr schwer, in etwas nachhaltig Erfolg zu haben, was einem keinen Spaß macht). Die Redensart »zielstrebig seinen Weg gehen« sagt also nichts über späteren Erfolg und Leistungslust aus. Das funktioniert alles auch umgekehrt: wild, experimentell, einmal quer durch den Gemüsegarten. Das gilt für die Kunst wie fürs richtige Leben, wie viele HR-Manager täglich sehen können: am CV.

Im Curriculum Vitae auch und gerade der erfolgreichsten Menschen geht es oft kreuz und quer und hin und her. Man muss also nicht schon mit sieben Jahren wissen, was man »später einmal machen« möchte. Natürlich gibt es Menschen, die schon mit sieben Jahren toll Klavier spielen konnten. Und einige ganz wenige von denen werden das beruflich, vielleicht sogar sehr erfolgreich machen. Solche Beispiele lieben die Medien, bringen sie oft und erwecken damit die Illusion, dass dies der Regelfall sei. Ist er nicht. Im Gegenteil liegt die Handlungsempfehlung: Man sollte nicht zu lange an Techniken, Jobs, Hobbys, Träumen (Illusionen) oder Aktivitäten kleben bleiben, wenn sie wenig Lust machen. Für jeden Menschen gibt es nämlich Aktivitäten, bei denen er seine Leidenschaft voll ausleben kann – und das ergibt sich nicht selten erst später im Leben. Wie finden sie diese Leidenschaft?

Decken Sie Ihr »Element« auf!

Ken Robinson war ein englischer Autor und Redner, bekannt für seine Theorien über Kreativität und Bildung. Er zeigt, wie wir unsere Leidenschaft entdecken können[41]. Und Leidenschaft macht bekanntlich aus einer Existenz erst ein Leben.

Laut Robinson schlummert in jedem Menschen eine Leidenschaft, die er entdecken und entwickeln oder eben verdrängen und ignorieren kann. Diese Leidenschaft ist einzigartig; Robinson nennt sie »Das Element«. Das klingt leicht seltsam, doch auch im Deutschen finden wir diesen Begriff, zum Beispiel in der Redewendung:

»in seinem Element sein«

Sind wir in unserem Element, brillieren wir, genießen Erfolg und Leistungslust und fühlen uns pudelwohl. Weil wir unsere Leidenschaft ausleben. Im Element. Wie finden wir dieses?

Die moderne Vorgehensweise unserer übertechnisierten Welt würde dafür vielleicht psychologische Tests und Test-Batterien empfehlen. Das ist eine Möglichkeit, die leider mit viel Aufwand verbunden ist: Diagnose. Eine andere ist viel einfacher, heuristisch, aber liefert dieselben zuverlässigen Ergebnisse:

Einfach mal machen!

Wir sind nicht dumm. Welche Tätigkeit uns Spaß macht und erfüllt, bei welcher Aktivität wir »ganz in unserem Element« sind, das merken wir ganz gut auch ohne ausgeklügelte und wissenschaftlich validierte Test-Batterie. Das wissen wir aus eigener Erfahrung, können dieses Wissen jedoch meist nicht anwenden. Es reicht eben nicht, sich mal für fünf Minuten an ein Klavier zu setzen, um zu prüfen, ob man ein Gefühl für Tasten, ein Gespür für Melodien hat. Nicht genug: nicht mal fünf Stunden reichen, um sein Element zu erkennen. Er müsste mehr machen. Im Sport nennt man dieses Machen:

Die 10.000 Stunden-Regel – Training intensiv, aber bitte gezielt

»Talenterkennung ist ein dynamischer Prozess, der sich im Training aktualisiert«, um Winfried Joch zu zitieren. Das heißt: Training ist ein Diagnose-Instrument. Oder noch einfacher ausgedrückt: In der regelmäßigen, zielorientierten und Feedback-gesteuerten Tätigkeit (= Training) erkennen wir, ob wir bei dieser Tätigkeit »voll in unserem Element« sein können. Es gibt also nicht nur Learning by Doing, sondern auch Discovering by Doing. Und dieses Discovering geschieht nicht beim Anschlagen von drei Tasten, sondern vielleicht nach sechs Monaten Klavierunterricht bei einem Klavierlehrer, dem es nicht nur auf technische Perfektion, sondern auch auf das emotionale Erleben von Musik ankommt. Das ist dann die Förderung von Leistungslust: nicht das Endziel Konzertpianist, sondern die Erfüllung im Spielen an sich.

Daher führt nicht jedes Tun zur Einsicht und zur Entdeckung des eigenen Elements. Selbst die Länge des Zeitraums, in dem wir Klavier lernen oder etwas anderes machen, sagt noch nichts über das Erleben von Leistungslust. Oder wie Kurt Tucholsky sagte: »Man kann auch etwas 30 Jahre lang falsch machen.« Wenn man zum Beispiel allfälliges Feedback ignoriert, deshalb auf immer demselben Level steckenbleibt und einfach nicht mehr weiterkommt: Nur wenn wir richtig trainieren, entdecken wir den Quell unseres Glücks. Was heißt »richtig«? Zum Beispiel:

Die »10.000 Stunden-Regel« ist ein zentrales Prinzip in Malcolm Gladwells Konzept und gleichnamigen Buch »Outliers«[42]. Diese Regel besagt, dass etwa 10.000 Stunden gezielten Übens nötig sind, um bei einer Aktivität, in einem Sport oder in einer Kunst ein Experte oder Meister zu werden: der Level of Excellence.

Gladwell stützt diese Regel auf frühere Forschungen von K. Anders Ericsson, der die Spielgewohnheiten von Violinisten am Musik-Konservatorium in Berlin untersuchte. Er fand heraus, dass die besten Violinisten bis zum Alter von 20 Jahren etwa 10.000 Stunden geübt hatten, während die weniger fähigen Musiker deutlich weniger Stunden Etüden geklopft hatten. Das ist der empirische Beweis zum umgangssprachlichen »Übung macht den Meister«. Das deutete, weil weniger quantitativ, bereits Horaz an: Repetitio mater est studiorum. Wiederholung ist die Mutter allen Lernens.

An dieser Stelle würde Tucholsky wieder einwenden, dass man auch 30 Jahre lang etwas wiederholen kann, ohne viel dabei zu lernen. Wir alle kennen Menschen, die seit 30 Jahren mehr oder weniger dieselben Fehler machen in der Kommunikation mit ihrem Beziehungspartner, in der Formulierung ihrer E-Mails, bei der Mitarbeiterführung, bei kritischen Entscheidungen, im Freizeit-Teamsport, bei der Ernährung, den Freizeit-Süchten, der Stressbewältigung, im Self-Management, beim eigenen Erwartungsmanagement ... Deshalb unterscheidet Gladwell zwischen sozusagen »hirnloser Repetition« und »Deliberate Practice«, also gezieltem Training.

Zielgerichtetes Üben ist nicht nur häufiges Wiederholen, sondern auch das Zwischenschalten einer klarsichtigen und motivierenden Feedbackschleife und die dadurch erst mögliche Konzentration auf die kontinuierliche Verbesserung ganz bestimmter Aspekte der Leistung. Gutes Training ist also keinesfalls hirnloses »Büffeln«, »Pauken« oder »Disziplin«, sondern ein hoch reflexiver Prozess, eine intensive Beschäftigung mit der Sache an sich. Ganz nebenbei: eine solche Art von Training, von Repetition, schafft man nicht allein, nicht mit einer technisch noch so versierten Klavier-Lern-App, nicht mit hunderten toller YouTube-Lernvideos, nicht einmal mit einer gut ausgestatteten Hausbibliothek – man braucht schlichtweg einen Trainer! Das wird nun keinen von uns überraschen. Warum gibt es dann praktisch nur im Leistungssport Menschen, die gezielt und reflektiert trainieren, mit Unterstützung trainieren?

Nur Fehler ohne Feedback sind dumme Fehler

Die meisten Menschen entdecken bei der gezielten Wiederholung von Aktivitäten (= Training) ihr Element nicht, weil sie bei jedem (kleinsten) Fehler gleich in Toxic Shame, Toxischer Scham versinken. Deshalb machen sie es im Endeffekt »30 Jahre lang falsch«. Sie lernen nichts oder nur sehr wenig dazu und dies auch nur unter emotionalen Schmerzen und viel falscher Scham. Sie bleiben daher in ihrer Entwicklung stehen und Stillstand killt Leistungslust. Wer auch nach 20 Jahren Freizeit-Tennis immer noch die überrissene Rückhand voll ins Netz hämmert, wird nie in seinem Element sein. Warum lernt er nichts dazu?

Weil er bei jedem Unforced Error innerlich zusammenzuckt und ihn der Innere Kritiker zur Sau macht. So lernt man nicht und so erlebt man keine Leistungslust. Scham killt jede Lernbereitschaft. Wer sich Vorwürfe macht, lernt nichts. Warum sind andere Menschen, denen man das auf dem Platz auf den ersten Blick ansieht, dagegen beim Tennis in ihrem Element? Weil sie die korrekte Fehlerkultur kennengelernt haben; in Elternhaus oder Verein. Wie lautet sie? Kennen Sie sie? Sie lautet:

Es gibt keine Fehler – nur Feedback.

Gerade beim Sport kann man diese Kultur auch akustisch miterleben. Während der eine Sportler flucht »Blöde Rückhand! Schon wieder im Netz!«, sagt sein Gegner bei seinem eigenen Fehler schlicht »Körper weiter eindrehen, Ball früher erwischen, Arm sauber durchziehen«. Am PC nennt man das »Autokorrektur« – sie fehlt vielen Menschen. Sie fehlt so schlimm, dass die meisten Menschen nie aus ihrer Komfortzone ausbrechen und neue Aktivitäten ausprobieren, in denen sie ihr Element entdecken könnten, denn: »Was, wenn ich das nicht hinkriege?« Gerade bei allem Neuen, das wir anpacken, sind Fehler unvermeidlich und erstes Scheitern quasi vorprogrammiert. Was ist bei solchen Fällen von extremer Schwellenangst die perfekte Fehlerkultur?

John Green, Autor von Bestsellern wie »Das Schicksal ist ein mieser Verräter«, tat dazu den tollen Spruch: »I just give myself permission to suck. I find this hugely liberating.« Grob übersetzt: Wenn ich etwas total Neues ausprobiere, gebe ich mir die Erlaubnis, richtig schlecht zu sein – das befreit enorm! Wenn du's noch nicht kannst, mach es buchstäblich so schlecht du's kannst! Schlecht gemacht ist besser als nicht gemacht. Das läuft rechtwinklig zu unserer typisch deutschen Ingenieurs-Fehlerkultur: Entweder perfekt oder gar nicht! Das kostet Überwindung, dieser fehlerhaften Fehlerkultur abzuschwören. Doch wenn Sie es nicht tun, werden Sie vielleicht nie gerade jene Aktivität finden, bei der Sie voll in Ihrem Element sein können. Sie werden Sie nicht finden und Sie werden sie nicht so lange trainieren, bis Sie Ihr Element erweckt haben – Sie schütteln den Kopf?

Weil Ihnen schon seit einigen Seiten das Wort »Training« sauer aufstößt?

Wir alle wollen Leistungslust erleben wie die Spitzensportler. Aber Training? So wie Sportler, gleich nach der Arbeit ins Leistungszentrum, auf den Track, in die Halle – jeden Tag, bei Wind und Wetter. Zu anstrengend. Keine Zeit für sowas. Wir sind schon mit der »normalen Arbeit« voll ausgelastet. Daher dominiert leider oft die Schlussfolgerung:

Klar, Training muss sein – aber Training nervt!

Ja. Absolut. Mit einer kleinen Ergänzung: Das Training, das Sie kennen, nervt.

Fünf Grundprinzipien für Training, das nicht nervt

Die Assoziationen, welche die meisten Menschen mit »hartem« Training verbinden, sind schlicht falsch. Wer YouTube oder Instagram oder eine andere soziale Plattform mit Videos kennt, kann sich auf einen Blick vom Gegenteil überzeugen. Bestes Beispiel (und Such-Stichwort): Cheer Stunt Training. Die Sportler haben dabei einen Riesenspaß, während sie eine Akrobatik trainieren, die jedes Zirkus-Publikum zu Begeisterungsstürmen hinreißen würde. Warum haben gerade Spitzensportler beim Training Spaß?

Weil sie *richtig* trainieren. Genau dafür gibt es in der Sportwissenschaft die Teildisziplin »Trainingslehre«. Sie sorgt dafür, dass Training nicht nur Ergebnisse liefert, sondern auch Spaß macht – denn beides ist interdependent, gegenseitig voneinander abhängig: Ohne Spaß keine Spitzenleistung und je mehr Leistung, desto mehr Spaß. Alles lediglich eine Frage des richtigen Trainings, für das es viele seit Jahrzehnten bewährte Konzepte gibt. Betrachten wir zum Beispiel das »Enrichment Triad Model« von Joseph Renzulli[43], einem renommierten US-Entwicklungspsychologen. Sein Konzept wird nicht nur im Spitzensport, sondern auch an Schulen angewandt, die bekanntlich noch viel mehr Probleme haben als der Sport mit »Unterricht, der stinkt«. Ein Training bringt, nach Renzulli, Erfolg und Leistungslust und macht Spaß, wenn es folgende Voraussetzungen erfüllt:

- ***Gutes Training ist abwechslungsreich:*** *Es werden keine geistig oder körperlich einseitigen Belastungen trainiert. Gutes Training ist vielseitig, nicht einseitig. Natürlich kann ich jeden Tag 100 Liegestütz machen, um meine Schultern zu trainieren. Aber wie lange? Wie viele Tage halte ich diese Monotonie durch? Also baut gutes Training* *zusätzlich Klimmzüge, Hanteltraining und vieles andere ein. Auch gut geführte Unternehmen »trainieren« ihre Belegschaft so. Dafür gibt es eigene Begriffe: Job Enrichment und Job Rotation. Wer immer nur dasselbe macht, erfährt auf Dauer das Gegenteil von Leistungslust oder wie Cicero sagte: Variatio delectat – Abwechslung macht Freude.*

- ***Gutes Training ist allgemein:*** *Allgemeine Fähigkeiten bilden die Basis für spezielle Fähigkeiten. Wer zum Beispiel seine Ausdauer (allgemeine Fähigkeit) trainiert, wird auch noch im fünften Satz die überrissene Rückhand (spezielle Fähigkeit) ins Ziel schlagen, weil er noch Puste genug hat, rechtzeitig an den Ball zu kommen. Viele Menschen missachten dieses Trainingsprinzip jedoch, wenn sie zum Beispiel im Seminar »Creative Writing« sofort mit ihrem halben Buchmanuskript ankommen, während sie viele stilistische Basisfähigkeiten noch vermissen lassen: So wird kein (gutes) Buch und kein Spaß draus. Man macht dabei den zweiten Schritt vor dem ersten, man baut ein Haus ohne solides Fundament.*
- ***Gutes Training ist attraktiv:*** *Mir fällt dazu die Unternehmensberaterin ein, die bedauernd meinte: »Mit Mitte 20 konnte ich noch locker meine 60 Wochenstunden leisten. Mit 50 geht das nicht mehr. Ich will das auch nicht mehr – und jetzt setzt meine Führungskraft noch ein Wochenend-Teambuilding auf, und dann noch zwei Pflichtseminare zu Compliance und Leadership Skills an!« Schlechtes Training, da unattraktiv. Als dem HR-Vorstand das öfter zugetragen wird, weist er seine Führungskräfte an: »Machen Sie das bitte attraktiver! Setzen Sie auf Coaching oder E-Learning oder Action Learning oder was auch immer – aber passen Sie das Training den Gegebenheiten und Umständen der Trainingsteilnehmenden an!«*
- ***Gutes Training ist gründlich:*** *Es lässt keine Baustellen offen. Nicht aus Perfektionismus, sondern weil jede offene Baustelle Leistung behindert, Ergebnisse schmälert und die Leistungslust reduziert. Zweite Wortbedeutung von »gründlich«: Es geht den Dingen auch auf den Grund. Es gibt sich nicht mit Vordergründigem zufrieden wie »Ich war noch nie konfliktsicher«. Es fragt: Warum nicht? Wann fing das an? Was ist passiert? Was genau macht dich konfliktschwach? Verwendest du vielleicht die falschen Konfliktbewältigungstechniken?*

  Regelrecht Gift ist der sich abzeichnende Trend, dass man in den Führungsetagen immer weniger Zeit für Weiterbildung – und somit auch Training im weitesten Sinne – hat. Wo man früher noch ein Zwei-Tage-Training buchte, musste das dann bald auf einen Tag zusammengedampft werden, und schließlich sind heutzutage schon 8 Stunden zuviel, am besten, das Training passt zwischen Frühstück und Mittagspause.
- ***Gutes Training ist variantenreich:*** *Es nutzt für ein und dasselbe Trainingsziel ganz unterschiedliche Herangehensweisen. So macht es auch Paco Seirul-lo Vargas, einer der Trainingsspezialisten beim FC Barcelona[44]. Wenn er die weltbesten Fußballer Freistöße trainieren lässt, schießt jeder Spieler nicht bloß stumpf 30 Freistöße. Vielmehr wird variiert: 10 Freistöße mit rechtem Auge zugehalten, 10 mit linkem Auge*

zu, 10 mit beiden Händen auf dem Rücken Das klingt leicht lustig bis absurd, doch diese Variationen steigern die Trainingsintensität ganz enorm, ohne die Trainingsbelastung zu steigern. Deshalb sind Verfügbarkeit und Stabilität der trainierten Fähigkeiten auch und gerade in stressigen Situationen viel höher, weil man schon im Training sozusagen »Stress gemacht« hat – aber eben Stress, der Spaß macht.

Es liegt auf der Hand, dass sämtliche dieser Trainingsprinzipen 1:1 auf Beruf und Alltag übertragbar sind. So erzählte mir eine Controllerin: »Ich kriege mit Excel jede Artikelkalkulation in zehn Minuten hin – aber wenn der Finanzvorstand mir dabei über die Schulter schaut und auf die Uhr tippt?«. Ich riet ihr, quasi als vorbereitendes Training mal eine Kalkulationen zu rechnen und parallel Carmina Burana auf den Ohr-Hörern (erinnert entfernt an die Stimmung, wenn der Finanzvorstand neben einem steht). Sie hat es tatsächlich probiert und war angetan. Variatio delectat – und macht gutes Training.

Wer hätte das gedacht: Prinzipien machen Spaß! Weil sie das sehr intensiv tun, betrachten wir noch ein paar mehr. Denn es gibt viele Trainingsprinzipien, die uns zur Leistungslust führen. Fangen wir ganz vorne an und betrachten die Klassiker, die Joch in seinem Buch aufführt.

Klassische Tugenden guten Trainings

Oft auch »Trainingsgesetze« genannt. Natürlich sind das keine Naturgesetze wie »Was vom Tisch fällt, fällt nicht nach oben, sondern nach unten, wegen der Gravitation«. Es sind dennoch Gesetzmäßigkeiten, die wie ein Kaugummi-Automat funktionieren, weil sie per Automatismus die gewünschten Ergebnisse liefern:

- ***Intensive Reize:*** *Unterhalb der Reizschwelle bringt Training nichts. Wenn ich selbst vor der Geschäftsführung im Flow berichten oder präsentieren möchte, nützt kein Training vor dem Spiegel (»Trockenschwimmen«) etwas, wenn ich zu diesem Zeitpunkt bereits vor dem Spiegel perfekt abliefere. Ich sollte lieber vor Kolleginnen und Kollegen trainieren, denen ich gesagt habe: »Guckt mega-kritisch und stellt fiese Zwischenfragen!« Damit trainiere ich oberhalb meines Schwellenwertes.*
- ***Progressive Belastung:*** *»Stillstand ist Rückschritt« – mit neuen, fordernden Aufgaben beugen wir einer Gewöhnung an den Trainingsreiz vor, anstatt in Routine zu erstarren. Raus aus der Komfortzone, aber gut dosiert (s. u. Individualisierung). Die Progression ist unmittelbare Folge des Schwellenwert-Gesetzes: Wenn ich stets überschwellig trainieren möchte und mit jedem überschwelligen Training diese Schwelle ansteigt, muss ich in die Progression gehen, um über der ständig steigenden Schwelle zu bleiben.*
- ***Belastung und Erholung:*** *Man kann nicht immer nur Vollgas geben, weder im Beruf noch privat. Wer das zu lange macht, bekommt beruflich wie privat quasi »Muskelkater« und langfristig einen Burnout. Belastung muss wie auch Erholung sozusagen per Trainingsplan gesteuert werden; das heißt bei den Profis auch so: Belastungssteu-*

erung. Das machen die meisten Menschen nicht, sondern denken und sagen: »Hoffentlich ist bald Wochenende, damit ich mich wieder erholen kann!« Dieses Prinzip Hoffnung ist das Gegenteil von Belastungssteuerung und im Resultat daher auch das Gegenteil von Leistungslust, weil man sich damit mental und physisch kaputtmacht. Deshalb buchen Trainingsprofis gerade auch in Job und Familie »Termine mit sich selbst« (die natürlich unter anderem Begriff im Terminkalender stehen). Reservierte 10 oder 20 Minuten täglich nur für sich selbst, zur Erholung, zum Wiederauftanken. Fast ebenso häufig, wenn nicht zeitgeistmäßig häufiger, tritt das Gegenteil auf: zu viel Erholung, Dienst nach Vorschrift, Gammeldienst, Dienst nach Anweisung, Träumen vom Ruhestand im Ferienparadies. Der Mensch ist zum Machen geboren. Ruht er nur, verkümmert er.

- ***Individualisierung:*** *Das machen selbst viele Fitness-Studios falsch. Sie geben kaum angepasste Standard-Trainingspläne an Newcomer aus, die sich daran zwangsläufig verheben oder unterfordert sind – meist beides an unterschiedlichen Punkten ihrer Fitness. Eben weil der Trainingsplan nicht (passend) individualisiert wurde. Gutes Training ist an die persönlichen Gegebenheiten jedes Menschen angepasst, eben maßgeschneidert – durch ausgiebige Kommunikation, Rückmeldung – und nicht von der Stange.*
- ***Kontinuität:*** *Das fällt den meisten Menschen auf der Suche nach Leistungslust am schwersten: Dranbleiben. Zum Beispiel viele insbesondere deutsche Führungskräfte wollen sich nicht länger durch internationale Meetings und Verhandlungen quälen, auch dort Leistungslust erleben und belegen deshalb Sprachseminare. Nach dem erfolgreich bestandenen Seminar dann erlischt ihre Sprachkompetenz binnen weniger Wochen, weil sie im Schnitt nur einmal die Woche für 10 Minuten die Fremdsprache sprechen. Welcher Spieler vom FC Bayern trainiert nur einmal die Woche? Keiner. Man muss dranbleiben an dem, womit man Leistungslust erleben möchte. Intensiv selbst tun, praktizieren, statt – etwa beim Sprachenlernen – nicht nur rezipieren und repetieren sich besser in Situationen der Anwendung bringen. Nicht notwendigerweise den ganzen Tag! Aber 30 bis 60 Minuten täglich (die sogenannte Erhaltungsdosis) sollte einem diese Lust schon wert sein.*

Selbst die größten Trainingsmuffel werden spätestens jetzt warm geworden sein mit gutem Training. Trotzdem nehmen mich der eine oder andere Manager manchmal zur Seite und fragen: »Aber ist das auch was für mich? Kann auch ich so spitzenmäßig trainieren oder ist das nur etwas für diese irre harten und irre fitten Typen im Spitzensport?« Das ist eine gute Frage. Viele Forscher und Wissenschaftler haben über die Jahrhunderte diese Frage gestellt:

Gibt es die Talentpersönlichkeit?

Es verwundert nicht sonderlich, dass gerade Managerinnen und Manager das oft fragen. Denn im Management kursieren praktisch seit Erfindung des Nadelstreifs

Sprüche wie: »Man muss eben zum Manager geboren sein!« Und wenn man nicht dazu geboren wurde, hat man eben Pech gehabt und wird nie ein guter Manager und als solcher nachhaltig Erfolg und Leistungslust erleben. Stimmt das?

Muss man eine bestimmte Persönlichkeit mitbringen, um wie Spitzensportler Leistungslust zu erleben? Gibt es die Talentpersönlichkeit?

Einfache Frage.

Einfache Antwort: nein.

Die Wissenschaft beweist praktisch seit Jahrzehnten: Talent hat wirklich, nachweislich und ohne Ausnahme jeder Mensch! Der Haken daran: Nicht jeder macht was daraus. Und fürs »Was-draus-Machen« braucht es lediglich drei Voraussetzungen:

- ***Das klare Können:*** *Das bringt jeder Mensch eigentlich schon mit; die Leistungsbasis, die Basiskompetenz – nur weiß man oft nicht genau, was es ist. Wenn man es dann findet, ist Talent im Endeffekt »nur« das: Können, Kompetenz. Jeder Mensch hat etwas, das er besonders gut und gerne kann – was er jedoch ausbauen, also trainieren kann und muss, um sein Talent voll zu aktivieren und mit diesem Talent Leistungslust zu erleben.*
- ***Das unbedingte Wollen*** *ist der Grund, warum nur so wenige Menschen ihr Talent voll entfalten, in ihrem Element sind: Sie wollen ein gutes Auskommen, viel Wertschätzung, viel Benefits, Privilegien, sich nicht überarbeiten müssen usw.– aber ihr Talent entfalten, trainieren und entwickeln? Den Willen zur Leistung aufbringen, zu einer langanhaltenden Entwicklung des eigenen Talents? Das wollen sie nicht wirklich; nicht prioritär, nicht so sehr wie Knete, Status und Firmenwagen. Wäre schön, wenn sich daneben auch Leistungslust irgendwie und irgendwann ergäbe, aber aktiv dazu beitragen wollen? Wollen tun sie's nicht wirklich mit der nötigen Willenskraft. Die wahren Talente in Sport, Beruf und Familie jedoch wollen das wirklich. Oft mehr als alles andere, wie schon Hermann Hesse (im »Demian«) sagte: »Ich wollte ja nichts als das zu leben versuchen, was von selber aus mir heraus wollte. Warum war das so sehr schwer?« Weil ein dritter Faktor hinzukommt:*
- ***Das Dürfen*** *beschreibt alle Rahmenbedingungen, die für eine langfristige Talententwicklung und -förderung nötig sind. Rahmenbedingungen, die eine solche Entwicklung fördern, idealerweise fordern, überhaupt erst einmal erlauben, am besten mit beziehungsfreundlichem und motivierendem Feedback versorgen, genug Geduld schenken und ausreichend Freiheit und Freiraum zur Entfaltung geben. Jeder talentierte Mensch braucht so ein soziales und/oder berufliches Umfeld, das es ihm erlaubt, sein Talent zu trainieren, seine Kompetenzen zu entdecken und auszubauen und schließlich zu verwirklichen. Viele Vorgesetzte, aber auch HR-Manager und selbst Familienmitglieder verstehen das nicht ganz. Führungskräfte zum Beispiel verweigern häufig Weiterbildung oder gar Arbeitsplatzwechsel zwecks Job Rotation: »Wir brauchen den Mitarbeiter genau hier, an seinem Arbeitsplatz, dafür wurde er/sie eingestellt!« Viele Firmenkulturen geben keine Freiheit, kein Budget, keine Zeit und keine Gelegenheiten, damit*

ihre Belegschaft ihre Talente entwickeln kann. Selbst viele Personalabteilungen, welche per Eignungsdiagnostik sehr gut die schlummernden Talente von Bewerbenden erkennen, lassen dieselben Menschen nach Diagnose, Selektion und Einstellung im Regen, respektive klar definierten Job Competency Model, stehen und wundern sich: »Jetzt hat sie doch nachweislich so viel drauf – und macht so wenig draus!« Weil sie nicht darf. Weil die HR-Strategie im ungünstigsten Fall ist: »Wasch mir den Pelz, aber mach mich nicht nass!« Will heißen: »Entwickelt bitte alle euer Talent – aber es darf nichts kosten! Weder Zeit noch Geld noch Führung.«

Damit sollte klar sein: Es gibt keine Talentpersönlichkeit, nur Favorable Factors, talentbegünstigende Faktoren. Talent ist also nicht Nature, sondern Nurture. Nicht Persönlichkeit, sondern Rahmenbedingungen. Trotzdem fragen mich Menschen oft danach, welche Persönlichkeiten besonderes Talent haben. Das ist...

Sonst völlig normal

Boris Becker war (und ist) besonders extravertiert, John McEnroe ein Rüpel, Roger Federer auf und abseits des Platzes der perfekte Gentleman – und alle drei waren Spitzentalente auf ihrem Feld. Also hilft es der eigenen Talententwicklung, wenn man ein extravertiertes Ekel mit einwandfreien Manieren ist oder wird?

So denkt sich Lieschen Müller die Talententwicklung. Weil dieses Denken so verbreitet ist, haben Forscher seit langem die Frage untersucht: Welche Persönlichkeitseigenschaften braucht man, um ein Spitzentalent zu werden? Auch Hans Gerhard Sack forschte dazu und kam zum (uns nicht mehr) überraschenden Ergebnis[45]:

- *Spitzentalente haben keine bestimmten Persönlichkeitseigenschaften.*
- *Das heißt: Jeder und jede mit jeder Persönlichkeit kann Spitzentalent werden.*
- *Im Detail betrachtet sind Spitzentalente weder besonders extra- noch besonders introvertiert.*
- *Sie sind mental auch nicht herausragend stabil – was häufig angenommen wird: »Er/sie lässt sich durch nichts erschüttern!«*
- *Sie sind aber auch nicht labil in ihrer Verfassung und Stimmungslage.*
- *Sie sind weder hoch emotional noch kühl.*
- *Sie sind noch nicht einmal besonders selbstsicher oder optimistisch.*

Wir schlussfolgern daraus: Wenn Sie charakterlich ein ganz normaler, durchschnittlicher Typ sind, haben Sie die besten Voraussetzungen zum Supertalent! Und falls Sie irgendwie charakterlich herausstechen sollten sowieso: Ihre Persönlichkeit hat keinerlei Einfluss auf Ihre Talententwicklung (sondern die drei oben genannten Faktoren Können, Wollen, Dürfen und das Beachten der Trainingsgesetze).

Spitzentalente sind selbst angesichts ihrer herausragenden Leistungen und Erfolge noch nicht einmal per se übertrieben erfolgsmotiviert, auf der Gegenseite auch keine prononcierten Misserfolgsvermeider und wiederum damit auch keine Super-Motivatoren. Denn selbst ihre Motivation entsteht aus dem Trainingsprozess heraus, der ihre Erfolgsmotivation steigert und/oder ihr Misserfolgsmotivation anfeuert. Und doch fand Sack drei Fähigkeiten von sehr erfolgreichen Menschen, die sie bereits vor ihrem Erfolg beherrschten. Wohlgemerkt: Fähigkeiten, keine Charaktereigenschaften. Skills, not Traits. Übertragen auf das Konzept der Leistungslust sind dies drei Schlüsselfähigkeiten:

- ***Menschen mit Leistungslust sind selbstständig:*** *Talente warten nicht auf den perfekten Guru, Partner, Chef, Trainer, Vater, Mutter, Beziehungspartner, Ratgeber oder Trainingsplan, der sie zum Erfolg führt. Sie können und wollen auch ohne Anleitung ihr Talent entwickeln, eben wie Hesse sagte: Weil es aus ihnen herausdrängt und sie es drängen lassen. Das steht in krassem Gegensatz zur Polemik, die über die Generation Z kursiert. Sie erwartet angeblich ständig, dass die beste Führungskraft aller Zeiten ihnen hundert Mal am Tag sagt: »Das hast du wieder gut gemacht!« Inwieweit das tatsächlich Polemik ist, können Sie mit Blick auf die GenZ-Vertreter in Ihrem beruflichen und sozialen Umfeld selbst entscheiden.*
- ***Menschen mit Leistungslust sind »mach-motiviert«:*** *Talente wollen Leistung, sie wollen unbedingt leisten – nicht wegen des Ergebnisses, sondern wegen des Tuns an sich. Unter »Karriere« verstehen sie lediglich sekundär Aufstieg, Position, Gehalt und Status und primär Selbstentfaltung, Talententwicklung, ständiges Wachsen der eigenen Fähigkeiten (dank Training) und eben Leistung. Sie verfügen über eine hohe Anstrengungsbereitschaft. Sie wissen und spüren, dass Leistung der Anstrengung Lohn ist. Sie machen keinen Dienst nach Vorschrift und machen ihren Job auch nicht bloß zum Geldverdienen. Sie wollen leisten. Warum? Weil sie wissen und spüren, dass die weit verbreitete Schonhaltung zwar modern, populär und kurzfristig entspannend ist. Aber langfristig macht es sie »faul, träge und bequem« – um ein populäres Verdikt zu bemühen.*
- ***Menschen mit Leistungslust sind psychisch ausgeglichen:*** *Talente sind keine Problempersönlichkeiten, sie schleppen, wenn überhaupt, dann nur leichten mentalen Ballast mit sich herum. Sie sind, psycho-diagnostisch ausgedrückt, keine Neurotiker, Psychotiker, Narzissten, Paranoiker oder Histrioniker. Dass McEnroe auf dem Platz psychopathisch anmutende Aus- und Anfälle hatte, heißt nicht, dass er auch einer ist. Neurosen basieren auf Realitätsverlust, und wer im Training die Realität verliert, trainiert schlecht. Außerdem könnte selbst Spitzentraining eine Neurose nicht »heilen«. Das denken leider viele, die sich mit schweren persönlichen Problemen in die Arbeit, in den Sport (Fitness-Studio!) oder ins Familienleben stürzen und denken: »Das hilft mir!« Nein. Das verdrängt, verleugnet und übertüncht die Persönlichkeitsstörung, lässt aber keine nachhaltige Talententwicklung und damit Leistungslust zu. So ein »Ballast aus der Vergangenheit« ist ein Rucksack mit tonnenschweren Steinen – und lässt sich nicht mit Arbeit oder Sport kompensieren, was wir leider immer wieder an Spitzensportlern sehen, die zum Beispiel mit Burnout oder schwerer*

Depression ausscheiden, obwohl sie sportlich doch so erfolgreich sind. Solchen Seelenballast kann man nicht (mit Sport oder Arbeit) abtrainieren, man muss ihn aufarbeiten (was ein ganz anderes Buch ist). Doch auch auf diese Aufarbeitung lassen sich glücklicherweise sämtliche Trainingsprinzipien anwenden.

Weil das Dürfen bei der Talententwicklung so entscheidend ist, wollen wir es genauer betrachten. Denn immerhin nützt es Ihnen wenig, wenn Sie super können und brennend wollen, die streng-regulierende Führungskraft Sie aber absolut nicht lässt.

Auch mal Glück haben – Beispiel Bill Gates

Malcolm Gladwell führt Bill Gates als eines der besten Beispiele für günstige Rahmenbedingungen an[46]. Was? Wie?

Wir dachten doch immer: Bill Gates ist das Genie der Genies! Ist er auch. Das ist nicht die Frage. Gladwell fragt bzw. hinterfragt vielmehr: Was machte ihn zum Genie? »Nur« Können und Wollen?

Als Antwort weist Gladwell darauf hin, dass Gates auch außergewöhnliches Glück hatte, in einer Zeit und an einem Ort aufzuwachsen, der ihm Zugang zu Computern ermöglichte. Als Schüler hatte Gates die seltene Gelegenheit, an einem sehr fortschrittlichen Computer zu arbeiten, was ihm erlaubte, seine Programmierkenntnisse in einem frühen Alter zu entwickeln. Dieses frühe Eintauchen in die Materie, so argumentiert Gladwell, war entscheidend für Gates' späteren Erfolg mit Microsoft. Anders gesagt: Gates hatte einfach Glück. Ohne Computerzugang wäre Gates nie ein Computer-Genie geworden.

Er verdankt sein Spitzentalent auch glücklichen Umständen. Was bringt Ihnen das? Wenn Sie kein Glück haben? Sollen Sie auf das Glück warten? Auf den Zufall? Das Schicksal? Die wohlmeinende Intervention einer höheren Macht?

Nein, die einzig sinnvolle Schlussfolgerung lautet: Suchen Sie sich die Umwelt, das Ökosystem und jene Rahmenbedingungen, die gut sind für Ihre Talententwicklung und für Ihre Suche nach Ihrem Element! Das tun viele Menschen, wenn sie zum Beispiel trotz gutem Gehalt, Karriere und netten Teammitgliedern kurz vor der Kündigung sagen: »Ich muss hier raus! Ich ersticke hier noch! Ich kann mich hier nicht entwickeln! Ständig derselbe Mist!« Also suchen sie sich einen Job, welcher bessere Rahmenbedingungen für ihre Entwicklung bietet. Die meisten Menschen machen das nicht. Sie leiden ebenso unter »Stunted Growth«, also gebremster Entwicklung. Sie leiden oft so stark, dass es emotional schmerzt. Doch sie speisen sich weiter mit Gehalt, Jobsicherheit und nettem Arbeitsklima ab: sozusagen als Schmerzensgeld. Es schmerzt dann weniger, aber es schmerzt immer noch.

Natürlich: Einen sicheren, gut bezahlten Job aufzugeben, »nur« um sein volles Talent entfalten zu können und grenzenlose Leistungslust zu erleben – das ist in unseren unsicheren Zeiten ein hohes persönliches Risiko. Für Menschen, denen

Sicherheit, Gehalt und Status über alles geht. Irgendwann in seinem Leben muss und wird jeder Mensch sich entscheiden müssen, was ihm wichtiger ist: Gehalt oder Seele, Bonus oder Glück, Status oder Leistungslust. Je früher diese Entscheidung fällt, desto länger wird das Lebensglück.

Ein förderliches Umfeld suchen – Beispiel Beatles

Malcolm Gladwell führt als weiteres Beispiel The Beatles an. Bevor sie berühmt wurden, reisten die Beatles von ihrer Heimat Liverpool nach Deutschland, wo sie in Hamburg in verschiedenen Clubs spielen konnten: Sie suchten sich die bessere Umgebung für ihre Talententwicklung. In Hamburg hatten sie die Möglichkeit, über mehrere Jahre hinweg Tausende Stunden Live-Musik zu spielen. Diese intensive musikalische Übung hat laut Gladwell dazu beigetragen, die Beatles in die außergewöhnlichen Musiker zu verwandeln, die sie später wurden. Ergo: Wenn sich Ihnen keine günstige Gelegenheit eröffnet, suchen Sie diese anderswo!

Gladwell argumentiert, dass solche besonderen Gelegenheiten und Umstände oft übersehen werden, wenn wir den überragenden Erfolg von Menschen und Teams betrachten. Gladwell schlägt vor, dass wir anstatt uns nur auf die individuellen Eigenschaften von erfolgreichen Menschen zu konzentrieren, auch die äußeren Umstände und Gelegenheiten berücksichtigen sollten, die zu ihrem Erfolg beigetragen haben. Natürlich muss das Training stimmen, das Können und das Wollen – aber eben auch das Umfeld.

Berufliche Selbstverwirklichung und Talententwicklung ist nicht nur das, was Sie aus sich machen, sondern auch das, was man Ihnen gestattet, was man Sie lässt und worin man Sie vielleicht sogar aktiv fördert. Verlassen Sie sich dabei nicht auf Zufälle und glückliche Fügungen! Suchen und/oder schaffen Sie die passenden Umstände selbst, sofern und soweit es in Ihrer Macht liegt. Eine Sachbearbeiterin in einem größeren Handwerksunternehmen sagt: »Ich hab' den Job gewechselt, und jetzt habe ich einen Abteilungsleiter, der mir mehr Freiheit einräumt und nicht wie meine alte Chefin ständig sagt: ›Dafür bezahlen unsere Kunden nicht!‹ Oder: ›Für sowas haben Sie doch gar keine Zeit! Konzentrieren Sie sich auf Ihre eigentliche Aufgabe!‹« Was nicht passt, wird passend gemacht. Daher sagen auch viele sehr talentierte Menschen: Talent ist keine Gabe, sondern eine Verpflichtung. Die Verpflichtung, es zu entwickeln.

Clevere HR-Abteilungen tricksen seit Neuestem den grassierenden Fachkräftemangel aus, indem sie bereits in der Stellenanzeige auf verschiedenste Weise formulieren, dass sie eben kein fertiges Talent suchen, sondern dass sie »Ihr Talent mit der nötigen Unterstützung so weiterentwickeln werden, bis Sie Ihr höchstes Niveau erreichen«. Günstige Nebenwirkung: Damit zieht man nicht die Menschen an, die nur wegen des Geldes kommen, sondern die besten, die leistungsbereiten Jobsuchenden. Jene, die nicht nur arbeiten, um zu arbeiten, sondern um bei der Arbeit auch ihr Talent zur vollen Entfaltung zu bringen. Klingt verlockend?

Das sagen mir an dieser Stelle der Argumentation viele und stellen gleich die nächste Frage: »Aber wie entdecke ich mein Talent?«

»Und jedem Anfang wohnt ein Zauber inne«

Das ist leider die traurige Wahrheit unserer dissoziierten Biographie: Wir *mussten* zur Schule, wir *mussten* danach »irgendwas Sinnvolles« machen, also Ausbildung oder Studium, und wir mussten wiederum danach erst mal Geld verdienen. So reihte sich ein *Müssen* ans nächste, bis wir unser ureigenstes *Wollen* vergaßen, bis wir es sauber abgespaltet hatten (»Dissoziation« heißt der psychologische Fachausdruck). Das ist keine Schande, das ist normal im Sinne der gesellschaftlichen Norm. Das könnte man auch »Déformation Professionelle« nennen: Der Beruf verbiegt jeden; manche bis zur Unkenntlichkeit.

Sie (er)kennen sich selbst nicht mehr, vor allem nicht mehr ihr Talent, das häufig bereits beim Übergang von der Schule in die höhere Ausbildung (Lehre, Studium...) verschüttet geht. Betreiben wir autobiographische Archäologie. Graben wir Ihr Talent wieder aus (falls Sie es noch nicht wiederentdeckt haben sollten oder sich unsicher sind). Mit einer einfachen, jedoch buchstäblich tiefgreifenden Frage:

Wo haben Sie in Ihrer persönlichen Biographie etwas gemacht, so kurz es auch gewesen sein mag oder so unbedeutend, was Sie positiv fasziniert hat?

Oder wie Winfried Joch es formuliert: »In keinem Moment der Biographie eines Athleten ist die Struktur des Begehrens so deutlich erkennbar wie am Anfang seiner Laufbahn.« Irgendwann flackert im Leben jedes Menschen dieses Begehren spürbar auf – und dann wird er eingeschult und das Begehren wird kalt abgelöscht. Also schauen Sie weit in Ihre Biographie zurück! Je weiter, desto besser. Irgendwo finden Sie Ihr Faszinosum, Ihr Element wieder, Ihre Leidenschaft – oder zwei oder drei.

Sie können sich darauf verlassen: Jeder Mensch hat ein Gespür für seine schlummernden Talenten, den besonderen Moment, in denen sie sich offenbart haben, wenn auch nur kurz – aber unmissverständlich eindrücklich.

Tennisspieler wie Björn Borg oder Fußballer wie Günter Netzer erinnern sich und verbinden ihre »Erweckung« nicht selten mit ganz konkreten Situationen, Weihemomenten, Epiphanien, Erweckungserlebnissen häufig mit einem materiellen oder sozialen Auslöser: Borg bekam als Kind überraschend einen Tennisschläger geschenkt – und entwickelte sich zum Tennis-Star. Die Spitzen-Leichtathletin Liesel Westermann fand zufällig einen Diskus. Günter Netzer erinnert sich an eine Straßenfußballszene, bei der Passanten stehen blieben und über die Ballkünste der Straßen-Kids staunten. Das waren alles Aha-Momente mit unglaublicher Erweckungskraft. Was hat Sie als Kind fasziniert, was jetzt noch immer in Ihnen schlummert und nur entdeckt und wiedererweckt werden möchte?

Häufig machen uns andere Menschen auf unsere besonderen Qualitäten aufmerksam; quasi Mentoren, Entdeckter, nicht unbedingt schon Trainer: »Das hast du gut gemacht! Das kannst du richtig gut!«

Diese Menschen geben einen Stups, eine erste und ganz wesentliche motivierende Rückmeldung. Leider geben sie meist nicht zugleich lebenslange Förderung. Danach müssen wir uns selbst umsehen.

Bei der Weitspringerin Heide Rosendahl war es ihre ganze erste Klasse, die einen ersten Leistungsmoment bezeugt und bestaunt und bei Rosendahl so stark in Erinnerung blieb, dass sie sich selbst als Seniorin noch immer exakt an ihre damals gesprungene Weite erinnern kann.

So motivieren uns die Zeugen unserer besonderen Leistung, unseres frühen Talents. Aber eben nicht im quantitativen Sinne einer früh erkennbaren Höchstleistung, sondern schlicht im Sinne einer Besonderheit, eines Andersseins, einer erstaunlichen Auffälligkeit. Wer hat früher mal so etwas in Ihnen entdeckt und gesehen – und Sie haben es inzwischen »vergessen«? Wo hat jemand mal …? Das sind die Fragen, mit denen Sie Ihr verschütt' gegangenes Talent wieder ans Licht heben können. Das sind die Indizien, die aus Ihrer frühen Biographie heraus Hinweise geben können, was alles in Ihnen schlummert und wiederentdeckt werden will.

Mutig sein, ein Talent auszugraben

Natürlich kostet es auch heute noch gehörig Mut, sich gegen alles externale Müssen für das eigene internale Wollen und das eigene Talent zu entscheiden. Doch diese biographischen Stupse entwickeln oft einen erstaunlichen Ansporn, sich über die Norm einer leicht verirrten Gesellschaft hinwegzusetzen, der Gleichmacherei zu entkommen, seinen eigenen Weg zu gehen und dabei alle Widerstände erfolgreich zu überwinden.

Sie entwickeln diesen erstaunlichen Ansporn, weil die Stupse von Menschen kamen, die uns damals sehr wichtig und denen wir damals sehr wichtig waren; Beispiel: Die 48-jährige Geschäftsführerin eines Familienunternehmens, nein, sie schmeißt den Job nicht hin, doch sie verhandelt ihren Vertrag komplett neu, weil sie ein soziales Start-up gründen und leiten möchte. Begründung: »Meine Kurslehrerin hat mir damals mal gesagt, dass ich Menschen einfach guttue, mich gut um sie zu kümmern weiß. Habe ich all die Jahre vergessen, verdrängt, bis es mich fast zerrissen hat. Bisher hatte ich ein sehr erfolgreiches Leben. Jetzt will ich auch ein eigenes Leben.« Nennt sich Authentizität: Im Einklang mit seinen eigenen Wünschen, Interessen und Talenten zu leben und zu arbeiten. Ihr Arbeitgeber, der Familien- und Firmen-Patriarch, willigte übrigens sofort in den neuen Vertrag ein: »Ich wünschte nur, ich wäre so schnell wie Sie darauf gekommen. Ich bin erst mit 65 wirklich schlau geworden.« Er baut in seiner Freizeit seither Fahrräder, weil er mit 25 bei einer mehrwöchigen Radtour mit einem aus mehreren kaputten Rädern zusammengezimmerten »Neu-Rad« auf einem notgedrungenen Zwischenstopp einen Fahrradhändler so beeindruckte, dass dieser sagte: »Wow, das habe ich so auch noch nicht gesehen. Du hast es drauf.«

Damals hielt er das für ein nettes Lob in einem schönen Sommerurlaub und wunderte sich noch, warum das kurze Lob eines völlig Fremden ihn bis in die

Schuhspitzen elektrisierte. Damals erkannte er diese elektrisierende Wirkung noch nicht als Talenterweckungserlebnis. Heute schon – respektive eben erst mit 65. Nota bene: Seither *träumt* er nicht von einer eigenen Fahrrad-Marke, er *baut* Fahrräder.

Das ist nämlich die große Gefahr bei der Talent-Archäologie: Wir missbrauchen unsere Funde als eskapistische Phantasie. Wie der 39-jährige angestellte Bauingenieur sagt: »Der beste Tag im Leben meiner Jugend war, als ich mit 18 einen ganzen Tag lang meinen Onkel als Inhaber des Dorfladens vertreten musste. Ich starb fast vor Nervosität, aber was ganz Eigenes zu leiten! Chef im Ring sein! Der Boss zu sein – aber am Ende des Tages habe ich mich wie ein König gefühlt.« Und im nächsten Satz macht er die Talent-Renaissance zur rein eskapistischen Episode:

»Ich träum' heute noch davon, mal was ganz Eigenes zu machen!« Was für eine Verschwendung von Talent! Er soll nicht träumen, sondern machen! Ein kleiner eigener Online-Handel lässt sich selbst in der Freizeit leiten und managen. Was möchte er wohl gerne auf seinem Grabstein stehen sehen?

a) »Er war ein zuverlässiger Angestellter.«

b)»Er hatte einen tollen kleinen Laden aufgebaut.«

Uns mag das egal sein. Doch für ihn ist es der Unterschied zwischen einem guten Leben und einem erfüllten Leben. Er weiß es nur nicht. Deshalb *spürt* er es umso mehr. In Form des Leidens am eigenen Leben. Wer nicht wissen will, muss spüren. Daher: Folge deinem Talent! Bevor es zu spät ist.

(Auf)Begehren – und dafür trainieren

Sepp Maier, die Torwartlegende, erzählte: »Alles, was ich im Laufe meiner Entwicklung erreichte, habe ich mir vorher innigst gewünscht. Ich träumte davon jede Nacht.« Woher wir wissen, wovon Legenden träumen? Alle Beispiele der vorausgegangenen Passagen – und noch viele mehr – finden wir dankenswerterweise in einem feinen Buchbeitrag des Sportwissenschaftlers Gunter Gebauer[47].

Wie konnte Sepp Maier so ein fabelhafter Torwart werden, wenn er nur davon geträumt hat? Ist das nicht ein Widerspruch in sich?

Nun, das hat er eben nicht. Nicht nur. Nachts träumte er und tags trainierte er, dass die Schuhschwarte krachte. Talent braucht beides. Das innige Begehren und das engagierte Training. Manche stöhnen selbst hier noch: »Meine Talent-Träume sind ja schön und gut – aber fürs Training habe ich keine Zeit und nicht die nötige Disziplin.« Dann können Sie sicher sein, dass Sie noch nicht über Ihr wahres Talent reden.

Wer sein wahres Talent (oder zwei oder drei) wiederentdeckt, entfacht die alte Flamme wieder neu, die damals vielleicht schon entzündet wurde. Wenn Sie also noch nicht brennen: Suchen Sie weiter! Talent ist etwas, dem wir uns nicht entziehen können (sobald wir es wiederentdeckt haben). Es quält uns, wenn wir ihm nicht folgen. Also folgen wir ihm. Zunächst vielleicht skeptisch, zögerlich, doch dann mit wachsender Erfüllung motiviert, begeistert, enthusiastisch, engagiert. Und überwinden dabei alle äußeren und inneren Widerstände. Deshalb ist Talent so wesentlich für uns, unser Leben, unseren Erfolg und das erfüllende Gefühl, genau das – für uns – Richtige zu tun.

Anregungen für Führungskräfte & HR

Als »Trainer« von nicht nur sportlichen Talenten, von Menschen mit Potenzial und dem Willen, viel zu leisten, müssen Sie vor allem eins: **Leistung bewerten** – aber bieten Sie Leistungsbewertung (»**Performance Measurement & Management«**) freiwillig an, denn nicht jeder kann und will »Spitzensportler« werden, selbst wenn man gewissenhaft und mit Freude seine Kompetenzen in der täglichen Arbeit umsetzt. Als wertende Person jedoch sieht man sich einigen Herausforderungen ausgesetzt, um Fallstricke wie Machtgefälle, Abhängigkeiten, Subjektivität zu vermeiden. Deswegen…

- Machen **Sie Ziele greifbar!** Übersetzen Sie die Strategie, machen Sie aus abstrakten Fernzielen konkrete, messbare Nahziele. Also besser »Wir wollen 20 neue Kunden!« statt »Wir wollen die besten sein!« Übersetzen Sie Strategie in die Sprache der Arbeit, ein Beispiel: »Wir gehen raus zu den Kunden, besuchen sie und überzeugen sie live von unserem neuen Produkt durch eine Möglichkeit zum Testen/Probierangebot« statt »Wir werden viele Kunden begeistern – dank eines sensationellen Produkts!« Achtung mit der Messbarkeit, denn dies kann sofort die gnadenlose Leistungsmessung oder sogar Überwachung suggerieren. Messbarkeit heißt zunächst einmal Konkretisierung, Operationalisierung. Was heißt etwa »viele Kunden« oder »die Besten«? Sobald es konkret wird, ist es machbar, es soll zunächst einmal zur Handlung anregen. Zur Leistungssteigerung gibt es dann eine weiterführende Regel des mittleren Anspruchsniveaus (s. u.)

- Seien **Sie soziales Vorbild!** Sie führen nicht nur inhaltlich und formal, sondern sind auch soziales Vorbild, im psychologischen Sinne des sozialen Modelllernens: Ihr Verhalten wird beobachtet und nachgeahmt, man lernt von Ihnen Effektivität, Effizienz, aber auch Integrität. Als solch ein »Lernvorbild« sollten Sie Ihre Erwartungen möglichst oft und detailliert verbal formulieren, gerne auch informell, nicht immer gleich per »Aufgabenmail« oder »Strategie-Chart«, sondern individuell verknüpft mit Teilprojekten, Aufgabe, Spezialgebieten der Beschäftigten. Spiegeln Sie Lernerfolg wider, nicht nur als Lob, sondern auch als detaillierte Beschreibung, was sich in Ihren Augen positiv verändert hat, ganz konkret festgehalten am veränderten Verhalten. Dazu gehört auch…

- Seien **Sie Role Model als »Challenger«,** nicht als »Berühmtheit«: Auf Basis Ihrer Erfahrung können Sie, wie ein erfahrener Trainer im Sport, fachlich detailliert fragen und hinterfragen. Sie sollen in dieser Rolle nicht glänzen oder Ihre Kompetenz unter Beweis stellen, sondern Ihre Rolle ist, Ihre Kompetenz zum Lernfortschritt Anderer zu vermitteln, weiterzugeben.

- Thematisieren **Sie Risiken**: Sie mit Ihrer Erfahrung können am besten einschätzen, wo Grenzen der persönlichen Entwicklung und eines zu intensiven »Trainierens« sind, wo Gefahr für Physis und Psyche lauern. Auch gilt es dabei ehrlich zu thematisieren, wenn eine weitergehende Entwicklung vom Mitarbeitenden angepeilt wird, aber wenig Fortschritt zu erwarten ist, wenn die Grenzen der Entwicklung individuell erreicht sind.

- Feiern **Sie Erfolge – mit dem Team**: die beste Rückmeldung zu einer Leistungs- oder Kompetenzverbesserung ist emotional zu reagieren, Freude zum Ausdruck bringen, Belohnungen und Entlastungen schenken.

Scheuen Sie sich als HR oder Führungskraft nicht, einzelnen Mitarbeiterinnen und Mitarbeitern **Feedback zu geben** – dauernd, intensiv, wertschätzend, motivierend. Konkret geht das am besten so:

- **Feedback sollte sich auf effektives Verhalten beziehen.** Menschen können selbst nicht zuverlässig ihren eigenen Trainings- und Lernfortschritt einschätzen, brauchen positive Rückmeldung, aber auch Detail zu weiterem Verbesserungsbedarf – und hierfür sind Sie als Führungskraft prädestiniert, wenn nicht sogar moralisch verpflichtet. Wer würde von sich behaupten kein Feedback zu geben, und wer kann einschätzen, ob sein Feedback wertvoll und wertschätzend, effektiv und wirksam ist? Etliche »goldene« Regeln zu gutem Feedback machen die Runde, doch psychologisch wertvolles Feedback besticht durch folgende Schlüsselfaktoren

- Feedback-Regel: die Prinzipien »guter« Erziehung von Kindern machen es vor: es gilt, **effektives Verhalten, Aktivitäten, Erfolge zu bestärken und nicht Charakterzüge**! Das bestärken von Persönlichkeit und Charakter kann, wenn man's übertreibt, narzisstische Verhaltensweisen verstärken. Also besser »Das hast Du gut hinbekommen!«, statt »Du bist einfach klasse!« (so wie uns das gängige amerikanische »You're great!« ja oft suggeriert) leider falsch!

- Feedback-Regel: Feedback baut auf **Verhaltens-Beobachtung** und nicht Gefühlen. Erst ein beobachtetes Verhalten kann ganz subjektiv eine Wirkung erzielen, aber dabei gibt es selten »richtig oder falsch«, über subjektive Wirkung kann und sollte man diskutieren und manchmal auch gepflegt streiten – und dann erst gemeinsam erarbeitete Vorschläge für eine Verhaltensänderung befolgen

- Feedback-Regel: **Kundenfeedback** ist auch Feedback, zwar meist indirekt, aber auch das gehört zur »Übersetzung von Strategie«, abstrakte Daten der Außenwelt zu Erkenntnissen und Thesen zu verdichten und die mit der Belegschaft zu teilen. Kommunizieren Sie Customer Insights, die normalerweise meist intern, in Marketing-Kreisen erhoben und verwendet werden. Machen Sie Kundenfeedback konkret, durch Statements & Zitate, in Form von Interviews, Besuchen & Workshops.

- Feedback-Regel: Feedback ist keine kommunikative Einbahnstraße, im Feedback-Prozess geht es auch um **aktives Zuhören** – statt Kommunikation als Monolog. Erfassen Sie Reaktionen, Begründungen, Befindlichkeiten. Erfassen Sie, was die Mitarbeitenden wollen, können – und auch signalisieren nicht zu können oder zu wollen

- Eine effektive Leistungsbewertung im Stillen gibt es immer: das **Kundenfeedback**. Meist nur durch Marktforscher für's Marketing erhoben, liegt hier meist ein Schatz verborgen, der sehr detailliert die Einschätzung, ja oft auch Wertschätzung der Kundinnen und Kunden enthält, die man problemlos ins gesamte Unternehmen kommunizieren kann. Was gefällt den Kundinnen und Kunden? Warum? Und was nicht? Und warum nicht, das ist Führungsaufgabe, Kritik und Verbesserungsbedarf für die Angebotsverbesserung herunterzubrechen, d. h. Strategie ableiten und übersetzen.

- Binden Sie möglichst viele Mitarbeitende in die **Produktentwicklung** mit ein, nicht nur externe Experten oder Führungskräfte oder Marketingfachleute. Fast jeder im Unternehmen kennt die Produkte, kennt die Firma, kennt nicht selten auch die Kundschaft – und warum dies nicht als wertvolle Ressource einbinden? Zugleich erhöht diese Art der Wertschätzung ganz leicht das Involvement, die innere Motivation der Eingebundenen.

- Ermöglichen Sie gerade auch Beschäftigten, die weit entfernt von der »frontline« arbeiten, einmal **Kundenkontakt**. Ermöglichen Sie den »Leistungsträgern im Verborgenen« die Erfahrung, direkt diejenigen kennenzulernen, die für das wirtschaftliche Überleben der Firma entscheidend sind: die Kundinnen und Kunde. Setzen Sie dafür Programme auf wie etwa »Eine Woche im Laden stehen«, mit Vertriebsleuten gemeinsam zu Kundinnen und Kunden reisen, auf Messen am eigenen Stand sein (nicht um Prospekte zu verteilen oder »bella figura« zu machen, sondern um mit Kundinnen und Kunde zu sprechen!) usw.

Anregungen für Mitarbeitende

Setzen Sie sich ein mittleres Anspruchsniveau! Gutes Training, egal wofür, ist weder zu leicht und noch zu schwer, sondern in der goldenen Mitte – konkret: im mittleren Anspruchsniveau. Was trivial klingt, ist in der Alltagsbetrachtung leider alles andere als banal, denn es geschieht leider öfter, als einem lieb ist, dass (Teil) aufgaben oder Trainingspläne zu anspruchsvoll oder auch zu anspruchslos sind. Denn wenig Anspruch ist in gewisser Weise sozial erwünscht: bewältigbar, mit nicht viel Zeitaufwand, auch ohne große Überwindung, wenig organisatorische und technische Ansprüche, schnell vorzeigbare Erfolge usw. Und zu schwere Aufgaben werden meist von außen gesetzt, meist allein durch hohen Zeitdruck, dem wir heute leider überall begegnen durch eine ökonomische Verdichtung des Arbeitsalltags, den Ruf nach mehr Produktivität usw. Aber Sie ganz allein setzen sich Ihre Ziele, und deswegen ist die Gefahr der Unterforderung größer, weil man sich einreden kann, doch etwas getan zu haben, auch wenn der Trainingsfortschritt auf sich warten lässt. Das ist ein wenig so wie mit wirksamen Krafttraining: es muss so anstrengend sein, dass man denkt, man schaffe es vielleicht nicht zu Ende. Es muss Überwindung kosten, man muss ins Schwitzen kommen, hart arbeiten – solange man es zu schaffen in der Lage bleibt. Dann haben Sie den Sweat Spot zwischen leicht und schwer, eben das mittlere Anspruchsniveau.

Bauen Sie radikale Variation ein! Wenn man schon in etwas gut ist, dann erzielt man Lernfortschritt durch Variation, denn Variation gibt Ihnen dauerhaft, d. h. auch bei steigender Leistung immer noch eine mittelstarke Lernerfahrung und schult Ihre geistige Flexibilität bei Ausübung bereits gekonnter Fertigkeiten, Sie sorgen selbst für Job Enrichment. Banales Beispiel: Sie müssen in einer Fabrik an einem Band Orangen in Orangenkisten einsortieren, und die Orangen fahren per Band Stück für Stück an Ihnen vorbei. »Das ist laaaangweilig…«, werden die meisten sagen, typischer Bullshit-Job usw. Variieren Sie selbst die Aufgabe! Nutzen Sie beispielsweise nur einen Arm/eine Hand, oder nehmen sie zwei oder gar drei der vorbeifahrenden Orangen und jonglieren Sie sie ein- zweimal, bevor Sie die in Kiste legen. Machen Sie das Ganze mit verbundenen Augen. Polieren Sie nochmal die Orangen, sortieren Sie sie nach Größe usw. Das alles sind Beispiele, wie Variation nicht einfach nur für Unterhaltung sorgt und die Zeit fließen lässt, sondern Variation entwickelt und fordert neue Kompetenzen und diversifiziert vorhandene Fertigkeiten.

Reflektieren Sie Erfahrungen und Erfolge. Gehen Sie in sich und überlegen, was Ihnen in letzter Zeit besonders gelungen ist, wo Sie »Erfolg« hatten, im Sinne eines persönlichen Über-sich-hinaus-Wachsens. Das muss kein exorbitanter, gefeierter Erfolg sein, sondern Ihre ganz individuelle Sicht. Und auch generell, was würde Ihnen gefallen, unter welchen Bedingungen würden Sie etwas sehr gerne und engagiert tun? Was treibt Sie ganz konkret an? Seien Sie dabei möglichst konkret, nutzen Sie Reflexionsfragen wie...

- Was hat mir in den letzten 2 Wochen richtig **Spaß** gemacht? Gehen Sie dazu Ihren **Kalender** durch, damit Sie keine Kleinigkeiten oder Gewohnheitstermine übersehen, denn gerade die unscheinbaren Regelmäßigkeiten können ungeahntes Potenzial offenbaren.

- Stellen Sie sich vor, Sie müssten auf der nächsten **Firmenfeier** etwas **aufführen**, was nichts mit dem Job zu tun haben soll. Was wäre das? Mit wem? Wie würde das Publikum reagieren?

- **Wenn ich Projektleiter wäre**, was wäre mein absolutes Traumprojekt? Was wird dabei gemacht, was kommt heraus – und vor allem: »Wie läuft das Projekt an sich? Wen würde ich in mein Team holen? Und wen nicht? Warum? Und was würde ich selber machen? Was würde ich den Teammitgliedern als Arbeitsauftrag geben?« Was würde das Unternehmen, die Führungskraft hinterher zu dem Projekt sagen, was wäre neu, anders, besonders?

- **Die Lebenslauf-Übung**: Wie würde ich die letzten 2, 3 oder 5 Jahre meiner »Karriere« (im Sinne beruflicher Entwicklung, berufliche Stationen...) in wenigen Zeilen in meinem Lebenslauf beschreiben? Reflektieren Sie dabei besonders; »Was habe ich gemacht?« im Gegensatz zu »Was habe ich erreicht?«

Priorisieren Sie Lern- & Entwicklungs-Ziele, zum Beispiel: Bilden Sie auf einem leeren Blatt eine 4-Felder-Matrix. Aufgabe generell: »Was würde ich am liebsten anders haben/machen?«, und zwar ganz konkret im Job, bei Ihrer Tätigkeit, nicht abgehoben als Fernziel oder »anders im Leben«. Setzen Sie in der Matrix die eine Achse als »Umsetzbarkeit leicht« und »Umsetzbarkeit schwer«, auf der anderen Achse »Dringlichkeit hoch« und entsprechend »Dringlichkeit niedrig«. Besonderes Potenzial haben schließlich Ihre Gedanken mit leichter Umsetzbarkeit und hoher Dringlichkeit. Das sollten Sie und können Sie direkt angehen, also worauf noch warten?

Planen Sie in erreichbaren Nahzielen! Wenn Sie an Planung denken, dann denken Sie an Projektmanagement? Schon falsch, sozusagen, zumindest was das »Trainieren« für Leistungslust angeht. Hier geht es um konkrete, einfache Nahziele. Das ist sozusagen individuelles Projektmanagement auf die einfache Art. Hier gibt es viele Ansätze, die im Alltag helfen können, große Ziele, große Vorhaben herunterzubrechen, die Angst vor der Größe zu nehmen und auch »Aufschieberitis« (wissenschaftlich: »Prokrastination«) zu vermeiden:

- **Pomodoro-Technik**: unterteilen Sie Ihre Arbeit bzw. Aufgaben in 30-Minuten-Intervalle, wobei 25 Minuten Arbeit sind und 5 Minuten immer Pause. Das erhöht den Fokus, ist aber nicht überlastend, sondern kommt dem natürlichen Arbeits-Erholungs-Rhythmus der meisten Menschen entgegen.

- **Getting Things Done**: ein umfassendes Projektmanagement-Vorgehen, ganz für einen persönlich. Das Besondere daran ist, dass wirklich alle Aufgaben, seien sie auch noch so gering, als Teilaufgaben in Listen organisiert werden – alles in einem System, nicht verteilt auf ein Buch, zwei Kalender und noch drei To-Do-Listen. Es ist sozusagen eine gigantische To-Do-Liste, die aber das Erschlagende vermeidet durch Herunterbrechen und auslagern in Unteraufgaben/-listen.

- **»2 Minute Rule«** (als Teil des Getting Things Done): Wenn eine Aufgabe in weniger als zwei Minuten erledigt werden kann, dann erledige sie sofort (und schiebe sie nicht auf).

8 LEISTUNGSLUST: AN DIE GRENZEN GEHEN – UND TEILWEISE DARÜBER HINAUS

»If you always put a limit on everything you do, physical or anything else, it will spread into your work and into your life. There are no limits. There are only plateaus, and you must not stay there, you must go beyond them.«
Bruce Lee

Flow ist leider extrem

Viele Menschen erleben Leistungslust beim Gärtnern, Stricken, Aufräumen, mit Programmieren, beim Vorlesen für die Kinder, beim Einkaufen für die Alten, beim Dichten, Malen, Schreinern, bei der ganz normalen Arbeit und im ganz normalen Alltag: Wer sucht, der findet. Überall. Wobei erleben Sie Leistungslust? Bei ein, zwei, drei Tätigkeiten? Sind es genug?

Sicher genießen Sie diese wunderbaren Momente. Das ist gut. Geht es besser? Haben Sie sich schon einmal gefragt, ob Ihr positives Erleben steigerungsfähig ist?

Wenn wir Leistungslust erleben und im Flow sind, können wir komplett abschalten, vergessen Raum und Zeit und könnten ewig so weitermachen. Bestes Beispiel wieder einmal: liebstes Hobby. Wenn wir endlich wieder etwas Zeit dafür finden, könnten wir ewig damit weitermachen! Jeder kennt solche Erlebnisse, die Eingang in die Umgangssprache gefunden haben: »Ich war voll im Flow!« Wir genießen den Flow-Effekt. Wir sind glücklich. Das reicht uns meist. Was will man auch mehr?

Genau diese Frage untersuchen Wissenschaftler wie Michele Ufer. Er ist Sportpsychologe und Extremläufer (sein Vorname wird italienisch ausgesprochen: [Mikeele]). Er macht dem Begriff »Extremläufer« alle Ehre, indem er echt extreme Sachen macht. Er rennt zum Beispiel 250 Kilometer durch die Atacama-Wüste, eine der heißesten, trockensten, menschenfeindlichsten Wüsten dieser Welt[48]. Bei sengender Backofenhitze hätten die meisten Menschen schon Probleme, in der prallen Sonne einfach nur zu überleben. Ufer überlebt nicht nur, er rennt sogar in dieser sengenden Hitze. Es ist erstaunlich, *dass* in dieser extremen Hitze überhaupt jemand rennen kann, geschweige denn möchte. Noch erstaunlicher allerdings ist, *wie* Ufer (und viele andere Extremläufer) rennt.

Im Interview mit dem Journalisten Alexander Davydov erläutert Ufer sein Mantra. Davydov hält fest: Der Extremläufer rennt »ruhig und fokussiert, obwohl er gerade einen 250 Kilometer langen Ultramarathon bestreitet – in einem der unwirtlichsten Gebiete der Erde.« Dieser Wüsten-Trip ist ohne jeden Zweifel eine Extremsituation mit extremem körperlichem und geistigem Stress. Aber *ist* der aus allen Poren schwitzende und komplett entkräftete Ufer nach 250 Kilometern Höllentortur tatsächlich den Umständen entsprechend gestresst? Erstaunlicherweise nein. Er sei »ruhig und fokussiert«. Wie kann das sein? Wir kennen die Erklärung: Er ist offensichtlich im Flow. Unter Hochstress. Das ist doch absurd!

Sind Stress und Flow nicht Gegensätze? Schließt das eine das andere nicht aus? Das zumindest sagen mir gestresste Angestellte, Mütter, Lehrer, Teenager und Beamte häufig: »Im Flow? Bei diesem Stress auf der Arbeit (an der Schule, in der Familie ...)?« Wie soll das gehen?

Voll im Stress – und zugleich im Flow. Wie geht das?

Michele Ufer sagt selbst: »Es gibt viele Missverständnisse, wenn es um Flow geht. Viele verbinden das noch mit einem reinen Glücksgefühl. Doch es ist mehr.« Besonders fasziniert hat den promovierten Sportpsychologen ein bestimmter Aspekt des Flow-Zustandes: »Hoch fokussiert zu sein und dennoch Dinge mit einer gewissen Leichtigkeit zu nehmen.« Träumen wir nicht alle von dieser überraschenden Vereinbarkeit der Gegensätze? Zumal im Berufs-, Familien-, Beziehungs- und Alltagsstress? Selbst die größten Probleme noch mit nonchalanter Leichtigkeit zu nehmen? Wie also kommen wir mitten im Stress in den Flow?

Dr. Ufer wäre kein Wissenschaftler, wenn er das nicht gründlich untersucht hätte. Warum killt Stress den Flow nicht?

Für eine Antwort auf die Frage untersuchte Michele Ufer die Teilnehmer eines Extremstress-Wettkampfs, eines Ultramarathons (ein Rennen mit mehr als 42,195 km; meist 100 km oder mehr). Er analysierte dabei die drei relevanten Gruppen: Jene Läufer, die der Extrembelastung nicht standhielten und aufgaben; dann Läufer, die sich arg quälen mussten und daher weit hinter den Spitzenathleten ins Ziel kamen und schließlich die Topleute mit den Bestzeiten. Die Flow-Werte aller drei Gruppen ermittelte er anhand eines Standard-Fragebogens. Was tippen Sie: Welche Gruppe lief im intensivsten Flow?

Die schnellste Gruppe. Ufer sieht darin seine These und seine eigene Erfahrung bestätigt, dass die Leichtigkeit des Flows auch im Mega-Stress einer persönlichen Spitzenleistung erreicht werden kann. Auch und gerade dann, wenn man an die eigene Leistungsgrenze geht – und darüber hinaus.

Wer extrem wird, erlebt extremen Flow. Nicht Flow *trotz* Stress und Extremen, sondern Flow gerade *durch* Stress, durch die Herausforderung. Wer an die Grenze geht, wird belohnt.

Davon berichtete auch Ayrton Senna, der wohl beste aller Rennfahrer – aller Zeiten.

»Way beyond my conscious understanding«

Der früh verstorbene dreimalige Formel-1-Weltmeister Ayrton Senna, den die meisten Experten immer noch als besten Fahrer aller Zeiten bezeichnen, erzählte von einem extremen Flow-Erlebnis beim Großen Preis von Monaco 1988. Wer möchte, kann sich seine Schilderung im Original anhören und vor allem aus dem Cockpit heraus anschauen[49].

Eine Extremsituation wie aus dem Lehrbuch. Bei über 250 Stundenkilometern kann schon die kleinste Konzentrationsschwäche in den engen Häuserschluchten von Monaco ohne große Auslaufzonen Totalschaden und sogar Tod bedeuten. Senna führte im Rennen bereits mit großem Vorsprung und hätte diesen Vorsprung locker nach Hause fahren können. Das reichte ihm jedoch nicht. Er verwaltete seinen Sieg nicht – er ging an die Grenze: »Ich fuhr immer schneller, eine Sekunde Vorsprung vor meinen Gegnern, dann fast eineinhalb Sekunden.« Warum machte er so etwas widersinniges, riskantes? In einer heutzutage durch-ökonomisierten Sportwelt würde man das Rennen »nach Hause fahren«. Aber Senna: »Ich fuhr nur noch nach Instinkt, ich befand mich in einer anderen Dimension, wie in einem Tunnel, weit jenseits von bewusstem Verständnis.«

Im Video-Clip fährt man bei rasender Fahrt durch die Straßenschlucht im Cockpit des Boliden mit und bekommt eine Gänsehaut, wenn man im Off den Kommentar des Weltmeisters hört. Er ist voll im Flow, führt mit Riesenvorsprung – knallt dann gegen die Wand und scheidet aus. Was lernen wir daraus?

Flow ist nicht automatisch gleich Glück. Flow ist auch nicht dasselbe wie Erfolg. Flow führt noch nicht einmal automatisch zu Höchstleistung (gegen die Wand zu knallen ist kein Streckenrekord und bringt auch keinen Pokal). Flow ist *die Voraussetzung* für Spitzenleistung. Nicht jeder Flow führt zu Spitzenleistung, doch hinter jeder Spitzenleistung steht mit hoher Wahrscheinlichkeit ein Flow-Erlebnis.

Niemand bringt Spitzenleistung mit angezogener Handbremse (sorry für den Kalauer). Doch selbst für einen erfolgsverwöhnten dreifachen Weltmeister ist so ein Flow-Erlebnis etwas Außergewöhnliches, eben »way beyond my conscious understanding«. Dafür lohnt es sich, an die eigene Grenze zu gehen. Oder darüber hinaus. Schön für Senna. Was nützt das Ihnen?

Der schmale Grat zwischen Unter- und Überforderung

Senna ist nicht der einzige Spitzensportler, der uns mit seinen Flow-Extremerlebnissen blass werden lässt vor Neid. Bei jeder Weltmeisterschaft hagelt es solche Berichte in Hülle und Fülle. Spitzensport bringt Spitzen-Flow. Warum, woher – und können wir Normalsterblichen das auch erleben? Spitzensportler können uns das nicht sagen. Sie sind viel zu sehr damit beschäftigt, uns von ihren Erlebnissen »way beyond my conscious understanding« zu berichten. Ihre Flow-Schilderungen sind meist sehr attraktiv und deskriptiv. Doch Spitzensportlern fehlt in der Regel das analytische Handwerkszeug, um von großem Nutzen für uns Normalsterbliche zu sein.

Glücklicherweise gibt es auch Menschen wie Michele Ufer, die beides sind: Extremsportler und Psychologe. Also können sie uns das Geheimnis des Flow in extremis verraten. Michele Ufer: »Eine zentrale Voraussetzung ist, dass man auf einem ganz schmalen Grat wandern muss zwischen Über- und Unterforderung. Hört sich banal an, ist aber letztlich ein Kanalmodell des Flow-Erlebens. Es funktioniert nur, wenn man absolut gefordert ist und zwar so, dass komplett die Aufmerksamkeit dabei sein muss.«

Das allerdings ist eine Aha-Erkenntnis: Spitzensport ist für Spitzen-Flow nicht nötig! Nein, der Flow-auslösende Faktor ist vielmehr das Einbringen der kompletten eigenen Aufmerksamkeit – und das können wir überall. Bei jeder Tätigkeit. Im Prinzip. Manchmal sind die Störfaktoren (Führungskraft, Kundschaft, Kollegenkreis, Hitze, Lärm ...) vielleicht ein wenig zu störend. Sie stören unsere Konzentration. Doch gelingt es uns, die Störfaktoren zu eliminieren oder unsere Konzentrationsfähigkeit überproportional zur Störung zu steigern, wird volle Aufmerksamkeit mit vollem Flow belohnt. Extremsport ist dafür nicht nötig – er erleichtert lediglich die Konzentration und die Elimination von Störfaktoren (nur die Konkurrenz stört noch – oder verstärkt sogar die Konzentration).

Spitzensport erleichtert die Konzentration. Denn wenn ich mich in Monaco bei 240 Sachen nicht voll konzentriere, knalle ich gegen die Mauer. Wenn ich dagegen im Stadtverkehr von Wuppertal mit 30 km/h durch den Stau stochere, ist durch Radio, Sorgen, visuelle Ablenkungen, das ständige Gehupe, den Beifahrer, die Ampeln mit den viel zu kurzen Grünphasen und den Stress der drohenden Verspätung meine Aufmerksamkeit so fragmentiert, dass ich nie in den Flow komme. Spoiler: Ich kenne tatsächlich Leute, die auch und gerade im Stau im Flow fahren. Wie machen die das? Wie beschrieben: Sie investieren ihre komplette Aufmerksamkeit in das Hier und Jetzt. Eine besonders erfolgreiche Stau-Flow-Fahrerin verriet mir ihr Rezept: »Ich versuche, möglichst ohne Ruckeln vom ersten in den zweiten Gang und wieder zurück zu schalten.« Wer das schon mal probiert hat, weiß: Das erfordert volle Konzentration. Ist die Aufmerksamkeit komplett gebunden, stellt sich Flow ein. Bei praktisch jeder Tätigkeit. So einfach ist das. Einfach, aber nicht leicht, weil die meisten Menschen das Pferd vom Schweif her aufzäumen.

Flow durch Grenzgang

Flow wird gemeinhin beschrieben als geistiger Zustand, bei dem man »Raum und Zeit vergisst«. »Will ich auch!«, sagen viele. So einfach ist es dann doch nicht.

Man kann Leistungslust oder Flow nicht vom Effekt her aufzäumen oder angehen – obwohl Flow leider meist so definiert wird. Das ist zwar eine gute Definition, jedoch als Handlungsempfehlung mehr als irreführend. Wer a priori Raum und Zeit vergessen will, dem gelingt das leider meist nur per Yoga, Selbst-Hypnose oder starken Kräutertee. Flow gelingt damit dagegen nur den wenigsten. Den Wenigen, die wissen: In den Flow kommt man nicht vom Ergebnis her, sondern vom Input.
Das ist die Flow-Logik:

Die komplette körperliche und/oder geistige Hingabe bis an die eigene Grenze erzeugt Flow.

Manche sagen: »Beim Gitarre spielen kann ich einfach alles vergessen!« oder »Ich könnte stundenlang in der Werkstatt mein Motorrad zerlegen und wieder zusammenbauen, da bin ich total in einer anderen Welt«. Sie sind im Flow. Andere haben andere Lieblingstätigkeiten, die sie in den Flow bringen. Wenn wir das so hören, denken wir: »Die Aufgabe macht den Flow!« Also streben wir den Flow-Vorbildern nach, fangen ebenfalls mit Musik oder Bastelei an – und finden das schrecklich fad (aber erst, nachdem wir viel Geld für Zubehör ausgegeben haben). Ein Verstoß gegen die Flow-Logik.

Es ist nicht die Aufgabe – es ist die volle Hingabe. Es ist: an Deine Grenze gehen!

Ayrton Senna konnte rennfahren. Er konnte auch mit 90 Prozent Aufmerksamkeit noch gewinnen, eben weil er so gut fuhr. Doch in besonderen Momenten wie in Monaco hat er seine volle Aufmerksamkeit investiert – und kam in den Flow. Er ging an die Grenze seiner Aufmerksamkeit, all seines Könnens und überschritt dabei die Grenzen seines Bewusstseins. Klingt dramatisch bis kitschig – doch wer das schon mal selbst erlebt hat, kann das bestätigen: ein irres Gefühl, ein bewusstseinserweiterndes Erlebnis. Und im Prinzip endlos wiederholbar. Man braucht noch nicht einmal Rennwagen dazu …

Volle Hingabe, volle Aufmerksamkeit

Die Frage ist also nicht: Welche Aufgabe verschafft mir Flow? Sondern: Wie schaffe ich es, mich auf eine einzige Sache voll und ganz zu konzentrieren? An die Grenze meiner Fähigkeit zu gehen, in totale Konzentration zu gehen, mich extrem zu vertiefen in die Tätigkeit.

Deshalb kann auch »Denksport« Schach so beliebt sein. Beim Schach kann auf Dauer nur reüssieren, wer komplett abschalten und sich vollständig aufs Brett konzentrieren kann und vor allem möchte. Gelingt einem das, merkt man fast körperlich, wie der eigene Geist »Aaaah!« macht und die Grenze zu einem anderen Universum durchbricht. Ein britischer Flow-Jünger formulierte das einmal so: »My mind reaches Escape Velocity – and I'm in Flow!« Kommt der eigene Geist dank gesteigerter Aufmerksamkeit auf Touren und erreicht irgendwann »Zentrifugalgeschwindigkeit«, katapultiert es ihn und uns in eine andere Dimension, in die Flow-Dimension. Das schafft man aber nicht in der eigenen Komfortzone mit vielseitig zerstreuter Aufmerksamkeit, sondern nur an der eigenen Leistungs- und Konzentrationsgrenze. Oder wie der alte Trainer-Spruch es ausdrückt: Keine halben Sachen! Vielmehr: Volle Aufmerksamkeit! Totale Konzentration. Absoluter Fokus.

Interessant in diesem Zusammenhang ist, dass Kultur und Zeitgeist uns exakt zum Gegenteil verführen: Modewort »Multitasking«. Wer gut ist, kann viele Dinge gleichzeitig machen. Und selbstverständlich kann man hervorragend sein Smartphone bedienen und parallel laufen, Fahrrad- oder gar Auto fahren. Oder im Web übervolle Seiten mit Artikelteasern ganz easy »scannen«, am besten noch mit »Speed Reading« (tatsächlich eine Schnell-Lese-Technik). Die Aufmerksamkeitsspanne eines erwachsenen Westeuropäers ist gefühlt auf 20 Sekunden geschrumpft. Das macht Flow nahezu unmöglich.

Dass volle Aufmerksamkeit der Schlüssel zum Flow ist, wissen dagegen Spitzensportler seit Erfindung der Pfeilspitze; buchstäblich. Denn wie heißt jene japanische Sportart, bei der es komplett und ausschließlich auf die volle Aufmerksamkeit ankommt?

Kyudo. Die Kunst des japanischen Bogenschießens.

Aus dieser Sportart kommen Sprüche wie: »Du schießt den Pfeil nicht. Du *bist* der Pfeil. Und die Zielscheibe. Und der Bogen.« Da tippt sich doch mancher an die Stirn. Bis es ihm dämmert: Was passiert denn, wenn ich mich nicht nur aufs Zielen, Bogenspannen und Pfeillösen konzentriere, sondern auch noch darauf, wie sich wohl der Pfeil und die Scheibe und der Bogen dabei fühlen? Dann blende ich die Umwelt aus, dann ist meine Aufmerksamkeit bis an ihre Grenze und darüber hinaus so extrem investiert, dass ich viel einfacher in den Flow komme. Übrigens ohne mich groß zu bewegen. Natürlich ist so eine Extrem-Aufmerksamkeitssportart nicht ganz leicht zu erlernen. Doch die Lernschwelle dabei ist nicht das Bogenschießen. Das konnten wir schon als Kinder. Der eigentliche Clou ist die totale Versenkung in die komplette Gegenwart, der totale Fokus auf eine einzige Tätigkeit – auch sehr körperlich, extrem im Tun. Das können wir dauergestressten, notorisch abgelenkten Zeitgenossen im medialen Dauerkonsum nicht mehr so leicht. Umso schöner ist der Lohn, wenn wir's wieder lernen: Flow.

Was ist übrigens die Wohnzimmer-Variante von Kyudo? Der Miniatur-Zen-Garten: Mit dem Mini-Rechen Muster in den Sand ziehen. Gewiss: Die Muster sehen schön und oft millimetergenau symmetrisch oder konzentrisch aus. Doch wer einen Zen-Garten für reine Deko hält, der hat Zen noch nicht verstanden. Zen ist wie Flow die vollkommene Versenkung in eine (oder jede) Tätigkeit. Daher diese seltsamen Zen-Sprüche wie: »Wenn du isst, dann iss, und wenn du gehst, dann geh.« Ist totaler Bullshit – bis man sich vergegenwärtigt, dass wir beim Essen oft bereits schon auf dem Sprung sind und uns daher weder aufs Essen noch auf den Sprung voll konzentrieren können, geschweige denn wollen. Die Zen-Philosophie ist übrigens 1500 Jahre alt. In diesen 1500 Jahren haben wir einiges vergessen, was uns glücklich macht. Oder wir haben es unter Missverständnissen begraben.

Doch das Leben besteht nicht nur aus Kyudo, Zen-Garten oder Yoga. Natürlich ist es schön, wenn wir nach einem ganz bescheidenen Arbeitstag oder dem jüngsten Beziehungsstress Flow bei Sport oder Freizeit erleben. Aber das ist uns zu wenig. Geht das nicht auch bei der Arbeit?

Wie geht man im Job an die Grenzen?

Bei der Arbeit an die Grenze gehen? Das klingt erst einmal stressig: Bergbau? Ölplattform? Säcke schleppen, Möbel tragen? 24-Stunden-Schichten in der Notaufnahme? Schuften, rackern, malochen, die totale körperliche Verausgabung?

Ach was! Natürlich gibt es auch (immer weniger) Jobs, bei denen wir an unsere körperlichen Grenzen gehen können – und dabei Leistungslust und Flow erleben. Am Ende eines 12-Stunden-Tages sagte mir zum Beispiel ein Müllmann: »Bei 30 Grad im Schatten die Tonnen heranskarren, unter Zeitdruck einklinken, abkoppeln, zurückstellen, hinter einem wird schon gehupt, genervt geguckt, dann wieder auf den Wagen aufspringen, dann wieder runter und von vorne das Ganze. Aber bei den letzten 10 Tonnen auf der Tour schwebt man auf Wolken, denn ich weiß: viel geschuftet, alles geschafft, gleich Feierabend und Abschalten!« Dieser Mann geht an seine Grenze. Körperlich. Das ist schön.

Aber nicht immer möglich, und auch nicht immer nötig. Körperlich an seine Grenzen zu gehen, das ist – im Gegensatz zum Spitzensport – nur noch bei den wenigsten Jobs ein Muss oder eine Tugend. Das verhindern digitalisierte, automatisierte Arbeitsbedingungen, aber auch – und das sollte man vor lauter disruptiv-agilen Übermut nicht vergessen – ausgelagert *in* andere Regionen der Erde oder *an* Menschen aus anderen Regionen der Erde.

Trotzdem können und sollten wir auch und gerade im Job an die Grenzen gehen. Nämlich an die Grenzen von Aufgabenbeschreibung, Anweisung, Strategie, Regeln, Rolle und Kultur. Das ist heutzutage nichts Exotisches mehr. Das ist dermaßen angesagt, dass es bereits einen eigenen Begriff dafür gibt:

Job Crafting – das optimale Setting selbst fordern und fördern

So der Name für den beruflichen Grenzgang. Michele Ufer kommt in den Flow, wenn er in der Atacama-Wüste 250 Kilometer an die eigene Leistungsgrenze geht. Wir kommen im Job (im Verein, im Sport, in der Familie, im Leben ...) in den Flow, wenn wir an die Grenze von Aufgabe und Regelwerk gehen – und darüber hinaus. Was heißt das konkret?

Das haben Amy Wrzesniewski und Jane Dutton, zwei bekannte Arbeitspsychologinnen, ausführlich untersucht und dabei auch den Begriff »Job Crafting« geschaffen[50]. Ihre bahnbrechende Studie wurde seither zigfach zitiert. Auch deshalb, weil sie »ganz einfache Leute« bei der Arbeit beobachteten: Reinigungskräfte in einem Krankenhaus. Das war Absicht.

Denn so konnte hinterher niemand behaupten: »Ja, als leitender Angestellter mit abgeschlossenem Wirtschaftsstudium kann man natürlich leicht Flow bei der Arbeit erleben!« Daher Reinigungskräfte. Und auch noch im Dauerstress eines Krankenhauses. Harter Job, schwache Bezahlung, ständig steht man den hochfahrenden Ärzten im Weg und ist im Übrigen das kleinste Rädchen im Getriebe. Und dennoch ergab bereits die erste Analyse: Obwohl alle untersuchten Reinigungskräfte denselben Job hatten, waren einige sehr viel zufriedener als andere. Warum?

Was machten die Glücklichen anders? Sie machten Job Crafting, sie »werkelten« an ihrem Job selbst, an den Rahmenbedingungen, sie gestalteten selbst und selbstverantwortlich ihre Arbeit. Wie sah das konkret aus? Einige hängten Bilder in Krankenzimmern um, wenn diese besser zu den Patienten passten. Andere sprachen mit den Patienten. »Ich mag es, die Patienten zu unterhalten«, sagte eine der befragten Reinigungskräfte den beiden Forscherinnen. »Das ist nicht wirklich Teil meiner Job Description, aber ich gebe gerne die Entertainerin für die Patienten.« Ergo: Sie geht über die engen Grenzen ihres Jobs hinaus. Sie meckert nicht (wie andere), dass ihr die Arbeit keinen Spaß macht, wenn man immer nur putzen, putzen, putzen muss. Dass ihre Führungskraft sie nicht unterstützt, ihr keinerlei Freiheiten gibt. Nein, sie durchstößt die engen Grenzen ihres Berufs und schafft sich diesen Freiraum selbst. Job Crafting.

Von kreativen Putzkräften lernen

Die Forscherinnen berichten von einer Reinigungskraft, die im Krankenzimmer tanzte, Witze erzählte und Krankenwache am Bett hielt, dass sie Angehörige wie Patienten aufmunterte oder diese vom Schmerz und der Unsicherheit ablenkte, die sie sonst aufgefressen hätten.

In einer ähnlichen Folgestudie kam eine andere Reinigungskraft nach der eigentlichen Reinigung noch einmal ins Zimmer, um sich mit den Angehörigen zu unterhalten. Die klassische Führungskraft würde dazu sagen: »Das ist nicht Ihr Job! Was fällt Ihnen ein? Bilder umhängen, Rumtanzen, Witze erzählen! Sie kriegen gleich eine Abmahnung!« Das ist nicht der Punkt. Der Punkt ist: Wer seinen Job »crafted«, wird deutlich eher mit tiefer Zufriedenheit, vielleicht sogar Flow belohnt. Im schlimmsten Fall ist das für solche Job-Crafting-Arbeitnehmer kein schlimmster Fall – die suchen sich »schlimmstenfalls« einen neuen Job, der ihnen den nötigen Freiraum einräumt. Wer so keck ist, seinen Job zu craften, hat auch Mut genug, einen schlechten Job in die Tonne zu treten.

An dieser Stelle hat der Skeptiker aber schon seit Minuten seinen Finger oben und möchte Meldung machen: »Wenn eine Putzkraft rumtanzt oder zweimal in ein Zimmer kommt, für das sie laut Putzplan nur 4 Minuten und 20 Sekunden Zeit hat, dann muss sie Überstunden machen, um das aufzuholen – und Überstunden werden nicht bezahlt oder erlaubt. Was damals in der Studie ging, geht bei der heutigen Arbeitsverdichtung doch überhaupt nicht mehr!« Das stimmt, absolut, leider – und ist zugleich irrelevant. Relevant ist nicht, was *nicht* geht, sondern was selbst heute in Zeiten der Arbeitsverdichtung und der Bullshit-Jobs an Job Crafting noch geht. Die beiden Wissenschaftlerinnen Wrzesniewski und Dutton haben das, was geht, auf drei Ebenen kategorisiert.

Die drei Gestaltungs-Ebenen des Job Crafting

Ich erinnere mich an einen jungen Kollegen, der in einem Konzern zum ersten Mal mit den älteren Kollegen seiner Führungsebene in einem Meeting saß. In der Kaffeepause fragte ein älterer Kollege väterlich: »Na, wie finden Sie Ihren neuen Job?« Der Neue verzog leicht das Gesicht und gestand schmunzelnd: »Wirklich so, wie ich mir das vorgestellt habe, ist der Job nicht.« Da verzog der ältere Kollege das Gesicht und antwortete: »Kein Job der Welt ist so, wie man ihn sich vorstellt. Jeder Job ist nur so, wie man ihn sich *macht*.« Mit Job Crafting. Job ist das, was man draus macht – auf drei Ebenen (des stärkeren Aufforderungscharakters wegen in der 1. Person formuliert):

1. ***Gestaltung der Arbeitsebene:*** *Ich verändere die Prioritäten meiner Arbeit selbstständig (innerhalb eines eventuell gegebenen Rahmens oder darüber hinaus). Ich passe einzelne Inhalte an. Ich muss dazu auch mutig sein: Ich gehe an die Grenzen des Erlaubten und gelegentlich darüber hinaus gemäß dem Prinzip der Führung von unten: »Es ist besser, um Vergebung als um Erlaubnis zu bitten!« Ich übernehme auch Aufgaben, die »eigentlich nicht mein Job« sind oder für die ich nicht bezahlt werde – wenn ich damit meine Arbeit so gestalten kann, dass ich eher in den Flow komme.*
2. ***Gestaltung der Beziehungsebene:*** *Ich arbeite an meinem Verhältnis zu Teammitgliedern, Vorgesetzten, Mitarbeitenden und Kundinnen und Kunden. Ich unterstütze sie zum Beispiel auch jenseits meiner eigentlichen Aufgaben. Kundinnen und Kunden, mit denen ich überhaupt nicht kann, versuche ich abzugeben. Ich gestalte meine Beziehungen auch und gerade im Beruf nicht »rein beruflich« oder nach »Job Description« oder Organigramm, sachlich, trocken, objektiv, sondern eben: menschlich, aus persönlichem Interesse.*
3. ***Gestaltung der kognitiven Ebene:*** *Ich »reframe« meine Rolle, definieren sie neu. Ich sehe mich nicht länger als Rädchen im Getriebe, Geldverdiener oder Mitarbeiter – ich trage im Unternehmen vielmehr zu etwas Größeren als meine Job Description bei. Macht meine Arbeit keinen Sinn, so suche ich ihr selbst einen. Beispiel Putzkräfte im Krankenhaus: Sie putzen nicht »nur«, sondern tragen zur Genesung der Patienten bei. Das ist sehr viel tiefgreifender, besser, Flow-trächtiger.*

Wer Job Crafting betreibt, nimmt seinen Beruf und sein Schicksal selbst in die Hand, geht an die Grenze seiner Aufgabenbeschreibung. Das klingt in Ihren Ohren sehr riskant? Nun, Job Crafting ist offenbar trotz der Risiken längst keine Utopie mehr: Millionen Menschen machen das täglich in kleinerem oder größerem Ausmaß. Sie riskieren es, gegängelt oder gar gefeuert zu werden, um Leistungslust und Flow zu erleben und einer Arbeit nachzugehen, die ihnen auch Spaß macht. Das ist nicht nur eine Frage des Verhaltens.

Das wirkt sich aus bis hinauf auf die Ebene der eigenen Identität. Job-Craftende Menschen leben und arbeiten mit der Einstellung: Ich bin nicht mein Arbeitsvertrag oder mein Job-Profil! Ich habe Leistungslust! Ich habe zwar auch einen Job. Aber vor allem mache ich das Beste aus meinem Job, weil ich es inhaltlich gerne mache, weil ich dabei ›ich selbst‹ sein kann. Ich verlasse auf allen drei Ebenen die mir zugewiesene Rolle. Ich bin ein freies, denkendes und kompetentes Individuum (selbst als Reinigungskraft). Also gestalte ich meinen Job auch selbst. Aber wenn die Leitung das rausfindet?

Kämpfen Sie für Ihre berufliche Freiheit – im Job, nicht auf der Straße!

Die Autorin und Personal-Expertin Sibylle Kallwitz benutzt ein griffiges deutsches Wort für »Job Crafting«: Selbstgestaltung[51]. Meine Führungskraft hat mir zwar den Job gegeben – doch (aus)gestalten tu ich ihn selbst! Ich lass das doch nicht den Chef für mich machen! Oder HR. Oder die (widrigen) Umstände. Ich mache das schon selber. I am the master of my fate, I am the captain of my soul; wie W.E. Henley das ausdrückt. Wie schaffe ich das?

Sibylle Kallwitz macht auf zwei Arten der Selbstgestaltung aufmerksam: Ich kann meine Arbeitsrolle und meine Arbeitsbedingungen heimlich (!) oder offensiv (!) meinen Bedürfnissen und Fähigkeiten anpassen. Ich überlasse das also nicht einer Abteilung, der Führungskraft oder den glücklichen Umständen. Ich nehme das selbst in die Hand. Selbst ist der Mann und ist die Frau. Skeptiker werfen an dieser Stelle üblicherweise einen ökonomischen Einwand ins Spiel: »Aber es gibt Jobs mit wenig bis gar kein Spielraum, vor allem am unteren Ende der Tarife!« Da möchte ich widersprechen: Gerade die Arbeitnehmer »am unteren Ende der Lohntarife« sind oft die findigsten, cleversten, einfallsreichsten und unerbittlichsten Selbstgestalter ihrer Arbeitsbedingungen. »Ja«, klingt es da aus mancher Personalabteilung: »Das sieht man daran, wie viele Kilo Kopier- und Toilettenpapier jährlich zur Tür rauswandern!« Zugegeben: Das sieht man auch daran. Mit der Betonung auf »auch«. Ich habe die These, dass in solchen Fällen selten eine persönliche Bereicherung oder bewusste Schädigung des Unternehmens intendiert ist, sondern eine Retourkutsche wegen mangelnder Wertschätzung und zu engen Korsetts, die ein Job Crafting mit allen Mitteln verhindern. So manche Führungskraft täte, bei so viel heimlicher und nicht-konstruktiver Selbstgestaltung, gut daran, diese als kreatives Veränderungspotenzial zu erkennen und gegebenenfalls zum offiziellen Programm zu machen. Dann würde auch weniger Papier zum Tor rauswandern… Ganz nebenbei wird bei solchen Horrorgeschichten über dreiste Mitarbeitende gerne vergessen, wie viel umgekehrt auch von Mitarbeitenden ins Unternehmen eingebracht wird, das kann auch dann mal umgekehrt die eigene Arbeitskleidung sein, die Nutzung des privaten PKW für eindeutige Dienstfahrten, und letztlich viel Zeit in Form von Überstunden, die man sicher besser und lieber mit Dingen und Menschen verbringen würde, die einen mehr Zufriedenheit bescheren.

Leider fallen viele, insbesondere junge Menschen im ersten Job, auf die Hochglanz-Broschüren potenzieller Arbeitgeber herein, die ihnen Empowerment, Work-Life-Balance und Job Crafting *versprechen*. Versprechungen sind schön, selbstgeschaffene Tatsachen sind besser. Was mir wichtig ist, nehme ich lieber selber in die Hand.

Sein eigener Selbstgestalter sein

Ich fordere, was mir zusteht und hole mir die passenden Genehmigungen, Budgets und Ressourcen von »denen da oben«. Oder ich mache das heimlich, versteckt und an den Grenzen oder jenseits offizieller Regelungen – anstatt vor lauter Arbeitsfrust in die resignative Arbeitszufriedenheit, die innere Kündigung und/oder den Burnout zu gehen. Das ist ein Grenzgang: Wie weit können, wollen Sie gehen? Was können Sie selbst in die Hand nehmen? An welchen Punkten kommen Sie ganz dicht an die Grenzen der offiziellen Regelungen und Ihrer Aufgabenbeschreibung heran? Wo durchstoßen Sie diese Grenze? Viele haben Angst vor diesen Fragen, weil sie Angst vor den Vorgesetzten haben, Angst vor Sanktionen, Angst vor Arbeitsplatzverlust, Angst der Marke »Das Imperium schlägt zurück«.

Am schnellsten nimmt diese Angst eine Führungskraft, die einen bei einer Grenzverletzung »ertappt« und diese mit den Worten quittiert: »Machen Sie sich deshalb keinen Kopf! Sowas kann passieren, es war ja gut gemeint.« Und hinter verschlossener Tür wird manch Führungskraft zugeben, »in der eigenen Karriere selbst so gehandelt zu haben – die Grenzen ausloten und mit Chuzpe auch mal die Grenzen dehnen. Sonst erreicht man nichts. Sie müssen sich das schon nehmen!« Wenn Ihre Führungskraft das nicht sagt: Denken tut sie's ganz sicher. Und machen auch. Gute Führungskräfte sind nicht selten auch extremste Grenzgänger – und lassen sich etwa den Dienstwagen mit Chauffeur, die zusätzliche zweite Sekretärin, den privaten Sprachlehrer oder die Videoconference-Anlage zu Hause im Vertrag festhalten?

Weil dahinter eine einzige, zentrale Frage steckt: Was erlaubt es mir, im Beruf meine Höchstleistung zu bringen? Das ist der Zweck, der die Mittel heiligt, keine Luxus-Diskussion oder Status-Gehabe (das ist es zumindest eher selten, auch wenn das ganz unten in der Hierarchie meist anders rüberkommt). Das ist Selbstgestaltung. Das sieht auch jeder Arbeitgeber und Aufsichtsrat ein. Wenn nicht: Der nächste tut's bestimmt. Es gibt beispielsweise Vorgesetzte, die mit moralinsaurer Miene anordnen: »Morgens um 7 haben alle im Büro zu sein! Ich will die Häupter meiner Lieben zählen! Wozu bin ich sonst Führungskraft geworden?« Andere dagegen sagen: »Mir doch egal, wo Sie Ihre Leistung bringen und Ihre vereinbarten Ziele erreichen – von mir aus auf Mallorca. Aber *wenn* Sie dort arbeiten, dann erbringen Sie bitte Höchstleistung!« Der Unterschied? Leistungslust.

Klingt alles einfach, zu einfach? Dann wenden wir uns dem Konfliktfall zu.

Grenzgang – Hart an der Grenze, aber nicht jenseits der Grenze

Ganz gleich, wie Sie Ihren Job auch »selbstgestalten«, »craften«: Mindestens einer wird dagegen sein. Vorgesetzter, Kollegin, Kundin, unbeteiligter Dritter mit großer Klappe. Es kommt zum Konflikt. Im Zeitalter der Digitalisierung nimmt das Konfliktpotenzial sogar zu. Denn Arbeitsmittel und die Arbeit an sich werden digital gescannt, getrackt, gemonitort, eigentlich selten zum Zweck der expliziten Überwachung einzelner Menschen, aber sicher anonymisiert zur Effizienzsteigerung. Also, so denkt sich fast jeder, Big Brother wird immer bigger, und die Workforce kuscht. Aber das Gegenteil ist möglich: arbeitende Menschen können sich Arbeitsplatz und Arbeitsmittel einfordern, gestalten und umgestalten. Sie können und sollten ungeniert, offen oder auch heimlich für den Freiraum kämpfen, Grenzerlebnisse zu erzielen. Sie können Regeln hinterfragen, die in Unternehmen in den seltensten Fällen erklärt, empirisch belegt, bewiesen sind, sondern einfach nur festgelegt, hinterlegt. Das ist ein Risiko, was sich einzugehen lohnt. Das ist eine Einladung zu überlegen, was Sie ganz persönlich anpassen können, wie Sie sich ganz individuell mit Ihrer Kompetenz, mit Ihrer Motivation und Ambition einbringen können.

Ein Beispiel aus der Unternehmenspraxis: Einkauf von Fremddienstleistungen. Der erfahrene Marketingleiter kommt neu ins Unternehmen und soll die Kernmarke neu definieren, zu neuen Erfolg führen. Er will sinnvollerweise anfangen mit einer Bestandsaufnahme, vielleicht Marktforschung in der Zielgruppe zu deren Wahrnehmung der Marke. Das kann er nicht selbst machen, dafür braucht er einen externen Dienstleister (und Spezialisten), ein Marktforschungsinstitut. Er hat selbst einmal in der Branche gearbeitet, kennt sich aus mit Methoden, mit Anbietern, hat eigene Ideen für eine neue Methode, brennt förmlich für das Projekt, hat schon ein neues, innovatives und ebenso motiviertes Institut im Blick. Kaum will er höchstmotiviert starten, zwingt ihn ein Kollege zur Vollbremsung: »Wir können nicht einfach einen Auftrag vergeben, wir müssen in die Ausschreibung.« Ihm wird schwindelig und er bekommt nur noch Wortfetzen mit: »Mindestens drei Bieter... anonymisiert...Bewertungs-Matrix...Bonus-Malus-System...Einkauf einbinden... aber erst nach Weihnachten...sind voll ausgelastet«

Was meinen Sie, wie sollte sich der Marketingleiter verhalten? Sich seine Enttäuschung nicht anmerken lassen, sich kooperativ zeigen, denn Teamwork zählt, alles muss korrekt ablaufen, bloß nicht anecken, nicht in ein Fettnäpfchen treten – aber dadurch verschiebt sich der Projektstart um ca. drei Monate (in der schnellen Marketingwelt eine Ewigkeit), und die drei Monate sind gefüllt mit Prozessen, Formularen, Anträgen, unzähligen Meetings und Mails? Vorteil: er ist auf der sicheren Seite, keiner kann ihm was. Er ist safe.

Oder aber: er tankt nochmal Selbstbewusstsein (darf er in seiner Position locker haben) – und legt los. Er geht in Verhandlungen mit dem Dienstleister, um keine Zeit zu verlieren. Gleichzeitig vereinbart er einen Termin mit dem Vorstandsvorsitzenden, um dessen Buy-in für das Projekt zu bekommen, macht einen Termin mit dem Einkaufsleiter und lädt auch den Syndikusanwalt des Unternehmens dazu ein und stellt die simple Frage: »*Müssen* wir eigentlich ausschreiben?«

Nicht nur er, sondern auch der Einkaufsleiter wird im Termin Schwarz auf Weiß bekommen, dass im Gegensatz etwa zum öffentlichen Dienst Ausschreibungen in privatwirtschaftlichem Unternehmen nicht zwingend erforderlich sind. Ein sogenanntes Vergabeverfahren kennt man als privater Unternehmer nicht, hier kann man seine Vertragspartner grundsätzlich frei wählen – rein aus marktwirtschaftlichen Gesichtspunkten (und nicht nach Cover-your-Ass-Logik). Dennoch sollten, so sind sich alle zwei Experten am Tisch einig, strafrechtlich relevante »Hausaufgaben« gemacht werden bei einer freien Auftragsvergabe, etwa sicherstellen, dass keine Untreue, kein wettbewerbsrechtlicher Verstoß, keine Bestechlichkeit oder ein Verstoß gegen Kartellrecht vorliegt.

Der Marketingleiter ist zum Grenzgänger geworden, hat die Unternehmensregeln ausgereizt, nicht wegen unternehmenspolitischer Spielchen, sondern weil er vorwärtskommen will, weil er tatkräftig Ergebnisse liefern will, er will machen, tun, weil es ihn wirklich interessiert, weil er brennt für das Thema.

Solche Grenzerlebnisse sind Grundbausteine eines Flows, einer Leistungslust, denn Grenzerfahrungen, Grenzen ausloten und bis an, manchmal auch sanft über die Grenze gehen, fordert alle Kompetenz, alle Motivation, alle Konzentration. Eine Grenzverletzung ohne Sachverstand ist einfach nur dumm. Aber eine Grenzverletzung mit viel Hintergrundwissen und auch dem Wissen, was noch erlaubt ist, ab wann tatsächlich sehr weitreichende Konsequenzen drohen, ist nichts anderes als Hingabe und tiefe, innere Motivation, das Beste aus der Situation herauszuholen. Siehe Senna in Monaco, siehe die Reinigungskräfte im Krankenhaus: Ich mache mehr (und anders und selbstbestimmt), als es eigentlich gedacht und mir erlaubt war, aber so macht der Job einfach (mehr) Spaß. Deshalb kämpfen viele Menschen allfällige Konflikte auch mit dem nötigen Stehvermögen aus: Weil es sich lohnt. Weil der Lohn der Selbstgestaltung weitaus größer ist als die Risiken eines Konflikts. Natürlich sind gut geführte Unternehmen schon von selbst darauf gekommen, dass Flow-Konflikte anzuzetteln ein Schuss ins eigene Bein ist.

Wie Unternehmen Flow-Grenzgänge fördern können

Gut geführte Unternehmen erlauben Grenzgänge nicht nur, sie fördern sie sogar – weil die dadurch ermöglichten Höchstleistungen ein Return on Investment sind, der sich auch fürs Unternehmen rentiert. Wir alle wissen zum Beispiel, wie demotiviert wir in einem Unternehmen arbeiten, das jeden Handgriff bis ins Kleinste durchreguliert und reglementiert. Der Witz ist dann, dass ausgerechnet solche Unternehmen oft bei Trainern und Beratern anfragen, wie man die frustrierten Mitarbeitenden denn wieder motivieren könne. Einfach: Du brauchst keine Mitarbeiter-Motivation! Hör einfach auf, sie ständig zu demotivieren! Selbst die beste Motivation kann nicht wiedergutmachen, was Entmündigung zuvor kaputtgemacht hat.

Gut geführte Unternehmen verstehen das. Deshalb fördern sie Grenzerlebnisse, indem sie auf allen, auch auf scheinbar unwichtigen Ebenen, die allfälligen Regularien, Regelwerke, Formalerfordernisse und die überbordende Bürokratie bewusst reduzieren. Das beginnt bei der Kleiderordnung (more casual), geht über die Prozessvorschriften und Standards of Performance und endet bei den Formularen oder Anträgen. Wir alle kennen das Gegenteil. Unternehmen, von denen die Mitarbeitenden berichten: »Wir haben jetzt eine neue Spar-Welle, und für jede kleinste Dienstreise brauche ich jetzt die Unterschrift vom Bereichsleiter!« Und ist es doch das Personal in den Tiefen des betrieblichen Getriebes, das eigentlich am besten wissen muss, worauf man verzichten kann, was man anders billiger erledigen kann.

Das frustriert immens. Warum machen dann Führungskräfte so etwas? Vordergründig denkt man, sie wollen mehr Kontrolle. Hintergründig ist es vielmehr so, dass sie Angst vor Kontrollverlust haben, Angst davor, selber als steuernde Instanz obsolet zu werden. Also wird überreguliert – aber gleichzeitig von den Mitarbeitenden Motivation und Spitzenleistung gefordert, ohne zu erkennen, dass das ein Widerspruch in sich ist.

Das gleiche frustrierende Erleben mit Kommunikation: Wenn es schlecht läuft, brauch man ein neues Meeting – wenn es gut läuft, gleich noch zwei mehr, um zu vermeiden, dass es zukünftig schlecht läuft. Aber wie viele Meetings werden als zeitraubend empfunden, weil sie für die meisten Anwesenden als unproduktiv, schlichtweg unwichtig empfunden werden? Wie viele Hausmitteilungen? E-Mail-Kaskaden mit unendlichen CC-Listen? Motivierte Beschäftigte holen sich – im Sinne des Job Crafting – selbst die Informationen, die sie brauchen.

Gut geführte Unternehmen fördern die informelle Kommunikation zum Beispiel durch offene Meetings (sog. Townhall-Meetings, aber in klein, d.h. auf gut Deutsch »Informationsveranstaltungen«), in der Kaffeeküche, in der gemütlichen Kantine (die nicht nur der Ernährung, sondern auch zur Pause, zum Plaudern und Verweilen dient), bei informellen Anlässen auch ohne irgendeine Form eines Büros.

Was machen die Beschäftigten, die für informelle Kommunikation nicht selbstständig genug sind? Die keine Selbstgestaltung betreiben wollen? Viele wollen das tatsächlich nicht. Sie engagieren sich nicht für ihre Arbeit und wollen damit auch nicht an die Grenze gehen. Sie arbeiten, um Geld zu verdienen und suchen ihre Grenzerlebnisse in Freizeit und Familie. Sie arbeiten auf Anweisung und warten darauf, wem sie hinterhertraben können. Auch gut. Dann lasst sie traben! Doch dass man dadurch alle anderen und somit auch die Grenzgänger, die Job Crafter in die Überregulierung und Massen-Kommunikation zwingt, ist nahezu Selbst-Sabotage. Einmal ganz davon abgesehen, dass Grenzgänger dann einfach den Arbeitgeber wechseln ...

Glücklicherweise gibt es immer mehr Unternehmen, die statt der 4-Tage-Woche echte Grenzgänge anbieten. Betrachten wir zwei Beispiele.

Was haben glückliche Frisör/innen, Köch/innen und Barista gemeinsam?

Was Amy Wrzesniewski und Jane Dutton (s. o.) mit ihrer Studie anregen, hat zum Beispiel ein großes Coiffeur-Geschäft in den USA umgesetzt, so die beiden Forscherinnen. Vor dieser Intervention schnitten die Beschäftigten einfach Haare. So viele wie möglich, damit die Kasse stimmt. Haareschneiden im Akkord. Wir können uns vorstellen, wie das die Motivation runter und die Fluktuation in die Höhe trieb. Also erweiterte die Geschäftsleitung die engen Grenzen des Jobs.

Die Fachkräfte mussten jetzt nicht mehr nur Haare schneiden. Sie durften quasi »alles auch jenseits der Haare« – wie sie wollten mit den Kundinnen und Kunde reden, sie kennenlernen, selber etwas von sich preisgeben. Die Fachkräfte, die vorher in ihrer Aufgabe streng reglementiert waren, durften nun selber definieren, wie sie ihren Job gestalten. Wichtig: Die Geschäftsleitung ordnete das nicht an. Sie stellte es den Beschäftigten frei. Wir können uns die Effekte auf Motivation, Mitarbeiterbindung, Umsatz und auch Kundenzufriedenheit bildhaft vorstellen.

Zweites Beispiel: eine Restaurant-Küche. Zu Stoßzeiten müssen dort zig Essen in kürzester Zeit ausgegeben werden. Kochen am Fließband. Wir können förmlich hören, wie insbesondere junge, ambitionierte Köche sagen: »Dafür habe ich nicht Kochen gelernt! Dann könnte ich auch gleich in einer Kantine arbeiten!« Also gab der Küchenchef seinen Köchen freie Hand: »Ihr müsst ›nicht nur kochen‹! Bietet den Kunden etwas, seid kreativ, macht aus jedem Gericht auch ein kleines Erlebnis!« Das wurde freudig angenommen. Der Zeitfaktor spielt dabei keine Rolle, kein Gast musste warten: Oft sind nur wenige Handgriffe nötig, um aus einem Standard-Gericht ein kleines Kunstwerk zu zaubern, das die Grenzen des eigenen Jobs erweitert – und den Gast glücklich macht.

Ein konkretes Beispiel dieser Grenzerweiterung kennen übrigens die meisten von uns auch neuerdings hierzulande. Es war der unbekannte, schlecht bezahlte Barista, der ursprünglich nur fürs Kaffeezapfen bezahlt wurde, dann aber eines Tages auf die Idee kam, die engen Grenzen seines Jobs zu durchbrechen. Erraten Sie, wie? Er zeichnete in den Milchschaum des Kaffees kleine Kunstwerke. Seither bekommt man die verschiedenen Kaffee-Arten mit Milchschaum an allen gastronomischen Orten der Welt kaum mehr ohne Milch-Kunst. Grenzgang an der Espressomaschine – was ironisch klingt, ist aber ein kleines, wunderbares Beispiel dafür, wie einfach und selbstgesteuert bei nahezu jedem Job es möglich ist, mehr daraus zu machen, seine Rolle zu erweitern, Dinge zu tun, für die man nicht eingestellt wurden.

So viel übrigens zum Argument, dass Grenzgänge immer riskant und daher zu vermeiden seien. Oft ganz im Gegenteil! Oder wie der Volksmund sagt: Erst verbieten sie es dir, dann lachen sie dich aus und dann machen es dir alle nach!

Kundenorientierung sticht Purpose

Sie stellt sich zuverlässig ein, wenn man über die engen Grenzen der eigenen vorgeschriebenen Rolle hinausgeht, aus dem Schema F ausbricht. Der Barista ist sicher weit weg von Ayrton Senna, der mit über 200 Sachen durch die Häuserschluchten raste und die Grenze zur Euphorie durchstieß. Aber ist der Barista tatsächlich so viel kleiner als Senna? Ich sage: Nein. Grenzgang ist Grenzgang. Dem Flow ist es egal, ob er mit 200 Sachen erreicht wird oder mit Milchschaum, ob man einen Achttausender besteigt oder nur einen Aktenberg.

Fällt Ihnen etwas auf? Alle drei Beispiele Friseur, Restaurant und Barista kommen aus einer ernstgemeinten Kundenorientierung (und ich wette, dass selbst Ayrton Senna immer im Hinterkopf hatte, dass er Millionen von begeisterten Motorsport-Fans eine grandiose Show liefern wollte)

Und erinnern wir uns an die Putzkräfte in der Klinik, die »ihre« Patienten unterhielten. Sie verlagerten das Geschehen, ja eigentlich die Daseinsberechtigung auf die Patienten, denn »Unterhaltung« als neue Aufgabe gab ihrer alten Arbeit einen ganz neuen Sinn: Ich putze nicht nur – ich helfe mit, dass unsere Patienten schneller wieder gesund werden!

Kundenorientierung durch Job Crafting, ja durch Grenzgang erlaubt beinahe grenzenlos die kreative Ausübung der ökonomisch kritischen Kundeninteraktion. Egal was ich mache, es zählt am Ende, wie es der Kunde empfängt, wahrnimmt, wertschätzt – und dabei geht es selten um das Produkt allein, sondern um ein Erleben, um eine Wertschätzung (»Kunde ist König«).

Kundenorientierung stellt ungemein viel Potenzial für einzelne Mitarbeitende zur Verfügung, Job Crafting zu betreiben, ohne gleich tief in ökonomische Prozesse des Unternehmens einzugreifen. Mit den Kundinnen und Kunden am Ende der Wertschöpfungskette bekommt jeder mit Kundenkontakt quasi Selbstgestaltung frei Haus:

- Kundenorientierung als Interaktion zwischen Menschen kann man schlecht verordnen, vordenken, vorgeben; mit Kundinnen und Kunden umzugehen verlangt grundsätzlich nach typisch menschlich-emotionalen Handwerkszeug, nach Empathie, nach Aktion und Reaktion, nach Spontaneität, Improvisation – alles typische Eigenschaften in Richtung Grenzgang durch Job Crafting.

- »Ich weiß selbst am besten, was Kunden glücklich macht, denn ich habe den direkten Kontakt.«
- »Ich spüre ein Kundenfeedback, es gibt mir unmittelbar eine positive Rückmeldung, es gibt mir eine Wirksamkeitserfahrung, mehr als jede Führungskraft, mehr als jede pauschale Lohnerhöhung.«
- Kundinnen und Kunden sind Menschen, und es gibt kaum eine bessere Wirksamkeitserfahrung, als einem Menschen zu helfen, einen Menschen glücklich zu machen, und sei es durch vermeintliche Banalitäten wie Haarschnitt, Abendessen oder Pausen-Kaffee. Oder zweifellos noch intensiver: als kranker Patient.

Das ist ein komplett neues, so simples Verständnis der eigenen Arbeit: nicht Arbeit der Arbeit wegen, sondern eines Empfängers wegen, für einen Menschen etwas tun, das er braucht oder will.

Vor allem ist das keine Überhöhung der Arbeit á la »Noble Purpose«! Wir erinnern uns: Mit dem populären Purpose wollen modische Arbeitgeber demotivierten Belegschaften wieder Sinn und Zweck einhauchen. Wir können uns gut vorstellen, dass die Klinik der Putzkräfte auch so einen hatte à la: »Die Zukunft der Medizin!«, »Du bist wichtiger Teil der Gesellschaft« oder »Wir machen Menschen mit modernster Technologie und nach neuesten wissenschaftlichen Erkenntnissen wieder gesund!« Was gibt den Putzkräften wohl mehr Sinn bei der Arbeit? Oder den Controllern, den Kantinen-Köchen, den Pförtnern, den schlecht bezahlten Famulanten? So ein Marketing-Spruch? Oder wenn sie sich selbst um Patienten kümmern, damit es ihnen besser geht? Eine rhetorische Frage.

Der Sinn der Arbeit, jeder Arbeit, liegt nicht in einem vorgeblichen und vor allem vorgegebenen höheren Zweck, sondern ganz im Gegenteil in einem tieferen Verständnis der eigenen Arbeit und ihrer Anreicherung mit sinnvollen Tätigkeiten. Das ist der Imperativ des Job Crafting in Kurzform: Ändere deine Arbeit! Mach sie reicher, besser, schöner, ansprechender, erfüllender – und zwar ganz konkret!

Wo fängt dein Job an, wo hört er auf? Was ist überhaupt dein Job – nach Meinung deiner Führungskraft und (in teilweisem Gegensatz dazu) nach *deiner* Meinung? Welche Aufgaben braucht deine Arbeit zusätzlich, damit du ihre engen Grenzen durchbrichst? Die Reinigungskräfte haben ihren Job »Reinigung« mit den Aufgaben »Pflege und Entertainment« ergänzt. Womit ergänzt du deinen Job?

Kundinnen und Kunden geben Ihnen Feedback, Purpose nicht – und die zu rettende Welt leider auch sehr selten.

Empowerment als Herausforderung für Führungskräfte

Ich kenne kaum Führungskräfte, die von der Idee von Grenzgängen im Job *nicht* begeistert wären (weil sie Motivation und Leistung steigern). Umso bedauernswerter ist, dass diese Idee bei der Realisierung im Unternehmen so oft daneben geht.

Berüchtigt wurden zum Beispiel jene Manager, die nach ihrer Lektüre der zitierten Krankenhaus-Studie ihren eigenen Reinigungsfachkräften als Purpose vorgaben: »Ab sofort seid auch Ihr Teil der Pflege!« Verwirrung allenthalben: »Wieso? Ich bin doch keine Krankenschwester! Ich bin Reinigungskraft! Was soll das?« Grenzgänge, die von oben verordnet werden, sind keine mehr, sondern das Gegenteil: Neue Korsage, aus der man am liebsten ausbrechen möchte – per Grenzgang.

Einen noch größeren Knüller lieferten jene Vorgesetzten, die getreu der Studie verkündeten »Ihr dürft den Patienten auch Gutes tun!« und dann einzelnen Reinigungsfachkräfte die Leviten lasen, als diese den Patienten zum Beispiel ausgelesene Zeitungen und Zeitschriften vorbeibrachten: »Das schädigt den Kiosk im Krankenhaus. Das dürft ihr nicht!« Damit hatte sich die Initiative erledigt. Die Leute machten wieder Dienst nach Vorschrift, stellten ihre Grenzgänge ein – und wechselten zu anderen Arbeitgebern.

Empowerment ist: Menschen aktiv zu ermuntern, selber über ihre ganz konkrete Tätigkeit nachzudenken und diese zu verändern – und nicht vorzugeben, wie oder was anders zu denken oder zu tun ist.

Das ist Arbeitsgestaltungskompetenz, die Grenzgänge ermöglicht, die wiederum Flow erzeugen. Warum sollte man darauf verzichten? Auch nur für einen Tag? Was erklärt, warum ein beträchtlicher Anteil von arbeitenden Menschen nicht weniger arbeiten möchte: Einen ganzen Tag lang auf berufliche Grenzgänge verzichten? Zumal im Privaten und Familiären Grenzgänge aus verschiedenen Gründen oft schwieriger sind? Dann lieber arbeiten. Als Grenzgänger. Und im Flow.

Anregungen für Führungskräfte & HR

An und teilweise über die Grenzen der definierten Rollen und Abläufe zu gehen, weckt in Ihrem Team nicht nur Selbstwirksamkeit und Leistungslust, sondern schafft kreatives Potenzial für Innovation, ist gelebte Agilität, ohne dass Sie »per Rezept verschrieben« werden müsste. Das bedingt aber gerade für Sie als Führungskraft auch Konflikte, schlicht auch einfach Stress, wenn denn im Idealzustand alle Beschäftigten anfangen, selbst zu entscheiden, wie sie ihre Arbeit anders bewerkstelligen. Das sollten Sie nicht ungesteuert im Team einfach geschehen lassen, das ist nicht einfach eine Verordnung im Sinne von »Tut was Ihr tun wollt!«, sondern das braucht dauernde Begleitung, Moderation, Gespräche mit ganz konkreten Arbeitsanalysen und Reviews von Kompetenzen der Belegschaft.

- Reden Sie mit Ihren Team-Mitgliedern nicht nur über Arbeitsorganisation, Ergebnisse, auch nicht nur über Befindlichkeiten, sondern über **konkrete Tätigkeiten und die Kompetenzen, Rahmenbedingungen, Herausforderungen für das ganz konkrete tägliche Tun**. Das ist **Job Crafting** aus der Metaperspektive: den Job an sich erfragen, hinterfragen, verstehen in all seinen Details und Bedingungen, die es zur guten Erfüllung braucht. Nur dann können Sie als Führungskraft Verbesserung der Bedingungen angehen oder auch sich kreativ Gedanken machen, wie man die Tätigkeiten im Team anders organisieren, verteilen, aufteilen kann, um den einzelnen Team-Mitgliedern mehr Wirksamkeitserfahrung zu ermöglichen. Wichtig dabei: Wer im Team kann und sollte noch »lernen«, im Sinne von sich erweitern, sich erleben, ein Gefühl für eine konkrete, wertgeschätzte Tätigkeit bekommen?

- Lernen Sie Ihre Mitarbeiterinnen und Mitarbeiter auf professioneller Ebene besser kennen, mit **»Berufsalltags-Gesprächen«**, und zwar über deren normalen Arbeitstag, im Sinne der Tätigkeit – und nicht über Strategie, Zielerreichung, Karriereentwicklung, aber genauso wenig meint das Small Talk. Insofern geht es um weit mehr als nur ein »Wie geht's Ihnen denn heute?« oder »Wie war der Urlaub?«. Es ist eher »Wie läuft es mit dem Projekt? Funktioniert die neue Software dafür?«, »Sind Sie eigentlich zufrieden mit Ihrem neuen Büro? Fehlt was? Fühlen Sie sich wohl?«, »Sie waren in den letzten Tagen spät dran, das ist kein Problem für mich – kann ich Ihnen irgendwie helfen oder entgegenkommen? Können wir etwas anders organisieren?«

- **Vermitteln Sie auch, wo die Grenzen sind**, wo selbstgesteuerte Abweichungen vom Gewohnten nicht mehr toleriert werden – und das hat häufig mit harten, faktischen Beschränkungen zu tun (beispielsweise: Arbeitssicherheit, Arbeitsschutz, Gesetze in bestimmten Märkten und Strukturen, Wettbewerb, Datenschutz usw.) und nicht nur einem Kontrollverlust der Führungskraft. »Regelbrechen« ist nicht

»Gesetze brechen«, und hier können Fachkräfte nur dann selbstverantwortlich innerhalb der Grenzen handeln, wenn sie 1. die äußersten Leitplanken kennen und 2. im Unternehmen eine Diskussionskultur existiert, die es fördert, wenn Mitarbeitende über Grenzen und Grenzüberschreitungen offen und ehrlich berichten, ohne Angst, mit der nötigen Achtung aus einem Unternehmensinteresse heraus, mit einer allgemeinen moralischen Vorstellung, was »gut & richtig« ist.

Anregungen für Mitarbeitende

- **An seine Grenze kommen gehört dazu!** Klingt abgedroschen, aber für ein Flow-Erleben wird oft unterschätzt, dass es nicht reicht, etwas sehr gut und sehr gerne zu tun und – Schwupps – ist man phantastischen Flow. Die Beispiele (s. o., Ayrton Senna, Reinhold Messner...) zeigen, dass man sich selbst fordern, ja nahezu herausfordern muss. Man muss seine eigene Grenze überhaupt erstmal ausloten, um ein Gefühl des stolzen Staunens zu erhalten, dass man häufig mehr kann, als im schnöden Arbeitsalltag verlangt wird. Die eigene Grenze wird häufig zu negativ interpretiert, als Grenze des Könnens, »danach kommt nichts mehr«. Aber von der Grenze aus können Sie wunderbar auf das schauen, was Sie alles können, was schon erreicht haben, was sie bereits zu leisten im Stande sind. Und selbst eine krasse Grenzerfahrung ist auch ein ganz basales Lernen, wie ein kleines Kind, dass mutig die ersten eigenen Schritte ohne Festhalten unternimmt.

- Bei Grenzerfahrungen im Job bzw. Job Crafting geht es um **geregeltes Regelbrechen**, im Sinne eines flexiblen und dennoch tugendhaften Verhaltens. Dabei muss man seinen Job als Tätigkeit verstehen, die auch über eine vorgedachte Rolle, vorgedachte Organisation hinaus geht. Das kann auch dazu führen, dass man etwas tut, was man eigentlich nicht tun soll – wenn es denn der Selbstwirksamkeit dient, und wenn es der Sache des Unternehmens dient und allgemein das »Richtige« darstellt, also eine ökonomische und zugleich moralische sinnvolle Handlung.

- Aber Achtung: **die Grenze ist da, wo das Gesetz oder Vorgaben zur Arbeitssicherheit einen höheren Stellenwert darstellen**, als moralische Grenzen, die einen selbst, aber auch andere vor materiellem oder psychischem Schaden bewahren wollen. Bestes Beispiel: die Reinigungskräfte in der Klinik, die die Patienten unterhalten, fröhlich gestimmt haben. Wenn hier aber eine Reinigungskraft sagt, ich möchte noch mehr Zeit haben für die Unterhaltung der Patienten, dafür putze ich weniger, und hier und da überspringe ich auch mal die Reinigung eines Zimmers, weil ich dadurch Zeit gewinnen kann. Was die Reinigungskraft gut meint, aber übersieht, ist, dass durch ihr Verhalten in einem kritischen Bereich die hygienischen Standards leiden, und das kann kein Patient wollen.

- Zum geregelten, noch tolerierbaren Regelbrechen muss man schlichtweg **die Regeln kennen**, auch wenn das – etwa bei allerhand Gesetzgebung – einiges an Einarbeitung erfordert. Aber die Mühe dieser Art von Weiterbildung ist es wert, wenn man durch Sachkenntnis den »peace of mind« genießen kann, eben nicht in die juristisch-moralische Unwägbarkeit zu geraten, sondern gezielt und kenntnisreich die Regeln, die man kennt, umschiffen kann, dehnen kann, ausgestalten und anders interpretieren kann.

9 LEISTUNGSLUST IST, MIT RÜCKSCHLÄGEN UMZUGEHEN

I can accept failure, everyone fails at something.
But I can't accept not trying.
Michael Jordan, US-Sportler

Reality Slap: Wenn das Leben hart zuschlägt

Leistungslust ist ein tolles Gefühl und ein herausragender Lifestyle. Sicher haben Sie in den letzten Tagen und Wochen gelegentlich oder häufig Momente der Leistungslust erlebt und genossen. Häufig genug?

Meist lautet die Antwort: nein. Von etwas Gutem kann man nie genug bekommen. Doch ständig kommt irgendwas dazwischen! Stress, Terminnot, Erfolgsdruck, Konflikte, Arbeitsüberlastung, das Leben, das Schicksal, die Familie, Beziehungskrach, fiese Kunden, überfordernde Vorgesetzte, blöde Kollegen, Geldsorgen, Probleme, Hindernisse, Krisen. Ständig schmeißt uns irgendwer Steine in den Weg. Stress macht Lust kaputt!

Viele fordern daher: »Weniger Stress!« Das wäre schön. Echt jetzt. Wäre ich voll dabei! Aber wie realistisch ist das? Dass in unseren stressigen, hektischen, krisenhaften Zeiten, in denen regelmäßig Rezessionen, Pandemien, Kriege und Krisen toben, wir irgendwann mal Ruhe haben? Viele Menschen warten auf diese himmlische Ruhe – ich nicht. Wir wählen einen anderen Weg:

Statt »weniger Stress!« bitte »mehr Stressresistenz«!

Auch genannt: Resilienz.

Resilienz made in Hawaii

Resilienz wird oft mit »Widerstandskraft« übersetzt – und schon beginnen die Missverständnisse. Viele Menschen unterstellen, dass resiliente Menschen das Schlechte im Leben erst gar nicht an sich heranlassen. Sie übersehen dabei, dass a) die beiden Entdeckerinnen der Resilienz das nie behauptet haben, dass b) das ganz im Gegenteil keine adaptive, sondern eine maladaptive Bewältigungsstrategie wäre, die Sigmund Freud bereits mit Vermeidung, Verdrängung und Verleugnung beschrieben hat und dass c) das gar nicht möglich ist: So dick kann gar kein Fell sein, dass man die Zumutungen des täglichen Lebens von sich fernhalten könnte. Sie treffen uns alle.

Populär ist auch das Missverständnis, dass Resilienz bedeutet, wie schnell man sich von einer Krise erholt. Bei Resilienz geht es nicht um Rehabilitation nach der Krise als psychische Gesundung, sondern – ganz im Gegenteil – um die aktive Krisenbewältigung im Sinne von Widerstandskraft. Und diese Krisen waren enorm bei der bahnbrechenden Studie, aus der Resilienz hervorging; umgangssprachlich »Hawaii-Studie« genannt.

Emmy E. Werner und Ruth Smith untersuchten mit der »Kauai-Längsschnitt-Studie«[52] 700 Kinder, die 1955 auf Hawaii geboren wurden und unter widrigsten Umständen aufwuchsen, zum Beispiel: Vater Trinker, Mutter heroinsüchtig, Kühlschrank leer, Wohnviertel wird von Gangs terrorisiert. Was soll aus solchen Kindern schon werden?

Wenn sie mit sechs nicht auf offener Straße erschossen werden, werden sie ebenfalls drogenabhängig und leben von der Stütze: fragil von Geburt an. Der aus wissenschaftlicher Sicht vollkommen irre Aspekt der Studie: Sie begleitete diese bedauernswerten Kinder über 40 Jahre hinweg. Das ist Wissenschaft, die Wissen schafft! Nur mit so einer Langzeitstudie kann man herausfinden, wie gravierend sich das eigene Elternhaus auf ein ganzes Menschenleben auswirkt. Und natürlich wetteten alle gegen die Kinder: Die gehen unter. Garantiert. Steht schon auf dem Geburtsschein.

Zwei Drittel der Kinder taten das auch, vorhersehbar, leider. Sozial-ökonomischer Determinismus: Der Mensch ist das Produkt seiner Umwelt. Was aber war mit dem restlichen Drittel?

Job & Life Crafting

Dieses Drittel der Kinder entwickelte sich völlig unerwartet. Diese Kinder schafften es aus den Problemvierteln heraus, machten einen Schulabschluss, bekamen ihr Leben auf die Reihe, entwickelten Selbstsicherheit, Zuversicht und einen gewissen sozialen und wirtschaftlichen Erfolg. Wie und womit? Die beiden Forscherinnen nannten es: Resilienz. Diese Kinder »trainierten« Resilienz praktisch von Windeltagen an – natürlich völlig unbewusst. Sie orientierten sich nicht an den kiffenden und trinkenden Eltern, sondern an einer Bezugsperson jenseits des problematischen Umfelds: Tante, Großmutter, großer Cousin, Lehrer. Resilienz durch ein konkretes Vorbild außerhalb des eigenen, problematischen Umfelds.

Fällt Ihnen etwas auf? Stichwort: Job Crafting, selbst etwas aus den Bedingungen machen, die man vorfindet, sich selbst ein gutes bzw. besseres Umfeld zu bauen. Wenn man so will ist das, was – erstmalig so dokumentiert – die resilienten Kinder auf Hawaii gemacht haben: Life Crafting. Aktives und individuelles Gestalten des eigenen Lebens, sich mit einem neuen sozialen Orientierungspunkt quasi an den eigenen Haaren aus dem Sumpf der schädlichen Familie ziehen. Und egal ob Job oder Life Crafting – sein Leben respektive Job selbst in die Hand zu nehmen, gelingt einfacher, wenn man einen Mentor, ein Vorbild, einen Anker außerhalb der toxischen Umgebung findet. Klingt unmöglich?

Ist es nicht. Auch in Unternehmen finden wir immer wieder Menschen, die im dysfunktionalen Team nicht kaputtgehen, sondern diese Resilienz zeigen, weil sie sich einem Kollegen oder Kollegin oder einer Führungskraft einer anderen, gesunden Abteilung zuwenden, an ihr orientieren, mit ihr ganz informell zusammenarbeiten, sich austauschen, signalisieren: »Ich finde Dich gut, Du tust mir gut, ich würde gerne mit Dir und für Dich arbeiten, trotz meiner anderen Rolle/Abteilung/Vorgesetztem«. Das ist nicht normal. Normal ist, dass man dem eigenen Gruppentrieb nachgibt und sich ins miese Team mit Zähneknirschen integriert, unterordnet, sich damit abfindet. Fragil. Resiliente Menschen dagegen orientieren sich an resilienten Menschen. Wer sind Ihre Local Heroes? Jedes reale Vorbild, jeder soziale Anker macht resilienter.

Niemand ist von Natur aus resilient

Und noch ein Wort zu den ewigen Skeptikern, die immer noch behaupten, Resilienz liege in den Genen. Der Journalist Christian Wolf hat diesen Irrtum letztgültig widerlegt[53]. Er führt dafür eine Studie von 2014 an, mit der Forscher um die Psychiaterin Ananda Amstadter von der Virginia Commonwealth University in Richmond eineiige und zweieiige Zwillinge miteinander verglichen. Da eineiige Zwillinge identische Gene besitzen, lässt sich mit einem Vergleich sehr klar feststellen, welche Eigenschaften eines Menschen ererbt und welche erworben wurden.

Amstadter kam zu dem Ergebnis, dass die Erblichkeit von Resilienz höchstens 50 Prozent beträgt. Auch wenn diese Zahl in anderen Studien etwas variiert, ist klar: Ein massiver Teil der Unterschiede in der psychischen Widerstandskraft geht auf das Konto der Umwelt. Nurture, not nature. Anders gesagt: Wir können Resilienz lernen! Selbst wenn es nur zu 50 Prozent ist. Wollen Sie diese 50 Prozent ungenutzt lassen und lieber fragil weiterleben?

Bestimmt nicht. Dann fangen Sie am besten an, Resilienz nicht als Mode, als Trend abzutun, als Firlefanz in der Kategorie »Vanille-Tee und Räucherstäbchen«, sondern als trainierbare Fähigkeit, selbst im stressigsten Stress ganz pragmatisch und nicht-esoterisch Leistungslust zu erfahren. Wie? Betrachten wir Menschen, die hoch resilient sind, zum Beispiel…

Wie ein Extremschwimmer den Stress umarmt

André Wiersig ist Extremschwimmer[54]. »Extrem« bedeutet nicht, dass er jeden Samstag 50 Bahnen im städtischen Hallenbad krault. Er schwimmt Größeres; zum Beispiel von einer Landesküste zur gegenüberliegenden Insel, durch Meerengen, bei Wind und Wetter, bei Wellen und Dunkelheit, bei all dem Getier, was unter ihm herschwimmt. Er kommt dabei in Flow und Leistungslust – anders sind solche Spitzenleistungen nicht möglich. Und wenn ihn dabei ein Hai attackiert?

Ein Hai ist ein ernstzunehmendes Flow-Hindernis – das kann sicherlich jeder Nicht-Extremschwimmer gut nachvollziehen. Schon ein einziger Hai kann einem den ganzen Tag versauen. Nüchtern betrachtet ist so ein Hai ein absoluter Show-Stopper, ein Leistungs- und Flow-Risiko für einen Extremschwimmer. Deshalb hofft André nicht, wie die meisten Menschen, dass das Risiko nie virulent wird. Solche Menschen nennen wir fragil: zerbrechlich, verwundbar, nicht Stress-fest, nicht Flow-fähig. In diesen stressigen Zeiten fragil zu sein, ist wirklich schlimm. Wer fragil ist, hofft auf bessere Zeiten. Wer dagegen resilient ist, fürchtet sich nicht vor Risiken, sondern rechnet mit ihnen und bereitet sich auf sie vor, und verarbeitet sie, wenn sie dennoch eintreten.

Das klingt trivial, ist es aber nicht. Denn wie betrachten fragile Menschen Risiken? Wir hören es bereits an ihrer Risiko-Einschätzung: »Ja, da könnte vielleicht was passieren.« André ist da diametral anderer Meinung: »Denn wenn es dann wirklich passiert, passiert es ja nicht ›vielleicht‹, sondern tatsächlich!« Also *hofft* er nicht. Er *managt* das Risiko. Er stellt sich darauf ein, bereitet sich darauf vor – nicht nur am Beispiel Hai, sondern auch etwa bezüglich der sehr viel wahrscheinlicheren und nicht minder gefährlichen Quallen: »Ich gehe a priori davon aus, dass ich gestochen werde.«

Damit rechnet er, *bevor* er zu einer Schwimm-Tour in Quallen-verseuchten Gewässern aufbricht. Er rechnet damit, und er bereitet sich darauf vor. So fragte er vor einigen Jahren telefonisch beim Institut für Meereskunde in Kiel an: »Habt ihr zufällig ein paar Quallen da? Damit ich mal die Hand reinhalten und selber spüren kann, wie heftig das brennt?« Die zuständige Mitarbeiterin lachte kurz, murmelte etwas von »ist wohl ein Radio-Scherz« und legte auf.

André Wiersig hat dann nochmal angerufen und erklärt, dass er Extremschwimmer ist und die Nessel-Erfahrung für sein Risikomanagement benötigt. Danach lud man ihn ein. Er durfte die Hand in den Quallen-Tank reinhalten, und es hat ganz schön wehgetan. Das ist Resilienz. Wir haben stets die Wahl: Wir können den Schmerz in der Vorbereitung wählen oder den Schmerz im Ernstfall. In letzterem Fall tut es in der Regel sehr viel mehr weh. Doch fragile Menschen drücken sich um den Schmerz der guten Vorbereitung. Sie wollen diesen Schmerz lieber vermeiden wie auch alle anderen Risiken, Hindernisse und Widrigkeiten. Täglich hunderttausendfaches Beispiel: »Ich hoffe, der Chef lässt mich heute in Ruhe, damit ich endlich meinen Rückstand aufarbeiten kann!« Fragil. Resilient dagegen: »Jede Wette: Die Chefin (eine Problemkunde, eine stressige Kollegin, ein säumiger Mitarbeiter ...) geht mir auch heute wieder auf die Nerven. Also mache ich ... (jeweilige Methode des Risikomanagements).« Eine leitende Angestellte zum Beispiel sagt: »Meine Chefin rennt wegen jeder Kleinigkeit zu mir. Ich habe wirklich keine halbe Stunde am Stück, in der ich in Ruhe arbeiten kann. Es sei denn, ich drehe den Spieß um und zwinge ihm am Morgen als erstes ein spontanes Meeting auf, in dem ich alle Eventualitäten des Tages vorausschauend organisiere. Dann lässt er mich den Tag in Ruhe. So ein Meeting mit einer Panik-Leitung ist stressig. Stressiger ist, wenn er mir alle 20 Minuten über die Schulter schaut und mich aus dem Konzept (und aus dem Flow) bringt.« Resilient.

Resiliente Menschen sind keine Superhelden. Sie drücken sich lediglich nicht vor Widrigkeiten, sondern packen sie pro-aktiv an. Aus Prinzip. Das Prinzip ist Resilienz. Warum sind wir nicht alle längst resilient?

Essenzieller Resilienz-Treiber: Selbstwirksamkeit

Fragile Menschen drücken sich vor Risiken und Hindernissen. Sie verdrängen sie: »Och, wird schon nicht so schlimm werden!« Dann wird es aber doch so schlimm und da stehen sie nun und schauen fragil aus der Wäsche, ohne Flow, mitten im Stress. Manche reagieren auch mit Zynismus: »Ja, der Chef – tut alles, damit wir es möglichst schwer haben bei der Arbeit.« Verständlich, menschlich, aber leider fragil. Mit Zynismus überwindet man keine Hindernisse und vermeidet auch keinen Burnout – oft die Endstation der Fragilität. Womit dann?

Sabine Ruholl von der RWTH Aachen hat dazu eine Übersichtsarbeit vorgelegt[55]. Darin legt sie den Finger auf die Wunde: Selbstwirksamkeit.

Wer darauf *hofft*, dass die Führungskraft (der Kunde oder Kundin, der Partner oder Partnerin...) ihm keinen Ärger macht, fühlt sich sicher nicht sonderlich selbstwirksam, sondern ist abhängig von der sozialen Umwelt, ist Spielball anderer Menschen. Dieser Mangel an innerer Überzeugung verursacht nicht nur Fragilität – wie der Name der Übersichtsarbeit von Sabine Ruholl bereits andeutet. Das verursacht auch psychische Störungen von Überlastungsdepression bis Burnout. Klar: Wenn ich glaube und vor allem fühle »Ich kann nix machen!«, dann bin ich Fähnchen im Wind, hilflos, machtlos, ohnmächtig. Dann kann jeder mit mir machen, was er will. Ein übles Gefühl. Fragilität. Das Gegenteil von Resilienz.

Und doch glauben viele Menschen immer noch, psychische Störungen, insbesondere die Depression, liege allein in den Genen. Es gibt Fälle genetischer Depression. Weitaus häufiger jedoch ist die sogenannte situative Depression: Stresssituation + Fragilität = Gefahr der Verstärkung depressiver Symptome (oder eine andere

Neurose, viele Menschen reagieren auch mit Paranoia oder Zwangsstörungen auf Dauerstress). Ergo: Jeder Mensch kann von einer psychischen Störung heimgesucht werden, wenn er nur heftig genug seiner Selbstwirksamkeit beraubt wird. Der Knüller dabei: Meist berauben wir uns selbst.

Die Kunst, sich selbst ein Bein zu stellen

Der schnellste Weg, sich seiner eigenen Selbstwirksamkeit zu berauben, ist was?

Richtig geraten: unsere Gedanken. Überspitzt gesagt: Wir denken uns depressiv – wenn wir zu viel denken. Nicht nur beim typisch depressiven »ständigen Grübeln«, das kann viel harmloser eingebettet sein im Hochleistungsalltag, zum Beispiel mit der Erwartungsspirale: Wir sind mit Arbeit, Gesundheit und Familie/ Beziehung gerade leicht bis heftig überlastet und denken: »Das wuppe ich auch noch!« Dann kommt der nächste Nackenschlag und wir merken: »Nö, wuppe ich nicht!« Wir fühlen uns als Versager. Weil wir es sind?

Nein, weil wir überzogene, unrealistische Erwartungen an uns selbst hatten. Wir haben uns gedanklich überschätzt. Also machen wir was? Wir korrigieren unsere Erwartungen? Schön wär's ja. Das wäre resilient.

Doch meist denken wir nicht nach dem Motto »Think smart!«, sondern »Think hard!« Wir setzen uns noch ehrgeizigere Ziele. Und werden wieder enttäuscht, worauf wir noch ehrgeizigere ... und so weiter. Das ist der Teufelskreis der Fragilität mit anschließender psychischer Störung. Wie gewinnen wir unsere geistige Gesundheit zurück?

Indem wir es machen wie resiliente Menschen.

Wie resiliente Menschen Stress umdefinieren

Resiliente Menschen fühlen sich nicht überfordert, denn sie haben eine Selbstwirksamkeitsüberzeugung. Wie sollen wir normalen Menschen jemals so überzeugt von uns selbst werden?

Indem wir genauer hinschauen. Tun wir das, stellen wir erleichtert fest: Selbst extrem resiliente, stark von sich selbst und ihren Fähigkeiten überzeugte Menschen fühlen sich zehnmal am Tag überfordert. Das ist ein spontanes menschliches Gefühl, das niemand abschalten kann (obwohl ein Teil der Ratgeber-Literatur das behauptet). Der Unterschied zwischen fragilen und resilienten Menschen ist lediglich: Resiliente Menschen legen den »Schalter« extrem schnell um; von »Oje, was für ein Riesenproblem!« zu »Da fällt mir schon was dazu ein, da lässt sich doch was machen, ich fange jetzt erstmal damit an...« Was ist übrigens Ihr Spruch, Gedanke, Assoziation, Affirmation oder Power Move, mit dem Sie sich aus einem Oje-Moment herausholen und Ihre Selbstwirksamkeit wiedergewinnen?

Sie haben keinen? Das stimmt nicht. Jeder Mensch hat einen und wendet ihn auch an – ganz unbewusst in minder stressigen Momenten. Da dies jedoch eine unbewusste Kompetenz ist, besteht Ihr Training darin, sich diesen

Schwach-Stress-Umschaltspruch erst einmal bewusst zu machen und dann progressiv steigernd auf härtere Situationen zu übertragen.

»Mist, schon wieder ein Problem!« – das kannte Jocko Willink, ehemaliger Navy SEAL, nur zu gut, und erläutert im millionenfach aufgerufenen Video[56], wie man es anders machen kann. Wann immer sein Unteroffizier mit einem gravierenden Problem zu ihm als Vorgesetztem kam, sagte er nicht »Auweh, noch ein Problem«, sondern einfach nur »Good«. Das ist die richtige Einstellung zu einem Problem. Das ist Resilienz. Denn mit »Mist, ein Problem«, bekomme ich das Problem nicht nur nicht weg, ich stelle mir mit so einer gestressten oder gar defätistischen Einstellung auch meiner eigenen Selbstwirksamkeitsüberzeugung ein Bein.

Das Willink'sche »Good« ist übrigens ein perfektes Resilienz-Tool: Sie müssen es noch nicht einmal glauben, damit es wirkt. Es reicht schon, wenn Sie sich bei jedem verdammten Problem auf die Lippe beißen und ein widerwilliges »Gut« oder »Wie schön, ein Problem« herauspressen: Was der Mund sagt, das glaubt der Kopf. Vor allem, wenn man es bei jedem neuen Problem wiederholt. Repetitio est mater studiorum. Jede Fähigkeit ist im Grunde »nur« eine gute Angewohnheit.

Das Willink'sche »Good« ist eine schnelle Resilienz-Heuristik; heute sagt man Life Hack dazu. Quick & dirty.

Dieses Umschalten, dieses »Switchen« ist eine tolle spezifische Fähigkeit der allgemeinen Resilienz, auch Bounce-back Quality genannt, auf gut Deutsch: Stehaufmännchen-Qualität. Niemand kann beeinflussen, wieviel Nackenschläge ihm die Führungskraft, die Konjunktur, das Schicksal verpasst. Doch wie schnell und gut wir damit umgehen, das hat jeder und jede zu hundert Prozent selbst in der Hand. Das ist eine Fähigkeit. Oder wie Viktor Frankl es nennt: »Zwischen Reiz und Reaktion liegt ein Raum. In diesem Raum liegt unsere Macht zur Wahl unserer Reaktion.« Wählen wir Resilienz.

Resilienz durch Selbstorganisation

Fragile Menschen stellen meist viel zu hohe Anforderungen an sich, setzen sich unabsichtlich und unreflektiert allzu hohe Ziele, zum Beispiel: »Im August mache ich endlich meine Steuererklärung!« Wir riechen förmlich, wie das auch im August wieder nichts wird oder eben der übliche Druck und Stress mit der Steuererklärung; wie jedes Jahr. Jedenfalls stellt sich dabei keine Leistungslust ein. Leistungslust? Bei der Steuererklärung? Also im Stress? Ist das möglich?

Natürlich. Viele Menschen empfinden diese Lust auch und gerade in Stresssituationen – sie reden nur nicht darüber, weil sie dann als Nerd getrollt werden. Was uninteressant ist. Interessant ist allein: Wie schaffen die das?

Mit dieser Planungs- und Organisationsstrategie: »Setting specific goals that are proximal rather than distant.«, also spezifische Nah- statt Fernziele. Die ganze große und stressige Steuererklärung ist ein viel zu fernes Ziel – daher demotiviert es so. Da kommt keine Lust auf. Viel eher mit proximalem Ziel: »Ich sammle heute erst mal alle Belege«, »Ich mache heute einfach nur 10 Minuten den Abschnitt 1 und fange schon mal mit Abschnitt 2 an; so weit ich eben komme«, »Ich fülle heute die persönlichen Daten auf den ersten zwei Formblättern aus«. Das sind Mini-Ziele, mit denen Hunderttausende Menschen täglich Frust-Aufgaben den Frust nehmen und dabei auch in Leistungslust kommen. Diese »Ziel-Atomisierung« funktioniert sogar bei depressiven Menschen. Wie schaffen sie es?

»Nicht das ganze beschissene Leben, nicht den nächsten Monat, nicht einmal den heutigen Tag überstehen – nur die nächsten 10 Minuten.« Und danach die nächsten.

Klingt so absurd wie einleuchtend, wirkt aber wahre Wunder: Mini-Ziele machen resilient. Warum fassen wir sie nicht häufiger?

Schritt für Schritt, Meter für Meter

Weil der Innere Kritiker, geprägt durch eine ökonomische Leistungsgesellschaft, uns einflüstert: »Aber das ist doch gar nichts! Das ist doch viel zu wenig. Das löst das Problem doch nicht!« Bei fragilen Menschen ist nach dieser Kritik Schluss. Resiliente Menschen dagegen setzen dem Monolog des Inneren Kritikers den Inneren Dialog entgegen: »10 Minuten sind nicht nichts. 10 Minuten sind 10 Minuten, sechsmal 10 Minuten sind eine Stunde und zehn Wachstunden sind ein Tag. Also hör auf zu meckern und pack endlich das Mini-Ziel an!« Und danach das nächste und danach ...

Selbst der Extremschwimmer André Wiersig lässt sich nicht durch die im Vergleich zur 25-Meter-Bahn im Hallenbad ungeheuren Distanzen entmutigen, sondern schwimmt einfach, schwimmt weiter und sagt sich dabei: »Jetzt noch ein paar Züge«, »Jetzt noch weitere fünf Minuten«. Zug für Zug, Meter für Meter, und aus Metern werden Meilen und aus Meilen werden durchschwommene Meerengen.

Fragile Menschen tendieren darüber hinaus zu binärem Denken, »Alles oder nichts«: »Ach, das bringt doch nichts!« Resiliente Menschen dagegen halten es mit dem alten Bayrischen Spruch: »A bissel was geht immer!«

Fragile Menschen bestrafen sich für Fehler – was absolut fatal ist. Ich bin in einer überfordernden Situation, ich fühle mich überfordert, versuche es aber trotzdem, begehe dabei einen Fehler, fast unvermeidlich, eben weil ich überfordert bin und falle dann innerlich auch noch über mich her: »Siehst du? Hab' ich gleich gesagt! Du kannst das einfach nicht!« Gelingt mir dagegen wider Erwarten etwas, bleibe ich innerlich stumm. Resiliente machen es genau umgekehrt.

Machen sie einen Fehler, sagen sie sich innerlich: »Errare human est. Nur wer was macht, macht auch Fehler. Also Schwamm drüber und: Schon wieder was dazu gelernt!« Machen sie dagegen etwas richtig, auch und gerade in einer überfordernden Situation, loben sie sich selbst überproportional (wie es eine gute Coachin oder Coach in jeder Sportart ebenfalls machen würde).

Krisenfest dank Regeneration

Resilienz ist so lebensentscheidend wichtig, dass einige Wissenschaftler nur noch dieses eine Thema erforschen, darunter renommierte Forscher wie Klaus Lieb, Psychiater und Direktor des Leibniz-Instituts für Resilienzforschung[57].

Lieb unterstreicht, wie wichtig der Erwerb von Resilienz in Elternhaus, Schule, durch Medien und Politik gerade in unseren krisenhaften Zeiten wäre, indem er ein Sittenbild unserer Zeit malt: Wir haben als Individuen und als Gesellschaft immense Schwierigkeiten, nach Corona, Krieg, Strompreisschock und Inflation wieder »runterzukommen«. Vielmehr bleiben wir offenbar im chronischen Stresszustand, in der andauernden affektiven Überaktivierung. Stress-Nation. Das ist typisch für fragile Menschen und Gesellschaften.

Auf der individuellen Ebene drückt sich das aus in Schlaf- und Antriebsstörungen, depressiver, frustrierter oder aggressiver Grundstimmung, hohem Burnout-Risiko und einer generellen Lustlosigkeit in Job und Beziehung. Klar, die Zeiten sind übel und stressig – aber wir sind eben nicht stressfest, wir sind fragil. Warum?

Weil wir unter anderem die Kunst der Regeneration verlernt haben, so Lieb. Deshalb stecken wir so lange im Stress-Modus fest. Noch in den 70er-Jahren des vorigen Jahrhunderts sah man Menschen nach Feierabend auf dem Bänkchen vor dem Haus sitzen, freundlich das Treiben in der Nachbarschaft beobachtend: Regeneration. Und damals arbeiteten die Menschen noch weitaus härter als wir heute mit unserer Work-Life-Balance. Doch selbst mit dieser Balance regenerieren wir nach Feierabend nicht mehr. Nach Feierabend sind wir nämlich im Freizeitstress. In den Arbeitspausen lassen wir nicht mehr die Seele baumeln und schauen einfach zum Fenster raus, sondern aufs Handy. Stress. Keine Regeneration, keine Resilienz.

Und immer kommen die Ausflüchte: »Meine Führungskraft bombt mich mit Aufgaben zu, wir sind acht Wochen im Produktionsrückstand, ich habe zuhause zwei Kinder, die mich nach Feierabend voll in Beschlag nehmen – ich habe keine Zeit für Regeneration! Ich kann nicht drei Monate auf den Jakobsweg, um wieder runter zu kommen!« Aber drei Minuten zwischen zwei Aufgaben? Plus eine Atemübung, die den Parasympathikus aktiviert? Es gibt Hunderte Regenerations-Hacks; das Internet ist voll davon. Doch wir *wollen* oft nicht regenerieren, da wir denken, Regeneration wäre Auszeit, Alltagsflucht, alle Brocken hinschmeißen – wir denken »Regeneration« zu groß.

Resilienz-Ressource: Der Blick nach innen

Für Menschen, die nicht Stress-süchtig sind oder es nicht mehr sein wollen, erklärt Lieb, dass Resilienz weniger mit der objektiven Stress-Situation zu tun hat als mit unseren subjektiven Erwartungen, unseren Leistungsansprüchen an uns selbst, der eigenen Einstellung zur Situation, dem Narrativ, das wir uns erzählen und unserer Interpretation einer belastenden Situation.

Lieb hat Resilienz in diesem Sinne intensiv wissenschaftlich erforscht, und man kann drei wesentliche Kompetenzen ableiten, drei »Kraft-Felder«, die jedem Menschen Resilienz als nutzbare Ressource erschließen lassen:

Lieb nennt den ersten Faktor den »Blick nach innen«, was uns bereits den wegweisenden Tipp gibt: Resilienz ist nicht etwas, worauf ich warte, dass es mir zufällt, zu Teil wird, gegeben wird, selbst wenn externe Bezugspersonen einen immens wichtigen Einfluss dabei haben. Resilienz kommt vielmehr von innen heraus. Resilienz ist eine innere Qualität. Man kann sie nicht kaufen, sie ist Teil unseres Ichs. In jedem steckt also immer ein wenig Resilienz, man muss sich nur auf die Suche danach machen.

Wir gewinnen, fördern und stärken unser Resilienz-Ich, indem wir uns zum Beispiel vor großen Herausforderungen daran erinnern, dass wir in der Vergangenheit schon derartige Aufgaben gestemmt haben. Es müssen nicht dieselben Aufgaben gewesen sein – auch eine (schwache) Analogie stärkt bereits unsere Resilienz: Nothing succeeds like success. Eigene, auch »kleine«, Erfolgsgeschichten stärken die Resilienz, wenn und sofern wir uns ihrer bewusst erinnern. Aktiv und absichtlich. Das funktioniert bei Ihnen nicht sonderlich gut?

Stimmt: Resilienz-Training muss wie jedes hoch wirksame Training auf Sie passen, individualisiert sein. Und viele Menschen lassen sich eben nicht durch die eigene, durchaus erfolgreiche Vergangenheit überzeugen. Dann überzeugt Sie vielleicht das Lernen an Banalitäten, zum Beispiel: Wer kleine Konflikte moderieren kann, kann auch große Konflikte moderieren. Das erscheint logisch widersinnig, doch viele Menschen überzeugt diese Klein-Groß-Analogie: So lernen sie Resilienz (und vieles andere). Vom Kleinen zum Großen.

Deshalb funktioniert auch Lernen-am-Alten: Sie stehen vor einer komplett neuen Herausforderung? Die gibt es nicht. Jede komplett neue Herausforderung enthält einige alte Elemente – die Sie schon gemeistert haben. Finden Sie diese, benennen Sie diese, damit Ihr Selbstwirksamkeitsgefühl wächst und mit ihm Ihre Resilienz.

Was ebenfalls resilienter macht: Reframing. Berühmtestes Reframing im Management: »Es gibt keine Probleme. Es gibt nur Herausforderungen!« Trivialer Spruch – doch er wirkt. Wenn Sie ihn nicht in der akuten Hyper-Stress-Situation erinnern, sondern bereits vorher an vielen banalen »Problemen« trainiert haben. Was trainiert wird, funktioniert.

Womit sabotiert unser fragiles Ich außerdem noch unsere Resilienz? Natürlich, mit Gefühlen.

Resilienz-Ressource: Umfeld und Beziehungen

Fragile Menschen werden oft vom inneren Antreiber »Sei stark!« getrieben. So sagen überforderte Elternteile zum Beispiel: »Ich (!) muss heute noch die Wäsche von der ganzen Familie erledigen!« Allein? Wo bleibt dann »die Familie« dabei?

Vielleicht bräuchte es nur einen Stupser (heute »Nudge« genannt)? Oder einen Tritt in den Allerwertesten? Darauf kommen Fragile nicht (oft und/oder nachdrücklich genug), die von »Sei stark!« getrieben werden. Denn dieser innere Antreiber (s. Kapitel 2) treibt uns pathologisch dazu, alles immerzu ganz alleine schaffen zu müssen, aufgeladen, nein, überladen mit persönlichem Verantwortungsbewusstsein.

Resiliente Menschen dagegen verhalten sich anders, wenn die eigene Kraft, Zeit, Geduld, Motivation, Energie oder Kompetenz nicht für die Bewältigung einer Aufgabe ausreicht. Sie gehen nach außen und holen sich die nötige Unterstützung. Warum?

Weil sie nicht unter der toxischen Scham der fragil Angetriebenen leiden: »Aber ich (!) muss das doch schaffen, sonst bin ich nichts wert, ich bin schließlich eine fürsorgliche Mutter / mitanpackender Vater.« Resiliente sind nicht frei von dieser Scham, weil sie »schamlos« wären, sondern weil sie auch mit dieser Herausforderung umgehen können: Sie gehen in den inneren Dialog. Sie »verhandeln« mit ihrer Scham, bis diese einlenkt – was der Regelfall ist, wenn man mit inneren Zuständen verhandelt. Diese scheinen geradezu auf Hinwendung und Dialog zu warten, was einleuchtet: Jede Psyche strebt nach Integration exilierter, abgespaltener, schambesetzter oder traumatischer Anteile. Das Endergebnis nennt man übrigens »Authentizität«.

Resiliente Menschen überwinden diese Scheu, wenn sie Hilfe brauchen. Sie überwinden die Scheu, zum Telefonhörer zu greifen oder Teammitglieder um Hilfe zu bitten. Auch das üben sie in kleinen Dingen, bevor sie sich in großen Krisen Hilfe holen – denn dann können sie es bereits wegen ihres vorausgegangenen Trainings an Banalitäten.

Resilienz-Ressource: Der Körper

Dass wir unseren Körper trotz grassierendem Fitness- und Well-Being-Körperkult im Alltag stiefmütterlich behandeln, muss ich nicht weiter ausführen. Wir sitzen zu lange (Sitzen ist das neue Rauchen). Wir essen zu viel und das Falsche (s. Diabetes, Infarkte, Übergewicht und prä-diabetische Insulinresistenz). Wir machen zu wenig (Couch Potato) oder zu viel (Weekend Warrior) Herz-Kreislauf-Training. Und zwickt mal was, werfen wir eine Schmerzpille ein, anstatt die betreffende Muskulatur mit der Faszienrolle zu kneten, ihre Triggerpunkte zu lösen, sie zu stretchen und funktional zu stärken. Was hat das alles mit Resilienz zu tun?

Das wusste schon Juvenal: »Mens sana in corpore sano«. In einem fragilen Körper steckt kein resilienter Geist. Was passiert daher in der Reha-Kur, wenn ausgebrannte Führungskräfte, Lehrer und Mütter (!) wieder aufgebaut werden sollen? Womit starten sie? Mit einem Sportprogramm, das sich gewaschen hat. Weil der Körper den Geist steuert: Schlapper Körper, fragiler Geist. Deshalb sind viele Spitzenmanager in ihrer Freizeit ernstzunehmende Sportler: Triathlon, Marathon, Bergsteigen, Atlantik-Überquerung im Segelboot...

Körperliche Fitness macht nicht nur als Hygiene-Faktor resilient. Körperzentrierung hilft sogar mitten im Stress. Wir alle kennen sogenannte Power Moves. Faust ballen, Brust raus, Kreuz gerade, Schultern nach hinten, Kinn hoch und tief einatmen: Es ist unmöglich, sich damit nicht stärker, entschlossener zu fühlen. Wenn man das vorher trainiert hat und es nicht erst in der nächsten Mega-Stresssituation ausprobiert (und dann zwangsläufig scheitert; wegen mangelndem Training). Training ist eine wichtige Voraussetzung. Eben weil wir im Stress vor allem stressen: in Gedanken, Worten und Gefühlen. An unseren Körper denken wir im Stress nicht – wenn wir das nicht vorher trainiert haben.

Doch genau das ist der Haken: Woher sollen fragile Menschen wissen, wie man Resilienz trainiert? Also betrachten wir das jetzt.

Resilienz-Ressource: Rückblick auf starke Momente

Das Mantra resilienter Menschen lautet sinngemäß: »Ich kann das schon ganz gut – und werde mit jedem Trainingstag ein klein wenig besser!« Also trainieren sie. Leider ist Resilienztraining von vielen Irrtümern umrankt.

Auf einen ersten Irrtum macht Wissenschaftsjournalist Christian Wolf aufmerksam: Stresstraining ist kein Resilienztraining, obwohl viele Stresstrainings unter falschem Label verkauft werden. Sie bieten Entspannungsübungen wie zum Beispiel die Progressive Muskelrelaxation. Die ist wirklich gut – aber Stresstraining, kein Resilienztraining. Muskelrelaxation ist der sinnvolle Umgang mit Stress, wenn er schon da ist oder hinterher. Wer dagegen Resilienz trainiert, erlebt gleich gar nicht so viel Stress, den er hinterher per Relaxation abbauen müsste. Resilienztraining dagegen trainiert, wie wir gesehen haben, unter anderem die Selbstwirksamkeit, die Problemlösekompetenz, das aktive Anpacken oder auch einen gesunden Optimismus, worauf zum Beispiel Michèle Wessa von der Uni Mainz hinweist[58].

Heute gibt es für alles eine App, auch für Resilienztraining. So haben zum Beispiel die beiden Psychologen Dirk Lehr und Dörte Behrendt von der Uni Lüneburg so eine App entwickelt[59].

Das Besondere an dieser App ist gar nicht mal eine Digitalisierung von Training, sondern die Kernidee: der Nutzer sammelt mit Hilfe der App alle oder viele Momente, in denen ihm im Alltag trotz widriger Umstände etwas gelingt. Das sind ganz besonders stark wirksame Momente der Selbstwirksamkeit, die wiederum Ihre Resilienz stärken. Je mehr dieser Momente (die fragile Menschen ständig bezweifeln) man sammelt, umso stärker wird man sich seiner bereits vorhandenen Resilienz bewusst, desto stärker wird die Resilienz, desto mehr resiliente Momente wird man erleben – ein selbstverstärkender Trainingsprozess. Natürlich braucht man dafür nicht zwingend eine App, Sie können das auch auf einem Zettel, mit Post-Its oder einem Resilienz-Tagebuch machen. Die App erlaubt lediglich einen sehr strukturierten Rückblick auf diese Resilienzmomente, und man hat sie quasi immer dabei, ganz im Gegensatz zu Klebezetteln.

Resilienz-Tagebuch? Klingt total trivial. Deshalb führen es nur wenige Menschen: »Ach, das kann ich doch sicher auch so, ohne Aufschreiben!« Das ist der fundamentale Trainingsirrtum. Dörte Behrendt und Team haben diesen Irrtum in einer Studie eindrücklich aufgedeckt[60]. Sie ließen 100 Menschen ein aktives Resilienztraining absolvieren und gaben einer zweiten Gruppe von 100 Menschen ein Buch über Resilienz zu lesen. Worauf tippen Sie? Ausgemachte Sache: In der Testgruppe mit Training verringerte sich der selbst bewertete Stress in heiklen Situationen dank trainierter Resilienz signifikant stärker als in der Kontrollgruppe, die bloß gelesen, aber nicht trainiert hatte. Daher: Training ist Machen, Tun, Trainieren – nicht nur Wissen ansammeln. Just do it! Dazu haben Sie nicht auch noch die Zeit?

Das ist ein Irrtum. Es ist nicht die Zeit, es ist Ihr Ziel: Sie zielen noch zu hoch mit Ihrem Training. Denn bei Training geht es um kleine Schritte, Ergebnis erst mal total egal. Werden es genügend kleine Schritte, erreichen Sie auch das größte Ziel. Und nicht nur Sie.

Denn wäre es nicht schön, wenn nicht nur Sie, sondern auch Ihre Abteilung, Ihr Fußball-Team, Ihre Familie, Ihre Beziehung, Kinder, Enkel, Verwandten ... resilient(er) würden?

Resilienz-Ressource: Das Team

Silja Hartmann, Matthias Weiß und Sebastian Mauritz haben die Resilienz von Teams am Arbeitsplatz untersucht[61]. Wann untersucht man am besten die Resilienz von Teams?

Wenn etwas mächtig schiefgeht, zum Beispiel wenn ein Projekt wegen katastrophaler Erfolglosigkeit mittendrin abgebrochen und eingestampft werden muss. Was machen fragile Teams dann?

Nach so einem Schock zieht sich jedes Teammitglied erst einmal in sein Schneckenhaus-Büro zurück – oder alle fallen übereinander her, spielen The Blame Game und schieben einander den Schwarzen Peter zu.

Resiliente Teams machen das anders. Sie geben sich gegenseitig soziale und emotionale Unterstützung, auch und gerade gegen eine fragile Abteilungs- oder Unternehmensführung, die Blaming betreibt. Sie vertuschen oder verdrängen das Fiasko nicht, spielen nicht Cover Your Ass, sondern teilen ihre negativen Erfahrungen miteinander – aber auch nützliche Informationen im Sinne von Lessons Learned (damit es nächstes Mal anders, besser läuft).

Andererseits forcieren sie aber auch positive Emotionen, indem sie zum Beispiel The Big Picture sehen: »Mit diesem Fehlschlag haben wir so viel Erfahrung gesammelt – wir sind jetzt praktisch Know-how-Marktführer!« Sie suhlen sich nicht in ihrem Misserfolg und »Schmerz«, sondern treten einen Schritt zurück und gewinnen eine höhere Perspektive.

Das besondere an der Erkenntnis von Hartmann, Weiß & Mauritz ist, dass nicht einmal private Unterstützung so viel bringt wie eine soziale Unterstützung im Team. Das landläufige Vorurteil ist ja: Stress im Job hält sich aus, wenn man zu Hause in der Familie, von Mann/Frau den Rücken gestärkt bekommt, mit den Kindern auf andere Gedanken kommt usw. Aber das ist es nicht – weil es vermutlich inhaltlich zu weit weg ist, zwar stimmungsaufhellend, aber ein guter Zuspruch zu Hause ist nicht wirklich authentisch, da inhaltlich zu weit weg.

Wie Sie bemerkt haben werden: Das sind alles keine Superhelden-Fähigkeiten. Das könnten wir alle, in allen Teams. Warum passiert das dann so selten? Warum sind so erschreckend viele Teams (Familien, Vereine, Parteien, Ministerien, Verwaltungen, Nationen ...) so erschreckend fragil?

Was resiliente Teams so stark macht

Wir wissen, was Menschen resilient macht: Selbstwirksamkeitsüberzeugung, Lösungsorientierung und -kompetenz, konstruktiver Optimismus, beziehungsfreundliches Feedback, konstruktiver innerer Dialog ... Die Wissenschaft hat auch längst herausgefunden, was Teams jeder Art resilient macht:

1. ***Empathie nicht nur als Mitgefühl, sondern auch als Handlungsverständnis:*** *Wir alle würden lieber in einem Team arbeiten, das uns – vor allem bei Fehlern und Irrtümern, aber auch in Erfolgsmomenten – Empathie schenkt, mit uns mitfühlt. Leider artet das unter Amateuren schnell zur Heuchelei aus: »Wir verstehen ja so gut, wie es dir nach der Gardinenpredigt vom Chef geht!« Echte Empathie projiziert keine Gefühle auf andere, sondern kann deren eigene Gründe und Motive nachvollziehen, aus denen heraus sie gehandelt haben. Diese Art von Empathie kann man erlernen. Ohne diese Empathie gibt es keine Team-Resilienz, da Teammitglieder, die sich unverstanden fühlen, nicht voll im Team mitarbeiten.*
2. ***Teamgeist:*** *»Wir dulden keine Alleingänge und Solo-Flüge! Wir sind ein Team!« Leider wird das oft falsch trainiert, zum Beispiel im Hochseilgarten. Dort aber ist jeder auf sich allein gestellt, gesichert und angeleint. Echte Teamgeist-Übungen sind zum Beispiel der Brückenbau mit begrenzten Mitteln und unter Zeitdruck. Entweder alle schreien durcheinander oder einer reißt das Ruder an sich – anstatt im Team zusammenzuarbeiten. Gerade mit solchen geeigneten Übungen trainiert man Teamgeist und dadurch Resilienz.*
3. ***Menschenkenntnis:*** *Ein stark vernachlässigter Faktor in Teams, die rein aufgabenzentriert arbeiten: »Wer macht was bis wann?« Anstatt auch: »Wem geht es gerade wie und warum?« Oder auch: »Wie ticken, denken und fühlen die andern im Moment? Wer nimmt gerade Arbeit mit nach Hause? Wer arbeitet mit angezogener Handbremse? Wer liebäugelt mit einem Job-Wechsel? Wer kann mit wem besonders gut? Wer hat privat so viel Stress, dass er nur mit halbem Kopf bei der Arbeit ist?« Die Behandlung solcher menschenkenntlichen Fragen ist ein offensichtlicher Resilienz-Booster. Seltsam genug, dass dieser an westlichen Arbeitsplätzen fast schon*

tabuisiert ist: »Bitte bleiben Sie sachlich, Herr Müller! Keine Privatangelegenheiten am Arbeitsplatz!« Und geben Sie Ihre Gefühle samt Persönlichkeit bitte morgens an der Zeiterfassung ab. Es ist unglaublich, wie heftig und systematisch nicht wenige Organisationen unwissentlich im Keim ersticken.

4. ***Emotionale Sicherheit:*** *Resiliente Teams verdrängen negative Erfahrungen nicht (fragile Teams sind Champions des Verdrängens, Verleugnens und Over-Reportings). Vielmehr sprechen sie offen darüber, ohne Blame Game, aber auch ohne einen Jammerzirkel aufzumachen. Fragile Teams dagegen unterbinden diese Offenheit und Ehrlichkeit, indem sie Kulturdogmen verbreiten wie »Seien Sie doch nicht so negativ! Sie Miesmacher! Seien Sie ein guter Teamplayer! Don't rock the boat!«*
5. ***Team Support:*** *Im resilienten Team hilft man sich gegenseitig. In fragilen Teams arbeitet man oft individualisiert, gönnt sich nicht die Butter auf dem Brot oder hat »schlicht nicht die Zeit, um dir zu helfen – ich habe selber so viel auf dem Zettel. Du musst da schon alleine zurechtkommen!« In resilienten Teams heißt es dagegen: »Komm her, ich helfe dir!«*
6. ***Wellbeing Management:*** *In fragilen Teams herrscht das Primat der kurzfristigen Höchstleistung. Alles muss gestern fertig sein. Resiliente Teams dagegen maximieren die langfristige Leistungsfähigkeit, indem sie eigentlich regelmäßig gemeinsam zu Tisch sitzen oder selbst in der Gruppe etwas zubereiten, privat auch mal gemeinsam etwas unternehmen, ja vielleicht auch eine Workation (Mix aus Work und Vacation) einlegen. Sie kümmern sich gemeinsam um gute Ernährung, sporteln in Betriebssportgruppen oder haben ein Team-Abo im nächsten Fitnessstudio. Macht Spaß, so ein Team? Genauer: fördert das Team Wellbeing.*
7. ***Konfliktmanagement:*** *Fragile Teams verdrängen Konflikte oder arbeiten sie neurotisch ab, werden zum Beispiel schnell persönlich und beleidigend: »Was soll der Sch...? Was fällt dir ein?« Resiliente Teams behandeln sich auch und gerade im Konflikt mit Respekt und managen den Konflikt lösungsorientiert und professionell. Es geht um die Lösung, nicht um Dampf ablassen, Stressabbau durch Laut-losbrüllen oder gegenseitige Vorwürfe.*

Würden wir nicht alle liebend gerne in so einem resilienten Team arbeiten? Viele Menschen (leben und) arbeiten leider in fragilen Teams – und passen sich an: von unbewusst über still leidend bis laut klagend. Was verständlich und nutzlos ist. Was nützt?

Die eigene Resilienz bewahren. Im Team wird gelogen und betrogen? Ich nicht. Im Team wird The Blame Game gespielt? Ich nicht. Das Team reagiert auf jede Herausforderung mit Negativität? Ich nicht. Gewiss: Das macht einsam. Aber nur in diesem dysfunktionalen Team. Es ist authentisch, deswegen macht es stark, denn selbst die schlimmste Einsamkeit kann nicht so sehr belasten wie echte Authentizität beflügeln kann. Außerdem: Wenn Sie ihre Solo-Resilienz dem fragilen Team stets unaufdringlich und stets respektvoll vorleben, tragen Sie damit langfristig zu einem Kulturwandel bei. So wie ein schlechter Apfel den ganzen Korb verdirbt, kann ein resilienter Mensch auf Dauer ein fragiles Team wie einen Handschuh auf links drehen. Macht Arbeit, aber auch Spaß: Leistungslust.

Das ist ja auch unser letztliches Ziel: Resiliente Teams erleben sehr viel mehr Leistungslust als fragile Teams.

Gesinnung sticht Kompetenz

Wir können es nicht verhindern: Wir leben in Teams, wir arbeiten in Teams. Denken Sie an das Team, in dem Sie arbeiten! Und dann an das Team, in dem Sie leben (auch »Familie« genannt) – Hand aufs Herz: Wer ist jeweils der Außenseiter im Team?

Leider fällt uns immer jemand ein, der ein wenig oder gar weit außerhalb steht, nicht voll integriert ist, nicht wirklich ein »meaningful and valued member of this team« ist, wie es im Team der Pinguine aus Madagaskar immer heißt. Selbst in der eigenen Familie gibt es solche Familienmitglieder; oft »Eigenbrötler« genannt, in der weiteren Verwandtschaft auch als schwarze Schafe bekannt. Das ist nicht schön, aber haben Sie sich schon mal gefragt, woher das kommt?

Ja, natürlich, das ist ein Urtrieb oder wie der Volksmund sagt: »Und ist der Zirkus noch so klein, einer muss der August sein.« Aber warum?

Das untersuchte die Wissenschaftlerin Selma Rudert, die an der TU Kaiserslautern-Landau forscht, zusammen mit ihrem Team um Rasmus Möring, Christoph Kenntemich und Christiane Büttner[62]: Warum werden Menschen aus Teams ausgeschlossen?

Worauf tippen Sie?

Naheliegend: Weil sie's nicht bringen, das Niveau nicht halten können, nicht kompetent genug sind im Vergleich zu den anderen Teammitgliedern. Darauf tippen viele, und aus diesem Grund werden tatsächlich Menschen aus Teams ausgeschlossen – in 13 Prozent der Fälle. Das bekamen die Forscher bei der Befragung von 200 Probanden mit der Frage heraus: Warum haben Sie letztes Mal jemanden ausgeschlossen?

Mit 60 Prozent der weitaus häufigere Ausschlussgrund ist jedoch – erraten Sie's? – der Normbruch. Weniger starke Gründe waren Egoismus oder übertriebenes Statusstreben. Warum verursacht Normbruch einen Ausschluss?

Warum nicht Leistungsversagen? Warum sind Normbrecher, aus Sicht von 60 Prozent der Befragten, schlimmer als inhaltliche Versager, als »Minderleister«?

Die Forscher kommen zum Schluss: Wir müssen fachlich nicht perfekt sein, um Mitglied in einem Team bleiben zu können. Fehler und Leistungsschwächen werden verziehen. Wenn ich keine silbernen Löffel klaue (= Norm), ist mein Job sicher und mir die Wertschätzung des Teams. Spätere Experimente zeigten: Nur Spitzenleistungsteams schließen Mitglieder aus, deren Kompetenz nicht ans Team-Niveau heranreicht. Im Normalfall jedoch wiegen die silbernen Löffel schwerer als eine schwache Leistung: Normbruch ist Ausschlusskriterium. Werte wiegen schwerer als Kompetenz. Das Value Management gibt den Ausschlag, nicht das Leistungsniveau. Das erklärt ganz nebenbei einen der angesagtesten Trends unserer Zeit: Cancel Culture[63], so zumindest nach dem Journalisten Leander Steinkopf.

Was die Cancel Culture an Argumenten vorbringt, wenn sie cancelt, ist unter dem Gesichtspunkt der fachlichen Kompetenz betrachtet meist dünn bis faktenfrei. Doch das ist nicht entscheidend, so Steinkopf. Es geht der Cancel Culture nicht um Fakten, sondern um Normen: Du bist nicht unserer Meinung? Eventuell sogar gestützt auf unwiderlegbare Fakten? Egal. Du wirst gecancelt – weil du unsere Werte nicht teilst. So einfach ist das. Und so alt.

Übertragen auf Arbeit: Über Inkompetenz lässt sich reden – Inkompetenz gefährdet die Gruppe nicht, man kann ausgleichen, sich auffangen, »das kann jedem passieren«. Doch bei der After Work Party unentschuldigt fehlen, in einem Team mit lauter Frauen einen frauenfeindlichen Witz reißen, in einer Krisensituation unter Spitzenbelastung sich offensichtlich unangebracht krankschreiben – das alles verzeiht das Team nicht und reagiert mit Ausschluss und Verbannung; entweder explizit oder indem alle dem deklarierten Außenseiter von nun an die kalte Schulter zeigen.

Resilienz in fragilen Zeiten

Wir leben in unsicheren Zeiten. Eine Krise jagt die nächste oder wie es in Amerika heißt: »Life is just one damn thing after another.« Was nicht schlimm wäre, wenn wir mit Krisen umgehen könnten. Können wir aber nicht. Oder halten Sie sich etwa für absolut krisenfest, in allen Situationen souverän?

Die zurückliegenden fetten Jahre & Jahrzehnte haben uns verdorben, verweichlicht, mürbe gemacht, saturiert. Deshalb reagieren wir auf allfällige Krisen mit Jammerzirkeln, Kompensationskaskaden, Blaming, Eskapismus, Verdrängung oder Schimpfen über die Regierung oder Parteien (alle, »die da oben«) und die Umstände.

Das sind alles verständliche, aber nicht hinnehmbare Bewältigungsmechanismen. Weil sie auf lange Sicht nichts wirklich bewältigen. Eine Alternative allerdings ist echte Resilienz: Krisenkompetenz, Steher-Qualität, Stehaufmännchen-Fähigkeit, Bounce Back-Quality, Stressresistenz. Eigentlich sollten Resilienztrainings Pflichtveranstaltung an Schulen und in Betrieben und Familien sein ...

Denn wie wollen wir nachhaltig Leistungslust bei der Arbeit und im Leben erfahren, wenn ständig die nächste Krise dazwischenkommt?

Bestechend ist dabei, dass Resilienz nicht nur die Steine wegräumt, die uns auf der Straße des Lebens und der Leistungslust im Weg liegen. Resilienz ist darüber hinaus ein per se lohnender Way of Life, der nicht nur diese Steine wegräumt, weil sie uns bei der Suche nach einem erfüllten Leben behindern, sondern die Steine selbst zum erfüllten Leben macht. Oder wie die US-Autorin Mary O'Malley in ihrem gleichnamigen Bestseller sagt: »What's in the way *is* the way.«

Das zeichnet resiliente Menschen aus: Sie überwinden Hindernisse auf ihrem Lebensweg und ihrem Weg zur Leistungslust nicht mit viel Gestöhne und der resignativen Einsicht in ein notwendiges Übel. Das wäre zwar bereits eine konstruktive Weise der Krisenbewältigung. Doch resiliente Menschen wollen und machen mehr. Sie erfahren bei der anstrengenden Arbeit des Steine-Wegräumens selbst Leistungslust. Warum auch nicht? Ist doch auch eine Arbeit! Wie gelingt ihnen das?

Einfach: Sie sehen in jedem Problem eine Chance (zum Lernen, zum Wachstum, zum Erfolg), in jedem Rückschlag eine Challenge und in jeder Krise eine Herausforderung – zum Handeln, Machen, Anpacken, Verändern. Warum?

Weil sie auf Probleme und Krisen mit radikaler Akzeptanz (übrigens der Titel eines Bestsellers von Tara Brach) reagieren. Also nicht: »Oje, schon wieder ein Problem!« Und schon geht die Selbstwirksamkeitsüberzeugung und damit die Aussicht auf Leistungslust in den Keller. Sondern: »Also was tun wir jetzt?« Oder gar, auf Boss Level: »Toll! Ein Problem! Will ich! Mehr davon!« Der umgekehrte Effekt tritt ein: Selbstwirksamkeit und Leistungslust nehmen zu. Das zeigt sich bereits an der Sprache der Resilienten. Fragile Menschen hören wir oft stöhnen: »Ich muss ja noch die Ablage machen!« Wohingegen Resiliente über dieselbe Aufgabe zu sich selbst sagen: »So, jetzt ran an die Ablage!« Probieren Sie's aus: Wie ein einziges ausgetauschtes Hilfsverb die innere Einstellung spürbar verändert. Umso stärker, je öfter Sie es verwenden; gedanklich oder gesprochen.

Resiliente Menschen pflegen auch die dazu passende, radikale Fehlerkultur – Hauptsache, ich mache überhaupt was und zum Henker mit meinem fragilen Umfeld und meinem inneren Kritiker, die mir eventuell besagte Fehler vorhalten könnten! Die haben mir nichts zu sagen!

Resilienz ist wirklich gut für uns.

Anregungen für Führungskräfte & HR

Resilienz ist – nicht nur im Kontext Arbeit – vor allem ein **soziales Thema**, nicht nur eine individuelle Fertigkeit. Der Umgang mit Rückschlägen erfolgt besser im Team und nicht privat – und das ist insofern eine wichtige Feststellung, dass hier nicht die eskapistische Stress-Reduktion in der Familie hilfreich ist, sondern das gemeinsame Tragen von Last und Belastung im Team. Nicht nur faktisch schultert man den Stress, sondern man formt eine Erfolgs- und auch Schicksalsgemeinschaft, man teilt die gleichen Werte, man hat zusammen die Kompetenz, Dinge zu schultert, auch zu ertragen, die zu ertragen ein einzelner Mensch nicht fähig wäre. Gerade auch für HR ist Resilienz eine große organisatorische Verantwortung, einmal der Organisation für ihre Belegschaft, aber auch der Menschen füreinander – und natürlich der Führungskräfte für ihre Mitarbeitenden. Auch wenn im Vorhinein niemand sagen kann, wo und wie der Stress zuschlägt, so sollte man die Teams im Unternehmen so weit wie möglich im Zusammenhalt stärken.

Team Building heißt ein Schlüsselkonzept, leider nicht selten verschrien als »Hochseilgarten-Teamevent« in der Kategorie Bespaßung & Incentive – für die Führungskräfte die Kategorie »verzichtbare Kostentreiber«. Team-Building ist dann weit mehr als »Kennenlernen« oder »sich auch mal privat näherkommen«. Teams aufbauen heißt, **Unterstützungsnetzwerke** für die Mitarbeitenden zu pflegen. Ein solches Resilienz-steigerndes Team-Building…

- **…macht Kompetenzen, Neigungen, persönliches Grenzen sichtbar**, macht Wünsche, aber Ideen transparent, wie der Einzelne mehr Selbstwirksamkeit erreichen möchte oder schon kann.

- **…baut Vertrauen auf.** Ein dafür wichtiges Prinzip nennt man in der Psychologie »Disclosure«, ein Sich-öffnen, etwas von sich Preis geben als Vertrauensbeweis, das dient dem fachlichen Kennenlernen gerade auch in wenig planbaren, nicht alltäglichen Situationen. Vertrauen aufbauen durch: Sich in unterschiedlichen Kontexten kennen(lernen), sich in vielfältigen Aktivitäten besser einschätzen können, sich gegenseitig besser einschätzen können in der Vielfalt der Aktionen und Reaktionen. Wichtig: es darf und sollte persönlich sein, aber nicht privat. Es geht nicht um private Nähe oder gar soziale Intimität, sondern um persönlich-fachliche Erfahrung im ganzen Leben.

Verbreiten Sie eine **gute Stimmung**, achten Sie darauf, Ihre eigenen Probleme – und die werden Sie als Führungskraft ohne Zweifel haben – zu sehr ins Team hineinzutragen. Nicht selten erlebt man Führungskräfte, die zwar nicht »rumheulen«, die aber ihren Frust etwa über Unternehmenspolitik auf die eigene Stimmung abfärben lassen, und dies sorgt dann leicht für Zynismus, ein Schimpfen auf die »unfähige Unternehmensleitung« etc. Das macht **Optimismus** als Grundlage für Resilienz im Team kaputt. Natürlich sind Krisen, harter Wettbewerb, dünne Personaldecke etc. nicht schön, aber machen Sie darauf keine Strafe, keine Schwierigkeit für sich und das ganze Team, sondern einfach: eine Herausforderung. So ist das Arbeitsleben – sonst würden wir alle nur bei einem einzigen Arbeitgeber arbeiten: der Schlaraffenland AG.

Selbstfürsorge als Haushalten mit Energie, Durchhaltekraft und auch Optimismus fordert von Ihnen, dass Sie vorleben, sich zu pflegen, zu regenerieren. Bitte kein falscher Heroismus als die Führungskraft, die immer vor und nach allen anderen im Büro ist. Signalisieren Sie, dass auch Sie ein Privatleben haben, dass Sie Hobbies haben, die Ihnen Kraft schenken (aber auch nicht zu privat, Sie müssen keine Details preisgeben, aber einfach ihre Menschlichkeit mitteilen). Übertreiben Sie es auch nicht mit der Fürsorge durch den Arbeitgeber. Sicherlich wird sich manch einer der jungen Generation über ein betriebseigenes Fitness-Studio freuen, aber viele andere wollen lieber in der Familie entspannen, den einsamen Waldlauf machen oder mit den besten Freunden ins Freibad gehen. Unterstützen Sie Selbstfürsorge der Beschäftigten weniger materiell – und wenn, dann einfach als wertschätzende Unterstützung im geringen Bereich –, sondern ideell: Reden Sie über Sport, Entspannung, Freizeit, fragen Sie danach, seien Sie großzügig bei entsprechenden Freiheiten, die Sie den Mitarbeitenden erlauben und kommunizieren Sie diese selbstbewusst als Signal an alle anderen, dass Selbstfürsorgen geschätzt und gefördert wird.

Anregungen für Mitarbeitende

Zunächst stärkt sich Resilienz nicht per Zufall, sondern braucht eine systematische. bewusste Auseinandersetzung mit »Niederlagen & Erfolgen«. Das Motto: **Lerne aus der Vergangenheit, Momente, in denen Du schon gezeigt hast, wie Du mit Widerständen umgehen kannst.**

Resilienz kann man eben nicht so einfach lernen, nicht per Buch-Lesen oder YouTube-Videos-schauen. Und vor allen sollte man sich auch auf den Zusammenhalt verlassen, mehr auf die Kräfte anderer, den Rückhalt des Teams – statt sich nur auf eigene Kräfte zu beziehen. **Resilienz ist keine Charakter-Eigenschaft**, sondern – im Kontext Arbeit – eine erlernbare Kompetenz, vornehmlich getrieben durch eine **gute Zusammenarbeit und einen guten Zusammenhalt im Team**.

Eine gute Grundlage für Resilienz setzt eine gute Basisausstattung mit Selbstwirksamkeitserfahrungen voraus. Und das kann man auch in der Freizeit aufbauen, etwa durch **Kompetenzerwerb und Kompetenzentwicklung**. Ich nenne dies bewusst nicht »Weiterbildung«, da es nicht um formale berufliche Weiterbildung geht, sondern eher um Dinge, Themen, Verhaltensweisen, bei denen Sie ganz persönlich, im Hobby, zu Hause, im Urlaub, etwas Neues machen, lernen. Das kann sein: eine neue Sportart wie Wellenreiten, eine kleine App programmieren, Ihren Kindern ein Baumhaus zimmern, ein Fahrrad zu reparieren, bei der DRLG den »Rettungsschwimmer zu machen« usw. Das alles soll nichts mit sinnvoller Produktivität zu tun haben, sondern soll einzig und allein dazu dienen, dass Sie sich selbst beweisen, dass Sie aktiv und fähig sind, dass Sie machen können, dass etwas aus Ihrem Handeln erwächst – und wenn es Zigarrendrehen oder Briefmarken sammeln ist.

Die Prinzipien der Achtsamkeit oder »Mindfulness« wirken nicht selten esoterisch oder gar obskur, sind aber in den Grundtechniken erwiesenermaßen gut und absolut glaubwürdig geeignet, Ihre Resilienz zu stärken, etwa durch…

- **Meditation**, auch für den wenig ambitionierten Laien gut praktizierbar im ganz simplen Sinne des bewussten Atmens, des bewussten Tagträumens, ja ganz einfach auch mal mit Hilfe eines Power-Naps

- **»Body-Scan«:** nein, das meint keinen Arzt-Besuch, sondern ein in Ruhe stattfindendes »Reinhören« in den eigenen Körper. Es geht darum, den Körper bewusst zu empfinden – und das kann im Sinne einer »**Progressiven Muskelentspannung«** ganz basal entspannen helfen.

- **Dem Körper Gutes tun**, konkret etwa durch genussvolles und dennoch gesundes Essen, durch Spaziergänge an der frischen Luft, und wenn Sie wollen, dürfen Sie dabei auch mal einen Baum umarmen, auch wenn erwiesenermaßen keine unterbewusste Kommunikation zwischen Ihnen und dem Baum stattfindet – es ist aber einfach ein tolles Gefühl, und genauso gut können Sie ganz klassisch und bewährt einmal Füße in einen Bach hängen, barfuß in den Schnee stapfen, ohne Regenschirm im Gewitterregen herrlich nass werden usw. Und genauso können Sie sich selbst gutes Tun, in dem Sie Ihren Lieblingssong im Autoradio auf der Fahrt ins Büro voll aufdrehen, eine ewig lange Filmnacht mit Ihrer Lieblingsserie durchziehen, versuchen ein Bild zu malen, einfach ein gutes dickes Buch lesen und in den Händen halten. Ganz einfach und kurz: Erleben Sie sich in und mit der Natur und Kultur, als ganz normaler Mensch. Fühlen Sie die Schönheit der Dinge da draußen.

10

LEISTUNGSLUST IST »EINFACH TUN«

»Aber es gibt ein Paradies, das in der Erinnerung liegt, und das Glück des sekundenkurzen Einsseins mit der Welt«.
Andreas Kilb[64]

Sinn ist nicht gleich Sinn

Wir leben in der großen Sinn- und Polykrise. Politik, Institutionen, Wirtschaft, Familie, Religionen, Leben, Klima – nichts scheint mehr so richtig Sinn zu machen. Oder Ihr Job: Welchen Sinn macht er noch?

Ich habe keinen erlebt, der darauf spontan eine plausible Antwort gefunden hätte. Am schnellsten mit der Antwort sind noch die Möhren-Motivierten: »Na – irgendwoher muss die Kohle ja kommen!« Ja, klar, aber reicht das als Sinn des Lebens? Deshalb suchen Menschen nach Sinn. Das haben wir schon immer.

Heute noch wie vor vielen tausend Jahren glauben viele, dass es einen quasi übernatürlichen Sinn geben müsse, einen großen Plan, ein letztendlich wohlmeinendes Universum, ein Ziel oder einen Zweck, der größer ist als der kleine Mensch, größer als der eigene Job, das eigene Leben. Nicht nur Philosophen, Kirchen und Religionen favorisieren diesen Sinn des Lebens: der höhere Zweck.

Allerlei Heilsboten versprechen nichts weniger als ein absolutes Größeres, die Überwindung der eigenen Endlichkeit, das Ende der latent empfundenen Winzigkeit und Hilflosigkeit. Ich will keinem diesen Glauben nehmen – im Kontext Arbeit schon.

Ich würde einwenden: Wenn ich mich auf der Suche nach dem Sinn des Lebens in einen höheren Sinn, einen mir übergeordneten Sinn flüchten muss, kann mein eigenes kleines Leben an sich ja keinen großen Sinn machen, oder? Der Glaube an einen übergeordneten Sinn führt prinzipiell betrachtet vom eigenen Leben weg. Das muss er nicht zwingend. Doch die Gefahr und vor allem die Versuchung ist groß. Insbesondere ist das Risiko dabei hoch, dass wir uns mit dieser Flucht aus dem eigenen Leben unsere Selbstwirksamkeitsüberzeugung kaputt machen. Ich weiß, dass nicht nur Religion und Philosophie, sondern zunehmend auch allerlei Organisationen und Unternehmen ihren Beschäftigten empfehlen:

Sinnfindung durch den höheren Zweck.

Die Psychologie dagegen rät:

Sinn durch Selbstwirksamkeit!

Anders gesagt: Leistungslust braucht keinen Sinn. Leistungslust macht Sinn. Oder haben Sie schon einmal Momente der reinen Leistungslust, im Flow, erlebt, in denen Sie noch krampfhaft nach Sinn suchen mussten? Das eine schließt das andere aus.

Dabei müssen wir noch nicht einmal ins höchste Regal greifen und nach dem Sinn des Lebens und der Welt suchen. Das tun wir in diesem Kapitel tatsächlich. Doch wir machen noch etwas anderes: Wir suchen auch nach Sinn in zutiefst als sinnlos empfundenen Aufgaben, Situationen und Tätigkeiten. In diesem Sinne ist das aktuelle Kapitel eine extreme Steigerung des vorangegangenen Kapitels: Die höchste Form der Resilienz ist es, in absolut sinnlosen Aufgaben noch psychologischen (!) Sinn zu finden und vor allem Leistungslust zu erleben. Überraschung: Das können wir tatsächlich.

Diese Art der Sinngebung haben große Denker schon vor tausenden Jahren erdacht und erzählt.

Der Fels des Sisyphos

Kennen Sie Sisyphos? Klar, wer kennt ihn nicht. Das ist der Kerl mit dem Felsblock. Die Götter lassen ihn diesen Felsblock zur Strafe auf ewig einen Berg hinaufrollen. Ist er einmal oben, rollt der Fels unaufhaltsam auf der anderen Seite wieder runter, und die Tortur beginnt von vorn. Trotzdem behauptet Albert Camus, einer der bekannteren Existenzialisten[65]: »Wir müssen uns Sisyphos als einen glücklichen Menschen vorstellen.« Wow, das ist eine steile These! Warum sollte ein derart Bestrafter und auf ewig Geschundener glücklich sein?

Überraschende Begründung des Existenzialismus: Weil er seine Tortur eben nicht als Tortur empfindet, sondern als Quell seiner Leistung. Ihm geht, dank dem großzügigen Urteil der Götter, die ganz und gar ursprüngliche Arbeit und Tätigkeit nie aus und damit quasi auch nicht die Leistungslust! Es ist ihm egal, *was* er macht; Hauptsache, er macht. Die mächtigen strafenden Götter verstehen das nicht – aber der aufgeklärte Mensch. Wie schon Lucanus sagte: »Victrix causa diis placuit, sed victa Catoni.« Die siegreiche Sache gefällt den (mächtigen, strafenden, opportunistischen) Göttern, doch die besiegte den kleinen Philosophen Cato. Weil er im Gegensatz zu den Göttern erkannt hat, dass Siege, Prämien, Boni, Firmenwagen und ein eigenes Eckbüro nicht nachhaltig sinnstiftend sind.

Camus erläutert, warum ausgerechnet Sisyphos glücklich ist bei seiner Strafarbeit: »Darin besteht die verborgene Freude des Sisyphos. Sein Schicksal gehört ihm. Sein Fels ist seine Sache. [...] Der absurde Mensch sagt ja [zur Absurdität der Welt], und seine Anstrengung hört nicht mehr auf. Wenn es ein persönliches Geschick gibt, dann gibt es kein übergeordnetes Schicksal oder zumindest nur eines, das er unheilvoll und verachtenswert findet. [...] Der Kampf gegen Gipfel vermag ein Menschenherz auszufüllen.« Sisyphos wirkt, er ist es höchstpersönlich und allein, der den Fels zu bewegen im Stande ist. Sisyphos erlebt sich als wirksam, sogar dermaßen intensiv, dass er die strafenden Götter verspotten kann, die meinten, ihn zu quälen – doch er sieht die Sache eben anders und schiebt den Fels Stück für Stück, mit Schweißtropfen auf der Stirn, aber ebenso einer Andeutung eines verschmitzten Lächelns in Richtung Götter.

Sinn, Lebensglück und Leistungslust liegen nicht im Ergebnis des Tuns (das meist auch von externen und damit unbeeinflussbaren Faktoren determiniert wird), sondern im Tun an sich und der Selbstwirksamkeit, die wir dabei erleben – das ist philosophisch-psychologische betrachtet die Essenz des Existenzialismus. Sisyphos erlebt sich als extrem wirksamen Menschen, wenn er immer wieder und immer weiter seinen Fels rollt. Diese Entdeckung des Sinns im Sinnlosen hat die Menschheit intensiv beschäftigt. Denn Sisyphos ist nicht der einzige Held der klassischen Antike, der Sinn im Sinnlosen findet.

Auch Oknos kennt sich mit absurder Arbeit aus.

Der Faden des Oknos – Sisyphos mit Esel

Auch Oknos wurde von den Göttern zu einer Strafarbeit verdammt (so viel zum höheren Zweck unserer Existenz: Er scheint in vielen Sagen, Legenden und Mythen eine Strafe zu sein). Oknos muss auf ewig aus Binsen ein Seil flechten, dessen fertiges Ende jedoch immer wieder von einer Eselin gefressen wird. Oknos sitzt also da und flicht und flicht vor sich hin und alles, was er geflochten hat, wird augenblicklich aufgefressen. Das ist Sisyphos im Arbeitskontext unserer Tage. Das ist zeitgemäß.

Auch wir erledigen täglich Aufgaben, deren Ergebnis gleich wieder zunichte gemacht wird: mühsam erstellte Präsentationen, die keiner sehen will; Hunderte von Mails, die in der Bedeutungslosigkeit eines digitalen Abfalleimers verschwinden; Hunderte von Wortbeiträgen in unzähligen Meetings, aus denen nichts wird; Hunderte von Ideen, zu denen es Tausende von Einwänden gibt; Dutzende Versuche, ein neues Produkt erfolgreich in den Markt zu bringen, eine Nische zu besetzen oder eine Zielgruppe zu erobern, die alle fehlschlagen. Wer kennt das nicht? Die Menschen der klassischen Antike kannten das ebenfalls schon.

Deshalb finden sich etliche weitere Varianten dieses Mythos der Absurdität. Bei Apuleius zum Beispiel den Esel, der mit Holz beladen wird, das ständig von ihm herunterrutscht. Oder die Danaiden, die dazu verurteilt sind, auf ewig Wasser in ein löchriges Fass zu schöpfen.

Die klassische Sagenwelt ist voll von unsinniger Plackerei, von Bullshit-Jobs unterm Tempeldach, von solchen Überlegungen zur letztendlichen Absurdität des Lebens. Doch Existenzialisten wie Camus gaben diesen Mythen einen neuen Dreh: Sisyphos tritt nicht in den Warnstreik, sondern wählt und wälzt seinen Stein immer wieder aufs Neue. Oknos fordert nicht Teilzeit oder Auszeit, sondern entscheidet sich sieben Tage wöchentlich fürs Flechten. Der sagenhafte Esel wird heute immer noch beladen und die Danaiden haben immer noch Freude beim Wasserschöpfen. Oder wie Sartre, ein anderer bekannter Existenzialist, sinngemäß sagt[66]: In einer absurden Welt besitzt jeder Mensch die Freiheit, sich selbst zu entwerfen. Er kann streiken, um die verhasste Arbeit nicht mehr machen zu müssen. Oder er wählt die Arbeit und erlebt Leistungslust.

Existenzialisten betrachten das unerbittliche Schicksal und eine oft nicht nur sinnentleerte, sondern geradezu absurde Arbeit nicht als Fron-Urteil höherer Wesen, sondern als die unveräußerliche und existenzielle Freiheit des Menschen: Ich bin Sisyphos – Götter schaut auf meinen Mittelfinger! Ihr könnte mir noch so viele Steine in den Weg legen: Ich räum' sie alle weg! Das ist die existenzialistische Haltung, der Lieutenant Dan in »Forrest Gump« in der berühmten Sturmszene Gott anbrüllen lässt: »You call that a storm?«

Nun mögen die klassischen Sagen und Hollywood-Filme unterhaltsam und illustrativ sein. Doch was nutzt Ihnen das bei Ihrer Arbeit und den Absurditäten eines normalen Arbeitsalltags? Betrachten wir ein Extrembeispiel eines absurden Jobs.

Der moderne Sisyphos lauert überall

Stellen Sie sich vor, Sie kommen eben aus einem hitzigen Meeting, haben versucht zu moderieren, zu schlichten, viele Vorschläge eingebracht, mit den Leuten offen geredet, verlassen dann den Sitzungsraum und gehen zur Tür raus. Auf dem Gang stehen links und rechts Ihre Kolleginnen und Kollegen Spalier und beschimpfen Sie auf übelste Weise.

Sie glauben, so einen Job gibt es nicht?

Doch. Natürlich. Schiedsrichter, insbesondere Fußball-Schiedsrichter. Einer von ihnen ist Tobias Welz, FIFA-Schiedsrichter und im Hauptberuf Polizist im Zentrum für Psychologische Dienste und Services[67]: »Im Amateurbereich dagegen hat es in den vergangenen Jahren erschreckende Bilder gegeben, was Schiedsrichterinnen und Schiedsrichtern auf und neben dem Platz widerfahren ist.«

Viele pfeifen zwei oder gar drei Spiele an einem Wochenende, an jedem Wochenende, sind auf den holprigsten Plätzen in den entferntesten Winkeln der Republik unterwegs und dabei allerlei Anfeindungen ausgesetzt. »Und sie machen das trotzdem mit voller Freude für den Fußball.« Warum?

Es kann nicht die Bezahlung sein (die ist unterirdisch und knapp über der Fahrtkostenerstattung). Es kann auch nicht der Beifall des Publikums sein – denn Schiris ernten keinen Applaus, sondern Anfeindungen. Also was ist es? Das, was wir seit über hundert Seiten diskutieren:

Die Tätigkeit an sich.

Leiten, Ordnen, dem Chaos eine Struktur geben, für Fairness und Gerechtigkeit sorgen, die Guten belohnen und die Bösen bestrafen. Wer jemals eine Pfeife im Mund hatte und unter dem Aufschrei der Massen das entscheidende Tor in der 90 Minute plus Nachspielzeit gab, der weiß: heftiges Gefühl. Leistungslust – Leitungslust. So intensiv und buchstäblich hautnah erlebt man das in einem anderen Job nicht. Höchstens noch als Richter im Gerichtssaal (ähnliche Gemengelage: wenig Applaus, viel Anfeindungen, aber eben auch viel Leistungslust). Dabei geht es Referees nicht einmal so sehr um die Macht, sondern um die Leidenschaft für die Sache an sich: Leitung, Ordnung, anderen helfen, ein schönes und zugleich faires Spiel auf den Rasen zu legen. Diese Leidenschaft ist stärker als selbst die übelsten Anfeindungen. Das ist Motivation: Leistungslust. Sie ist so stark, dass die Existenzialisten eine Philosophie daraus machten.

Existenzialismus – Die Philosophie der befreienden Sinnlosigkeit

Das 20. Jahrhundert war streckenweise mehr als Horror: zwei Weltkriege, der Holocaust, die Atombombe. So unglaublich viele Menschen litten schrecklichst, viele Philosophen auch, weil sie erkannten: Kein Staat, keine Religion, keinen Weltanschauung und keine Wissenschaft hatten dieses Leid und die Millionen Tote verhindern können.

Also schlussfolgerten sie, was jeder von uns insgeheim schon einmal gedacht hat: Dem Universum sind die Ziele und das Wohl der Menschen im Prinzip – ganz offensichtlich – völlig egal. Sie sagten weiter, sinngemäß: Es gibt offenbar kein höheres Wesen, welcher Art auch immer, welches diese Monstrosität und Gnadenlosigkeit verhindert hätte, geschweige denn erklären könnte. Also gibt es keinen Gott, keinen höheren Sinn, folgerten die Existenzialisten. Zumindest hat ein solcher Gott auch keine Antwort auf das Leid oder er möchte sie nicht geben.

Das aber ist für die Existenzialisten kein Unglück, sondern die ultimative Freiheit des Menschen. Die Freiheit zur eigenen Verantwortung. Die Freiheit, seine eigenen Entscheidungen zu treffen, ohne göttliche Unterstützung, aber auch unbehelligt von höheren Instanzen. Sie bezeichneten diese Art von Existenz als »zur Freiheit verurteilt« oder auch »verdammt zur Freiheit«. Wir erinnern uns an Sartre: In einer absurden Welt besitzt jeder die Freiheit, sich selbst zu entwerfen. Wir sind frei, also machen wir was draus und aus uns! Aber vielleicht merken Sie an den Stichwörtern »verdammt« und »verurteilt«, dass eine dermaßen große Wahlfreiheit schon wieder belastend ist. Niemand (höheres) hilft, es gibt keiner, der sagt, »Richtig« oder »Falsch«, Freiheit fast als Bürde einer bloßen Existenz.

Und dann fehlt auch noch Hoffnung, Trost – wie unermesslich traurig, mutlos mag das wirken. Aber wer jetzt glaubt, dass im Existenzialismus die Religionen immer nur ganz schlecht wegkommen und sich das Prinzip »Hoffnung« total erledigt hat, der sei eines Besseren belehrt.

Umgang mit Sinnkrisen – Glauben ja, aber nicht nur an das Gute

Der Psychiater und Psychotherapeut Samuel Pfeifer vereint das scheinbar Unvereinbare. Er meint: Existenzialismus bedeutet nicht, dass ich an nichts mehr glauben darf! Er bringt Religion und Existenzialismus zusammen[68] und zwar anlässlich von Lebens- und Sinnkrisen und der Absurdität des Alltags und gibt eine Anleitung, wie man die Last der existenziellen Freiheit verbinden kann mit dem Hoffnungs-Prinzip:

- ***Zur Existenz gehört Vergänglichkeit:*** *In Lebenskrisen erleiden wir oft schlimme Verluste: Job weg, Geld weg, Gesundheit angeschlagen, Beziehung kaputt. Spaß macht das keinen, erst recht keine Leistungslust. Doch schuld daran ist nicht die Krise, sondern dass wir sie verdrängen, verleugnen oder schönreden. Diese maladaptiven Bewältigungsmechanismen (so der psychologische Fachausdruck) belasten unsere Stimmung und beschädigen unsere Selbstwirksamkeitsüberzeugung paradoxerweise stärker als die Krise selbst – was Paul Watzlawick »Das Schlechte vom Guten« nannte: Eine vermeintliche Lösung des Problems wird zum Problem selbst. Eine Akzeptanz der Vergänglichkeit dagegen kann uns Entlastung verschaffen und neuen Mut. Oder wie es populär heißt: Man kann nur jene Probleme lösen, die man als solche akzeptiert.*
- ***Zur Existenz gehört Leid:*** *Das hat schon Buddha gesagt (mit der ersten edlen Wahrheit): Leben ist (manchmal) Leid. So gesehen war Buddha der erste Existenzialist – oder die Existenzialisten gute Buddhisten. Wie sehr wir am Leid leiden, hängt demnach nicht vom Ausmaß unseres Leids ab, sondern von unserem Umgang damit. Verstecken wir uns davor und machen kompensierende Frustkäufe im Internet? Oder arbeiten wir damit und daran? Nicht umsonst heißt es »Trauerarbeit«. Wer daran arbeitet, ringt selbst noch dem Leid einen Sinn ab und seine Selbstwirksamkeitsüberzeugung. Wer sein Leid bewältigt, erfährt dabei mehr Sinn, als wer depressiv auf dem Sofa sitzt und über das Leid der Welt sinniert.*
- ***Zur Existenz gehört Ungerechtigkeit:*** *Life's unfair, wie die Amerikaner sagen. Auch guten Menschen passiert Schlechtes oder wie Captain Kirk sagte: »We saved the*

Galaxy and what do we get? We get sued.« Viele begehren gegen die Ungerechtigkeit der Welt auf: »Wie kann Gott so etwas zulassen?« Das ist verständlich und bringt nichts. Anpacken bringt's. Oder wie Gandhi sagte: »Sei du selber, was du von der Welt erwartest.« Sisyphos tobt nicht gegen die ungerechten Götter, die ihn höchst unfair bestrafen, sondern spuckt in die Hände und rollt seinen Stein. Der Fels ist sein Fels, andere haben andere Felsen, andere haben kleinere Felsen, andere wiederum größere Brocken – es zählt nur mein Fels, mein eigener Fels. Und ganz nebenbei beinhaltet diese Sichtweise auch eine moralische Komponente: Auch und gerade in einer ungerechten Welt ist es besser, der Gerechte handelt weiterhin gerecht, als dass auch er bei Ungerechtigkeiten mitmacht.

- ***Zur Existenz gehört Angst:** Nämlich existenzielle Angst. Darüber muss man nicht groß reden, wir kennen sie alle; vor allem manchmal nächtens zwischen drei und vier Uhr. Leider kennen wir häufig nicht ihre Kehrseite. Denn was wir oft genug als die Angst vor Versagen, Verlust und der Härte des Lebens wahrnehmen, ist auf ihrer Kehrseite zugleich die Angst vor unserer absoluten existenzialistischen Freiheit: Wir müssen nicht in Angst erstarren vor übermenschlich großen Felsbrocken. Wir können sie zwar nicht aus der Welt schaffen. Doch wir haben die Freiheit, uns a) vor ihnen zu verstecken, wegzulaufen oder b) sie zu rollen. Oder wie Susan Jeffers ihren Millionenseller nannte: »Feel the Fear and Do It Anyway«. Der Existenzialist kann sich auch mal schlecht fühlen und dennoch gut handeln. Warum tun wir das nicht alle? Ständig?*

Warum sind wir nicht alle längst Anhänger der existenzialistischen Philosophie? Weil uns die Psychologie dazwischenkommt. Haben Sie sich nicht auch schon gefragt, warum es uns so schwerfällt, Vergänglichkeit, Leid, Ungerechtigkeit und Angst im täglichen Leben einfach mal existenzialistisch zu akzeptieren? Die psychologisch fundierte Antwort kommt mit drei Worten aus. Worauf tippen Sie?

Angst vor Kontrollverlust. Sobald wir gedanklich akzeptieren, dass zu jedem Leben auch Vergänglichkeit, Leid, Ungerechtigkeit und Angst gehören, fürchten wir spontan und komplett unterbewusst ausgelöst, dass wir die Kontrolle verlieren oder verlieren könnten. Imperativisch formuliert: Kontrolliere, was du kontrollieren kannst! Und lass laufen, was du nicht kontrollieren kannst! Vergeude deine Energie nicht mit Kontrollversuchen von Dingen, die du nicht kontrollieren kannst!

In diesem Sinne nehmen Sie jetzt bitte, wenn Sie möchten, die vier »Zur Existenz gehört ...«-Sätze und ersetzen »Existenz« der Reihe nach mit: Arbeit, Familie, Beziehung, Hobby ... Lassen Sie uns das gemeinsam machen. Wählen wir Ihre Arbeit.

Akzeptieren Sie: »Zur Arbeit gehört Vergänglichkeit«

Beginnen wir mit dem entsprechend angepassten ersten Satz, auf Basis der Faktoren von Samuel Pfeifer: »Zur Arbeit gehört Vergänglichkeit.« Wir wissen es alle, doch verdrängen es während der normalen Arbeitszeit: Kein noch so sicherer Job ist wirklich sicher. Meine vermeintlich so fürsorgliche und an meiner Person interessierte Firma existiert noch Jahre nachdem sie mir gekündigt hat. Ich könnte den Job schon morgen los sein. Nahezu existenzialistisch: Die Firma existiert auch ohne mich, ich bin der Firma egal. Im ersten Augenblick erschreckt dieser Gedanke. Doch je länger wir ihn – unter anfänglicher Überwindung des inneren Angsthasen namens »Kontrollverlust!« – wirken lassen, rein gefühlsmäßig, emotional, durchaus schmerzhaft, desto erstaunter registrieren wir, wie sich seine Wirkung auf uns verändert.

Nach der fünften Wiederholung spätestens entwickelt er eine paradox befreiende Wirkung Wie schon die Bibel wusste, wenn auch sicher nicht existenzialistisch gemeint (in Johannes 8,32): »Ihr werdet die Wahrheit erkennen und die Wahrheit wird euch frei machen.« Erst tut sie ziemlich weh, dann macht sie frei. Das ist immerhin besser, als jahrelang Angst um den eigenen Job zu haben. Manche Menschen begleitet diese Existenzangst ein ganzes Berufsleben. Wer die Vergänglichkeit jedoch als Teil des Lebens und Teil der Arbeit anerkennt und akzeptiert, lebt leichter und lustvoller. Ja, tatsächlich: Wenn man mal akzeptiert hat, dass im Grunde alles Produzierte irgendwann vergeht (im Abfalleimer, in der Sondermülltonne, im Desktop-Trashcan landet, in Vergessenheit gerät), befreit das innerlich ganz gehörig. Wobei diese Akzeptanz nicht zu vergleichen ist mit der Akzeptanz, dass heute die Tagesschau wieder voller schlechter Nachrichten ist. Diese triviale Akzeptanz gelingt uns im Sekundenbruchteil. Die Akzeptanz für die Vergänglichkeit allen Seins dagegen kann einige Monate an innerer Arbeit beanspruchen. Aufwändig, aber lohnend.

Vergänglichkeit hat, nach dem ersten Moment der schmerzhaften Erkenntnis, etwas Befreiendes, Motivierendes; auch und gerade bei der Akzeptanz der Vergänglichkeit des eigenen Jobs: Dann such ich mir eben was anderes! Wer dagegen zu sehr an seinem Job hängt, wer sich zu lange vor der potenziellen Vergänglichkeit aller Dinge versteckt, verliert diesen Mut zum Aufbruch. Das ist ein hoher Preis der Verdrängung.

Akzeptieren Sie: »Zur Arbeit gehört Leid«

Arbeit ist anstrengend, zumindest gute Arbeit. Viele Apologeten der 4-oder-weniger-Tage-Woche finden das nicht so berauschend. Ihre Forderung lautet deshalb: »Weniger Arbeit und damit weniger Leid!« Damit leider auch weniger Leistungslust. Denn nicht umsonst entstammen »Leid« und »Leidenschaft« derselben Wortfamilie. Gute, erfüllende Arbeit ist anstrengend, fordert einen, ist in gewissem produktivem Sinne auch Leiden, weil gute Arbeit auch ein gewisses Maß an Leidenschaft erfordert.

No pain, no gain. Ein guter Fußballspieler rennt sich auf dem Platz die Lunge aus dem Leib. Ein Extrem-Bergsteiger setzt keuchend Schritt hinter Schritt, ohne viel Sauerstoff, auf 8000 Metern Höhe. Ein Ozeandurchquerer übergibt sich jeden dritten Tag, hungert, findet so gut wie keinen Schlaf, riskiert bei jeder großen Welle das Überbordgehen und den sicheren Tod. Das alles macht einen doch fertig – aber verleiht auch ein unheimlich lohnendes Gefühl: Leistungslust. In seinem Tun unter höchster Anstrengung aufgehen, sich selbst fordern bis kurz vor der Überforderung, um zu erleben, was man zu tun im Stande ist, was Leben ist, was Natur ist – und wo beides endet.

Ein guter Projektleiter opfert lieber einige Wochenenden, bevor er zulässt, dass »sein« Projekt vor die Hunde geht. Leiden adelt. Manchmal ist Leiden nicht von Leistungslust zu unterscheiden. Alle großen Dinge haben eine gewisse Tragik der Euphorie an sich – das unterscheidet sie von trivialen Genüssen, derer es so unendlich viele gibt und Sie sicher aus dem Stehgreif welche aufzählen können, da es nun mal höchst individuell ist.

Doch vor Leiden und Leidenschaft bei der Arbeit (in Familie, Verein, Gesellschaft, Demokratie ...) drücken sich nicht wenige Zeitgenossen, die Ruhe suchen, einen sicheren und lockeren Job, sich genüsslich von Sitzungsgebäck und fadem Bürokaffee ernähren, Cover Your Ass spielen und alles – bei sich, und leider auch bei Anderen – verhindern, was irgendwie schiefgehen könnte.

Doch Dinge gehen schief. Das ist nicht die Frage. Die Frage ist: Wie gehen wir mit diesem Leid der Leidenschaft um? Mit Vermeiden, Verdrängen und Verniedlichen? Oder indem wir unseren Stein respektive unser Kreuz auf uns nehmen?

Akzeptieren Sie: »Zur Arbeit gehört Ungerechtigkeit.«

Sie sind kompetent, erfahren und engagiert, sie reißen sich ein Bein aus, helfen wo Sie können, schieben Überstunden – und trotzdem werden nicht Sie befördert, sondern dieser unerfahrene Grünschnabel, der alles besser weiß, nichts besser kann, aber irgendwie viel Vitamin C hat, Connections nach ganz oben. Für Sie heißt es da leider nur: Pech gehabt. Das Leben ist (manchmal) ungerecht. Wer diesen Gedanken nicht loswird, hängt sich geistig darin auf und spielt jahrelang das Blame Game: Das System ist schuld, die Firmenkultur, die blöde Führungskraft, das korrupte Management.

Der existenzialistische Angestellte dagegen macht das anders. Seine innere Haltung ist, um es im Fußball-Jargon auszudrücken: Mund abwischen, weitermachen. Warum werde ich unfair behandelt? Darauf gibt es keine sinnvolle Antwort – was nur wieder beweist, wie sinnlos die Sinnfrage manchmal ist. Auf der anderen Seite heißt das aber auch: Sie müssen nicht jeden Morgen mit Blendax-Lächeln im Büro antraben. Sie dürfen auch stinkig sein, leiden und Ungerechtigkeiten anklagen: »J'accuse!« Wie weiland Émile Zola. Der Existenzialist zerbricht an Ungerechtigkeit nicht. Sie macht ihn nur stärker, weil er in ihr einen authentischen Charakterzug unserer Existenz erkennt: vielleicht ging es gar nicht um Sie, der ungerechten Führungskraft sind Sie schlichtweg egal, ganz im neutralen Sinne, vielleicht musste er bei der Beförderung die andere Person vorziehen aus Ihnen unbekannten Gründen, die nichts mit Kompetenz oder Inkompetenz zu tun haben. Wenn Leben und Arbeit und Zusammenarbeit passiert, passieren viele Dinge: einfach so, zufällig, ohne Ihnen Böses zu wollen – das wäre schon Verschwörungstheorie hinter jedem Aktenschrank.

Akzeptieren Sie: »Zur Arbeit gehört Angst.«

Wir dürfen Angst bei der Arbeit haben! Vor dem nächsten Vorstandsmeeting, bei dem wir vor einer Runde überkritischer Wadenbeißer, die uns jederzeit kündigen können, präsentieren müssen. Vor Misserfolgen, Kündigung, vor dem Gelächter der Teammitglieder, vor renitenter Kundschaft – und das ist okay! Nicht die Renitenz, aber die Angst. Diese Angst ist zugleich die Angst vor unserer Freiheit, dem üblen

Kunden eines schönen Tages zu sagen: »So. Das reicht jetzt. Kaufen Sie Ihren Mist doch woanders.« Kleiner Tipp: Nennen Sie die Angst einfach »Lampenfieber«, eine mit Leistungslust durchtränkte Furcht, bei einer ganz konkreten Performance oder Aufgabe einfach nicht gut zu *tun* – das ist etwas anderes als nicht gut zu *sein*.

Gewiss: Was Sie gerade in der Diskussion der vier Sätze lesen, ist eine Art Tour de Force auf den Schattenseiten unserer vierfarb-hochglanzpolierten Welt. Solange es noch etwas Schönes im Internet zu kaufen gibt vermeiden wir die innere Auseinandersetzung mit Vergänglichkeit, Leid, Ungerechtigkeit und Angst. Daher: Meine Hochachtung, dass Sie immer noch hier sind. Offensichtlich verfügen Sie über einen Faustischen Geist, der wissen will, was die Welt im Innersten zusammenhält. Sie sind schon ein halber Existenzialist! Und: Sie sind nicht allein. »The Road Less Traveled« von M. Scott Peck[69] wurde allein deshalb ein Bestseller, weil der erste Satz des Buches lautet: »Life is difficult.«

Millionen Menschen der scheinheiligen Ist-doch-alles-super!-Genussgesellschaft waren einfach so froh, dass jemand mal diese unbequeme Wahrheit ausspricht, dass sie das Buch kauften und Pecks Seminare besuchten. Peck empfahl, wie Buddha, als Rezept gegen diese Schwierigkeit des Lebens: »Life is difficult. This is a great truth, one of the greatest truths. It is a great truth because once we truly see this truth, we transcend it. Once we truly know that life is difficult – once we truly understand and accept it – then life is no longer difficult. Because once it is accepted, the fact that life is difficult no longer matters.« Könnte auch von Buddha stammen. Oder von Sartre oder Camus. Wer Vergänglichkeit, Leid, Ungerechtigkeit und Angst auszuhalten trainiert hat, transzendiert diese Schwierigkeiten des Berufs und des Lebens.

Das Leben als ständige Grenzsituationen – eine Sicht der Psychotherapie

So richtig lustig sind Arbeit und Leben mit dieser Art der Betrachtung nicht wirklich, oder? Deshalb holen wir uns jetzt ein wenig Unterstützung von einem der größten Geister der jüngeren Vergangenheit, wenn es um Psychologie geht: Karl Jaspers.

Er war Philosoph und Psychiater, kannte sich also bestens sowohl mit den großen Fragen des Lebens aus als auch mit unseren kleinen Marotten, welche es uns schwermachen, größtmöglichen Erfolg und Genuss aus Leben und Arbeit herauszuholen. Michael Quante, Philosophie-Professor an der Uni in Münster, hat sich zu Jaspers einige Gedanken gemacht, die uns weiterhelfen[70].

Zunächst verweist er darauf, dass Karl Jaspers kein Freund der Friede-Freude-Eierkuchen-Mentalität war, sondern im Gegenteil laut aussprach, was unsere Konsum- und Unterhaltungskultur krampfhaft zu verdrängen versucht: Das Leben ist kein Ponyhof. Auch im Bentley wird geweint, auch im Learjet fließen Tränen, wie Deichkind und Clueso rappen. Oder eher im Jaspers-Duktus: Existenz ist für den Menschen eine schwierige Erfahrung, nicht zuletzt wegen seines (meist verdrängten) Wissens um die eigene Endlichkeit. Auch Millionäre müssen sterben. Oder Influencer. Jeder beißt irgendwann ins Gras – und hat Angst davor (oder verdrängt sie mehr oder weniger erfolgreich).

Und wussten Sie, dass römische Kaiser beim Triumphzug im Gespann-Wagen, von einem Sklaven, dem Auriga, begleitet wurden, der zum einen beständig die Lorbeer-Krone über das Haupt hielt, zum anderen aber auch dem Imperator ständig einflüsterte: »Memento homo«, bedenke, du bist auch nur ein Mensch, du bist auch sterblich.

Angst und Leiden halten daher nicht vom eigentlichen Leben ab, sondern gehören zu den zentralen, im Sinne des Wortes existenzialistischen Erfahrungen des eigentlichen Lebens, vor denen man sich 50 Lebensjahre lang verstecken kann – doch danach wird Verdrängung hart bis unmöglich. Jaspers sieht den Menschen daher als ein endliches Wesen mit einer unendlichen Aufgabe: Selbstbestimmt sein Leben zu gestalten. Trotz aller Zumutungen. Mit allen Zumutungen. Das Leben kann eine Zumutung sein, doch die Akzeptanz dieser Schwierigkeiten ist besser als kompensativer Frustkonsum, der letzten Endes am eigenen Anspruch scheitert und nichts wirklich nachhaltig kompensieren kann. Das scheint laut Jaspers der einzige Weg zu anhaltendem Glück und Sinn zu sein. Die Auseinandersetzung mit der eigenen Endlichkeit. Ganz brutal formuliert: Wer seine eigene Endlichkeit nicht akzeptieren kann, hat trotz allem Überkonsum keine Chance auf nachhaltigen Sinn und Glück im Leben.

Diese Auseinandersetzung und Akzeptanz sieht Jaspers erleichtert und geradezu ermöglicht durch unsere Individualität. Sie ist Herausforderung und Chance zugleich, inmitten aller Zumutungen des Lebens Sinn und Zufriedenheit zu finden – trotz aller Erwartungen, des Zwangs zum Funktionieren und trotz aller Rollenanforderungen. Wer bin ich? Diese Frage nach der eigenen Identität kann einem niemand beantworten. Wenn du diese existenzielle Einsamkeit der Individualität akzeptieren kannst, bleibst nur noch du übrig. Deswegen trägt man die moralische Welt ganz allein. Doch allein ist man deshalb noch lange nicht.

Im Spannungsfeld zwischen »Ich« und »Anderen«

Leider – oder zum Glück. Denn Jaspers anerkennt auch, dass wir umgeben von anderen sind. Wir sind soziale Wesen. Daraus ergibt sich für ihn eine zusätzliche Spannung.

Auf der einen Seite bin ich ein Mensch mit hoher Individualität. Auf der anderen Seite bin ich aber auch fundamental verankert in einer wie auch immer gearteten Gemeinschaft, in Beziehungen verbunden mit anderen. Das ist zwar schön und macht weniger einsam, doch damit ist es mit der Individualität auch gleich vorbei. Für Jaspers, so Quante, resultieren daraus drei fundamentale Spannungen:

1. *Die Auseinandersetzung mit der eigenen Endlichkeit*
2. *Die Herausforderungen der eigenen Individualität*
3. *Das Leben in komplexen sozialen Systemen*

Diese Spannungen sind sowohl Bedrohung und Herausforderung wie auch treibende Kraft für die persönliche Entwicklung eines Menschen und für sein Streben nach Authentizität (falls vorhanden und nicht verdrängt). Sofern und soweit wir uns mit diesen Spannungen auseinandersetzen und nicht lieber shoppen gehen oder uns mit Streaming betäuben. Doch eben deshalb sind diese beiden Kompensationsstrategien (die nichts kompensieren) so beliebt: Es ist einfacher, den Spannungen in unserem Leben auszuweichen, als uns in der Spannung zu bewähren und uns aus diesen Spannungen heraus weiter zu entwickeln, zum Kern unserer Authentizität vorzudringen. Wir ignorieren häufig lieber die treibende Kraft unserer Individualisierung. Oder wir hoffen, dass es von allein wieder besser wird. Dagegen kann Jaspers jetzt aber doch nichts haben, nicht wahr? Oder hat er auch etwas gegen die Hoffnung auf ein besseres Leben? Darf ein intelligenter Mensch hoffen, dass alles doch irgendwie wieder gut wird?

Jaspers sagt nicht, dass wir hoffen sollten oder nicht, sondern drückt sich – nach Quante – quasi um eine klare Antwort und meint lapidar: Wir merken, dass wir hoffen ... oder nicht. Rational abwägen tun wir dabei nicht. Wir hoffen, wie wir niesen: ganz automatisch. Passiert halt, oder auch nicht. Wenn es dir also passiert, dass du hoffst, dann mach das halt! Ein lapidarer Rat, der auf einer höheren Ebene elegant Existenzialismus mit Metaphysik versöhnt, siehe oben, die vier Faktoren nach Pfeifer, Akzeptieren von Vergänglichkeit, Leid, Ungerechtigkeit und Angst.

Über das Unbegreifliche sprechen

Und wenn wir gerade bei den großen Denkern der Menschheit sind, lassen Sie uns noch schnell einen Abstecher nach Wien machen. Sigmund Freud ist der Begründer der modernen Psychoanalyse und hat der Welt mehr geschenkt als dieser bewusst sein dürfte.

Jeder Mensch wird praktisch mit der Fabrikeinstellung »Egozentrik« geboren: Er hält sich automatisch für den Mittelpunkt der Welt. Als Kind. Dann erfährt er in einem leider oft schmerzhaften Lernprozess, dass die Eltern nicht allmächtig sind, lernt Krisen und eigene Grenzen kennen und verliert (teilweise, manche nie) die kindlich-narzisstisch-natürliche Egozentrik. Das tut weh, nicht mehr der Mittelpunkt des Universums zu sein. Wie geht man damit um?

Karl Jaspers meinte, indem man solche Ego-Krisen als Ansporn für die eigene Individualisierung nutzt. Eine schöne These, leider sehr abstrakt: Wie nutzt man denn eine Krise ganz konkret für die eigene Individualisierung? Freud war da tatsächlich praktischer. Er schenkte der Menschheit die Psychoanalyse – ein großes Wort.

Auf gut Deutsch bedeutet es: Wenn du im Schlamassel steckst, sprich einfach alles möglichst frei aus, was dir auf den Senkel geht! Funktioniert ziemlich gut auch ohne Couch, Coach und Therapeuten. Der Verdienst aller Psychologie seither liegt darin, dass sie uns zum Sprechen bringt. Und es geht nicht ohne dieses Sprechen. Wer Probleme, Krisen, Ungerechtigkeit, Angst und Leid in sich hineinfrisst, erstickt mittelfristig daran, wird unausstehlich, erlebt existenziellen (also nicht situativen) Stress, entwickelt psychosomatische Symptome oder wird kauf-, spiel-, arbeits- oder drogensüchtig.

Der nach Jaspers total individuelle Mensch ist insbesondere in Krisen oft auch total allein mit sich selbst – eben weil er so hoch individuell ist bzw. sein will. Deshalb haben Sie, wenn Sie Probleme haben, manchmal das bedrückende Gefühl, dass Sie nicht einmal Ihre eigene Familie versteht. Das liegt zum einen an deren mangelnder Sachkenntnis, jedoch zum anderen auch daran, dass Sie schlicht bereits zu individuell sind, eben etwas ganz Besonderes. Das ist einerseits schön, macht andererseits jedoch in Problemsituationen auch etwas einsam.

Diese existenzielle Einsamkeit quält. Doch Freud sagt: Dann lass uns drüber sprechen! Selbst wenn das keine Lösung sein sollte, bringt Sprechen uns doch einer Lösung näher. Vor allem erleichtert und ermächtigt es und lässt uns unsere Selbstwirksamkeit wiederfinden. Sprich es aus! Egal was, worüber wir sprechen – sprechen an sich ist Tun, Worte und Sätze produzieren, ganz allein, höchst individuell. Sprechen ist lautes Denken (und Denken auch stummes Sprechen), Sprechen ist übersetzen, erklären, vermitteln, bitten – auch sich selbst gegenüber!

Wenn du keinen Therapeuten hast, der dir zuhört, dann sprich mit deinem Tagebuch, der besten Freundin, einem guten Kumpel, dem Sitznachbarn in der Bahn, der Telefonseelsorge, deinem Spiegelbild, einem Talisman, einem Kuscheltier oder der nackten Wand. Jedes ausgesprochene Wort ist besser als totales Schweigen (auch Schreiben hilft). Vielleicht ist das die größte Errungenschaft der Psychoanalyse, vielleicht ist die Couch wichtiger als Freud: Drüber reden hilft!

Selbstwirksamkeit oder: Warum spielen Menschen Federball?

Man findet viele Beispiele im Freizeit- und Arbeitsleben, in den Selbstwirksamkeit – nicht selten im Verborgenen – eine große motivatorische Rolle spielt. Mit dem folgenden Beispiel möchte ich Ihnen einmal eine extrem bodenständige (im wahrsten Sinne) und fast schon absurd-banale Handlung vorstellen, bei der Sie sich mindestens wundern, wenn nicht sogar lachen oder mich spontan für verrückt erklären. Aber bitte geben Sie dem Beispiel (und mir) ein paar Sekunden zum »sacken lassen«. Eins, zwei, drei...

Laubbläser. Laubbläser nerven. Laubbläser sind das Übel schlechthin: schlecht für die Umwelt (laut, meist »fossil« & stinkig im Betrieb), schlecht für Tierquartiere, Sinnbild für grassierende Bequemlichkeit. Und dennoch wird kaum jemand seine insgeheime Freude verbergen können, wenn man erstmalig – und natürlich rein zufällig – einen Laubbläser in der Hand halten darf. Plötzlich Grinsen über beide Ohren, schmunzeln darüber, wie leicht es geht, laut und windgewaltig den Boden göttergleich von allem möglichen Unrat und Belag zu befreien. Ohne sich zu bücken, ohne sich zu schinden. »Ich bin ein Orkan!«.

Psychologisch gesehen stiftet ein Laubbläser Selbstwirksamkeit im Übermaß: man wirkt, man bewirkt, man macht etwas, das mit nahezu ungeahnter Leichtigkeit die Umwelt beeinflusst. Gleiches Prinzip bei der Samstag-Vormittag-Lieblingsbeschäftigung vieler Vorgartenbesitzer: kärchern, per Hochdruckstrahl ganz allein, mit »Gottes gelber Wasser-Lanze« den verkrusteten Dreck in Nichts aufzulösen. Auch hier: Wirkung, physikalische »echte« Kraftausübung, Kausaleffekt. Nicht nur: hier passiert etwas, sondern: *ich* mache das, *ich* habe den Zustand der Welt ein klein wenig verändert.

Ähnlich finden sich Beispiele für ganz basale Selbstwirksamkeitserfahrungen zu Hauf im Freizeit-Sport. Beispiel Federball. Macht zwar Spaß, aber keinen Sinn: Wir verdienen damit kein Geld und essen kann man es auch nicht. Also warum spielen wir?

Klar, weil es Spaß macht. Aber wiederum: warum? Weil jedes Mal, wenn wir den Federball gut treffen, es in unserer Herzgegend einen kleinen Zieps gibt: Freude! Nach Albert Bandura nennen wir diese Freude »Selbstwirksamkeit«. Wir erleben mit jeder gut getroffenen Vor- und Rückhand unsere Wirkung auf die Welt. Wir erleben uns als wirksam. Wenn Sie selber mal diesem Gefühl in Freizeitsport, Beruf und Alltag nachspüren, werden Sie schnell und vielleicht überrascht feststellen: Es gibt kaum ein lohnenderes und mächtigeres Gefühl im Leben. Bereits Kinder lernen und erleben es.

Haben Sie sich zum Beispiel schon gefragt, warum Kinder so gerne Sachen runterwerfen, Krach machen? Gerne fangen und verstecken spielen? Den Eltern davonlaufen, wenn die mit Schal und Zipfelmütze drohen? Zum Wahnsinnigwerden! Vor allem: Welchen Spaß die Kleinen dabei haben! Wollen sie uns nerven? Stressen? Provozieren? Nein, Kinder wollen sich als wirksam erleben: Ich kann machen, dass Sachen vom Tisch verschwinden! *Ich* kann verschwinden. Und ich kann machen, dass sich die Erwachsenen am Tisch höllisch über mich echauffieren! Ich bin wirkmächtig!

Wir erringen diese Selbstwirksamkeitserwartung

- *via Erfolgserlebnisse durch »Tun«: Falls wir Erfolge feiern, wie sie fallen, und nicht wegreden (»Ach, ich hatte bloß Glück!«) oder unter dem Impostor-Syndrom leiden (»In Wirklichkeit kann ich das gar nicht!«). »Toll, das habe ich bewirkt! Auf Basis meines Könnens, meiner Kompetenz«.*
- *wenn wir unsere Ziele erreichen oder sogar über sie hinausschießen, uns damit quasi selber überraschen (zu sich selber »wow« sagen können) – und auch jede Zielerreichung ehrlich als solche reflektieren (es nicht albern finden, zu sich selber auch mal »gut gemacht!« zu sagen)*
- *beim Modellieren von besonders selbstwirksamen Vorbildern und Menschen, die sich schlicht was zutrauen – und es auch erreichen*
- *durch Kooperation mit anderen, Vertrauen und Ermutigung von anderen. Im Kontext Kinder haben hier die berühmten »Helikopter-Eltern« leider eine andere Einstellung, jeder kennt das Unwort für einen in die erlernte Hilflosigkeit treibenden Erziehungsstil. Aber haben wir das nicht immer öfter auch bei Arbeit? Chefs und Chefinnen, die nicht loslassen können, die im Zweifel alles selber machen, alles kontrollieren (nennt sich »Micro-Manager« statt »Helikopter«). Aber auch gerade junge Generationen, die genau das verlangen: zwar viel Freiheit, aber exakte Anweisung, an die Hand nehmen usw. Das alles verhindert die Ausbildung von Selbstwirksamkeit, oder beschädigt eine bereits vorhandene Selbstwirksamkeit.*

Lernen wir keine Selbstwirksamkeit nach Albert Bandura, landen wir bei der erlernten Hilflosigkeit nach Martin Seligman (einem der Begründer der Positiven Psychologie): Wenn wir nicht lernen, dass wir wirkmächtig sind, lernen wir, dass wir hilflos sind[71]. Das nennt Seligman die »erlernte Hilflosigkeit«, zu lernen, zur Veränderung der eigenen Lebenssituation, der eigenen Umwelt, der eigenen sozialen Kontakte nicht mehr fähig zu sein. Und dies ist nicht selten ein »Brandbeschleuniger« in Richtung Depression.

Daher: Wie lernen wir Selbstwirksamkeit?

Selbstwirksamkeit durch ganz konkretes Tun

Wozu haben Sie eigentlich ein Gehirn? Hm, dumme Frage: zum Denken natürlich! Das beantwortet auch die oben gestellte Frage: Wir lernen Selbstwirksamkeit doch wohl durch (Nach)Denken. Ich denke, also bin ich – selbstwirksam. Sind Sie sich sicher?

Es gibt nämlich ein berühmtes Experiment an der TU Dresden, rund um das Team des Mediziners Arne May[72], das ein ganz neues Licht auf unser Gehirn wirft: Es als »Denkorgan« zu bezeichnen, greift demnach deutlich zu kurz. Es ist auch ein Tu-Gehirn, ein Aktivitätsgehirn.

Bei diesem Experiment sollten Versuchspersonen jonglieren. Genauer: Sie erlernten an fünf Tagen jonglieren. Vor und nach dem Lernen legten sie sich in die Röhre des Magnetresonanztomographen (MRT), der jenseits jeden Zweifels nachwies: Schon lediglich fünf Tage moderaten Trainings verändern die Struktur unseres Gehirns. Die graue Substanz im Gehirn-Areal für die Verarbeitung visueller und motorischer Informationen nimmt dabei signifikant zu.

Das beweist einiges! Zum einen: Nicht nur bei Kindern, sondern auch bei Erwachsenen (die Versuchspersonen waren Erwachsene) kann das Gehirn noch »wachsen«, sich verändern. Das Gehirn ist neuroplastisch. Zum anderen: Das schafft man schon in nur fünf Tagen! Oder wie die Forscher schrieben: »Our finding suggests that cortical plasticity on a structural level in adult humans is already detectable after 1 week, which provides support for fast adjusting neuronal systems.«

Unser Gehirn, das oft so genannte »Denkorgan«, lernt also nicht nur durch Lesen, Hören, Unterricht und Denken, sondern auch durch Aktivität. Selbstwirksamkeit durch Erfahrung beim Machen hat einen nahezu direkten Effekt auf unsere Hirnmasse, auf die neuronale Ebene. Wer macht, verändert sein Gehirn. Das ist quasi ein physiologischer Beweis der Selbstwirksamkeit.

Und ein äußerst angenehmer Nebeneffekt für unsere psychische Gesundheit stellt sich ein: Neuroplastizität hilft, Denkmuster aufzubrechen und aus negativen Denkspiralen herauszukommen (»Grübeln«), die eine Depression kennzeichnen.

Das Gute daran: Es bedarf dafür nicht eines ungeheuer langwierigen Lernens. Es ist nicht die Repetition, die Mühe, das Studieren im engeren Sinne, sondern vielmehr das Tun, das bereits neuronal – und therapeutisch – wirkt.

Das war jetzt ungeheuer psychologisch. Kommen wir wieder in die Praxis:

Der Bergsteiger in dir – Selbstmächtigkeit durch Grenzgang

Nicht nur »Selbstwirksamkeit«, sondern »Selbstmächtigkeit« nennt Reinhold Messner das, was bei seiner Extremkletterei an persönlicher Reife und Fähigkeit herauskommt und was ihn in extremen Lagen am Leben erhält: »Wir Alpinisten machen das alles mit dem Ziel, dabei nicht umzukommen!«[73] Nicht Draufgängertum, nicht Lebensmüdigkeit, sondern intensivstes Erleben seiner selbst.

Die ganze Bergsteigerei ist für die allermeisten Menschen im Grunde sinnlos: Sie erwirtschaftet an sich kein Geld, stellt nichts her, hilft keinen anderen Menschen, steigert das Wohl von Nationen nicht und ist im Extremfall auch nicht gut für die Gesundheit; eher im Gegenteil. Doch mit jedem erklommenen Gipfel, jeder gemeisterten Etappe wächst die Selbstwirksamkeit der ausführenden Person – sagt zumindest Reinhold Messner: »Durch das Überleben schenkt man seinem Überlebenstrieb große Anerkennung. Das nenne ich Selbstmächtigkeit. (...) Das ist wie wiedergeboren zu werden; das Leben wieder zurückerobert zu haben. Und mit jeder Rückkehr wächst die Selbstmächtigkeit.«

Das ist nichts weniger als eine eigene psychologische Bergsteiger-Philosophie. Messner steigt (oder besser: stieg) auf Gipfel der existenziellen, sicherlich extremen Selbsterfahrung wegen, für die Rückeroberung des Lebens durch das reine Tun an sich, das politisch, gesellschaftlich und ökonomisch als sinnlos betrachtet werden kann. Auch fehlt ihm gänzlich der modische Purpose: Was ist der höhere Sinn der ganzen Kraxelei? Es gibt keinen – und zumindest Messner stülpt der Sache auch keinen Weltrettungs-Purpose über. Wenn man oben ist, ist man oben. Es ist nicht der Gipfel, der das Gipfelerlebnis schenkt. Es ist die existenzialistische Erfahrung der eigenen Selbstmächtigkeit. Und jetzt der Know-how-Transfer: Dazu muss man nicht auf 8000er steigen. Jede andere Tätigkeit tut's auch, die Sie als reines Tun empfinden und genießen können. Eine der beliebtesten solcher Tätigkeiten, mit einer gewissen Ähnlichkeit zum Bergsteigen, aber bei weitem nicht so extrem:

»Vogel fliegt, Mensch läuft« – Selbstwirksamkeit durch Bewegung

Es kann so einfach sein, ein existenzialistisches Erlebnis zu genießen: Laufen kann jeder. Jogging, Slow Running, Walking, Nordic Walking, Gehen, Wandern, Spazieren. Alles kann ein existenzielles Endorphin-Erlebnis auslösen. Doch auch hier gilt: Wir versauen uns das Erlebnis meist selbst.

Ein Forscherteam um den norwegischen Psychologen Frode Stenseng befragte via soziale Medien über 200 Frauen und Männer, im Mittel 43 Jahre alt, die durchschnittlich fünf Stunden pro Woche joggen[74]. Er fragte sie sinngemäß: Warum läufst du? Worauf tippen Sie? Es kristallisierten sich zwei Hauptmotive heraus:

- *Laufen als Eskapismus: sich ablenken von negativen Ereignissen, Gedanken und Gefühlen, Probleme vergessen oder*
- *Laufen an sich als Genuss, um positive Gefühle zu erleben*

Sicher waren Fitness, Gesundheit und eiserne Disziplin auch unter den Nennungen, spielen hier aber keine Rolle, denn Stenseng und Team entdeckten zwischen Eskapismus- und Genussläufern einen bedeutsamen Unterschied: »Die Lebenszufriedenheit fiel umso höher aus, je mehr die Versuchspersonen beim Laufen positive Gefühle erlebten, und umso geringer, je mehr sie damit negative Gefühle vertrieben.«

Das bedeutet: Laufen ist als Instrument der Regulation negativer Emotionen, eben als Eskapismus, Alltagsflucht, eher ungeeignet. Laufen ist ein schlechtes Mittel zum Zweck. Vielmehr funktioniert Laufen am besten als Zweck an sich, als reines Tun: Laufen, um zu laufen. Man läuft nicht weg. Man läuft einfach. Ich weiß: »Einfach« nur so zu laufen, ist nicht ganz leicht. Schließlich schleppt man dabei immer auch seinen Kopf mit und seine Sorgen. Wie also lassen wir den Kopf zuhause, wenn wir joggen gehen?

Der wissenschaftliche Befund deckt sich mit der Volksmeinung: Laufen scheint existenziell bedeutsam. Wie schon die tschechische Lauf-Legende Emil Zátopek sagte: »Vogel fliegt, Fisch schwimmt, Mensch läuft.« Es steckt uns im Blut seit der Zeit, als wir die Savannen durchstreiften. Laufen ist eine menschliche Ur-Erfahrung, der Mensch ist physiologisch und offenbar auch psychologisch für's Laufen gemacht. Sobald wir aus dem Meer und von den Bäumen runter waren, liefen wir. Leider kriegen Sie schon einen Schwäche- oder Streaming-Anfall, wenn Sie bloß Ihre Laufschuhe ansehen? Laufen ist eine Quälerei? Keine Spur von existenziellem Erlebnis?

Für dieses Problem entdeckten Leonard Braunsmann und Vera Abeln von der Deutschen Sporthochschule Köln eine Lösung[75]: Sie ließen Probanden 30 Minuten laufen, nahmen das EEG und machten danach einige kognitive Tests. Sie stellten fest: Jogging (also nicht Gehirn-Jogging) steigert unsere Intelligenz (und andere Testwerte). Das ist schon ziemlich gut. Es kommt noch besser: Konnten die Probanden ihr Lauftempo selbst wählen, waren die gemessenen Effekte stärker. Das erklärt, warum die meisten Deutschen ungern laufen: In den 80er-Jahren gab es mal eine Jogging-Welle, überall sah man Leute laufen – seither läuft praktisch nichts mehr. Erklärung: Um mithalten zu können, glaubten viele, sauschnell rennen zu müssen, oder gleich einen Marathon, mindestens Halbmarathon – und verletzten sich dabei oder verloren rasch die Lust. Andere Erklärung: Es war halt eine Mode, die ebenso schnell vorbei war, wie sie aufgekommen war.

Erst seit dem Aufkommen von Slow Jogging in den letzten Monaten sieht man wieder mehr Jogger in Parks und auf Waldwegen: Das Tempo macht die existenzielle Erfahrung. Genauer: das eigene Wohlfühl-Tempo. Wenn wir um des reinen Tuns willen laufen, sollten wir das nicht im üblichen Fitness-Tempo machen, sondern an Karl Jaspers denken und in unserem eigenen, individuellen Tempo laufen. Das ist nicht leicht zu finden für Leute, die glauben, sich bei jeglicher sportlichen Betätigung quälen zu müssen, um einen sportlich-körperlichen Effekt zu erzielen, doch es ist möglich: Es ist das Tempo, bei dem Sie »ewig so weiterlaufen« könnten.

Doch es muss nicht immer Laufen sein. Jede physische Betätigung nützt, wie wir gleich sehen werden.

Pain? No Gain!

Ganz gleich, ob Sie gerne laufen, schwimmen, biken, turnen, kicken oder einer anderen physischen Betätigung nachgehen: Die wissenschaftlich verbrieften Effekte von Bewegung auf Ihre geistige Gesundheit und mentale Leistungsfähigkeit sind enorm[76].

Körperliche Betätigung schützt zum Beispiel vor psychischen Erkrankungen. Und falls man bereits unter Depression, Distress oder einer Angststörung leidet, wirkt Bewegung bei mittelschweren Diagnosen so gut und stark wie ein Medikament (dazu ohne Nebenwirkung – außer dass man obendrein noch fit wird). Aber Achtung: Nicht jede Bewegung wirkt so gut. Hier gilt ausnahmsweise nicht »No Pain, no Gain«, sondern das Gegenteil: Nur eine leichte bis mittelstarke Anstrengung hat diese positiven Effekte. Hoch intensives Training dagegen kann die Symptome sogar verschlimmern.

Dabei werden diese positiven Effekte nicht nur beim Laufen, sondern auch bei anderen Sportarten wie zum Beispiel Yoga erreicht. Auch hier fanden die Wissenschaftler, dass kürzere Interventionen effektiver sind als längere und intensivere – vermutlich, weil sie uns einfacher fallen und körperlich auf eingeübte »Programme« zurückgreifen.

Zehn Minuten um den Block oder auf dem Hometrainer lassen sich eben leichter in einem terminstressigen Tag unterbringen als eine ganze Stunde, nach der man dann auch zu ausgepumpt ist, um noch etwas anderes zustande zu bringen. Schade nur, dass die meisten Menschen, wenn sie nicht gerade hochbezahlte Manager sind, kein Ergometer im Büro stehen haben, um während der Arbeit mal eben rasch eine 10-Minuten-Einheit Cardio einzulegen. Überraschung: Das ist auch gar nicht nötig.

»Movere et labora«

Wir sollten lediglich und endlich erkennen: Wir Menschen sind nicht nur soziale Wesen, sondern auch körperliche Wesen. Das ist eine mehr als legitime Wertschätzung dessen, was uns im Wesentlichen, ganz grundsätzlich ausmacht, egal wonach wir streben.

Leider quetschen viele von uns, die sich absolut berechtigt die Sinnfrage des Lebens stellen, ihren Körper vom Bett in den U-Bahn-Sitz, dann in den Bürosessel und von dort aufs Sofa. So verfällt der Körper praktisch bei pochendem Herzschlag. So kann man nur schwer Sinn finden, wenn und weil man eines der mächtigsten Instrumente der Selbstwirksamkeit praktisch kaltstellt: dem Tun mit und für den eigenen Körper.

Selbstwirksamkeit ist keine rein geistige Übung. Auch und gerade der Körper schenkt uns, falls korrekt gebraucht, die schöne Überzeugung, selbst wirksam zu sein. Das wusste schon Juvenal: Mens sana in corpore sano. Korrekt zitiert meinte Juvenal, dass zu hoffen sei, ein gesunder Geist wohne in einem gesunden Körper.

Selbstwirksamkeit spürt der extreme Bergsteiger, der rennende Schiedsrichter und ein Löffel runterschmeißendes Kind – aber nicht der interessierte Mensch, der auf Instagram krampfhaft Influencer-Tutorials über den Sinn des Lebens schaut. Sinnfindung gelingt uns am besten, wenn wir übers reine Denken hinausgehen. »Gucken« ist rein konsumtiv. Doch mit reinem (Medien)Konsum lässt sich kein Lebenssinn finden. Das Resultat zeitgemäßen Konsums nennt man nicht Lebenssinn, sondern Kaufrausch – doch das hat unsere dauermüde Arbeits- und Leistungsgesellschaft noch nicht verstanden. Dafür ist das Hersteller-Marketing zu wirkmächtig: Ich kaufe, also bin ich.

Sinn lässt sich, wenn nicht ausschließlich, so doch viel schneller und leichter im Machen finden. Existenz = Machen = Sinn.

Leider sind die meisten von uns beruflich Denkarbeiter. Sie vermutlich auch? Deshalb stellen wir uns ja auch so oft die Sinnfrage! Weil mit reinem Denken allein sich nur schwer Sinn finden, geschweige denn erfahren lässt. Ich weiß, viele Philosophen machen nichts anderes als über den Sinn des Lebens nachzu*denken*. Auch in der Psychotherapie, hauptsächlich in der sogenannten Gesprächstherapie, redet und denkt man nur. Bezeichnenderweise setzen sich seit Kurzem gerade in der Therapie etliche körperzentrierte Ansätze durch: Mens sana ... Der Körper ist ein mächtiges Therapeutikum und eine Autobahn zum Sinn des Lebens – wenn er bewegt wird. Gutes Stichwort: Wie wäre es, wenn Sie genau dies täten?

Aufstehen und drei Kniebeugen – wäre das was? Jetzt, bitte! Wichtig dabei ist die Kniebeuge an sich. Wichtiger jedoch Ihre Körperwahrnehmung: Wie fühlt sich das an? Welche Gefühle genau? Wo im Körper? Können Sie sowohl Ihre Körpergefühle als auch Ihre Emotionen dabei wahrnehmen? In welchem Wechselspiel?

Der Clou dabei: Eigentlich ist das Yoga in der ursprünglichen Form. Yoga war nie als Turnübung gedacht, sondern wurde als voll integrative psycho-physische Bewegungsform zur Sinnfindung und Daseinsbewältigung entwickelt (und das sage ich mittlerweile anerkennend als Überhaupt-Nicht-Yoga-Fan).

Von der Reflexion von Körperwahrnehmungen und Gefühlen (Sensations & Emotions, wie die Amerikaner sagen) bis zur Sinnfindung ist es nur noch ein kleiner Schritt. Warum? Weil Sie mit einfachen Bewegungsmustern existenzialistische und existenzielle Erfahrungen machen, die durch nichts zu ersetzen sind.

»Wir müssen uns den Klempner als glücklichen Menschen vorstellen«[77]

Es ist erstaunlich und macht Hoffnung, dass ausgerechnet Büroarbeiter nach Feierabend und an Wochenenden gerne mal körperlich werden, das Baumhaus für die Kids bauen, den Rasen mähen, joggen gehen, Holz hacken, am Auto respektive Motorrad oder Fahrrad schrauben, hämmern, sägen, kärchern. Ihr Körper braucht das förmlich – Ihrer und meiner natürlich auch. Es erhebt sich lediglich die Frage: Warum machen wir das erst nach Feierabend und/oder an Wochenenden?

Warum nicht auch bei der Arbeit?

Bei der Arbeit geht der Trend derzeit in die entgegengesetzte Richtung: Neulich erzählte mir eine Bekannte, dass ihre zwei Bürokollegen auf dem Bürostuhl selbst zum Drucker rollen, weil sie zu faul zum Aufstehen seien.

Ich erinnere mich in diesem Zusammenhang an jene Studie, in der verschiedene Berufsgruppen gefragt wurden, ob ihr Job einen Sinn macht[78]. Was schätzen Sie?

Wieviel Prozent der Gesamtbevölkerung empfinden ihren Beruf als sinnvoll?

Im Durchschnitt der Berufe in der Gesamtbevölkerung sind es 70 Prozent. Wieviel Prozent sind es bei den Handwerkern, die so termingestresst sind, dass wir wochenlang auf sie warten müssen? Und deren Beruf so stressig ist, dass sie seit Jahren unter eklatanten Nachwuchssorgen leiden? Worauf tippen Sie?

Es sind 92 Prozent. Beeindruckend. Warum ist das wohl so? Natürlich weil Handwerker mit den Händen arbeiten, körperlich. Ist besser, tut ihnen gut, ergibt mehr Leistungslust und mehr Sinn. Was macht wohl mehr Lust? Eine Excel-Tabelle aufstellen? Oder einen Heißwasser-Boiler? Eben. Die Milliarden-Euro-Heimwerker-Branche spricht für sich.

Die Studie stellte noch eine Frage: Macht Ihr Beruf Sie glücklich?

In der Gesamtbevölkerung antworteten 50 Prozent mit Ja. Was deprimierend ist: Die Hälfte von 46 Millionen erwerbstätigen Deutschen[79] ist im Umkehrschluss unglücklich im Beruf? Kein Wunder plädieren so viele für die 4-Tage-Woche! Wieviel Prozent der Handwerker sind dagegen glücklich im Job?

80 Prozent. Mit den Händen werkeln, tun, machen, zerlegen, zusammenbauen – macht halt glücklich. Das heißt nicht, dass Denkarbeit nicht glücklich machen könnte – alle Kreativen und Intellektuellen würden da vehement widersprechen. Es heißt lediglich: Unser Körper, Sport, Bewegung, Gymnastik und insbesondere unserer Hände Arbeit sind ein besserer, schnellerer, direkter Weg zu Selbstwirksamkeit, Leistungslust und Lebenssinn.

Das Sisyphos-Paradoxon – Die Tretmühle des Glücks

Viele von uns jubeln nicht wirklich, wenn sie allmorgendlich mit dem Gedanken an den neuen Arbeitstag aufwachen. Tag für Tag immer dieselbe stressige, undankbare Tretmühle. Kein Wunder, dass viele von uns raus wollen: Die Urlaubsindustrie läuft heiß, Online Shops verdienen Milliarden, dito Streaming-Dienste, die Forderungen nach mehr Teilzeit, Job Sharing nehmen zu. Das ist die eine Option: Bloß raus hier! Viele Arbeitgeber unterstützen tariflich und mit vielen Perks & Benefits diese »Flucht von der Arbeit«; viele HR-Abteilungen geben Unsummen dafür aus.

Kennen Sie das Personaler-Bonmot »Von innen sieht ein Hamsterrad aus wie eine Karriereleiter?« Nichts anderes als die Übersetzung von Sisyphos in ein niedlich-absurdes Kinderzimmer-Setting. Ich finde, es wird dem Hamster jedoch nicht gerecht, denn dem Hamster ist das Rad egal, er freut sich über eine Gelegenheit zum endlosen Laufen, für ihn ist das Hamsterrad Ersatz für die ostasiatische Steppe, wo Hamster ursprünglich zu Hause waren. Wir fühlen uns als »schmunzelnde Götter«, die über den »Hamster und sein Rad« spotten, aber der Hamster – läuft. Und läuft. Und läuft. In der Realität 20 bis 30 km pro Nacht, das sind 30.000 Umdrehungen im Hamsterrad[80], und würde man die zurückgelegten Kilometer des Hamsters auf die Körpergröße eines Menschen standardisieren, dann wären das mehr als 300 km – jede Nacht, zu Fuß. Sisyphos würde erblassen! Klar, ein Hamster läuft nicht, um zu Philosophieren, Spitzensportler zu werden oder aus anderen psychologischen Gründen. Sein innerer, existenzieller Antrieb sucht nach Futter – aber das tut er im Hamsterrad ja nicht mehr, das bekommt er dort längst bequem serviert...

Andere halten es lieber mit Robert Frost (in »Servant to Servant«): The only way out is through. Der einzige Ausweg führt nicht drumherum, sondern mittendurch. Das ist Sisyphos' Motto. Er lehnt die tägliche Tortur, die Zumutungen des Lebens nicht ab, sondern macht sie zu seiner Arbeit, die genauer betrachtet keinerlei Sinn ergibt: Jeden Tag derselbe Mist im Laufrad des Hamsters. Warum ergibt dieser Mist Sinn für Sisyphos?

Weil er sich nicht auf den Sinn konzentriert. Er sucht keinen Sinn. Einen Stein, der ständig wieder runterfällt, ständig wieder hochzustemmen, macht keinerlei Sinn. Also konzentriert sich der moderne Sisyphos nicht auf die sinnlose Sinnsuche, sondern auf die eigentliche Arbeit, das Tun an und für sich – und plötzlich macht das alles Lust, Leistungslust und damit Sinn. Für ihn. Weil er sich dabei als selbstwirksam, als wirkmächtig erlebt.

Ich weiß, das ist paradox. Deshalb raucht auch vielen HR-Abteilungen und Arbeitnehmern der Kopf, wenn sie darüber nachdenken. Doch wer erst einmal das Sisyphos-Paradox verstanden hat, wird mit Leistungslust, Selbstwirksamkeit und Lebenssinn belohnt. Dafür lohnt es sich doch.

Anregungen für Führungskräfte & HR

Es ist so einfach, einfach existenzialistisch: **Vergessen Sie Purpose, appellieren Sie an das Tun, an die konkrete Tätigkeit**. Appellieren Sie an den Einzelnen, auch wenn Sie mit Ihrer Unternehmung mehr sind als nur ein Haufen Individuen. Aber Selbstwirksamkeit kommt für das Gros der einfachen Arbeiter (ja, auch Wissensarbeiter) nicht automatisch durch Strategie oder komplexe ökonomische Markt- und Wettbewerbskonstellationen. Selbstwirksamkeit entsteht am jeweiligen, einzelnen Arbeitsplatz, ganz konkret, durch Tun.

Existenzialismus ist modern, nicht nur als Denkrichtung, sondern auch des Handelns wegen: der Wunsch nach Achtsamkeit, dem Leben im hier und jetzt, sich dabei selbst erleben, mit beiden Beinen auf dem Boden beziehungsweise im Leben stehen, mehr Selbstbestimmung, kein Fokus auf eine herausfordernde Zukunft und auch kein Leben im anstrengenden Gestern.

Die Konkretheit und basale Schaffenskraft des Existenzialismus kann man bei der Arbeit stärken durch eine **starke, erlebbare Produktorientierung**, das gibt einer der einfachsten Antworten auf die Warum-Frage am Arbeitsplatz, sinngemäß: »Warum arbeitest Du hier? Weil Du beiträgst zum Produkt bzw. zur Dienstleistung des Unternehmens, für die Kundinnen und Kunden. Du trägst dazu bei, dass das Produkt entsteht, dass es zum Kunden kommt, dass er damit zufrieden ist, ein einfacheres Leben hat. Das Produkt entsteht nicht nur durch einige wenige Hände in der Fabrikhalle, sondern durch hunderte Hände, gemeinsam, wo jeder mit seiner Spezialisierung ein klein wenig dazu beiträgt, dass das Produkt gelingen kann und am Ende gut wird.«

Deswegen: **Führungsaufgabe ist es, die Strategie herunterzubrechen**, so dass **konkretes Tun** abgeleitet werden kann – durch die Menschen selbst. Erklären Sie Hintergründe, warum eine Strategie oder Strategie-Änderung so ist wie sie ist, Stichwort: Wettbewerb, ökonomische Rahmenbedingungen, sich ändernde Regulation usw. Füllen Sie Strategie mit Leben, bis runter zu den Aktivitäten jedes Einzelnen. Aber nicht übertreiben, es geht nicht um konkrete To-Do-Listen, sondern um eine Übersetzung (nicht, dass Sie denken, Sie müssten mit der Strategieübersetzung auch noch die erforderlichen Handgriffe einzeln vorgeben!). Beispiel: »Wir wollen die Nr. 1 in der Branche werden« – das kann heißen: Mehr Umsatz, mehr Kunden, oder aber auch mehr Kundenzufriedenheit und besseres Image. Investieren Sie in Leitthema, etwa mehr Kundenzufriedenheit, gehen Sie in die Produktentwicklung und lassen erarbeiten, was man beim »Produkt 2.0« optimieren kann entlang der durch Marktforschung ermittelten Kundenwünsche. Zudem sehen Sie vor dem

Hintergrund einer wachsenden Unzufriedenheit unter Mitarbeitenden Bedarf an internen Prozessen, um auch die »Nr. 1« als Arbeitgeber zu bleiben. Sie regen in der HR-Abteilung eine Er- oder Überarbeitung der »Employer Brand« an.

Anregungen für Mitarbeitende

Was macht wirklich zufrieden und »glücklich«? Wenn man ganz existenzialistisch, reduziert, ohne großen gedanklichen Überbau eine existenzielle, einfache Zufriedenheit sucht, dann stößt man unweigerlich auf eine unglaublich große und langwierige Studie, die eigentlich genau das ergründen wollte. Im Jahr 1938 begann eine Studie, die »Harvard Study of Adult Development«, und dabei wurden die Leben von über 2000 Personen über 80 Jahre lang (!) systematisch untersucht. Hierbei wurden verschiedenste Menschen extrem lange begleitet, durch Höhen und Tiefen und unterschiedlichste Rahmenbedingungen. Im Buch »The Good Life« haben die beiden Forscher Robert Waldinger und Marc Schulz nun die Ergebnisse vorgelegt. Eine zentrale Frage war, was insgesamt zum Wohlbefinden von Menschen beiträgt, was glücklich und unglücklich macht. Das Ergebnis:

Faktor Nr. 1 für Zufriedenheit im Leben sind gute Beziehungen! (und eben nicht: Wohlstand, Geld, Erfolg…). Und das kann man, so die Autoren, trainieren wie ein Muskel: Man kann fremde Leute auf der Straße grüßen, ansprechen, ein Wort wechseln usw. Machen Sie das auch, und Sie werden feststellen, dass »Sozialität« konkret auch bei der Arbeit fröhlich stimmt. Setzen Sie sich in der Kantine mal zu fremden Menschen an den Tisch, gehen Sie mal durch ein fremdes Bürogebäude, und sagen Sie einfach, eine bestimmte Person zu suchen – und schon kommen Sie in Gespräche.

Helfen macht glücklich! Lange gab es in den Sozialwissenschaften das Menschenbild, dass Menschen einander deswegen helfen, weil sie utilitaristisch handeln, d. h. sich davon einen persönlichen Vorteil erhoffen oder auf eine »Wiedergutmachung« durch die geholfenen Personen hoffen, oder Helfen schlichtweg aus sozialen Statusgründen.

Mittlerweile scheint jedoch klar, dass Menschen tatsächlich völlig selbstlos einander helfen, ohne innere Berechnung, sondern einfach nur, weil es guttut. Rutger Bregman, Wissenschafts-Historiker, brachte die Forschung auf den Punkt[81]: »In Notsituationen kommt das Beste im Menschen zum Vorschein. Ich kenne keine andere soziologische Erkenntnis, die gleichermaßen sicher belegt ist und dennoch gänzlich ignoriert wird. Und der Soziologe Daniel Batson hält fest: »Die Ergebnisse der über

15 Jahre durchgeführten 25 Forschungsarbeiten haben die Annahme bestätigt, dass wahrer Altruismus, der einzig und allein auf der Motivation beruht, das Wohl des anderen zu ermöglichen, wirklich existiert…Bis heute gibt es keine plausible Erklärung für die Ergebnisse dieser Studien, die sie mit Egoismus begründen würde.«

Also: **Helfen hilft,** weil es – so meine Interpretation – eine ganz fundamentale **Selbstwirksamkeitserfahrung** liefert, frei Haus sozusagen, ohne große Organisation, ohne ein Repertoire an Werkzeugen, oft auch ganz allein. Jemanden helfen kann dazu führen, dass man mit eigenen Augen sieht, in einer häufig auch kritischen Situation etwas Wichtiges selbst bewirkt zu haben, vielleicht erlebt man auch Dankbarkeit als sehr unmittelbares, sehr wertschätzendes Feedback. Gerade in Unternehmen ist deswegen eine Kultur des einander Helfens sehr wertvoll für Selbstwirksamkeitserfahrungen und somit die Zufriedenheit aller Beschäftigten, gerade auch derer, die helfen.

Tun macht glücklich! Sinn ist in der Arbeitswelt keine philosophische Frage, sondern eine psychologische. Mit Sinnkrise meinen die meisten Menschen den antriebsarmen Zustand bei der Arbeit, das große Fragezeichen, warum das, was man tut einem nichts mehr gibt. Also: Sinn steckt in der Selbstwirksamkeit, und Selbstwirksamkeit erreicht man durch konkretes Tun.

Seien Sie Sisyphos – direkt am Felsen, stark, fähig, den Felsen zu rollen, gewillt ihn zu bewegen. Keine strafenden Götter im Hintergrund, ja nicht einmal ein Hügel. Denn beim Existenzialismus geht es um ganz konkretes Tun, mit den eigenen Händen, mit der eigenen Kraft und vor allem mit der eigenen Kompetenz.

Einfache **»manuelle« Arbeit als existenzialistisches Tun** ist, Arbeit auch jenseits des Bildschirms zu denken und zu pflegen. Statt Mail schreiben lieber mal zur Kollegin rüber laufen, statt tippen einmal wirklich schreiben, statt Automatik und KI mal selbst etwas erarbeiten, denn Mühe macht Selbstwirksamkeit. Das alles ist nicht reaktionär, gegen Digitalisierung zu verstehen, sondern ist eine Anreicherung von Varianten, die stellenweise abstraktes durch konkretes Arbeiten ersetzen. Und selbst im Digitalen kann man ähnlich vorgehen: auch hier kann ich Selbstwirksamkeit etwa durch Programmieren erleben.

Existenzialismus heißt, im Arbeitskontext, vielleicht auch bezüglich der eigenen Karriere **pragmatisch in der Gegenwart und nahen Zukunft zu denken, ganz ohne Utopien**. Dasein ist konkret, Sehnsucht ist es nicht. Dasein hängt an Kompetenz, Machen. In der Gegenwart liegt der Startpunkt für Aktivitäten, in der Zukunft allenfalls ein Ergebnis.

Nutzen Sie die »Resonanz«! Die sogenannte Resonanz[82] stärkt Selbstwirksamkeitserfahrung, also ein Erleben der eigenen Person, anderer Personen und auch der Umwelt. Das kann ganz konkret sein:

- Erfahrung, etwas erreicht zu haben, sichtbare Wirkung, physische Umweltveränderung auch im Kleinen

- Beobachtung solcher Erfahrungen bei anderen, ähnlichen Personen. Sehen, dass andere durch das gleiche Handeln etwas bewirken, also äußere Belege der Tatkraft

- Konkrete soziale Ermutigung durch andere zum Handeln (das muss nicht verbal erfolgen, sondern allein die Anwesenheit, Körpersprache etc. anderer Menschen kann eigenes Handeln bestärken)

- Positive Interpretation körperlicher Vorgänge, die auf eine emotionale Erregung hinweisen (Schwitzen, Herzschlag) – also nicht Anstrengung, Angst, sondern Aufregung, gar Vorfreude

- Basales »tiefes« Feedback: eine Rückmeldung über das Getane, dass es getan wurde; ein Feedback, das die autonome Schaffenskraft hervorhebt und nicht kontrollierend oder wertend in Bezug zum Lernerfolg geschieht

Für sich selbst tun! Der Mensch ist ein soziales Wesen – ja, klar, aber nicht ausschließlich ein »Rudelmensch«. Wir lassen uns glauben machen, wir Menschen sind soziale Wesen, die gar nicht anders können als »zusammen zu leben, zusammen zu arbeiten«, oder es gehe nur um Rangreihe, Status. Der Mensch braucht sich selbst. Bitte denken Sie auch an sich selbst und über sich selbst, als wären Sie der einzige gestrandete Mensch auf einer einsamen Insel – und fangen Sie an, sich selbst zu helfen, zu überleben, zu leben, sich stetig in seinem Zustand zu verbessern.

11

LEISTUNGSLUST IST, SICH SELBST ZU FÜHREN

»Be your own Jesus
Personal Jesus«
Depeche Mode[83]

Disziplin braucht mehr als Willen & Wünsche

Haben Sie alles, was Sie sich je vom Leben erträumt haben? Dann sollten Sie dieses Kapitel überblättern.

Noch hier? Sie sind in guter Gesellschaft: Die meisten Menschen haben noch ein paar Wünsche offen. Fünf Kilo weniger auf der Waage, mehr Sport, eine Beförderung, das Rauchen aufgeben, gesünder essen, mehr Zeit für die Familie, mehr Spaß bei der Arbeit, Work-Life-Balance, Reduzieren auf 80 % oder gar 50 % ... Was sind Ihre persönlichen Wünsche und Ziele?

Leider wissen wir: Viele dieser Wünsche werden nie erfüllt. Die meisten Menschen scheitern an ihren Zielen, was an sich bereits frustrierend ist. Doch es kommt zur eigentlichen Frustration des Scheiterns noch eine weitere Belastung hinzu: Scheitern (zer)stört auch jegliche Leistungslust. Es kommt nicht wirklich Freude, Motivation oder Leistungslust auf, wenn wir mitten in einem Vorhaben frustriert feststellen müssen: »Das wird nix!« (Es sei denn, Sie handeln nicht ergebnisorientiert, sondern komplett prozessorientiert – also motiviert von einer Arbeit und Aufgabe *an sich*, was der Champions League von Leistungslust entspricht; auf dem Niveau etwa von Sisyphos).

Bestes oder vielmehr schlechtestes Beispiel für verfehlte Ziele: Abnehmen, Diäten. Die wissenschaftlich erwiesene Misserfolgsquote für dauerhafte Zielerreichung beim Abnehmen liegt bei rund 70-80 Prozent[84]. Warum?

Speziell fürs Abnehmen hat die Mehrheit der gescheiterten Abnehmwilligen eine einleuchtende Erklärung parat: »Ich hab' einfach zu wenig Disziplin!« Sicher ist das ein Erfolgskiller, aber ebenso sicher nicht der einzige. Gerade in den letzten Jahren wurde ein zweiter Killer stark diskutiert:

Achtsamkeit – Zermahlen zwischen Vergangenheit und Zukunft

Im Gegensatz zu »mangelnder Selbstdisziplin« ist mangelnde Achtsamkeit ein intellektuell anspruchsvoller Erklärungsversuch für persönliches Scheitern und damit den Verlust von Leistungslust.

Verkürzt lautet die Erklärung: Wir scheitern an so vielen Vorhaben, weil wir viel zu oft nicht mehr im »Hier und Jetzt« sind, sondern ständig entweder an die Vergangenheit oder an die Zukunft denken – meist in Form von Ärger, Wut und Scham (mit Blick auf vergangene Erlebnisse, Versäumnisse und Frustmomente) oder in Form von Skepsis, Sorgen, Ängsten und Zweifeln (in Bezug auf die Zukunft).

Verlassen wir geistig die Gegenwart, dann passiert etwas, das Michael Huppertz, Psychiater und Psychotherapeut, treffend so ausdrückt[85]: »Dann werden Sie zermahlen zwischen der Vergangenheit (...) und dem, was Sie alles noch machen wollen.« Dieses Zermahlenwerden ist schuld daran, dass wir so oft ohne große Lust arbeiten, dabei frustriert werden, gestresst, bis hin zu Erschöpfung, Burnout und Depression. Als Lösung bieten Hunderte Bücher und Ratgeber an, einfach im »Hier und Jetzt« zu sein, also achtsam auf die Gegenwart konzentriert, auf die Existenz an sich.

Mit Achtsamkeit verhindern wir, vom Stress des Zeitstroms mitgerissen zu werden. Das ist zugleich die einfachste Form von Selbstwirksamkeit: einfach innehalten, anhalten, Stopp! sagen, präsent werden. Wie gelingt Ihnen das? Von den Ratgebern werden Atem- und Konzentrationsübungen, Meditationen und Affirmationen vorgeschlagen.

Achtsamkeit als Problemlösung klingt einleuchtend, einfach und praktikabel. Tatsächlich ist Achtsamkeit seit vielen Jahren in den Medien und auf dem Seminarmarkt schwer in Mode. Und rein logisch betrachtet sprechen ja auch keine Gründe dagegen, voll im Hier und Jetzt zu sein – außer vielleicht ein Grund namens *Costa Concordia*.

Schiffbruch im Hier und Jetzt – ein dramatisches Fallbeispiel

Wir erinnern uns: Kapitän Francesco Schettino setzte das 600-Mio-Euro-Kreuzfahrtschiff *Costa Concordia* im wörtlichen Sinne in den Sand, 32 Menschen starben[86]. Wie machte er das?

Überspitzt formuliert: Er war voll im Hier und Jetzt. Leider war sein Hier und Jetzt geprägt von Balzgehabe, mit dem er seiner unerlaubterweise auf der Brücke befindlichen Freundin mit einem extrem riskanten Manöver imponieren wollte: Er fuhr praktisch auf Steinwurf an die heimische Küste heran. Und nicht nur die Freundin sollte beeindruckt werden, auch noch ein befreundeter Oberkellner, der dort von Bord gehen sollte. Vor lauter Eitelkeit trug er auch seine Brille nicht und musste daher bei der Brückenbesatzung nachfragen, was auf Instrumenten und beim Blick nach draußen zu sehen war – und so steuerte der Pott in die Havarie.

Direkt nach dem Aufgrundlaufen weigerte er sich, das Schiff zu räumen, um nur kurz danach dann doch einer der ersten zu sein, die von Bord gingen, so dass die Küstenwache ihn anfunkte und fluchte: »Geh zurück an Bord, verdammt!« (im Original[87] hieß es in der Ansprache wohl »cazzo«, was man auch noch deutlicher als »Sie Arsch!« übersetzen könnte) Doch da hatte »Capitano Dilettante«[88] schon das sinkende Schiff verlassen. Wie konnte es dazu kommen?

Schettino besaß sämtliche Patente, die volle Kompetenz eines Kapitäns und mehr als genügend Erfahrung – doch es war sein innerer, motivationaler und moralischer Kompass, der in die falsche Richtung deutete; die Versuchung des Imponiergehabes, des Großmutes im gegenwärtigen Moment überwältigte ihn schlicht. Schettino war voll im Hier und Jetzt, und die Verlockungen des Hier und Jetzt überwältigten ihn mit Anerkennung. Dieser eine Moment der erhofften göttergleichen Bewunderung war ihm (unterbewusst) wichtiger als eine Zukunft, als Vorsicht und Vorausschau. Auch als er übereilt das sinkende Schiff verließ, war er vom Augenblick überwältigt. Seine Aufmerksamkeit war in diesem Augenblick voll auf das fokussiert, was das Hier und Jetzt ihm in diesem Moment anbot: Flucht, Ignorieren der Katastrophe, Weglaufen.

Gewiss: Dieses Beispiel ist äußerst extrem und schrecklich tragisch. Doch es dient der Illustration: Das Leben im augenblicklichen Moment kann kurzfristig sehr genussvoll sein und gleichzeitig mittel- bis langfristig negative Folgen eintragen.

Voll und ganz in der Gegenwart »präsent« zu sein, kann unglaublich erfüllend und emotional lohnend sein. Doch dieser achtsame Genuss des gegenwärtigen Augenblicks geht leider oft voll auf Kosten einer erträglichen Zukunft. Uneingeschränkter Genuss in der Gegenwart ist leider häufig der schnellste Weg, die eigene Zukunft zu sabotieren. Wer *dauernd* im Hier und Jetzt lebt, vernachlässigt die Zukunft. Polemisch ausgedrückt: Der genussvolle Augenblick im Hier und Jetzt beim siebten Pils ist mir wichtiger als der Kater morgen früh – bis exakt zu jenem Augenblick im Hier und Jetzt, in dem ich anderntags mit pochendem Kater aufwache. Wie hätte ich das Pochen verhindern können?

Zum Beispiel mit ein wenig Selbstdisziplin.

Ich weiß, allein das Wort stößt vielen sauer auf, die in diesem Augenblick einen starken Impuls verspüren, das Buch aus der Hand zu legen. Selbstdisziplin? Warum nicht gleich »Drill«, »Gehorsam« oder Motivations-Sprüche wie »Du musst stark sein«, »Du musst es wirklich wollen«.

Die einzige Fähigkeit, die Erfolg garantiert

Wenn Sie trotz des Reizworts weiterlesen, wissen oder ahnen Sie offenbar etwas, das den meisten Menschen zeit ihres Lebens verborgen bleibt: Erfolg ist einfach, aber hart. Die Forschung zeigt, dass auf lange Sicht nur eine einzige einfache (aber schwere) Verhaltensweise Erfolg garantieren kann (eine Studie dazu s.u.). Diese einzigartig einfache und wirklich schwere Fähigkeit hat viele Namen: Disziplin, Dranbleiben, Durchziehen, Steherqualität, Standfestigkeit, Beharrlichkeit, Ausdauer, Stehaufmännchenqualität, Hartnäckigkeit, Kondition.

Zwischenfrage: Was haben Sie eben gespürt? Wer eine gute Wahrnehmung hat, hat beim Lesen der letzten beiden Zeilen einen kleinen Motivationsschub, eine Art innerer Stärkung verspürt. Das ist keine Täuschung: Allein das Lesen von Fähigkeitsbeschreibungen stärkt diese Fähigkeiten (je lauter und öfter Sie lesen, desto stärker funktioniert das). Diese psychologische Technik nennt man Priming, quasi »Bahnung« oder »Anbahnung«. Der Effekt wird umso stärker, je öfter Sie die Zeilen (stumm, halblaut, laut) lesen. In der Laien-Psychologie begegnet uns diese Technik übrigens in Form der allseits bekannten Affirmationen. Wer möchte, kann die Methode auch der Selbsthypnose zuschreiben. Möchten Sie nochmals nach oben springen und lesen? Das hängt vollständig vom Grad Ihrer Eigenverantwortung ab.

Es liegt am Dranbleiben, dass so viele Genies im wirklichen Leben scheitern: Intellekt ist nett, nützt aber nichts, wenn man spätestens nach dem fünften Rückschlag hinschmeißt. Umgekehrt reüssieren deshalb so viele absolute Durchschnittsmenschen – weil sie im Vergleich zu den intellektuellen Riesen zwar fast schon dumm erscheinen mögen, jedoch niemals nie nicht aufgeben. Oder wie Ben Elton (im Satire-Thriller »Stark«) einen seiner Helden sagen lässt: »I won't lie down until I'm dead and even then I'm going to bite their goddam ankles.«

Das Geheimnis des Erfolgs ist recht einfach: Disziplin. Doch diszipliniert zu leben, ist hart. Nur die Harten kommen in den Garten. Warum sind es nur so wenige?

Weil Selbstdisziplin von den meisten Menschen negativ assoziiert wird mit Verzicht, Selbstkasteiung, Genussfeindlichkeit, spartanischer Lebensführung oder auch Handlungen gegen den eigenen Willen. Und das stimmt ja auch: Um 32 Menschenleben und 600 Millionen Euro zu retten, hätte Kapitän Schettino gegen seinen Willen des »Genusses im Hier und Jetzt«, gegen eine bequeme Lösung »Weglaufen« handeln müssen. Das hat ihn schlicht zu viel Überwindung gekostet, gleich zweimal. Klingt einleuchtend, nachvollziehbar und logisch und ist leider falsch.

Es geht bei Disziplin nicht um Überwindung oder Motivation.

Disziplin ist keine Motivation, sondern eine Technik

Allein schon deshalb, weil der bloße Gedanke an »Disziplin« jedes Gefühl von Motivation im Keim erstickt. Das ist kein Nachteil. Es ist ein Vorteil: Da Disziplin unabhängig von Motivation ist (wenn wir sie recht verstehen), können Sie jederzeit und überall absolut diszipliniert handeln, ohne auch nur einen Hauch motiviert zu sein. Diesen Life Hack kennen viele Motivationsratgeber nicht. Sie propagieren: »Mach's, wenn du voll motiviert bist!« Disziplin dagegen sagt: »Mach's einfach – ganz gleich, wie motiviert oder nicht motiviert du dich gerade fühlst! Denn wenn Du jetzt machst, dann wird es sich in der Zukunft um so mehr auszahlen.«

Wenn wir scharf darüber nachdenken, ist es fast widersinnig, eine nötige Handlung (Steuererklärung, Jogging ...) vom Zustand ausgerechnet unserer schwankenden, instabilen *Gefühle* abhängig zu machen. Doch das tun viele Menschen, die vom Zeitgeist inspiriert sind: Sie packen eine lange aufgeschobene Aufgabe nur und erst dann an, wenn sie »voll motiviert« sind. Wie gut, dass es ein Alternativkonzept gibt: Disziplin. Das ist erstaunlich und zugleich rätselhaft: Warum gibt es einen Handlungsanreiz, der ohne jede Motivation funktioniert? Der sogar dem ganzen Hype um Motivation Hohn zu sprechen scheint?

Eben weil Disziplin kein Motivations-, sondern ein Zeit- und Ressourcenkonzept ist. Disziplin »motiviert« nicht für die Verfolgung der eigenen Bedürfnisse. Disziplin nimmt sogar eine *neutrale* Sichtweise in Bezug auf die eigenen Bedürfnisse ein und fragt stattdessen zeit- und ressourcenplanend:

- ***Bedürfnisse:*** *Da ich viele Bedürfnisse habe – welche sind mir wichtiger als andere? Das heißt: Was ist die Prioritätenrangfolge meiner Bedürfnisse? Hätte Schettino sich diese Frage gestellt, hätte er sicher nicht geantwortet: »Das Bedürfnis, meiner Freundin für zwei Minuten mächtig zu imponieren, ist mir wichtiger, als das Bedürfnis, weitere 20 Jahre mein Kapitänspatent zu halten.« Doch genau über diese seine Bedürfnisrangfolge wusste er nichts (oder wollte mangels Selbstdisziplin darüber nichts wissen), da er sich von seinem Unterbewusstsein in Geiselhaft nehmen ließ, ohne seine Prioritäten bewusst zu reflektieren.*
- ***Ressourcen:*** *Wie verwende ich meine Ressourcen, um mir diese Bedürfnisse zu erfüllen? Das heißt: Heute alles Geld, Zeit und Energie auf den Kopf hauen für zwei Minuten Imponiergehabe – und morgen völlig ruiniert dastehen? Oder heute auch etwas an Ressourcen für morgen aufsparen?*
- ***Langfristige Wertigkeiten:*** *Wie teile ich mir mein Leben ein? Genauer: Zeit, Energie, Aufmerksamkeit und Ressourcen meines Lebens? Vor allem im Verhältnis von Gegenwart zu Zukunft: Wie teile ich meine Ressourcen ein? Was ist mir die Zukunft wert? Was bin ich mir in der Zukunft wert? Was ist mir mein zukünftiges Ich wert?*

Insbesondere wenn Sie die letzte Frage auf sich wirken lassen, wird sich womöglich etwas in Ihnen regen, das hinter jeder Selbstdisziplin steckt und sie antreibt. Was könnte das sein? Wonach fühlt es sich an?

Richtig geraten: Eigenverantwortung; Verantwortung für sich selbst und seine eigene Zukunft.

Verantwortung für sich selbst übernehmen

Noch so ein Unwort – zumal in Deutschland: Eigenverantwortung. In diesem Land gibt es eine Partei, die allein deshalb schon von weiten Teilen der Bevölkerung geschmäht wird, weil sie (manchmal auch zu) oft an die Selbstverantwortung jedes Menschen appelliert. Diese Schmäher wünschen sich über die 4-Tage-Woche hinaus meist unbewusst den sogenannten Nanny State (»Hold me, feed me, love me!«), der sie von der Last der Eigenverantwortung befreit und ihnen jeden Wunsch nicht nur von den Lippen abliest, sondern selbstverständlich auch erfüllt: Nichts dagegen! Auch ich würde gerne im Schlaraffenland leben. Bis ich es gefunden habe, folge ich jedoch der Erkenntnis: Selbstverantwortung ist für den Selbstvergessenen eine Last, für den nach Selbstverwirklichung strebenden Menschen jedoch eine Chance.

Solange wir noch nicht in Schlaraffia angekommen sind, haben wir leider oder glücklicherweise auch eine Verantwortung für uns selbst und sollten uns täglich, stündlich, minütlich fragen: Wie selbstverantwortlich gehe ich mit meinen Bedürfnissen, Ressourcen und meiner Zeit um? Schettino havarierte sein Schiff, indem er für einen (un)achtsamen Augenblick auf seine (Selbst)verantwortung pfiff. Das ist des Pudels Kern. Natürlich pfeifen wir alle auf unsere Selbstverantwortung, wenn wir mal wieder zu viel trinken, Binge Streamen oder seit Wochen zu viele Überstunden machen. Das ist dann wenig selbstverantwortlich und das wissen wir auch meist, weshalb wir ein schlechtes Gewissen bekommen.

Doch wer sich schämt, ändert sich nicht und erkennt auch nicht den Trade-off zwischen Gegenwart und Zukunft: Heute prassen, morgen darben? Heute der Freundin imponieren und morgen Gerichtssaal? Heute Genuss fürs Heute statt etwas Arbeit fürs Morgen? Heute Kritik kassieren für Lob von morgen? Heute Unsicherheit riskieren, für Sicherheit in der Zukunft?

Und kommen Sie nicht auf die Idee, aus diesen Suggestivfragen ein Entweder-Oder abzuleiten. Es gibt kein »entweder Frohsinn und Gelage – oder Disziplin«. Es gibt keinen Widerspruch zwischen Disziplin und Achtsamkeit – sondern eine Balance: Nichts gegen ein rauschendes Fest am Samstagabend – aber am Sonntagmorgen steht punkt 8 Uhr eine Runde Jogging an. Ich weiß: Diese Balance zu treffen, gelingt nur wenigen. Die Asketen joggen immer nur, und die Hedonisten machen ständig nur Party. Rein gesellschaftlich betrachtet tendieren wir zum Hedonismus, wenn nicht zur Dekadenz: Wir konsumieren uns in der Gegenwart zu Tode, womit wir sämtliche Ressourcen für ein menschenwürdiges Leben (unserer Enkel) in der Zukunft verschleudern.

Einmal ganz davon abgesehen, dass wir uns mit einem Mangel an Eigenverantwortung auch die Leistungslust nachhaltig kaputtmachen: Geben wir unsere Selbstverantwortung auf, leben wir weitgehend fremdbestimmt, als Marionetten anderer, in Abhängigkeit vom Wohlwollen Fremder, mit ausgesprochener Sklavenmentalität. Das mag auf den ersten Blick bequem erscheinen, ist jedoch auf den zweiten Blick der Tod jeder Selbstverwirklichung. Man sollte also meinen, dass Selbstverantwortung eine Schlüsselfähigkeit ist, noch wichtiger als Lesen, Rechnen und Schreiben, weshalb wir diese wichtige Fähigkeit bereits unseren Kindern beibringen. Ein lachhafter Gedanke für jeden, der das Marshmallow-Experiment kennt.

Der Marshmallow-Effekt – Die Kunst, geduldig zu sein

In den 70er-Jahren kam ein Forscherteam um den amerikanischen Psychologen Walter Mischel auf eine geniale Idee: Es maß Selbstdisziplin nicht mit MRT, EEG oder CT, sondern mit Beobachtung und Marshmallows[89]. Das Team setzte Kindern im Vorschulalter einen Marshmallow vor und stellte sie vor die Wahl: Entweder sofort essen – oder 15 Minuten warten und ein zweites bekommen. Die Versuchsleiter entfernten sich aus dem Raum, ließen die Kinder allein mit Marshmallow und der »Qual der Wahl«, aber beobachten sie per Einwegspiegel aus dem Raum nebenan.

Wir erinnern uns: Als Kind erschien uns eine Viertelstunde wie eine Ewigkeit! Daher zeigen auch die Video-Aufzeichnungen des Marshmallow-Experiments, wie die Kinder sichtlich und oft qualvoll mit sich rangen. Mit sich und ihrer Disziplin. Das Experiment war eine interessante Momentaufnahme: Wie steht es um die Disziplin unserer Jugend?

Das Experiment war aber auch eine noch viel interessantere Longitudinal-Studie: Jahre später wurden die Versuchskinder noch einmal von den Forschern besucht. Dabei stellte sich heraus: Jene Kinder, welche die 15 Minuten aushielten und sich damit das zweite Marshmallow holten, waren erfolgreicher als die Ungeduldigen in Schule und Studium. Nicht nur das. Sie waren nicht nur geduldiger als die anderen. Sie waren auch handlungsfähiger und beliebter bei Freunden. Warum waren sie so viel »besser«?

Sie fielen nicht auf die Versuchung der Instant Gratification herein, sondern beherrschten die Kunst der Delayed Gratification. Das ist geradezu eine Schlüsselfähigkeit der Lebensbewältigung: Kann ich X Jahre diszipliniert die Schulbank drücken, um später einen besseren Job zu bekommen? Kann ich jetzt einfach mal die Klappe halten, damit wir nachher nicht wieder den schönsten Beziehungsstreit haben? Kann ich die Wochenendschicht und Sonderaufgaben in Kauf nehmen, um später mit den verdienten Meriten viel besser in ein Jahresgespräch mit ihm zu gehen? Kann ich auf drei Jahresurlaube am Traumstrand verzichten, um der Familie ein neues Auto zu gönnen? Kann ich Vater oder Mutter werden, um vierzig Jahre später nicht allein unterm Weihnachtsbaum zu sitzen?

Manchmal ist die Zukunft einfach besser als die Gegenwart – wenn wir der verlockenden Versuchung der Instant Gratification widerstehen können. Genau das ist Selbstverantwortung: Wir haben auch eine Verantwortung gegenüber uns selbst und gegenüber unserer Zukunft. Diese Eigenverantwortung ist nicht angeboren, sondern wird erworben; durch tägliche Übung und die obigen vier Fragen: Was will ich wirklich? Mit welcher Priorität? Und wie möchte ich meine Ressourcen dafür verwenden? So formalisiert haben die Kinder im Experiment sicher nicht gedacht, gewählt und entschieden. Doch in der kindlichen Denk- und Lebenswelt lief das nicht prinzipiell anders ab: »Hm, zwei Marshmallows sind leckerer als nur eines – ich warte lieber!« versus »Ach was, her damit – ich hab' *jetzt* Lust auf was Süßes. Och, schade, schon weg (hätt' ich lieber noch gewartet).« Wie immer ist die Fähigkeit an sich weniger interessant als wie man sie sich erwirbt oder bei sich selbst stärkt (also Training). Wie wird man so diszipliniert? Wie trainiert man Selbstdisziplin? Im Prinzip ganz einfach.

»An Instrument of My Own Will«[90]

Man trifft zuweilen auf diese schöne Sprachfigur: Er oder sie ist ein Instrument seines oder ihres Willens. Wenn er oder sie im kommenden Sommer mehr fit, schlanker, gesünder, ausgeglichener sein *will*, dann geht sie im Winter dreimal die Woche ins Studio – ohne sich von allfälligen Versuchungen wie Streaming, Couch oder auch zu viel Arbeit davon abbringen zu lassen.

Dann verzichtet er so lange auf das übliche opulente Abendmahl, bis die Waage in die gewünschte Richtung zeigt – und wenn im Freundeskreis der Burger oder das Weizenbier noch so lockt. So macht man sich selbst zum Instrument des eigenen Willens. Amateure vermuten, dass dafür extrem viel Selbstüberwindung und Kasteiung nötig sei. In anderen Worten: dass man sich selbst quasi Gewalt antun muss. Doch Gewalt ist nicht dasselbe wie Disziplin. Echte Disziplin ist wie gesagt ein Ressourcenallokationskalkül und eine Zukunftskalkulation in drei einfachen Schritten:

1. *Was habe ich jetzt? Zum Beispiel Streaming, Bequemlichkeit oder Essensgenuss.*
2. *Was möchte ich in Zukunft haben? Zum Beispiel Gesundheit, körperliche Fitness, schlankere Figur.*
3. *Und was von beiden ist mir mehr wert?*

Beide Beispiele sind zugegebenermaßen leicht abgedroschen, zählen zu den Klassikern der »Vorsätze für's neue Jahr«, aber trotzdem oder gerade deshalb illustrativ. Hinter solchen exemplarischen Zukunftskalkülen steckt im Grunde der Antrieb für jedes Training, jede Investition, jeden Konsumverzicht, jede Geldanlage, jede Aus- und Fortbildung und jede menschliche und gesellschaftliche Entwicklung: Anstrengung heute für Verzinsung morgen. Leider ist das genau das Problem unserer gegenwartshörigen Konsumgesellschaft: Ich will alles – und das sofort; lieber heute als morgen, Konsum statt Investition; Exzess im Jetzt, und sei es auf Pump.

Wir verzichten mit dieser konsumtiven Kurzsichtigkeit auf einen der mächtigsten Leverage-Effekte menschlicher Entwicklung: Selbstdisziplin (auf verschiedene Arten gemessen) sagt Bildungserfolg (akademische Leistungen) mehr als vier

Mal so stark (über doppelt so hohe Korrelation) vorher wie der IQ (Intelligenzquotient)[91].

Das muss man sich mal vorstellen: Nicht einmal auf dem Olymp der Intelligenz, den akademischen Sphären, ist Intelligenz der stärkste Erfolgsfaktor – sondern Disziplin! Also die besondere Fähigkeit, in die Zukunft blicken zu wollen und sich daher auf den Hosenboden zu setzen, um zu büffeln. Nicht wer schneller rechnen kann, ist intelligent, sondern wer weiß, wohin er oder sie will. Das ist ein prinzipieller Widerspruch zur Achtsamkeit: Es ist eben nicht (nur) der augenblickliche Moment, der über ein gutes Leben entscheidet. Genau genommen ist er »nur« die halbe Miete. Die andere Hälfte ist der Wille, Verantwortung für die eigene Zukunft zu übernehmen.

Selbstdisziplin hilft, Ressourcen zu sammeln für mehr Selbstwirksamkeitserfahrung!

Jedoch: Wenn das so leicht wäre, wären wir nicht hier. Wie machen wir es uns leichter?

Maßnahmen statt Ziele setzen

Um die »Zeitenwende« war es in Deutschland modisch, hehre Ziele zu verabschieden: X Millionen E-Autos bis zum Jahr 2035, Y Millionen Tonnen weniger CO_2-Ausstoß, Z neue Windräder, Solardächer. Auch im Privaten machen wir es so: »Fünf Kilo weniger bis Ostern!«, »Endlich eine Drei in Englisch!«, »Mehr Zeit für die Familie!« Die meisten dieser Ziele wurden und werden nie oder höchstens teilweise erreicht. Warum?

Von Gescheiterten höre ich oft die Erklärung: »Mit dem Blick in die Zukunft tue ich mir schwer! Ich bin nicht so der Vorausdenker.« Das liegt nicht am Denken oder am Denker, sondern an der Technik:

Wir denken zu oft in Zielen.

Natürlich sind Ziele wichtig. Doch wie schon Konfuzius vor zweieinhalbtausend Jahren sagte: »Der Weg ist das Ziel.« In heutigem Sprachgebrauch: Maßnahmen, nicht Ziele. Wir sollten weniger in Zielen und mehr in Maßnahmen denken – und zwar sehr konkret, am besten heute, nicht morgen anfangen umzusetzen. Menschen mit starker Selbstdisziplin machen das so. Sie denken also nicht: »5 Kilo weniger!«, sondern (vor allem auch): »Ich mache ab heute jeden dritten Tag 20 Minuten Nordic Walking, esse jeden Abend eine Scheibe Brot weniger, morgens Müsli statt Brötchen, und ich versuche, beim Mittagstisch auf Currywurst & Co. zu verzichten.« Das ist nicht nur ein Ziel, sondern vier Maßnahmen, die gar nicht so viel Überwindung kosten.

Maßnahmen sind nicht alles. Doch ohne realistische und zugleich wirksame Maßnahmen ist ein Ziel bereits Makulatur, noch bevor sein letzter Buchstabe ausgeschrieben wurde. Statten Sie Ihre Lebens- und Berufsziele mit jeweils mindestens drei realistischen und wirksamen Maßnahmen aus. Die Betonung liegt dabei auf »realistisch«. Wer Ergebnisse erzielen möchte, wählt klugerweise die kleinstmögliche Maßnahme – weil sich niemand vor einer winzigen Aufgabe drückt – um damit das größtmögliche Resultat zu erzielen. Ja, ich weiß, das fällt trotzdem manchmal schwer. Nicht, weil einem keine Maßnahmen einfielen, sondern weil wir paradoxerweise oft Angst haben vor unseren wirklich wichtigen Zielen (s. u.).

Schöner Nebeneffekt: Sobald Sie in (kleinen) Maßnahmen denken, sind Sie Ihrer Umwelt um Längen voraus. Hören Sie nur einmal hin: In Medien, Politik und Bekanntenkreis wird überwiegend von hehren Zielen gesprochen. Von Maßnahmen scheint kaum jemand jemals etwas gehört zu haben. Gut für Sie! Das haben Sie den Ziel-Planern voraus. Mit konkreten, kleinen und wirksamen Maßnahmen werden Sie Ihre Ziele nicht nur sicherer und schneller erreichen als bisher, sondern auch eher und schneller als Ihre Umwelt, die immer noch Ziele plant, ohne an geeignete Maßnahmen zu denken. Welche Ziele schweben Ihnen aktuell vor? Das allerdings scheint ein anderes Problem zu sein.

Angst vor der eigenen Zukunft – wenn sie zu groß erscheint

Das Problem der meisten Menschen ist nicht, dass sie zu kühne Träume oder zu hohe Ziele hätten. Ganz im Gegenteil. Ein Beispiel dafür ist ein Bekannter, dessen Unternehmen übernommen wurde. Mit der Unternehmensstrategie des neuen Eigners war er nicht einverstanden, weshalb er schweren Herzens kündigte. Ich fragte ihn, was er nun machen wolle.

»Och, mit meiner Berufserfahrung und meinen Referenzen finde ich überall einen Job, so viele Spezialisten für mein Thema gibt es nicht.«

»Aber das warst du doch jetzt auch schon über zehn Jahre. Schwebt dir nicht mehr vor?«

»Hm, ich wäre durchaus reif für eine Führungsposition.«

»Ja, klar, aber willst du nicht wirklich was verändern, anders, mehr? Oder auch etwas *nicht* mehr?«

»Also, ich werd' wohl kaum Vorstand werden und auch nicht Schreiner im Westerwald (3 Sekunden Pause, dann schmunzelnd weiter...). Hm, was Handwerkliches, das wär ja *schon* was!«

Nach zehn Minuten weiteren Nachhakens hatte sich sein Berufsziel von »wieder Angestellter« gesteigert zu »Geschäftsführer eines Mittelständlers« (in seiner spezialisierten Branche) oder »mein eigenes Geschäft, Schreinerei mit Online-Verkauf« (nicht im Westerwald). Aus der Schreinerei ist nichts geworden, aber als technischer Geschäftsführer eines kleinen Anlagenbauers verdient er nicht nur das Mehrfache seines früheren Gehalts, sondern er ist total glücklich. Dort wäre er nie gelandet, wenn er seinem Ziel kein Upgrade verpasst hätte. Es schien fast so, also hätte er Angst gehabt vor der eigenen besseren Zukunft, sicherlich auch Hemmungen einer Veränderung, die – so attraktiv sie wäre – mit Überwindung verbunden wäre, mit eben vielen kleinen Maßnahmen in eine komplett andere Richtung gehen.

Der Schein trügt nicht: Viele Menschen können keine volle Verantwortung für ihre eigene Zukunft übernehmen, weil sie unterbewusst Angst vor dem Best Case haben, zuweilen sogar vor dem Base Case. Angst davor, unbescheiden zu sein. Angst, als eingebildet zu gelten oder sich für was Besseres zu halten. Angst vor Ambition, vor der eigenen Courage. Angst, bei allzu hochfliegenden Plänen dann bitter enttäuscht zu werden.

Marianne Williamson hat das perfekt in jenen Worten ausgedrückt (in »A Return to Love«), die häufig Nelson Mandela zugeschrieben werden: »Our deepest fear is not that we are inadequate. Our deepest fear is that we are powerful beyond measure. It is our light, not our darkness, that most frightens us.« Wir fürchten uns insgeheim nicht davor, zu schwach, sondern zu stark zu sein.

Natürlich gibt es Menschen, die sich für was ganz Besonderes halten und fest damit rechnen, schon morgen zum Papst, zum US-Präsidenten und dann zum Kanzler vom Mars ernannt zu werden. Doch die meisten Menschen leiden unter der diametralen Schwäche: Sie träumen zu niedrig, greifen zu kurz, sind »bescheiden«, greifen nie ins höchste Regalfach und verkaufen sich unter ihren Möglichkeiten und heimlichen Aspirationen. Nicht von ungefähr ist zurzeit häufig die Rede vom Impostor-Syndrom, dem Selbstzweifel bezüglich der eigenen Leistung, bisweilen sogar bis zur – rational völlig unangebrachten – Überzeugung, als Hochstapler enttarnt zu werden, das bisher Erreichte gar nicht zu verdienen, nicht wirklich selbst an seinem eigenen Erfolg Teil gehabt zu haben.

Die meisten Menschen (mit Ausnahme von Narzissten, Psycho- und Soziopathen) verkaufen sich unter Wert. Im Sinne von Marianne Williamson ausgedrückt: Sie haben Angst vor ihrer wahren Größe. Dagegen ist ein Mittel gewachsen.

Die 5-Minuten-ganz-konkrete-Zukunft-Technik

Wer sich unter Wert verkauft, wer seine kühnsten Träume nicht einmal zu träumen, geschweige denn laut auszusprechen oder hier in den Buchrand zu schreiben wagt, versagt letztendlich an einem entscheidenden Punkt in Selbstverantwortung. Warum versagen wir oft ausgerechnet an unseren schönsten Träumen?

Weil nicht nur Alpträume Angst machen. Auch kühne Träume machen Angst.

Niemand weiß das besser als die Zukunftsforscherin Jane McGonigal. Nicht nur kühne Träume, sondern die Zukunft an sich macht uns oft Angst. Warum? »Angst entsteht durch Ungewissheit« ist McGonigals Erklärung[92].

Sie beschreibt unter anderem eine 5-Minuten-Technik: Stellen Sie sich fünf Minuten lang die ersten fünf Minuten Ihres wahrgewordenen Traums oder einer möglichen, wahrscheinlichen oder wünschenswerten Zukunft vor. So konkret wie möglich und total assoziiert; also nicht aus der Draufsicht, sondern aus den eigenen Augen, die sich bereits in dieser Zukunft befinden. Beispiel?

Sie träumen davon, Ihren Job hinzuschmeißen und einen Bauernhof zu übernehmen. Nun kann man in romantischen Landhaus-Träumen schwelgen, duftendes Heu, friedliche Tiere, die Sie den lieben langen Tag dankbar anschauen. Seien Sie realistisch – und fair gegenüber den Tieren, und machen Sie den Test: in drei Jahren, morgen um 05:30, auf Ihrem Bauernhof, der Wecker klingelt, draußen regnet es, in der Nacht mussten Sie den Tierarzt holen, weil eine Kuh kalbte. Gestern kam die Rechnung über die neue Melkmaschine. Sie stehen auf und... Wie geht es wohl weiter, ganz konkret? 05:35, 05:40 usw.

Oder anderes Beispiel, näher am Sujet des Buches, auch etwas klischeehaft: Sie wollen in 5 Jahren Chef oder Chefin sein. Das wäre schön, doch viele, die davon träumen, winken spontan ab: »Schaffe ich ja doch nicht. Mir fehlt die nötige Disziplin, die erforderlichen Voraussetzungen zu erfüllen.« Diese verbreitete Absage setzt »Disziplin« mit »Ochsentour« gleich – eine häufige, gleichwohl unzutreffende Gleichsetzung.

McGonigal dagegen setzt Disziplin mit Phantasie gleich: Wie sehen die ersten fünf Minuten meines ersten Tages als Chef oder Chefin aus?

»What to do on Monday morning?«

Ich betrete mein funkelnagelneues Büro, natürlich Eckbüro, die Sekretärin (klar, Klischee) bringt mir einen Kaffee, der echt nach Kaffee und nicht nach dem Zeug schmeckt, das wir bislang in der Abteilung getrunken haben, auf der Bürotür steht mein neuer Titel, die ehemaligen Kolleginnen und Kollegen grüßen mich mit Hochachtung, ich gehe meine Mails durch: Angebot für das Team-Event, dann noch Einladung zur Vorstandssitzung – und so weiter. Szenariobildung, fünf Minuten lang, in allen konkreten Details. Was bemerken Sie dabei?

Dass dieses ausführliche, konkrete und detaillierte Bild eine starke, oft geradezu unheimlich starke Sogwirkung ausübt – die Angst vor der Zukunft ist vergessen. Nein, stärker noch: Aus Angst wurde Motivation, Zuversicht und Freude auf so eine tolle Zukunft. Zukunft wird greifbar, Zukunft wird – wenn nicht unbedingt planbar – dann aber konkret und damit zerlegbar, näher dran an konkreten nächsten Schritten, an Maßnahmen, an Nahzielen. Und das ist gelebte und praktizierte Selbstverantwortung. So wird Zukunft gemacht. Mit Zuversicht, nicht mit Pessimismus, Skepsis, Zweifeln, Negativismus und Defätismus.

Je konkreter ein Szenario, also ein Bild von der Zukunft dabei erträumt wird, desto motivierender wirkt es: If you can dream it, you can do it! Im Umkehrschluss wird die Technik sogar noch plausibler (falls »plausibel« einen Komparativ hat): Wenn Sie sich ein Ziel nicht einmal in allen glorreichen Details vorstellen können oder mögen – wie wollen Sie es dann jemals erreichen?

Diese Technik kennt nicht nur McGonigal. Sie ist weit verbreitet, jeder gute Life- oder Business Coach beherrscht eine vergleichbare Technik. Manchmal wirkt diese insbesondere bei ausgefeilten Szenarien so gut, dass deren Anwender hinterher von der Coachin oder Coach getröstet werden müssen, wenn sie baff vor Erstaunen in der Follow-up-Sitzung aufschlagen mit »Klagen« wie: »Es kam exakt so, wie ich mir das ausgemalt hatte – wie kann das sein? Das kann doch gar nicht sein! Niemand kann in die Zukunft blicken! Das ist Hexerei!«

Es geht bei solchen Techniken nicht um Opti- oder Pessimismus, es geht um einen konstruktiven »Machen«-Mindset – zu dem Sie sich jedoch angesichts der vielen Katastrophenmeldungen in Medien und sozialem Umfeld nicht aufrappeln können? Auch dafür hat Jane McGonigal eine Lösung.

Die »Hoffnungsmaschine Google« und Mikro-Erfolge

Google ist als Suchmaschine bekannt, jedoch auch als »Hoffnungsmaschine« zu verwenden. Bleiben wir bei unserem Beispiel: Sie möchten Führungskraft werden, doch allein der Gedanke daran löst spontan negative Assoziationen aus – wie die meisten unserer Herzenswünsche: Zweifel, Ängste und Skepsis kommen oft sofort auf. Wäre das nicht so, hätten wir uns diese Wünsche längst erfüllt. Derart negativ assoziiert zögern wir jedoch in der Verfolgung dieser Wünsche, weshalb wir sie nicht wahrmachen können oder wollen: »Ich? Chefin? Mit meinen Voraussetzungen? Bei diesem Klüngel, der in unserer Firma herrscht? Ich hab' einfach nicht genug Vitamin B dafür.« Und schon ist unsere Einstellung zu negativ, um Aussicht auf Erfolg zu haben. Also googeln wir mit »hoffnungsvollen Stichworten«, wie McGonigal das nennt.

Zum Beispiel: »Privilegien von Chefs«, »Das Glück, Chef zu sein«, »unerwartete Beförderungen« oder Ähnliches – der Phantasie sind hier keine Grenzen gesetzt und Google findet immer etwas Interessantes, Aufmunterndes – und selbstverständlich dürfen Sie statt Google, Bing oder Ecosia auch eine KI wie ChatGPT befragen, um so plastischer und ausführlicher wird auch das positive Erwartungsbild »made by Internet«. Wer dann schließlich interessante positiven Texte liest, kann nicht verhindern, dass sich die eigene Einstellung zum Positiven wendet (s. o. Priming). Und das haben die meisten von uns mit Blick auf die Zukunft auch nötig: Er ist meist viel zu negativ.

Natürlich ist das durch die Weltlage gerechtfertigt: Klima kaputt, Wirtschaftskrise tobt, überall Kriege, kaputtes Gesundheitssystem, Inflation ... Kein Wunder, dass wir leicht depressiv durchs Leben gehen. Leider kann man so jedoch nicht seiner Selbstverantwortung für die Gestaltung einer positiven und leistungslustigen Zukunft gerecht werden. Im Gegenteil: Viele von uns drehen sich geradezu in einem fortwährenden Teufelskreis aus pessimistischen Gedanken, der sich mit jeder schlechten Nachricht noch schneller dreht, sozusagen mit herzlichem Gruß an Murphy (der mit den gleichnamigen Gesetzen).

Für einen Ausbruch aus diesem Circulus Vitiosus empfiehlt McGonigal ein Rezept aus der Kurzzeit-Therapie nach Steve de Shazer: Die kleinsten Interventionen haben in der Regel und in der Psychologie die größte Hebelwirkung. Konzentrieren wir uns nicht auf das übermächtig erscheinende Endziel (»Führungskraft werden!«), sondern auf den kleinstmöglichen Fortschritt auf dem Weg dorthin; zum

Beispiel das Absolvieren einer nötigen Fortbildung in Management-Methoden, das Anfreunden mit einem potenziellen Mentor höherer Ebene oder sogar »nur« eine graduell verbesserte Einstellung dem Leitungs-Wunsch gegenüber.

Kleine, handhabbare Maßnahmen, Zwischenziele sind genau das, was im Rahmen von Selbstdisziplin verhindert, sich den Annehmlichkeiten im Hier und Jetzt hinzugeben, weil die zukünftige Verlockung so unendlich groß und weit weg ist. Kein Fortschritt ist zu klein, um nicht als Baustein für die letztendliche Wunsch-Kathedrale gefeiert zu werden. So durchbricht man die Negativspirale und bringt sich selbst auf positiven Kurs. Ich weiß, das erfordert Alltagstraining, da uns die derzeitige »Weltwetterlage« diesbezüglich täglich mächtig runterziehen kann. Doch da selbst Mikro-Erfolge gefeiert werden können, gelingt dieses Training auffallend leicht und gut und wir entwickeln die nötige Selbstdisziplin, um unser großes Ziel zu erreichen. Was aber passiert auf dem Weg zum großen Ziel? Worauf tippen Sie?

Fehler.

Der Denkfehler der Fehlerkultur

Wir haben bereits mehrfach über Fehlerkultur gesprochen. Weil sie für alle Vorhaben und Aspekte von Leistungslust und Leben zentral ist – und die vorherrschende fehler-feindliche westliche Kultur unsere Fehler in der Regel mit Vorwürfen, Scham und Ausgrenzung bestraft. Das beginnt spätestens in der Grundschule bei der ersten versemmelten Schularbeit: Liefert (heutzutage) das Kind die erste Note unterhalb der 2, erfährt es eine sozio-kulturell-affektive Ausgrenzung, die für zart Besaitete (also Kinder) traumatisch sein kann (im Sinne von »Small-t-Trauma« nach Francine Shapiro).

Gerade deshalb hat sich in den letzten Jahren unter Erwachsenen eine modische Gegenbewegung herausgebildet, die landläufig »Fehlerkultur« genannt wird. Wie bei solchen Modebegriffen üblich, wurde auch dieses ausfüllungsbedürftige Abstraktum mit allem ausgefüllt, was man sich denken kann. Es ist geradezu eine Fehler-Philosophie entstanden, die unter anderem propagiert:

»Fehler sind gut!«

Wir alle spüren unmittelbar die befreiende und entlastende Wirkung dieser Exkulpierung, die leider einen Haken hat: Würden dieser Aussage die 32 Toten der Costa Concordia zustimmen, die ihr Leben aufgrund eines eklatanten Fehlers des Kapitäns verloren haben? Oder Reinhold Messner, wenn er auf 7800 Meter sich um einen Meter verschätzt? Oder wenn im Chemie-Werk beim Befüllen eines Kesselwagens ein Funke überspringt, weil der Logistikmitarbeiter vergessen hat, sich zu erden? Dann fliegt einem nicht nur die Fehlerkultur um die Ohren.

Eine bessere Maxime mit vergleichbarer Entstigmatisierung wäre wohl:

»Wenn Fehler passieren, suchen wir nicht nach Schuldigen, sondern nach Fehlerbehebung und danach, wie wir denselben Fehler künftig vermeiden können.«

Zugegeben: Das klingt intellektuell deutlich anspruchsvoller als »Fehler sind gut!«, was lediglich beweist, dass eine rationale und leistungslustige Fehlerkultur höchst anspruchsvoll ist, ganz im Sinne von Hochleistung. Anders ausgedrückt:

»Du kannst Fehler nicht verhindern – also tu alles dagegen!« Bring all Deine Kompetenz, Erfahrung und Intelligenz ein, um Fehler zu vermeiden.

Leicht paradox, doch äußerst handlungsleitend. Und vor allem: der Leistungslust förderlich. Denn wie wir alle täglich leidvoll erfahren, ist einer der Hauptfaktoren, die uns von Handeln, aktiver Tat, der Verfolgung unserer Träume und Ziele und damit von Leistungslust abhält, die verdammte Angst vor Fehlern und Scheitern. Wer dagegen nicht blind ins Unglück rennt oder sich über jeden Fehler freut, tut alles zur Fehlervermeidung, kann dadurch befreit tätig werden und damit Leistungslust genießen. Ist damit alles geregelt?

Ich fürchte nein. Ich fürchte, wir unterschätzen immer noch die fatale Intensität der verbreiteten leistungslust-feindlichen Angst vor Fehlern. Es gibt kaum einen wissenschaftlichen Befund, der die destruktive Wirkung dieser Angst eindrücklicher demonstriert als das Experiment der beiden Psychologinnen Lauren Eskreis-Winkler von der Northwestern University und Ayelet Fishbach von der University of Chicago[93].

Wie Sie 25 Prozent dümmer werden

Die beiden Psychologinnen stellten eine Studienreihe mit mehr als 1.600 Probandinnen und Probanden an. Das Design war einfach: Die Versuchspersonen sollten auf Testfragen aus zwei Antwortalternativen wählen. Nachdem sie ihr Kreuzchen im Kästchen gemacht hatten, wurde ihnen mitgeteilt, ob ihre Antwort richtig oder falsch war. Jedoch nicht wahrheitsgemäß.

Vielmehr wurden »Richtig!« und »Falsch!« nach Zufallsprinzip verteilt. Was fies ist, aber dem Testzweck diente. Dann wurde die zweite Runde gespielt.

Wieder wurde den Versuchspersonen eine Frage gestellt. Was schätzen Sie? Wie viele von ihnen beantworteten die zweite Frage richtig?

- *Von jenen, denen auf die erste Frage ein zufälliges »Richtige Antwort!« bescheinigt wurde, wussten 80 Prozent im zweiten Durchgang die sachlich korrekte Antwort.*
- *Von jenen, denen auf die erste Frage ein zufälliges »Falsch!« ausgestellt wurde, waren es dagegen lediglich 60 Prozent.*

Das heißt: Misserfolg fördert Misserfolg – selbst wenn der erste Misserfolg rein fiktiv, also auf gut Deutsch gelogen war. Oder noch platter: Wer Fehler macht, macht Fehler. Wer Fehler macht, ist verunsichert. Die phantastisch-fähige »Mustererkennungsmaschine Mensch« fängt an, nach Fehler-Mustern zu suchen und schießt zuweilen über das Ziel hinaus, vor allem, wenn die Fehler nicht trivial sind – oder wie im Experiment sogar zufällig, denn dann gibt es nichts zu entdecken, aber man sucht sozusagen krampfhaft dennoch danach, »Da muss doch irgendwo, verflixt nochmal, der Fehler sein!«. Und gerade im komplexen Berufsalltag sind Fehlerursachen selten so trivial, als dass man ihnen geschwind auf die Schliche käme.

Das ist der Grund, weshalb wir eigene Fehler verdrängen und verniedlichen, anderen in die Schuhe schieben oder Cover Your Ass spielen: Weil wir uns, gut beschult, Fehler derart zu Herzen nehmen, dass wir nach einer Fehlermeldung, selbst wenn diese gefälscht ist, prompt 20 Prozentpunkte gemessenen Intellekt verlieren; grob gesprochen. Dabei schädigt eine Fehlermeldung nicht nur unseren Intellekt, sondern auch unser Gedächtnis, das ja für künftige Fehlervermeidung von entscheidender Bedeutung ist.

Denn eine zweite Messgröße ergab: Bescheinigt man Testpersonen ein (fiktiv) falsches Ergebnis, erinnern sie die beiden Antwortoptionen nur mit 59 Prozent. Gibt man ihnen jedoch überhaupt kein Feedback auf ihre erste Antwort, erinnern sie die beiden Optionen zu 94 Prozent. Es braucht also lediglich ein Weißkittel, Lehrperson, Führungskraft oder Elternteil »Fehler!« zu rufen – und schon leiden wir quasi unter partieller post-traumatischer Amnesie.

Doch die beiden Psychologinnen beließen es nicht bei diesen deprimierenden Erkenntnissen. Sie konzipierten eine dritte Variante ihres Experiments, bei der sie ihren Versuchspersonen nach der ersten Fragenrunde die richtigen und die falschen Antworten *anderer* Versuchsteilnehmer verrieten und siehe da: Nun gab es keinen Unterschied mehr zwischen positiver und negativer Rückmeldung. Wer Rückmeldung über die Fehler *anderer* bekommt, macht selber keine; vereinfacht ausgedrückt.

Ergo: »Aus Fehlern lernen« sollte besser heißen:

»Aus Fehlern *anderer* lernen!«

Warum? Aus den Fehlern anderer lernen, schädigt unser eigenes Ego nicht. Aus eigenen Fehlern nicht zu lernen, ist reiner Selbstschutz. Oder brutal formuliert:

Such Fehler nicht bei dir! Sondern bei anderen! Denn daraus lernst du besser, Fehler zu vermeiden.

Die Fehler der anderen sind die besseren Fehler

Ein guter Business-Trainer weiß das und nutzt das. Wenn er zum Beispiel Seminarteilnehmer auffordert, ihre Fails (wie das heutzutage heißt) zum Seminar mitzubringen und vorzutragen, dann bringen diese in der Regel Lappalien daher oder verteidigen sich, anstatt daraus zu lernen. Weil sie sich vor den stuhlsägenden Teammitgliedern – und eigentlich auch vor sich selbst – keine Blöße geben wollen. Ich weiß, das widerspricht teilweise der vorübergehenden Popularität von Fuckup Nights, doch diese haben sich bekanntermaßen nie wirklich durchgesetzt.

Präsentiert der Trainer jedoch die exakt selben Fehler am Beispiel anderer, nicht anwesender Menschen, wirken die Lessons Learned wahre Wunder. Weil das eigene Ego nicht mehr als Lerninhibitor dazwischenfunkt.

Viele Führungskräfte in der Wirtschaft und insbesondere viele Bildungsreferenten in den Personalabteilungen wissen das noch nicht (was kurios ist, da es sich dabei ja um eine Bildungslücke handelt). Viele Vorgesetzte insbesondere halten es für ihre neumodische Pflicht, zum Fehlermachen zu ermuntern – und wundern sich dann, dass es nicht wirklich vorangeht, aber man immerhin wunderschöne Fehler-Meetings bei Kaffee und Kuchen hat. Nota bene: Wenn man weiß, wie ein Mensch »funktioniert«, kann man ihn besser führen.

Ergo: Die beste Fehlerkultur ist nicht »Fehler sind gut!«, sondern die moderierte, anonymisierte oder – mittels realer, aber externer Fallbeispiele – importierte Fehlerdiskussion, die Fehler der anderen. Also suchen Sie Fehler nicht bei sich – und lernen Sie daraus! Und warum das alles?

Weil Sie Ihrer Selbstverantwortung nur dann gerecht werden können, wenn Sie nicht ständig (dieselben) Fehler machen oder wie Tucholsky meinte: »Man kann auch 30 Jahre lang etwas falsch machen!« Je weniger vermeidbare Fehler Sie machen, desto mehr Leistungslust erleben Sie.

Die zwei wichtigsten Menschen in Ihrem Leben

Wer könnte das sein? Machen wir einen kleinen Exkurs: Mehr als die Hälfte der Büroarbeiter eines Dienstleisters klagen über Rückenschmerzen. Der örtliche Bürohandel bietet ein Paket an: Höhenverstellbares Stehpult plus Fliegender Masseur zweimal die Woche für eine monatliche Selbstbeteiligung von 20 EUR (denn die anderen 60 EUR pro Monat und Mitarbeiter übernimmt der Arbeitgeber). Wieviel Prozent der Schmerzleidenden nehmen das Angebot an?

Vermutlich weniger als ein Drittel, denn zwei Drittel werden sagen: »Wenn der Arbeitgeber das nicht komplett übernimmt ... Ich bin ja nicht blöd!« Man muss blöd sein, um seine Kreuzschmerzen loszuwerden? Man könnte die Problemlösung ja auch alternativ erreichen: Einfach alle halbe Stunde vom Bürostuhl aufstehen und für zwei, drei Minuten zwei, drei Rumpfübungen machen – YouTube bietet Tausende davon an. Nicht einmal dafür reicht die Selbstverantwortung vermutlich der Mehrheit der arbeitenden Bevölkerung – mit Ausnahme von Ihnen. Sie sind hier und lesen ein Kapitel über Eigenverantwortung. Menschen mit Sklavenmentalität machen das nicht. Daher ist der erste wichtigste Mensch in Ihrem Leben?

Sie selbst. Wir sind uns in dieser Hinsicht selbst der Nächste. Doch diese Selbstverantwortung zu erwerben ist kein Geschenk, sondern ein Lifestyle, eine Lebensaufgabe. Wir werden vielleicht niemals ganz autark, autonom und selbstverantwortlich sein. Doch wenn Sie es heute ein wenig mehr als gestern sind, sind Sie auf bestem Wege zu einem Leben voller Leistungslust. Zweiter wichtigster Mensch?

Ihre Führungskraft – wer immer das auch sein mag. Viele Chefs und Chefinnen machen es sich immer noch – gestützt oder geduldet von der Personalabteilung – zur Lebensaufgabe, ihren Untergebenen auch noch den letzten Rest an Eigenverantwortung auszutreiben. Ich möchte an dieser Stelle nicht in den Chor einstimmen, der fast alle Führungskräfte zu Psychopathen degradiert, »Nieten in Nadelstreifen« hieß es früher einmal weniger Krimi-tauglich. Nein, auch Führungskräfte erleben höchste Anforderungen und Überforderung, kommen fachlich und menschlich an die Grenzen, weil sie eben nicht eine Herde zahmer Schafe beaufsichtigten, sondern selbstbewusste, intelligente Menschen in höchster sozialer Interaktion und Spannung zueinander, mit komplexen Karriere-, Berufs- und Privatleben. Und auch Vorgesetzte haben wiederum Vorgesetzte (und obendrein gibt es auch noch Kundinnen und Kunden).

Und nicht nur wegen »Führungskräften als Personen«, sondern auch wegen der Komplexität von Organisationen entstehen absurde Zustände, zum Beispiel: »Für eine Dienstfahrt nach ABC brauchst du ein Formular in dreifacher Ausfertigung, mindestens 2 Wochen vorher einreichen, vorher Unterschrift vom Chef, Kostenplan dranheften!« Gegenargument häufig: »Wir sind hier keine Basisdemokratie!« oder »Wir sind ein komplexes Unternehmen oder oder oder. Aber das sind auch jene Unternehmen nicht, die ihre Belegschaft nicht alles bestimmen lassen, jedoch klar definierte Freiräume für deren Selbstverantwortung einräumen. Diese Handlungsfreizonen reichen bereits, um mehr Eigenverantwortung zu fördern, damit mehr Leistungslust und damit mehr Mitarbeiterbindung, Produktivität und Effizienz.

Setzen Sie zur Steigerung der Selbstverantwortung drei sogenannte **Fokuspunkte** für alle größeren Vorhaben:

- **Motivationaler Fokus**: Sie wollen etwas erreichen, erschaffen, tun. Dieses Etwas soll nicht einfach nur als Gegenstand auf der Welt sein, sondern dieses Etwas soll etwas in der Welt und auch bei anderen Menschen bewirken (und nicht gleich die ganze Welt retten, es reicht schon, einen Menschen damit glücklich zu machen). Das ist Impact – die von Ihnen selbst initiierte Wirkung in der echten und sozialen Welt.

- **Gegenwartsfokus**: Setzen Sie Ihre Aufmerksamkeit sehr gezielt ein, legen Sie Ihre Konzentration auf die Aufgabe, im Hier und Jetzt, auf das Tun, nicht auf die wünschenswerte Zukunft.

- **Kompetenzfokus**: Werden Sie sich vor und während aller Aktivitäten klar darüber, was Sie gut und gerne machen, was Sie gut können. Und wenn es viele Aspekte sind, dann fokussieren Sie sich auf eine besondere Kompetenz, die typisch für Sie ist, die man Ihnen als »Marke« zuschreiben würde (die sog. »Signature Strength«)

Disziplin-Hacks

Wir haben eine Verantwortung nicht nur für unsere Beziehung, Familie und Arbeit, sondern auch für uns selbst. Zugegeben: Das ist eine heroische Einsicht, für die manche ein ganzes Leben brauchen. Wir können der Verantwortung für uns selbst nur dann nachkommen, wenn wir immer wieder aufgeben, sondern dranbleiben, es durchziehen, auch und gerade nach jedem verdammten, erwartbaren Rückschlag, in anderen Worten: Selbstdisziplin beweisen.

Erinnern wir uns an Sinn und Zweck von Selbstdisziplin: Sie ist kein Selbstzweck. Sie dient dazu, dass wir aus sporadischen Glücksmomenten der Leistungslust ein nachhaltiges Erlebnis machen, eben andauernde Leistungslust.

Also wie geht Disziplin? Es gibt für alles Hacks, auch für Disziplin, picken wir acht heraus (des höheren Aufforderungscharakters wieder in der 1. Person Singular formuliert):

- ***Ich entwerfe ein möglichst konkretes Bild vom Ziel,*** *das ich diszipliniert erreichen möchte, ein Zukunftsbild; mit strategischen, konkreten und gut erreichbaren Zwischenzielen. Wen manchmal die Selbstdisziplin verlässt, den verlässt die Diszi-*

plin nicht wirklich, sondern das große Ziel wurde nie in realistische Zwischenziele heruntergebrochen (sog. Ziel-Atomisierung); relativ gut zu beobachten in politischen Prozessen, die großen Wert auf große Ziele legen unter meist komplettem Verzicht auf realistische Zwischenziele.

- **Ich setze mir keine Vermeidungsziele** (»Will nicht mehr so schlapp sein!«), sondern Annäherungsziele (»Will sechs Kilometer in 30 Minuten schaffen!«). Also »Was will ich?«, anstatt »Was will ich nicht mehr?« Disziplin für Vermeidungsziele zu entwickeln, ist praktisch ex definitionem unmöglich. Leider sind die meisten spontan gefassten Wünsche Vermeidungswünsche.

- **Ich mache aus meinen Maßnahmen zur Zielerreichung Gewohnheiten**, damit ich nicht ins übliche Dilemma komme: »Mache ich das jetzt oder nicht?« Vielmehr mache ich es mir zur Gewohnheit, zum Beispiel direkt von der Arbeit ins Fitnessstudio zu gehen – und erst dann nach Hause. Wer Gewohnheiten pflegt, hat automatisch mehr Disziplin, weil man für gute alte Gewohnheiten kaum oder keine Disziplin braucht. Hierfür gibt es übrigens viele entsprechend angepasste To-Do-Apps, wie etwa »Way of Life«, »Habit Tracker«, »Habitica« (quasi mit Gamification)«, »Productive« oder »Streaks« (sehr grafische Umsetzung)

- **Ich suche mir Zielpartner**, denen ich mein Ziel und meine Maßnahmen verrate: bester Freund, beste Freundin, aber auch Follower auf sozialen Medien. Mit einer wichtigen Maßgabe: Ich bitte um Unterstützung und konstruktive Kommentare, sonst trollt mich wieder jeder Skeptiker (»Du willst abnehmen? So unsportlich und verfressen wie du bist?«).

- **Ich reduziere Ablenkungen** von Ziel und Maßnahmen so weit wie möglich (Handy, Internet, Streaming, Couch Surfing …). Nicht mehr bei der Bildschirmarbeit »schnell nochmal Insta / Mail abfragen / Nachrichten-Site besuchen!« Auch hierfür gibt es Apps, die solche Ablenkungen selbst-definierbar technisch unterbinden, etwa »Focus« (Mac). Ich erkenne Versuchungen, benenne sie (»Name it to tame it!«) und widerstehe ihnen dadurch leichter und eher. Ich erinnere mich so oft wie möglich an meine Prioritäten: »Nein, das ist mir jetzt wirklich wichtiger; das bin ich mir schuldig!«

- **»Just do it!« Ich tu's einfach.** Vielleicht anfänglich nur in ganz kleinen Schritten – aber ich tu's. Vielleicht am Anfang auch richtig schlecht oder wie Jordan Peterson sagt: »Doing it badly – but doing it!« Wer Fehler macht, macht wenigstens. Nur wer nichts macht, macht auch keine Fehler.

- ***Ich haushalte mit meiner Zeit**, meiner Energie und meinen Ressourcen. Ich gehe nicht verschwenderisch damit um oder gebe meinem Helfersyndrom nach, sondern sage immer wieder Nein zu Vorhaben, die mich von der aktuellen Maßnahme abhalten wollen. Ich verteidige meine Prioritäten vor Ein- und Angriffen von außen.*

Und warum mache ich das alles? Warum bin ich so diszipliniert? Weil ich gerne Leistungslust erleben möchte; so viel und so oft wie nur möglich. Denn das ist der leider fatale tiefenpsychologische Makel eines Mangels an Selbstdisziplin. Dieser Mangel sagt meinem Selbst bei jedem schamvoll erlebten Fehler, jedem Rückschlag, der mich aus der Bahn wirft, jeder überhaupt nicht angepackten Maßnahme: Ich bleibe nicht dran, ich ziehe das jetzt nicht durch – weil ich es mir selbst nicht wert bin. Das zerstört den eigenen Selbstwert stärker als jeder Angriff von außen.

12

LEISTUNGSLUST KOMMT NICHT VON NEW WORK

»Wir leben nicht mehr im alten Autoritätskittchen, wo nicht geduzt wird, sondern eine renovierte Hölle hat diesen Knast ersetzt, in der jetzt Business-Botschaften mit ›ganz liebe Grüße‹ enden.«
Dietmar Dath[94]

Tischkicker, dreieckig

Alle reden von New Work. Hunderttausende Unternehmen praktizieren das Konzept. Sie beglücken ihre Belegschaft mit den dreiseitigen Tischkickern (kein Witz, das gibt es mittlerweile), mit elektrisierten Dienstfahrrädern und kostenlosen ÖPNV-Abos, mit einer Smoothie-Lounge nebst eigenem Barista, Espressomaschinen in jedem Büro, Fitnessbereich auf jedem Stockwerk, eine Soul-Food-Lounge & Food Truck (bis vor kurzem noch: »Kantine« und »Imbisswagen«) und viele hippe Annehmlichkeiten mehr. Würden Sie nicht lieber an so einem Arbeitsplatz arbeiten?

Sie arbeiten bereits an einem New-Work-Arbeitsplatz? Sie Glückliche! Warum pampert Ihr Arbeitgeber Sie derart üppig? Warum so viele Möhren?

Weil er (fast) alles tun würde, um Sie zu halten; Stichwort Fachkräftemangel. Dass er das tut, steht außer Frage. Fragwürdig ist vielmehr, *wie* er das macht: Er tut praktisch alles dafür, dass Arbeit nicht mehr nach Arbeit aussieht und sich vor allem nicht mehr danach anfühlt. Eher soll sich Arbeit anfühlen wie Aktiv-Urlaub, Club Med oder eine Abenteuer-Safari. Arbeit soll sich anfühlen wie Freizeit,

Hobby, Familie und Freunde – nur eben bei guter Bezahlung und vor allem unter der Obhut des Arbeitgebers. Das alles, weil allein mit guter Bezahlung schon lange kein Arbeitgeber mehr punkten kann (wir sind ja schließlich nicht in der viktorianischen Baumwollspinnerei mit Dampfmaschine).

Das zeigt sich (ab einer bestimmten Hierarchie-Ebene) bei vielen Einstellungsgesprächen, wenn die maximal Bart- und Bauchgepinselte Generation Z fragt: »Wie steht es denn hier mit der Work-Life-Balance?« Man sollte wirklich nicht für Firmen arbeiten, die sich noch groß mit Arbeit aufhalten. Unterhalb all dieser dekadenten Annehmlichkeiten unterschreiben Arbeitnehmer überhaupt keinen Arbeitsvertrag mehr – suggeriert der New-Work-Mythos. Bullshit-Jobs sind weniger bullshitty, wenn sie mit viel »lipstick on a pig« versehen werden.

Stimmt das?

Alles nur schmackhafte Köder?

Es ist schade, dass das New-Work-Konzept so oft lediglich auf »Köder« reduziert wird bzw. fachlich ausgedrückt: auf die aktuelle Herausforderung der Fachkräfte-Rekrutierung: Was biete ich an Dekadenz, um Leute zu bekommen und zu behalten? Welche Köder ziehen Fische an Land? Und funktioniert das Ködern überhaupt?

Nicht, wenn man sich die häufigsten Gründe anschaut, aus denen heraus Menschen ihren Job kündigen. Oft ist das trotz aller Köder eine rein materielle Angelegenheit: Ein anderer Arbeitgeber bietet 50 Euro und/oder einen Köder mehr – und schon ist eine bestimmte Sorte von Arbeitnehmern weg. Nämlich die Sorte, die sich leicht ködern lässt, die wegen der Köder arbeitet und nicht wegen der Arbeit an sich, also auch nicht wegen der Leistungslust. Wenn das so ist – und daran zweifelt keiner – warum ködert ein Arbeitgeber dann nicht wenigstens mit dem richtigen Köder und bezahlt seinen wechsellaunigen Arbeitskräften nicht einfach massiv mehr Gehalt?

Ganz einfach. Weil der Arbeitgeber ein noch viel größerer Materialist ist als sein Ex-Mitarbeiter in spe: Eine Lohnerhöhung ist ihm viel zu teuer – vor allem, weil er sie dann allen Team-Mitgliedern genehmigen müsste. Ein Tischkicker für alle ist deutlich kostengünstiger. Oder einfach nur viele tolle Marketingsprüche rund um das Stichwort »New Work« wie zum Beispiel: »Bei uns können Sie für das Gute schlechthin arbeiten, etwas Sinnvolles!« Allein damit lassen sich bereits viele leichtgläubige Jünger der GenZ ködern.

Wenn jedoch New Work nichts anderes ist als Ködern mit Möhren, die man dem gierigen Esel vor die Nase hält, funktioniert das nicht auf Dauer. Aus einem einfachen Grund: Immer hat einer eine noch größere Möhre. Diesen Bieterwettbewerb gewinnt keiner. Alle verlieren.

Und trotzdem ködern immer noch viele Firmen. Warum? David Graeber hatte darauf eine Bestseller-würdige Antwort: Weil ohne Köder niemand einen Bullshit Job machen würde.

Haben Sie einen Bullshit Job?

»Bullshit Jobs« ist der Titel des Bestsellers von David Graeber, einem der großen Vordenker von New Work[95]. Nun haben wir alle an besonders üblen Tagen unsere Arbeit wohl schon mit diesem Etikett bedacht. Doch Graeber generalisiert das Unbehagen mit dem eigenen Job über diese miesen Tage hinaus und teilt Bullshit Jobs in vier Kategorien ein:

1. *Jobs, dank derer andere sich wichtig fühlen (Vorzimmer-Sekretärin, Rezeptionist, Butler)*
2. *Jobs, die mehr Schaden als (gesellschaftlichen) Nutzen anrichten (Fertigungsmitarbeiter für nervig-lautes Wegwerf-Kinderspielzeug, Versicherungsmitarbeiter zur schikanösen Ablehnung von berechtigten Leistungsforderungen)*
3. *Jobs, um Menschen Produkte anzudrehen (Graebers Definition von »Vertrieb & Verkauf«, »Fachverkäufer«, »Call Center Agent«, »Drogist«, »Kundenbetreuer« usw.)*
4. *Jobs, um unnütze Tätigkeiten für andere zu erfinden (Verwaltung erlässt bürokratische Vorschriften und stellt Personal ein, um die Einhaltung der Vorschriften zu überwachen)*

Wenn man das so liest, fragt man sich unwillkürlich, ob Graebers Buch nicht ein ironisches Traktat ist, um die Arbeitswissenschaften vorzuführen – was durchaus gelungen scheint. Warum erfinden und bezahlen Arbeitgeber überhaupt solche unnützen Jobs?

Auch darauf hat Graeber eine Antwort: Weil sie Mitglieder einer internationalen Verschwörung sind, die darauf aus ist, uns heimlich zu manipulieren und entweder in Bullshit Jobs zu locken oder damit zu quälen. Das ist natürlich absurd, wenn wir mal die Chefs und Chefinnen anschauen, die wir haben, hatten und kennen: Sieht auch nur einer davon wie ein international agierender Verschwörer Marke James-Bond-Bösewicht aus? Doch wohl eher nicht.

Dennoch gibt es solche Jobs. Massenhaft. Wir erkennen das an den Produkten und Dienstleistungen, die sie generieren:

1. *Produkte, dank derer wir uns wichtig fühlen: SUVs, jedes Statussymbol, Maßanzüge, Designer-Kleider, Schmuckartikel, Luxusgüter, Luxusurlaube, käufliche Titel und Promotionen*
2. *Produkte, die mehr schaden als nutzen: SUVs, Fast Food, Kosmetika mit Mikroplastik, E-Zigaretten, Kartoffel-Chips, Pralinen ...*
3. *Produkte, die wir nicht wirklich brauchen, aber die man uns andreht: das vierte Streaming-Abo, Luxus-Chronometer, dreifach redundante Lebensversicherungen etc.*
4. *Produkte, die uns zu unnützen Tätigkeiten verleiten: Milliarden Videos auf TikTok und anderen sozialen Plattformen*

Bis hierher könnte man Graebers Überlegungen durchaus für eine Polemik halten. Wären da nicht jene Momente, in denen Millionen von uns täglich ihre Arbeit als Bullshit Job erkennen.

»Huch, ich habe einen Bullshit Job!«

Da ist zum Beispiel der Entwicklungsingenieur, der sagt: »Nach circa sechs Monaten im Betrieb habe ich erkannt, dass ich eigentlich nur eingestellt wurde, um die eklatanten technischen Fehler meines Vorgängers wieder auszubügeln. Mein Job ist im Grunde ziemlich sinnlos.«

Oder die Büroangestellte in einem großen Pflegeheim, die Tag für Tag die Wünsche der Bewohner sammelt, nachfasst, detailliert, kategorisiert, analysiert,

dokumentiert und mit der Heimleitung bespricht. Doch sobald sie aufgrund prioritärer Wünsche eine entsprechende Maßnahme startet, streicht der Heimleiter das Budget oder verweigert die Genehmigung.

Oder der Beamte in einem Regierungspräsidium eines Bundeslandes, der dank eigener Recherche feststellt, dass ein Nachbar-Dezernat wegen seit 30 Jahren nicht mehr bereinigter Datensätze eigentlich drei Arbeitskräfte zu viel hat, die anderswo dringend gebraucht werden, die jedoch nicht abgestellt werden, weil sein Vorgesetzter ihn zurechtweist: »Falls Sie es noch nicht bemerkt haben: Sie arbeiten in der öffentlichen Verwaltung. Wir verwalten Probleme. Wir lösen sie nicht.«

Diese drei und Millionen mehr erkennen ihre Arbeit ohne Zögern oder mit der Wimper zu zucken als Bullshit Job. Warum?

Was macht einen Bullshit Job zu einem Bullshit Job?

Das verloren gegangene, im Verborgen liegende Ergebnis. Ein Sinn, eine Handlung mit konkretem Effekt gibt es für Bullshit-Jobber nicht mehr, weil sie das Resultat ihrer Arbeit nie bzw. nicht mehr zu Gesicht bekommt wegen der extrem starken Arbeitsteilung, Fraktalisierung, Digitalisierung und Globalisierung. Das ist übrigens auch der Grund, warum viele Studien zeigen, dass Handwerker nur selten ihre Arbeit als Bullshit-Job bezeichnen: Sie erleben ganz konkrete Resultate und die Wirksamkeit ihrer Arbeit jeden Tag sehr körperlich. Aus diesem Grund ist es bezeichnend, wie sehr das Handwerk seit Jahrzehnten unter Fachkräftemangel leidet: Wir als Gesellschaft haben völlig verlernt, welche Berufe geradezu Selbstverwirklichung und Leistungslust pur sind und welche Selbstentfremdung mit Schmerzensgeld in Form von Spitzengehältern. Doch anstatt ins Handwerk zu gehen, lassen wir uns von New Work ködern.

Fassen wir zusammen, leicht polemisiert: New Work wurde erfunden, um Menschen mit allerlei leckeren Ködern und verführerischen Marketingsprüchen in Bullshit Jobs zu locken und zu halten. Akzeptieren wir für einen Moment die Polemik, könnten wir uns fragen: Und nun? Falls es uns erwischt hat und wir in einem Bullshit Job gefangen sind – wie gelingt uns der Ausbruch?

The Great Escape: Raus aus dem Bullshit-Leben

David Graeber gibt dem einzelnen »Häftling« keine mikroökonomische Feile an die Hand, um die Gitterstäbe seiner Zelle zu zersägen. Er schlägt makroökonomisch vor, das komplette Gefängnis einzureißen: Wenn jeder Mensch auf der Welt ein Basiseinkommen bekommt, muss kein Mensch einen Bullshit Job annehmen. Das ist ein zu sozialistischer Vorschlag?

Alternativ schlägt Graeber eine kürzere Arbeitswoche vor. Da ist wieder eine der zentralen New-Work-Ideen: Arbeit schadet – weniger davon! Wir fühlen uns an die Pizza erinnert: Ich bestelle eine Pizza, die sich als total ungenießbar herausstellt und würge daher nicht die gesamte Pizza, sondern lediglich mit Todesverachtung vier Fünftel von dem ungenießbaren Fraß herunter? Das würde niemand tun, der bei Verstand ist. Nicht mit der Pizza – aber dafür mit dem Job? Das ist nicht wirklich zu Ende gedacht.

Weiter fordert Graeber eine stärkere Demokratisierung der Arbeit in Form einer besseren Beteiligung der Arbeitnehmer. Das ist leicht rätselhaft: Kennt er die Mitbestimmungsgesetze nicht? Gewerkschaften? Oder den Fachkräftemangel, dank dessen Fachkräfte eine in der neueren Wirtschaftsgeschichte unglaubliche Macht errungen haben?

So befreiend und fast schon revolutionär die Idee von den Bullshit Jobs ist: Derart große, übergreifende und global systemverändernde Vorschläge nützen mir kleinem Arbeitnehmer nichts, der unglücklicherweise in einem Bullshit Job gefangen ist. Wer oder was könnte mich befreien?

Eine befreiende Wirkung erzielt bereits simple Logik: Die implizite Annahme des New-Work-Gurus, dass ein Bullshit Job praktisch besiegeltes Schicksal sei, ist schlicht falsch. Zumindest hier in der westlichen Welt. Wir sind nicht wehrlose Opfer einer weltweiten Bullshit-Job-Verschwörung. Wir haben vielmehr konkrete Handlungsmacht in Form der verfassungsrechtlich verankerten freien Berufswahl: Niemand kann mich zwingen, einen Bullshit Job anzunehmen.

Okay, ich höre bereits den Einwand der strangulativen ökonomischen Handlungszwänge: Manche Menschen mit prekären Jobs, zum Beispiel 50 %-Kräfte in der Pflege (über die übrigens kaum einer mehr spricht), können sich weder Auto, Wohnung noch Leben mit 50 %-Deputat leisten, wenn sie nicht einen zweiten oder dritten Job annehmen – und falls es die sprichwörtliche Not gebietet, dann eben auch einen Bullshit Job. Das ist ein solides Argument, das eines vergisst: Wer sucht, der findet auch ordentliche andere Jobs, zum Beispiel im Einzelhandel, in der Logistik. Außerdem: Obwohl viele Pflegeheime aus ökonomisch kurzsichtigen Gründen vorzugsweise Teilzeitkräfte einstellen, gibt es immer auch welche und immer auch welche in einem 30-Kilometer-Umkreis, die Volleinstellungen präferieren – oder auch via boomende Personalvermittler. Also existiert ein ganz einfacher Ausweg aus einem Bullshit Job: Geh einfach!

Fazit: Wir alle können gut und gerne Bullshit Jobs aus dem Weg gehen – wenn wir es denn möchten. Wir können ihnen aus dem Weg gehen, ohne die Arbeit als Ganzes abzuschaffen, was ohnehin eine ziemliche Utopie ist. Womit wir beim nächsten Thema wären:

Die Utopie von New Work durch No Work

Frithjof Bergmann ist ein weiterer Mastermind der New-Work-Bewegung, quasi der Erfinder des Begriffs »New Work«[96]. Vordergründig sagt er etwas sehr »Leistungslustiges«: Arbeit sollte neben dem Einkommenserwerb auch der Erfüllung und Selbstverwirklichung dienen. Das können wir alle unterschreiben, auch Sie und ich. Bis wir erfahren, auf welche Art und Weise Bergmann das erreichen möchte.

Wenn er sagt, dass Arbeit auch der Selbstverwirklichung dienen soll, meint er damit nicht, dass wir Selbstverwirklichung in der Arbeit finden sollen, sondern Selbstverwirklichung statt Arbeit: Je stärker wir die Arbeit reduzieren, desto mehr Zeit haben wir für unsere persönliche Entfaltung in Freizeit und Familie, um jene Dinge zu tun, die uns wirklich glücklich machen.

Bergmann schlägt auch eine Dezentralisierung der Wirtschaft vor, die schwer an eine verkappte Deglobalisierung erinnert: »klein, lokal, flexibel«. Klingt im Sinne von »Small is beautiful« recht ansprechend – doch rein »lokal« können wir keine Hubschrauber herstellen, die uns von der Unfallstelle in die Klinik fliegen und auch keine Containerschiffe, die uns all das aus aller Welt bringen, woran wir uns in unserem Konsumrausch gewöhnt haben. Ist die New-Work-Wertschöpfung einmal rein auf den lokalen Umkreis beschränkt, gibt es hierzulande auch keine Smartphones mehr, weil diese hauptsächlich in Asien gefertigt werden. Und es gibt auch eine Menge Obst und Gemüse nicht mehr, nicht nur keine Kiwi aus Neuseeland, auch keine Tomaten aus Spanien, ja nicht einmal Gewächshausgrünzeug aus den Niederlanden, sondern nur noch die schrumpeligen Äpfel aus dem eigenen Garten und die von Hand geknüpfte Wollweste von der Wolle des Schafs in eben diesem Garten. Dieser Rückfall in die Urzeit der Selbstversorgung ist durchaus idyllisch – aber ohne Gewaltandrohung heutzutage nicht zu erreichen.

Bei vielen New-Work-Ansätzen läuft es letztendlich doch immer wieder auf dasselbe hinaus: Sich besser fühlen – ohne Arbeit. Kein Wunder, dass heutzutage von so vielen Seiten die 4-Tage-Woche gefordert wird, wenn nicht gleich die arbeitsfreie Welt, in der jeder glücklich von einem Grundeinkommen lebt, das dann nochmal wer finanziert, wenn keiner mehr arbeitet?

Politisch mag das ein Programm sein, aber soziologisch betrachtet ist so eine Vorstellung eine Utopie, und psychologisch betrachtet verschwimmt die Grenze zwischen Utopie und Dystopie schnell: Es gibt viele Menschen, die gerne arbeiten, weil sie Leistungslust dabei erleben. Und ganz nebenbei bemerkt, in vielen Ländern der Welt arbeiten die Menschen mit mehr Inbrunst und Zufriedenheit als in

Deutschland[97]. Was machen wir mit all denen, wenn es in dieser Utopie/Dystopie keine Arbeit mehr gibt?

Die Soziologen formulieren Utopien, doch die Psychologen kennen die Dystopie einer arbeitsfreien Welt, in der Menschen an Langeweile, Depression und Boreout leiden, weil sie sich nicht mehr betätigen dürfen oder schlimmer: können (weil Arbeit sozial stigmatisiert ist oder schlicht verlernt wurde). Diese Dystopie ist übrigens nicht rein utopisch: Sie spielt bereits heute eine massive Rolle. Zum Beispiel in der Burnout-Therapie: Es gibt keinen seriösen Therapeuten, der nach erfolgreicher Behandlung seinen Burnout-Patienten nicht wieder zurück in den Job schicken würde (sogar systematisiert, anerkannt, geregelt und bezuschusst durch das sog. »Hamburger Modell« der schrittweisen Wiedereingliederung), weil er weiß: Wer arbeitet, verwirklich sich selbst oder hat zumindest eine der besten Chancen dazu. Wer arbeitet, erlebt Selbstwirksamkeit, Gemeinschaft, Wertschätzung und Leistungslust. Kein Wunder also, dass New Work längst nicht so positiv funktioniert wie ständig propagiert. Das wird insbesondere dann deutlich, wenn wir New Work in Form von modischen Slogans näher betrachten.

New Work im »Psychology Check«

New Work ist längst kein Konzept mehr, sondern angesichts der verbalen Vehemenz ihrer Gurus fast schon eine Glaubensgemeinschaft, die loyale Zugehörigkeit zwar einerseits anbietet, andererseits aber auch mit viel Peer Pressure (Gruppenzwang) einfordert: »Wir sind New Work. Wir sind jetzt deine Familie.« Das ist ein schönes Angebot für Zugehörigkeit, das schnell zu Überanpassung, Identitätsverlust und Verlust des kritischen Denkens führen kann. Außerdem: Habe ich nicht schon eine Familie, nämlich meine eigene? Eigene Freunde, die ich nicht selten gerade dafür schätze, dass sie eben nicht im Büro neben mir hocken und mit denen ich mich auch mal über etwas anderes unterhalten kann als über die Arbeit.

New Work propagiert außerdem einen starken Drang zur Autonomie: »Reduziert die Arbeit und verwirklicht euch selbst – in eurer Freizeit!« So viel Autonomie geht in einer stark arbeitsteiligen Wirtschaft leider nach hinten los: Jedes Produkt, jede Dienstleistung, die wir heute konsumieren und genießen, sind ohne intensive Teamarbeit in arbeitsteiligen Wertschöpfungsketten nicht denkbar. Überspitzt gesagt: New Work ist der schlimmste Feind von Team Building, wenn ich nicht mehr Mitglied im Team »Arbeit«, sondern in der (s. o.) New-Work-Familie bin.

New Work fordert außerdem: »Maximale Transparenz der Arbeit!« Damit würden zum Beispiel (s. o.) Bullshit Jobs unmöglich, wenn jeder auf den ersten Blick sähe, dass es Bullshit Jobs sind. Leider sind wir heute schon völlig überfordert von der Informations- und vor allem der Desinformationsflut. Niemand von uns könnte noch mehr davon vertragen, geschweige denn verarbeiten und verstehen.

Eng verbunden damit ist die Slogan-Forderung »Mehr Demokratie im Job!« Aha. Demokratie ist ein politisches System, dass Konsens zwischen verschiedensten Interessen ermöglicht, austariert. Aber als System für Unternehmungen – und ganz nebenbei auch für Teamsportarten – denkbar ungeeignet, wo, vereinfacht gesprochen, *ein* Team *eine* Idee verfolgt, gemeinsam, kompromiss-*los*.

Und deswegen erleben wir heute in vielen Bereichen des Alltags nahezu strangulativ, wohin es führen kann, wenn zu viele selbst ernannte Experten zu viel dreinreden, nicht wegen besserer Expertise, sondern wegen eigener Interessen der Macht- und Gewinnmaximierung. Stichwort: Bauvorschriften, Steuererklärung, Förder- und Subventionsdschungel usw. Das führt zu Verantwortungsdiffusion und Lähmung: Zu viele Köche verderben den Brei. Das heißt nicht, dass fortan ein einziger diktatorischer Koch den Brei kochen soll – aber doch nicht 5 Köche um einen einzigen Topf herum!

Schließlich führt New Work fast zwangsläufig zur Überforderung des einzelnen Menschen, wenn er sich nicht mehr bei der Arbeit selbstverwirklichen darf, sondern dies prioritär in seiner Freizeit tun soll: Womit denn? Mit Hobbys und Familie? Solche Fragen überfordern vor allem deshalb, weil ganz normale Arbeit einen so vortrefflich strukturierten und bewährten Rahmen der Selbstwirksamkeitserfahrung bietet. Daher war es nur eine Frage der Zeit, bis als Antwort auf New Work eine ebenso wortmächtige Gegenbewegung ins Leben trat:

Besser »Good Work« statt »New Work«

Diese Formulierung des »Good Work« geht auf den Titel eines treffenden Beitrags von Jule Jankowski zurück[98]. Darin konstatiert sie, dass New Work nicht nur Begeisterung erntet, sondern vielen arbeitenden Menschen mächtig auf den Senkel geht, weil das Konzept das Schaffen dieser Menschen herabwürdigt und geringschätzt.

Dahinter steckt meist keine böse Absicht, sondern einfach nur Bad Marketing, wenn zum Beispiel in den Vierfarb-Hochglanz-Prospekten von New Work immer wieder der Subtext durchschimmert: »Vergiss alles, was du seit Jahrzehnten im Job praktizierst! Mit New Work wird alles anders!« Sicherlich ist das als Jubelbotschaft gemeint.

Doch bei vielen, die gerne arbeiten und auf das Erreichte stolz sind, kommt unweigerlich an: Alles, was du bislang erreicht und gekonnt hast, ist akut bedroht! Und wie soll denn, bitte schön, eine solche Botschaft erst bei den labilen Arbeitnehmern ankommen, bei denen, die sich fragen, warum und was sie da eigentlich den lieben langen Tag machen? Was passiert wohl, wenn man ohnehin schon verunsicherten Arbeitnehmern zu verstehen gibt: Deine Leistung und deine Erfahrung zählen nichts mehr; auf bewährte Routinen und Strukturen musst du künftig verzichten und deine Kompetenzen sind ebenfalls nichts mehr wert. Resultat: Quiet Quitting, Verunsicherung, Panik, Existenzangst. Das müsste jeder Change Agent eigentlich wissen. Doch New Work macht kein Change-Management, weil Moden eher auf den Strohfeuer-Effekt der spontanen Begeisterung als auf fundierte Rationalität vertrauen.

Erfahrung – Die Kunst zu erleben, was man gerne macht

»Mach einfach, was Du wirklich gerne machst!« – auch das ist ein Slogan, den New Work oft und gerne propagiert. Klingt gut? Klingt nach Leistungslust und nach »mein Job ist mein Hobby!« Würden wir nicht alle gerne das machen – und damit Geld verdienen – was wir wirklich gerne machen? Die Sache hat nur einen Haken.

Wie so viele Slogans oder impliziten Botschaften von New Work ist auch dieser Kalenderspruch so abstrakt, dass er in der wirklich wahren Welt geradezu groteske Resultate produziert, was Ronja Ebeling, Beraterin und Expertin für die Berufsorientierung junger Generationen, dokumentiert[99]. Sie hat junge Leute mit eben dieser Frage konfrontiert, sinngemäß: Was machst du so gerne, dass du es später als Beruf machen möchtest?

Um nur eine junge Frau aus ihrem Fundus herauszugreifen: Sie wollte zunächst einmal Beamtin im Finanzamt werden, weil sie gut mit Zahlen kann und die Sicherheit des Arbeitsplatzes schätzt. Dann fand sie in einem Schulprojekt auch großen Gefallen an der Tontechnik und könnte sich einen Beruf in diesem Bereich vorstellen – falls sie nicht doch Kriminalpsychologie studiert, wie sie neuerdings überzeugt ist, nur: wenn bloß das Studium nicht so lange dauern würde.

Das alles klingt nun wie – und verzeihen Sie meinen Sarkasmus: »Ich möchte am liebsten Totengräber werden oder Hebamme – ist ja fast dasselbe, was mit Menschen.« Doch das ist unfair der jungen Frau gegenüber.

Denn junge Menschen können nichts dafür, dass viele (die meisten?) von ihnen um keinen Preis der Welt sagen können, was sie beruflich wirklich gerne machen – weil sie a) noch viel zu jung sind, um wirklich schon etwas *gemacht* zu haben, b) nie tiefere Einblicke in lebensechte Berufssituationen hatten und c) ein Bildungssystem erlitten, das berufsorientierende Bildung mit einer Validität betreibt, die einem Würfelspiel gleichkommt. Und das geht nicht nur jungen Menschen so. Wo bleibt die auf Diagnostik basierende Berufsberatung, wo bleiben ernstzunehmende Praktika (nicht nur einwöchige Beschäftigungstherapien für Altersgruppen, die alles andere im Kopf haben außer Arbeit), wo bleibt eine flächendeckende Studieneignungsdiagnostik á la Medizinertest? Und wer berät Employer Branding Abteilungen in der realistischen und attraktiven Darstellung der Jobs an sich – statt »Benefit-Bauchladen & Well-Being-Kampagnen«?

Keiner von uns hatte eine ehrliche Chance, genau jenen Beruf zu finden, den er wirklich gerne macht, respektive: wirklich gerne machen würde. Allein schon aus dem Grund, dass keiner von uns drei, vier Jobs gemacht hat, bevor er den einzig richtigen Beruf fand – Ausnahmen bestätigen die Regel. Deshalb gibt es doch gerade Hobbys! Damit wir mit einer nach vielen erfolglosen Versuchen endlich gefundenen und geliebten Tätigkeit das kompensieren können, was wir täglich machen müssen, um unsere Familie ernähren zu können. Diese Kompensation ist keine gute Lösung, aber es ist immerhin eine Lösung.

Doch so ist das mit vielen Slogans von New Work: Sie hören sich absolut phantastisch an. Doch sobald man sie auf die wirklich wahre Welt anwendet, versagen sie. Das ist nicht unbedingt ein Vorwurf, sondern möglicherweise von den Konstrukteuren so beabsichtigt: New Work versteht sich in wesentlichen Teilen eher als Ideologie für die enttäuschten Massen denn als operationales Konzept, also grob gesprochen als konstruktive Illusion. Und wir alle wissen, wie wichtig und nötig Illusionen für den Erhalt unseres seelischen Gleichgewichts sind. Wäre die Welt nicht ein viel schönerer Ort, wenn keiner von uns arbeiten müsste? Ah, was für eine schöne Illusion! Nichts gegen Eskapismus. Wenn die reale Welt unerträglich wird, flüchten sich einige in Illusionen. Andere ändern die reale Welt. Indem sie zum Beispiel »New Work« in »Good Work« ummünzen.

Immerhin steckt in New Work noch Work

Ziehen wir von den Ideen der beiden Gurus Bergmann und Graeber die utopischen Elemente ab, bleibt zum Beispiel Bergmanns Forderung nach mehr Selbstverwirklichung bei der Arbeit im Sinne einer Kompetenzorientierung übrig – die Bergmann jedoch in unserer Freizeit verortet. Das bleibt jedem Menschen unbenommen: Ist deine Arbeit unerträglich und du kannst oder willst sie nicht kündigen, dann tob dich einfach in Freizeit und/oder Familie aus!

Gewiss: Wir alle machen das mehr oder weniger, vor allem an stressigen oder anderweitig unangenehmen Arbeitstagen. Aber ist das wirklich eine gute Lösung? Fühlen Sie sich gut damit? Erfüllt, selbstverwirklicht, zufrieden, beglückt? Eher nicht. Vor allem, wenn wir auf den Denkfehler von New Work stoßen: Wenn Kompetenzorientierung durch Freizeitverhalten Erfüllung schenkt – warum kann sie das nicht *durch* die Arbeit, und auch nicht nur *bei* der Arbeit?

Vielleicht nicht zu 100 Prozent wie zum Beispiel bei einem Hobby, doch gerade Kompetenzentfaltung profitiert enorm von einem Leverage-Effekt, von einer Hebelwirkung: Schon fünf Prozent mehr Leistungslust führen meist zu 50 Prozent mehr Freude und Selbstverwirklichung im Beruf (ein rein emotionales Kalkül). Lebensglück liegt in einer harmonischen Beziehung/Familie, guter Gesundheit und eben auch in einer erfüllenden Arbeit.

New Work plädiert auch deshalb für mehr Freizeit, weil wir in unserer Freizeit maximal selbstbestimmt sind – keiner würde widersprechen (ignoriert man mal den sogenannten Freizeitstress, der stark mit Fremdbestimmung einhergeht). Doch wenn Selbstbestimmung so gut ist, warum sucht New Work sie dann ausschließlich oder vordringlich in unserer Freizeit?

In vielen Unternehmen sitzen auch nicht nur Betriebsräte, sondern auch Führungskräfte, die sich regelrecht freuen, wenn jemand aus der Belegschaft sie anspricht mit: »Ich möchte meine Arbeit gerne selbstbestimmter machen, weil ich es wirklich gerne mache! Was kannst du für mich erreichen?« Jede Führungskraft kennt Schlagworte wie Empowerment, Vorschlagswesen, Intrapreneurship, Entrepreneurship, Start-ins oder schlicht Meetings, in denen jeder die Hand heben und sagen kann: »Ich hätte da mal einen Vorschlag ...!« Doch nein, New Work präferiert das nicht und trifft damit den Nerv der Zeit.

Denn das ist inzwischen beliebter Volkssport: Weil der Einzelne ja ohnehin nichts machen kann, reformieren wir gleich das ganze System. Ein einzelner Mensch kann seine Arbeit nicht menschlicher machen, also tauschen wir am besten gleich das ganze System aus – ohne die Firma neu zu erfinden, geht es scheinbar nicht. Es werden Visions, Missions, Purpose Statements und allerlei wohlige Konzeptwörter (Agilität, Diversität, Innovation...) mit Feen-Staub bestreut und in Hochglanzbroschüren gedruckt. Weil das ja so viel einfacher und vor allem realistischer ist, als selbst mit Hand anzulegen, als sich als einzelne Führungskraft selbst und höchstpersönlich und immer wieder um jeden einzelnen seiner Angestellten zu kümmern.

Von der Führungskraft, die nicht mehr führt

Es verwundert wenig, dass in der schönen neuen Welt von New Work unsere Vorgesetzten keinen Platz mehr haben – nicht ohne komplettes Makeover, wie das heute heißt.

Deshalb kramte New Work aus der alten Mottenkiste das Schlagwort vom »Chef als Coach« heraus, blies die Spinnweben herunter und polierte es auf. Demnach ist eine Führungskraft keine Führungs-Kraft mehr, sondern nur noch »ein Unterstützer – jemand, der anregt, aber keine Vorgaben macht«, wie Führungskräfte allen Ernstes bekunden, die bereits voll auf New Work eingestimmt sind. Die Menschen am Arbeitsplatz finden das angeblich toll, weil diese vornehme Zurückhaltung für maximale Selbstverantwortung und Empowerment sorgt. Das mag sein.

Doch eine einzelne Person hat auf seiner operativen Ebene niemals den Überblick über das große Ganze, für den eine konventionelle Führungskraft bezahlt wird. Außerdem: Wenn die Führungskraft nur noch Coach ist, wer hält dem Mitarbeitenden dann den Rücken frei gegenüber den Übergriffen der Hierarchie, den Tücken des Systems und den Bösartigkeiten der Nachbarabteilungen? Wer fällt ihm in den Arm, wenn er vor lauter Empowerment drauf und dran ist, sich eine blutige Nase zu holen oder den Betrieb zu schädigen? Wer beendet mit einem Machtwort die üblichen Endlosdiskussionen der ewigen Bremser und Bedenkenträger, wenn eine rettende Entscheidung im Krisenfall in Sekundenschnelle getroffen werden muss? Wer hilft mit, aus den Fehlern anderer zu lernen, ohne dass man sich selbst fachlich entblößen muss?

Einmal ganz davon abgesehen, dass eine arbeitsteilige Wertschöpfung so nicht funktioniert. Es gibt Freiräume, in denen ich als empowertes Teammitglied praktisch machen kann, was ich will. Doch ich bin nicht so arrogant anzunehmen, dass das immer und vor allem in jedem Bereich meiner Arbeit so sein muss. Es gibt Situationen, in denen einfach jemand klare Kante geben, eine Ansage machen, eine

Anweisung erteilen muss, damit das Produkt on target, on budget und on time ausgeliefert wird. Das schränkt dann – in der ökonomischen und organisationalen Realität – meine Selbstbestimmung ein. Doch nur so weit, dass der Betrieb, innerhalb dessen ich auch künftig selbstbestimmt arbeiten möchte, weiter im Business bleibt.

Und überhaupt: Wer übernimmt die Verantwortung für den Geschäftsbetrieb? Genau dafür werden Vorgesetzte nämlich vorgesetzt und bezahlt (was Kapitalismus-Kritiker gerne unterschlagen): Jemand muss den Kopf hinhalten, wenn ein Fehler passiert, ein Projekt scheitert, ein 5-Sterne-Kunde abspringt. Jemand muss nachts schlecht schlafen und dieselben impertinenten Vorstandsfragen zehntausendmal schlaflos durchgehen, damit der Vorstand am nächsten Tag den nächsten Projektmeilenstein zuverlässig abnimmt. Dafür sind Vorgesetzte da. Auch dafür (dass Bad Bosses das nicht immer tun, ist kein Gegenargument). Niemals wird ein empowerter Untergebener diese Fail-Verantwortung übernehmen – denn dafür wird er nicht bezahlt, und dafür will er auch nicht bezahlt werden, dafür will er nicht seinen Peace of Mind, seinen Seelenfrieden opfern.

Und schließlich: Auf dem Fußballplatz akzeptiert selbst die unsportlichste Couch Potato den erfahrenen Mannschaftskapitän, und obendrein noch einen Trainer, der einen ordentlich rannimmt, um mehr aus einem herauszuholen – aber bei der Arbeit will ihn New Work abschaffen?

Doch darum heißt es ja New Work, mit der Betonung auf »New«: Das ist alles *neu*. Dabei sagt New Work nicht, *was* besser ist am neuen Führungsstil. Leider packt New Work ein richtiges Thema falsch an. Denn die Frage ist nicht, ob eine gute Führungskraft jetzt nur noch Coach sein darf. Die Frage ist:

Es braucht Führung mehr denn je

Oder sind wir inzwischen so weit, dass wir uns selbst führen können oder gar sollten? Möglicherweise würde das ein ungeahntes Potenzial an Leistungslust eröffnen! Also: Könnten wir uns selbst führen?

Um diese Frage zu beantworten, sollten wir einig darüber sein, was gute Führung heutzutage leisten muss. Einigen wir uns auf den kleinsten gemeinsamen Nenner: Führung ist ihrer Natur nach

- *Überblick, Planung und Organisation gewährleisten*
- *Fachliche Erfahrung und Anleitung geben – und einholen*
- *Soziale Harmonisierung und persönliche Motivation stärken*

Wenn wir Golf spielen, unserem Hobby nachgehen oder Bodyweight Exercises machen, führen wir uns selbst, genau nach diesen Kriterien. Wer sollte es sonst für uns tun? Wir denken, wir planen unsere Zeit selbst, organisieren alles Nötige, motivieren uns selbst – aber holen möglicherweise fachliche Anleitung (also Führung) vom Fitness-Studio-Trainer oder einem YouTube Tutorial. Wir brauchen im Studio nicht nur einen Helfer, sondern auch einen Organisator – nicht, dass alle auf einmal kommen.

Wir brauchen einen Kümmerer (oder können bzw. wollen wir selbst die Deckenleuchte reparieren, wenn sie kaputt geht?). Und nicht zu vergessen: Wir brauchen jemanden, der den ganzen Spaß finanziert, vorschießt, sich über beide Ohren verschuldet und überhaupt das Risiko eingeht, ein Studio aufzumachen und zu betreiben. Wir brauchen darunter wiederum jemanden, der vor Ort und genau zu unserer Trainingszeit die Verantwortung übernimmt – ist ja schon bequem, sich an jemanden wenden zu können, wenn mir das 10-Kilogramm-Gewicht auf den Fuß fällt.

Wir können also nicht einmal so etwas »Einfaches« gänzlich ohne Führung *erfolgreich* meistern. Deshalb erwarten wir auch, dass jene, die uns führen, fachlich, methodisch und menschlich okay sind – und für das Thema brennen und bereit sind alles zu geben und sich vor uns stellen, wenn Gefahr droht und hinter uns stellen, wenn wir wachsen wollen.

Ich möchte hier nicht das unendliche Fass aufmachen, dass viele Führungskräfte in der real existierenden westlichen Wirtschaft diesem multiplen Anspruch allein schon mangels Management Development nicht ausreichend gerecht werden (fragt man ihre Geführten). Sehr häufig, so das neue Narrativ auch schon vor New Work, wird Führung reduziert auf reines Management (Punkt 1) oder eben auf die Bildung und Gewährleistung eines stimmigen Teams. Aber gerade die fachliche Erfahrung wurde und wird häufig ausgelagert in »Fachliche Führungspositionen«, die außerhalb der regulären Hierarchien hängen, eher erfunden, um die zahllosen Experten zu halten, die sich einfach mit ihrem Lieblingsthema beschäftigen möchten statt um Papierkram und Teambuilding.

Ganz allein *Sie* machen *Ihr* New Work!

Wann immer Menschen bei der Arbeit Probleme haben (zum Beispiel: »Mehr Freude an der Arbeit!«), greifen sie alternativ zu zwei Optionen: A) Sie entwickeln entweder ein absolut begeisterungsfähiges Konzept mit tollem Buzzword (»New Work«) und vielbeklatschten Slogans (»Weniger Arbeit – mehr Leben!«), das jedoch so unkonkret, beliebig ist, dass es bei der realen Umsetzung praktisch sofort an den konkreten Gegebenheiten der wirklichen Welt scheitert. Das passiert meist, wenn man zu stark an die Vermarktung denkt und das Problem als gelöst oder trivial betrachtet.

Oder B) sie entwerfen für das konkrete Problem adäquate konkrete Lösungsmaßnahmen, die jeden Tag ein wenig mehr Freude in die Arbeit bringen, zum Beispiel durch Veränderung der Rahmenbedingungen so, dass arbeitende Menschen mehr Selbstwirksamkeit erfahren können. Und schon wächst die Leistungslust. Das passiert meist, wenn man streng vom Problem her denkt und die gefundenen konkreten Problemlösungen dann hinterher zu einem Konzept bündelt.

Fragen Sie also nicht, was New Work für Sie tun kann. Fragen Sie sich, was Sie in dieser Minute tun können, damit Sie hier und jetzt ein wenig mehr Selbstwirksamkeit, ein wenig mehr Leistungslust erleben können. Ich wette, auch angesichts der vorangegangenen Kapitel fällt Ihnen schon etwas ein ...

Anregungen für Führungskräfte & HR

Führung durch Kompetenz! Sie müssen Schulterklappen ersetzen durch Kompetenz, auch in schwierigen Situationen ohne viel Nachdenken eine inhaltliche Vorgabe zu machen, die Richtung zu weisen. Wenn man Ihnen schon immer Ihre Kompetenz abgenommen hat, wird man Ihnen dann auch blind folgen, ohne Widerrede folgen – weil Sie es können, weil Sie es wissen.

Führen ist klare Ansage *und* Diskussion – aber nicht gleichzeitig. Führen Sie dabei im »**Sturm- und Eismodus**«, als seien Sie auf einem Expeditionsschiff. Wenn der Sturm hereinbricht, gibt es keine Zeit für Diskussionen, da muss jemand mit viel Kompetenz vorgeben, was zu machen ist, und jeder Handgriff muss sitzen. Keine Zeit für Debatten, für Verbesserungs- oder Vorschlagswesen, für Befindlichkeiten. Wenn aber das Schiff in Polargewässern ruhig vor einer nicht einsehbaren Eispassage liegt und die Entscheidung ansteht, da rein zu fahren oder nicht und im Misserfolgsfall vielleicht 200 km umsonst reingefahren zu sein – dann ist Diskussion erlaubt, ja willkommen. Da darf jeder mitreden, seine speziellen Kompetenzen und Erfahrungen und Deutungen einbringen, dann darf abgestimmt werden.

Sturm- und Eis-Modus bedeuten: **Handlung vs. Information und Diskussion; Reagieren vs. Optimieren; Abarbeiten vs. Entwickeln**

Stärken Sie asynchrone Kommunikation im Team! Jule Jankowski entwirft Good Work als Gegenkonzept zu New Work[100], um den Gap zwischen Old und New Work zu schließen: es geht dabei um Beziehungen gestalten, besonders informell, »Kommunikation ohne Vorsatz«, »Weak Ties«. Statt mehr Meetings für mehr Transparenz besser mehr informelle Kommunikation. Keine Überflutung per Mail mit Informationen, aber mit wenig handlungsrelevanten Erkenntnissen, sondern Entwickeln von Aktivitäten in Gesprächen. Das ist: asynchrone Kollaboration (bei Bedarf, nicht alle zeitgleich in einem Raum zerren etc.) und Pull-Information (wer etwas braucht, holt es sich – und bekommt es nicht reingedrückt oder zugesandt)

Empowerment ist für Beschäftigte mehr Selbstbestimmtheit und Unabhängigkeit im konkreten Arbeiten. Ihre Führungsaufgabe dabei ist:

- Zur **Selbstbestimmtheit** befähigen
- Vom **Gefühl der Machtlosigkeit befreien**
- Auf **eigene Stärken** besinnen (lassen)

- **Von Geschmacks- und Machtdiskussionen befreien**, den Fokus ganz auf die Tätigkeit legen dürfen

- **Ermutigen und fördern, die Grenzen auszuloten**, zu lernen und zu wachsen

Schaffen Sie die Rahmenbedingungen für Empowerment! Und: Ressourcen beschaffen. Denn Empowerment braucht eine Umgebung, ein Set von Arbeitsmitteln, die Autarkie ermöglichen. Und nicht nur das: Empowerment führt in letzter Konsequenz auch zu mehr Selbstverantwortung (s. o.), das muss man den interessierten und willigen Beschäftigten vorher klar machen. Das ist wie das Kind, das Laufen lernt, und wenn es dann läuft, gibt's keinen Laufstall mehr, sondern das Laufrad. Und Selbstverantwortung ist ja nicht nur für's Leben, sondern auch im Sinne des Unternehmens und in den Grenzen der Unternehmung. Das Unternehmen hat eine Erwartungshaltung, erhofft sich Leistungslust – denn alles andere wäre Outsourcing in die wirtschaftliche Selbständigkeit (und natürlich geht auch das und ist mehr als legitim!)

Betrachten Sie die **Work-Life-Balance** Ihrer Mitarbeiterinnen und Mitarbeiter **nicht nur als Möglichkeit zur Rekreation** »in Life für mehr Work«, **sondern als Möglichkeit zur Selbstwirksamkeitserfahrung**. Auch geht es häufig den Mitarbeitenden um mehr als organisatorisch die Arbeit mit Familie oder Ehrenamt (oder Handwerker oder Behördengang) unter einen Hut zu bringen. Im Leben suchen viele nach Erfüllung im Sinne einer echten Wirksamkeitserfahrung, die sie im Job vielleicht nicht mehr finden. Nun können Sie den Job anders gestalten (s. o., Empowerment, Führungsstil etc.) oder aber auch einfach akzeptieren, dass es Menschen und Jobs gibt, die einfach nicht so viel Selbstwirksamkeitserfahrung hergeben. Dann sollten die Menschen doch auch im privaten Finden ihre Kompetenzerfüllung finden dürfen! Es geht nicht immer um mangelnde Leistungsbereitschaft, sondern nicht jeder kann fürs Unternehmen brennen und 120 % geben.

Anregungen für Mitarbeitende

New Work aus Sicht der »arbeitenden Bevölkerung« ist auf der einen Seite banal und auf dem ersten Blick vielfältig: allerlei Annehmlichkeiten, die Work und Life besser unter einen Hut bringen, allerlei Benefits in Zeiten knapper Arbeitskräfte, vielleicht auch weniger Führungskraft und mehr Selbstbestimmung.

Aber gehen Sie einmal einen anderen Weg, über »New Work« nachzudenken: Nicht »Was bekomme ich mehr?« oder »Was macht es mir bequemer, was reduziert Stress?«. Sondern: **»Was braucht es, damit ich mit und bei meiner Arbeit mehr Wirksamkeit erfahre?«**

- Was wünschen Sie sich von Ihrer Führungskraft? Welche **Arbeitsweisen, welche Rahmenbedingungen** würde Ihnen die tägliche Arbeit erfüllender, spannender, spaßiger machen? Wollen Sie mehr Teamwork oder mehr individuelle Freiheit? Wollen Sie mehr Vorgaben und Instruktionen oder genau weniger davon? Möchten Sie sich mit mehr Details beschäftigen oder mehr über das große Ganze nachdenken? Wollen Sie mehr rechnen oder schreiben, mehr kreativ oder mehr strukturiert arbeiten?

- Welche **Arbeitsmittel** würden Ihren Job besser machen lassen? Also – einmal platt gesagt – nicht unbedingt ein neuer Tischkicker oder Espresso-Maschine fürs Team, sondern vielleicht ein neuster leistungsstarker Apple Notebook, ein

Büro mit Blick auf Grün, auf Bäume, um mal die Seele baumeln zu lassen. Oder Profi-Werkzeug, ein neuer Kastenwagen, ein aktualisiertes Navigationssystem für den Dienstwagen, zwei Set Arbeitskleidung vom Feinsten, neue gefütterte Arbeitsschuhe für den Winter. Sie merken, diese Liste ist extrem abhängig von den spezifischen Jobs, die Liste ließe sich endlos fortsetzen – und *Sie* werden für *Ihren* Job am besten Wissen, welches »Werkzeug zum Wirken« Sie dafür am liebsten hätten.

- Denken Sie über **Work-Life-Balance** nach nicht mit der Maßgabe, weniger arbeiten zu wollen, sondern mit der konkreten Überlegung, wofür Sie die freie, flexible Zeit gut gebrauchen könnten. Wenn es nicht Verpflichtungen rund um Familie, Kinder, Pflege etc. sind, dann stellen Sie sich die Frage, wie Sie die Zeit für Selbstwirksamkeitserfahrung nutzen können? (und vielleicht *ist* es gerade die Familie, die Kinder, die Betreuten, die Ihnen Selbstwirksamkeitserfahrung liefern, weil *Sie* einfach *helfen* können)

- Lassen Sie sich nicht einreden, von niemanden, dass Erfüllung *nur* im Job entsteht. Das wäre natürlich für alle Unternehmen, für alle Vorgesetzten, für unsere Volkswirtschaft ideal, aber das ist ein unerreichbares Ideal, das ist eine Utopie, genauso wie es eine Utopie ist, dass in Zukunft niemand mehr arbeiten muss und vom bedingungslosen Grundeinkommen leben kann. Es ist völlig OK, wenn Sie feststellen, dass Sie Ihren Job zwar recht gerne machen, Sie aber Ihre **Erfüllung in der Freizeit, in der Auszeit** finden. Dann machen Sie das so – und vermitteln das Ihrem Unternehmen, nach dem Motto: »Ich mache meinen Job zu 100 %, Sie können sich auf mich verlassen, aber ich liebe nicht den Job, ich liebe nicht die Firma, sondern ich liebe meine Familie/Hobby etc. Ich erfülle den Vertrag, kommen jeden Morgen pünktlich, mache die Arbeit, mache Sie fertig, Tag für Tag – und gut ist!«

13

LEISTUNGSLUST ZUSAMMENGEFASST – WAS UNS BREMST UND WAS UNS ANTREIBT

»Verbringe nicht die Zeit mit der
Suche nach einem Hindernis.
Vielleicht ist keines da.«
Franz Kafka

Sie wollen mehr Leistungslust? Sie und ich und der Rest der Menschheit. Ein schönes Ziel. Was entscheidet darüber, ob Sie und ich es erreichen? Das, was über die Erreichung jedes Ziels entscheidet. Im Grunde sind es lediglich zwei kategorische Faktoren: Treiber und Barrieren[101]. Nur zwei entscheidende Hebel, wie »Bremse« und »Gaspedal«:

- Treiber: Maximiere alle Faktoren, die dir mehr Leistungslust verschaffen! Entdeckte »Booster«, finde Impulse, Ansporn, Rückhalt für mehr Selbstwirksamkeit.
- Barrieren: Minimiere alles, was dich an mehr Leistungslust hindern will – Hemmnisse und Hindernisse für mehr Selbstwirksamkeitserfahrungen

Betrachten wir diese beiden Hebel der Reihe nach. In hoch komprimierter Form. Mit einigen Rückgriffen auf Themen, die wir bereits kennen. Zuerst die Barrieren – denn bevor ich, metaphorisch ausgedrückt, beschleunige, sollte ich die Bremse lösen.

Barriere: Automatisierung

Digitalisierung ist wichtig, ist Zukunft, wie auch anders? Aber man muss auch festhalten: Wir erleben seit Jahren eine nie dagewesene Abstraktion von Arbeit und Unterhaltung. Keines von beiden schenkt uns offenbar noch ausreichend Leistungslust durch greifbare Ergebnisse oder Produkte (außer, man beschäftigt sich mit seiner Tätigkeit explizit mit IT). »Greifbar« im wörtlichen Sinne: Kaum mehr etwas, das wir Arbeit oder Unterhaltung nennen, lässt sich heute noch anfassen; zu vieles ist digital, virtuell, binär, intangibel, nebulös, schemenhaft, ungreifbar. Das wird uns – im wahrsten Sinne – gerne als »Technischer Fortschritt« verkauft, und wir alle lieben unser Netflix und unser Smartphone. Doch in Sachen Leistungslust ist das häufig ein Rückschritt, ein Quantenrückschritt.

Es gibt in unseren hoch-industrialisierten und voll-digitalisierten Plattform-Zeiten kaum noch praktische, händische, haptische Tätigkeiten. Deshalb sind Schallplatte, Espresso-Maschine, Hobbyküche, Cup-Cakes, Werkbank, Schrebergarten & Bio-Hochbeet so beliebt: Analoger, haptischer, gustatorischer und praktischer geht's fast nicht mehr. Nichts lässt sich mit der erlebten Schaffensfreude beim Anblick eines selbst gekochten Mals, eines selbstgebackenen Kuchens oder eines selbst zusammengezimmerten Möbelstücks vergleichen. Daher, schnelle Abhilfe, schnell die Bremse gelöst:

Sie wollen mehr Leistungslust? Benutzen Sie öfter Ihre Hände! Packen Sie analoge Aufgaben (Gärtnern, Kochen, Schnitzen, Schrauben, Wandern ...) an! Übrigens: Die meisten Hobbys sind streng analog. Auch deshalb spenden sie so viel Leistungslust.

Barriere: Kundenferne

Ahnen Sie, an welcher Quelle der Leistungslust Sie bei der Arbeit sitzen? Kundinnen und Kunden. Ich hatte einmal ein Beratungsprojekt in einem großen Konzern, und die Beschäftigten wurden befragt, was sie am meisten beschäftigt. Unter den Top-10 der aggregierten Antworten fand sich ein Thema überhaupt nicht: »die Kunden«.

Kundinnen und Kunden sind dabei eine der am leichtesten zugänglichen und auch kostengünstigsten Quellen von Selbstwirksamkeitserfahrungen. Kaum etwas befriedigt so intensiv wie nach einer wirklich gut getanen Arbeit von einem Triple-A-Kunden zu hören: »Sie retten mir den Tag!« Boni sind prima, doch der Mensch lebt nicht von Boni allein.

Leider sind Kundinnen und Kunden für die meisten Berufstätigen heutzutage eine exotische Spezies; Lichtjahre entfernt vom eigenen Büro oder der Werkshalle. Zudem haben die meisten von uns das Sprechen verlernt oder wie Niklas Luhmann sagte: »Kommunikation ist unwahrscheinlich.« Wir sprechen nur noch wenig von Mensch zu Mensch oder auch am Telefon. Wir mailen, texten oder liken lieber, mit Distanz, asynchron, um sich ja nicht die Mühe des persönlichen Kontakts mit einem gewissen Aufwand zu machen – und selbst bei den beliebten und modernen Videokonferenzen tendieren viele Menschen dazu, die Kamera ausgeschaltet zu lassen.

Doch diese Art der indirekten, mittelbaren Pseudo-Kommunikation machen Kundinnen und Kunden leider nur dann mit, wenn sie extrem stinkig sind, Beschwerden loswerden, mit einem Tweet einen Shitstorm auslösen oder dabei mitmachen wollen. Bremse lösen:

Suchen Sie Kundinnen und Kunden auf! Sprechen Sie mit ihnen! Ganz gleich, ob das in Ihrer Job Description steht oder nicht. Fangen Sie klein und einfach an und werden Sie von Mal zu Mal komplexer und kundennäher. Übrigens: Es gibt auch »interne Kunden« ... Und selbst Familienmitglieder fühlen sich bei manch lästiger und zur Gewohnheit gewordenen Erledigung neu beglückt, wenn sie unter dem Paradigma der Kundenorientierung – heute: Customer Centricity – angesprochen werden.

Barriere: Nein- & Bedenken-Mentalität

Nein ist ein nützliches Wort, das wir viel zu selten benutzen; zum Beispiel gegenüber übergriffigen Chefs und Chefinnen, nicht enden wollende To-Do-Listen aus Marathon-Meetings, gegen zu viel Internet-Surfing (s. o.) oder bei aufbrechendem Team-Wahn. Dort nützt uns ein Nein (oder die höflich-sachlichere Form der geäußerten Bedenken). Ein solches Nein bewahrt uns vom Burn- und Boreout.

Es schadet uns dagegen in unserer sozial-kulturellen Hilflosigkeit als spontane Antwort auf alle Probleme unserer Tage: Nein zum Klimawandel, Nein zu Diskriminierung, zu Krieg, Korruption, Ungerechtigkeit, Hunger und Not. Das ist moralisch höchst edel, aber wenig hilfreich. Hilfreicher wäre es, nach einem Nein auch zu sagen, *was* man *stattdessen* gerne hätte. Keine Antithese ohne eine These. Zu sagen, wozu man willens und fähig ist und was man bereit wäre anzupacken und zu ändern– und vor allem wie. Bremse lösen:

Sagen Sie nach allem, was Sie nicht wollen, auch das, was Sie wollen! Sagen Sie, was Sie dafür tun können. Nein ist ein anderes Wort für Stopp, Halt, Bremse, Stillstand, Arme verschränken und grimmig gucken. Starten ist die Devise – starten Sie klein! So klein, dass Sie es jetzt sofort tun können. Tun Sie es noch nicht, ist es noch nicht klein genug. Tun Sie es, erleben Sie Selbstwirksamkeit und Leistungslust – und *tun* etwas *dafür*, anstatt nur *dagegen* zu *sein*.

Barriere: »Liking« ohne »Wanting«

Es gibt Menschen, die es als modernes Leben betrachten, sich in Ruhe und Frieden niederzulassen. Und es gibt Menschen, die echt hart arbeiten in ihrem Beruf, in Familie und Ehrenamt. Lassen Sie mich raten: Sie gehören eher zu letzteren. Also zu jenen Dauergestressten, die praktisch täglich kurz vor dem Burnout stehen, obwohl man meint, man macht es eigentlich gerne, und es muss so ablaufen. Wie fühlt sich das an?

Oft höre ich: »Ich bin derart im Stress, ich weiß eigentlich gar nicht mehr, was mir noch Spaß machen könnte!« Die Aussicht auf Leistungslust und Spaß am Leben scheint verloren. Wir sind ausgebremst. Bremse lösen:

Machen Sie sich den Unterschied klar zwischen Liking und Wanting!

Zwischen Mögen und Wollen. Ich weiß, das klingt erst einmal kryptisch. Doch rein psychologisch betrachtet ist das ein Bremslöser par excellence. Wenn wir total gestresst sind, denken wir zwar oft, dass uns nichts mehr einfällt, was uns jetzt noch Spaß machen könnte. Doch wenn wir nur zehn Sekunden ernsthaft nachdenken, fallen uns garantiert viele Dinge ein, die uns Freude bereiten könnten im Sinne von Liking: fein essen gehen, dem Hobby frönen, ein Steckenpferdprojekt bei der Arbeit reiten... Solche Dinge fallen uns immer zuverlässig ein.

Doch wenn wir zu gestresst sind, fehlt uns oft der Antrieb (Wanting) dazu. Wir kriegen den Hintern nicht hoch. Da nützt es auch nichts, wenn andere oder wir uns sagen: Komm endlich in die Gänge! Bremse lösen:

Machen Sie sich bewusst, dass Ihnen nicht die Lust abhandengekommen ist, sondern der Antrieb. Machen Sie sich bewusst, was Ihnen Freude bereiten könnte. Dann aktivieren Sie Ihren Willen, den Sie immer noch haben (seinen Willen kann man nicht verlieren, nur vergessen): Will, was du magst! Feuern Sie Ihren Willen an, das zu wollen, was Sie mögen. Das funktioniert. Denn der Wille ist mächtig und will lediglich geweckt werden. Und dann fangen Sie niedrigschwellig an, setzen Sie einen Tippelschritt nach den anderen. Heben Sie das linke Bein, setzen den linken Fuß ein wenig vor den rechten, und wenn Sie dann sicher stehen, heben Sie das rechte Bein, setzen Sie...

Barriere: Richtungslose Motivation

Was machen die meisten Menschen, wenn sie total gestresst sind und keinerlei Motivation für, geschweige denn Leistungslust bei der Arbeit verspüren? Sie nehmen Urlaub, eine Auszeit, hoffen auf den Feierabend oder das nächste Wochenende oder gehen auf den Pilgerpfad. Dahinter steht die Idee: Motivation ist wie eine Flasche. Sobald sie geleert ist, muss sie wieder aufgefüllt, »recharged« werden. Das ist eine schöne Metapher, mit der man leider durch die Psychologie-Prüfung fällt.

Um das zu erkennen, muss man nicht Psychologie studiert haben, sondern lediglich aus einem verdienten, erholsamen, »motivierenden« Urlaub zurückkehren: Nach spätestens drei Tagen ist die schöne neue »Motivation« schon wieder futsch, der Alltag hat einen wieder und man ist erneut reif für die Insel. Warum? Weil Motivation keine »Flasche leer« ist. Lösen Sie die Erkenntnisbremse:

Echte Motivation entspringt keinem Urlaub, sondern unserem innersten Wunsch nach Wirksamkeit, nach Kompetenzentfaltung und Leistungslust: Tun, was wir gut und gerne machen! Bestes Beispiel: Kinder. Wann sind sie am motiviertesten? Wenn sie sechs Stunden durchgeschlafen, sich also »erholt« haben? Nein, wenn sie zum dritten Mal das Tier-Puzzle zusammengesetzt haben und anschließend direkt wieder mit wilden Gesten in die einzelnen Puzzle-Teile zerlegen. Sie sprühen geradezu vor Motivation. Weil sie machen. Nicht, weil sie urlauben. Kleinkinder wissen das noch. Erwachsenen hat man dieses Gespür für die eigene Motivation oft wegkonditioniert.

Daher ist die beste Motivationspflege nicht die Aussicht auf den nächsten Urlaub, also nach dem Wieviel an Arbeit, sondern nach dem Was: Was kann ich heute anpacken, um meine Kompetenz zu spüren? Welches Puzzle setze ich heute zusammen? Wer sich das täglich, stündlich fragt, erlebt nie »zu viel Arbeit« und ist einfach motiviert – durch das Tun, durch das Wirken. Nicht das Wieviel der Arbeit motiviert, sondern das Was. Die Motivation kommt mit dem Was. Weil die Motivation für eine Aufgabe schon mit der richtigen Aufgabe allein kommt – wenn sie eine Selbstwirksamkeitserfahrung erlaubt. Das nennen wir intrinsische Motivation.

Deshalb gibt es sogenannte Steckenpferd-Projekte, die alle Menschen pflegen, die stets motiviert sind oder wie Goethe es ausdrücken würde: »Manchmal muss man einfach etwas ganz Tolles machen, damit man weiter den üblichen Mist machen kann.« Nichts gegen Urlaub! Doch wenn Sie genügend solcher tollen Aufgaben pflegen, *genießen* Sie Urlaub – Sie *brauchen* ihn nicht. Nicht für Ihre Motivation. Denn die kommt woanders her.

Barriere: Mangelnde Wertschätzung

Uns wurde jahrelang suggeriert: Am Ende wartet der Burnout auf uns – wenn wir zu viel arbeiten. Die Gleichung lautete:

Zu viel Arbeit = Burnout, auch Erschöpfungsdepression genannt.

Betrachtet man den Populärbegriff »Burnout« unter dem psychologischen Blickwinkel einer Depression, eröffnet sich uns ein weiterer Ausweg aus Motivationsloch, Burnout und »zu viel Arbeit«. Denn in der Psychologie gilt der Burnout inzwischen nicht mehr als klassische Depression (zum Beispiel wegen Job verloren, Hund tot, Keller überflutet ...), sondern als Gratifikationskrise:

Die Ursache von Burnout und Erschöpfungsdepression ist nicht zu viel Arbeit, sondern zu wenig Gratifikation, also zu wenig empfundene sozial-emotionale Belohnung und damit zu wenig Selbstwirksamkeitserfahrung. Wir werden erschöpfungsdepressiv, wenn wir »so viel hineinstecken und so wenig herausbekommen«, so wenig basale Wertschätzung erfahren, wie viele Burnout- und Depressionsopfer klagen.

Sie beklagen sich immer dann, wenn sie zu wenig von dem tun, was sie wirklich antreibt und zu viel von dem, was nicht ihrem inneren Antrieb entspricht.

Leider werden Burnout und Erschöpfungsdepression in Medien und Gesellschaft, von vielen Betroffenen und selbst in Teilen der Therapielandschaft immer noch als »zu viel Arbeit« fehldiagnostiziert. Natürlich arbeiten Betroffene fast immer weit überdurchschnittlich viel, um doch noch irgendwo eine Wertschätzung zu finden. Doch das ist Symptom, nicht Ursache. Wer diese Verwechslung nicht erkennt, wird immer weniger oder auch immer mehr arbeiten, sich aber dabei garantiert immer stärker zurückziehen und damit immer noch weniger von dem arbeiten, was ihn dank überragender Selbstwirksamkeitserfahrung aus Burnout und Depression retten könnte. Die beste Therapie ist nicht »weniger Arbeit«, sondern »mehr Arbeit mit Selbstwirksamkeitserfahrung«, mit mehr positivem Feedback, mehr authentischer Belohnung des unmittelbaren Tuns. Leistungslust – als existenzialistisches Machen, als kompetenzbasiertes Tun – ist sozusagen ein Antidepressivum; die beste Prophylaxe und Therapie gegen Burnout und Depression.

Oben sahen wir, dass das Was der Arbeit wichtiger ist als das Wieviel. Das Wie der Arbeit ist sogar noch wichtiger als das Was: Wie fühlen Sie sich bei der Arbeit? Wenn wir uns nicht wirklich kompetent, leistungsbelohnt und einfach gut bei der Arbeit fühlen, sollten wir schleunigst die Arbeit, deren Organisation oder unsere Einstellung ändern (oder alle drei) – sonst endet das in Demotivation, Burnout und/oder Depression. Nicht nur den ganzen Mist abarbeiten und sozusagen als Schmerzensgeld Gehalt dafür beziehen? Sondern sich gut bei der Arbeit fühlen? Das ist allerdings ein revolutionäres Konzept. Weitaus revolutionärer als New Work. Apropos New Work.

Barriere: Falsches Sinn-Verständnis

Es scheint ein weit verbreitetes Kultur-Narrativ, dass wir alle nach dem Sinn suchen – der Sinn des Lebens, die Frage nach dem ganz großen Warum? Dabei ist die Sinnfrage bei arbeitenden Menschen weniger eine philosophische, sondern eine moralische Frage oder – deutlich mehr – eine psychologische Frage bzw. Sinnkrise: »Warum tue ich das hier, wenn es mir doch keine Selbstverwirklichung erlaubt? Warum arbeite ich hier, wenn ich nicht weiß, mit wem, wofür, was genau? Was kann ich hier ganz konkret tun, dass auch etwas Greifbares herauskommt?«

Kurz: Nicht ein mühsam zu suchender und glücklich zu findender Sinn des Lebens gibt dem Leben einen Sinn (sonst hätte man ihn längst gefunden), sondern möglichst viele kleine und große Selbstwirksamkeitserfahrungen täglich. Die Harvard-Psychologin Ellen Langer zum Beispiel fand heraus, dass Senioren im Pflegeheim deutlich glücklicher, gesünder und auch deutlich länger leben, wenn man ihnen eine kleine Topfpflanze aufs Fensterbrett stellt, die sie täglich gießen müssen. Warum wirkt Gießen stärker lebensverlängernd als teure Medikamente und ein sündhaft teures und sündhaft ineffizientes Gesundheitssystem?

Weil gießende Senioren in nur 20 Sekunden Gießen täglich eine Selbstwirksamkeit erleben, die über 24 Stunden lebensverlängernd wirkt – weil sie die Pflanze wachsen sehen und nicht eingehen, und weil sie selbst, mit eigenen Händen dafür gesorgt haben! So intensiv ist der Leverage Effect der Leistungslust. Also Bremse lösen:

Praktizieren Sie täglich kleine und kleinste Selbstwirksamkeits-Aufgaben! Genießen Sie bewusst die Erfahrung der eigenen Wirksamkeit und Kompetenz. Lassen Sie sich dabei bitte nicht von den ständigen Zweifeln des inneren Kritikers und der eigenen Antreiber (s. Kapitel 2) ausbremsen. Wer es immer nur perfekt haben oder anderen dabei gefallen oder drei Aufgaben in der Zeit von zweien schaffen möchte, macht sich mit diesen und anderen Antreibern die schönste Leistungslust kaputt. Also ersetzen Sie geistige Antreiber-Gewohnheiten durch konstruktive neue Gewohnheiten (verkürzt gesagt – eigentlich ist das ein Buchthema für sich).

Doch genug der Hemmnisse, die unsere Leistungslust ausbremsen. Betrachten wir nun alles, womit Sie beschleunigen und mehr Leistungslust erleben können. Einiges davon kennen Sie bereits in ausführlicher Form aus den vorausgegangenen Kapiteln. Jetzt bilden wir daraus äußerst praktikable und alltagstaugliche Tipps und Handlungsanleitungen in Form einiger Treiber.

Treiber: Innerer Antrieb

Was treibt Sie an? Da der Mensch ein soziales Wesen ist, treibt ihn oft und stark der soziale Vergleich an. Wenn in einer Clique Gleichaltriger der erste ein eigenes Auto bekommt, fühlen sich alle anderen förmlich sozial gezwungen, nachzuziehen ... Dito: fester Freund/Freundin, Heirat, eigene Wohnung, Haus, erstes Kind, zweites ... Warum?

Der soziale Vergleich treibt uns: Man will weiter dazu gehören! Mithalten! Kein Außenseiter sein/bleiben!

Zweiter starker Antrieb: Kompensation. Oder wie eine Bekannte neulich lediglich mit halber Ironie sagte: »Mein Job stinkt mir derzeit so sehr – ich glaube, ich muss mich selbst belohnen mit einer neuen Handtasche!« Konsum als Frust-Kompensation. Wir kaufen nicht mehr ein, weil wir die gekaufte Sache objektiv brauchen. Wir kaufen ein, um unseren Frust zu kompensieren. Shopping, nicht Kauf.

Nichts dagegen!

Doch wenn Sozialvergleich und Kompensationskonsum nachhaltig glücklich machen würden, würde jeder Therapeut seine Bore- & Burnout & Depressions-Klienten zum Shoppen in die nächste Fußgängerzone schicken. Das macht er aber nicht. Er verschreibt ihnen ein massives Sportprogramm, noch vor der kognitiven Therapie, um aus negativen Gedankenspiralen herauszukommen. Warum? Weil man beim Sport immer noch am schnellsten und intensivsten Selbstwirksamkeit erfährt.

Deshalb wandern Menschen den Jakobs-Pfad, quälen sich durch den Voll-Marathon, radeln 500 km an einem Tag, steigen nur mit Badesachen in ein Eisloch, klettern ungesichert kahle Felswände hoch: Sie bekommen weder Geld noch Medaillen dafür, es ist anstrengend, ja vielleicht auch saugefährlich – doch es verschafft ein überragendes Selbstwirksamkeitsgefühl!

Zugegeben: Herauszufinden, bei welchen Tätigkeiten Sie sich wirksam fühlen und diese dann anzupacken, ist schwerer als einfach der eigenen Peer Group ständig hinterher zu hecheln oder online zu konsumieren. Dafür bringt das bei diesen

Aufgaben genossene Selbstwirksamkeitsgefühl aber auch sehr viel mehr – und das erleben wir alle, wenn wir ehrlich sind: Sozialvergleich empfinden wir alle zunehmend als Druck, als Peer Pressure, und Kompensationskonsum macht uns nicht nachhaltig glücklich, sondern langfristig abhängig: Man braucht immer höhere Dosen für immer geringere Wirkung. Besser ist es, nicht dem äußeren, sondern dem inneren Antrieb zu folgen und Kompetenzerleben zu suchen. Dann braucht man keine kostspieligen Ersatzhandlungen.

Treiber: »Werkstolz«

»Werkstolz« stellt sich ein, wenn wir etwas gut, intensiv, mit eigenen Händen gemacht haben, etwas, eben ein Werk, das Wirkung hinterlässt. Was »Werkstolz« in gewisser Weise ausmacht, kann man aus der Arbeitspsychologie ableiten. Besonders pragmatisch ist das *Job Characteristics Model* von Hackman und Oldham. Danach macht wirklich jede Arbeit Sinn und glücklich und »werkstolz«, sofern sie als Ganzes oder in wesentlichen Teilen fünf einfache Voraussetzungen erfüllt: Sie

1. *ist vielfältig*
2. *ist bedeutsam*
3. *kann von Ihnen von vorne bis hinten selbst ausgeführt werden*
4. *kann von Ihnen auch relativ autonom ausgeführt werden und*
5. *bietet Feedback.*

Der Clou an diesem Modell: Es gibt keine abgehobenen, kaum realistische Traumjobs! Vielmehr können Sie die meisten Jobs in einen Traumjob verwandeln, indem Sie ihn so weit wie möglich an diesen fünf Faktoren anpassen, das ist angewandtes Job-Crafting:

1. *Ist eine Aufgabe zu eintönig, können wir sie vielfältiger machen, variieren, komplexere Elemente hineinbringen, die vom Auftraggeber nicht wirklich verlangt werden, Ihnen jedoch Leistungslust schenken. Beispiel: Sie müssen Zeitungen austragen, an sich langweilig und simpel. Sie probieren es also in der Hälfte der Zeit, oder auf dem Fahrrad, ohne beim Zeitung-Einwerfen absteigen zu müssen, Sie werden zum Meister aller Austräger, schnell, sicher, geschickt, elegant. Das nehmen Sie sich vor, und nicht jeden Morgen das Gejammer über den immer gleichen primitiven Job.*
2. *Keine Arbeit ist unbedeutsam, sobald wir uns klarmachen, was wir damit zum größeren Ganzen der Dienstleistung oder im Endeffekt beitragen oder welchem Endkunden wir dabei letztendlich Gutes tun. Wir machen uns das lediglich zu selten klar, weil wir oft selbst nicht wissen, worin das größere Ganze besteht. Das kann und sollte man jedoch herausfinden und dann bewusst genießen und praktisch sofort merken, wie die Leistungslust bei einer vormals ungeliebten Aufgabe steigt. Beispiel Zeitungen austragen. Sie schreiben den Kundinnen und Kunden zu Weihnachten eine Karte – und siehe da, etliche Kundinnen und Kunden schreiben zurück und bedanken sich dafür, dass Sie ihnen die so heiß geliebte und wichtige Zeitung jeden Morgen, bei Wind und Wetter ins Haus liefern.*

3. *Natürlich arbeiten wir alle arbeitsteilig; keiner baut ein Auto von vorne bis hinten selbst zusammen. Doch innerhalb unseres begrenzten Aufgabenfeldes können wir alle Aufgaben selbst ausführen – oder dafür sorgen, dass wir es ohne Dreinreden von anderen können.*
   Beispiel Zeitungen: Sie holen die Zeitungsbündel ab, wann und wie sie wollen. Sie selbst dürfen bestimmen, wann Sie anfangen, welche Strecke Sie nehmen usw. Sie dürfen es mit Fahrrad, zu Fuß, im Jogging-Anzug, mit Hund, wie und womit auch immer tun.
4. *Und wir können uns gegen Vorgesetzte und Teammitglieder wehren, die uns dreinreden wollen, indem wir uns verbal und organisatorisch gegen Eingriffe von außen abgrenzen. Das gelingt nicht immer. Doch wenn wir es nicht versuchen, gelingt es nie.*
   Beispiel Zeitungen: die Gebietsleiterin will, dass wir früher ausliefern, man weiß ja nie... Sie weisen sie darauf hin, dass den Kundinnen und Kunden vertraglich garantiert wird, dass die Zeitung bis morgens um 06:00 im Briefkasten ist. Und Sie waren in den letzten zwei Jahren keinmal nach 05:00 fertig. Also Vertrag übererfüllt. Ihre absolut erfolgreiche und nicht zu beanstande Selbstverantwortung und Autonomie bei diesem Job.
5. *Jede Aufgabe bietet Feedback, auch wenn dies nicht formell sein muss! Feedback heißt soziale Eingebundenheit, ein Umfeld von Kolleginnen und Kollegen, die einen für die Leistung achten, eine Führungskraft, die einen schätzt (sie muss Sie ja nicht gleich »lieben« und als Vorstandskandidaten sehen), man ist Teil eines Teams von Gleichgesinnten, die sich ihrer Anstrengungen und Leistungen bewusst sind.*
   Und sind Vorgesetzte mal zu pflichtvergessen und Kollegen sich zu schade dafür, ernten Sie einfach das Feedback aus der Aufgabe selbst: Ars gratia artis, wie der MGM-Löwe brüllt. Der schönste Lohn einer gut ausgeführten Arbeit ist deren Ergebnis und die dabei empfundene Leistungslust – wenn Sie sich ihrer bewusst werden.
   Beispiel Zeitungen: Sie sind nicht ein Austräger, nicht einmal ein Team von Austrägern, Sie gehören zur renommierten Zeitung, sind Teil einer Belegschaft, deren Produkte von Zehntausenden Lesern seit Jahrzehnten geschätzt wird. Das erfahren Sie spätestens bei der Weihnachtsfeier, wo Ihnen der Verlagsleiter dankend die Hand schüttelt, weil er froh ist, dass es noch jemanden gibt, der Zeitungen austragen kann und will.

Treiber: Trainieren wie ein Spitzensportler

Was Leistungslust angeht, denken und hoffen selbst berufserfahrene Menschen noch wie Kleinkinder: »Das Osterhase wird's schon bringen!« Sie sehen zum Beispiel Lionel Messi und denken spontan: »Der hat sicher schon als Fünfjähriger auf dem Schulhof massenhaft Tore geschossen!« Hat er nicht, denn so funktionieren Kompetenz und Leistungslust nicht. Kompetenz bringt weder ein Heiliger noch ein DNA-Strang.

Auch Messi verdankt seine überragende Kompetenz nicht seiner Geburt, sondern? Drei Dingen. Erstens Training, zweitens Training und drittens Training. Ich habe einige Menschen beraten – in normalen oder auch wirklichen Bullshit-Jobs –, die bereits über die Kündigung nachdachten. Dann gaben sie sich einen Ruck (s. o. Liking und Wanting) und »trainierten« einige Wochen hart, um etwas aus sich und ihrem Job zu machen.

Extremes Beispiel: ein Bekannter mit ausländischen Wurzeln, verdingte sich zunächst mangels Deutschkenntnissen als Spüler in der Systemgastronomie. Es gibt kaum einen mieseren und noch schlechter bezahlten Job. Nach nur zehn Tagen hatte der Spüler seinen Arbeitsablauf reorganisiert und fast schon choreographiert, so dass seine Bewegungen wie Tellerballett aussahen. Das Küchenpersonal und sogar die Führungskraft bleiben öfter stehen und bewundern den »Nurejew vom Spültisch«. Und: er half mal hier, mal dort einfach aus, putzte Salat, brachte auch mal ein Menu zu den Gästen nach draußen, und tat das ungeahnt professionell, voller Hingabe (siehe oben, »geregeltes Regelbrechen«): Wer Kompetenz nur lange genug ernsthaft trainiert, dem wird Kompetenz zur Leidenschaft. Doch das fällt uns nicht zu wie ein Gehaltsscheck. Das erfordert Training. Wer so engagiert trainiert wie Messi oder ein Tellerwäscher, wird Kompetenz und Leistungslust erfahren wie Messi oder ein Sternekoch (Sie halten die Story vom Tellerwäscher für aufgebauscht und übertrieben? Dann googeln Sie mal »Bruce Ricketts«, das ist zwar nicht mein »Klient« aus dem Beispiel oben gewesen, aber *noch* faszinierender...). Also bleiben Sie dran! Trainieren Sie Leistungslust! Leistungslust ist Trainingssache.

Treiber: Arbeit als Kompetenzerleben

Der Fachkräftemangel wütet vielerorts so heftig, dass der Arbeitgeber umso verführerischer mit Work-Life-Balance, Perks & Benefits, Boni, dem neuesten Tischkicker und anderen Annehmlichkeiten von New Work lockt. Er meint es ja gut!

Aber New Work ist oft zu viel des Guten, zu viel externe Motivation, zu viel »weniger« (weniger Arbeit, weniger Führung, weniger Büro...), zu viel Neues, zu viel Agilität – und erreicht dies alles auf Kosten der Erfolge und Erfahrungen der Vergangenheit. Da klingt oft durch: Alles was Sie bislang gemacht haben, zählt nicht mehr (oder ist sogar falsch). Puh, starker Tobak, oder? Ein Fest für jeden Change-Manager (oder auch ein Albtraum).

Und natürlich helfen Kissen-Ecke, Peloton-Fitness-Bike, Hund am Arbeitsplatz, dass wir uns in den Arbeitspausen besser von der Arbeit erholen. Doch...

eine gute Führungskraft sollte uns nicht nur das geben, was uns entspannen hilft, sondern was uns gut arbeiten hilft,

und das ist vor allem das, was uns hilft, unsere Kompetenz und Wirkung zu erleben.

Eine gute Führungskraft sollte unsere Arbeit wertschätzen und nicht unseren Charakter.

Natürlich erleben wir auch sinngemäß beim Tischkickern oder Betriebssport eine Kompetenz, wenn wir gut sind. Doch ist das vergleichbar mit der Kompetenz, die Sie einsetzen, wenn Sie ein Projekt erfolgreich wuppen? Oder einen Kunden, eine Kundin glücklich machen? Wenn Sie »Meister Ihres Faches« sind und deswegen fürstlich belohnt werden – und nicht »weil der Markt halt leergefegt ist« (also die wenigen verfügbaren Leute, seien sie auch noch so schlecht, mit viel Geld der Konkurrenz vor der Nase weggeschnappt werden müssen).

Also genießen Sie New Work! Doch widerstehen Sie der Versuchung, das alles mit Leistungslust zu verwechseln. Oder wie Simon & Garfunkel (in »The Boxer«) sangen: »I have squandered my resistance for a pocketful of mumbles. Such are promises.« Geben Sie Ihren Widerstand gegen die bequemen aber leider leistungslustfeindlichen Versuchungen unserer Zeit nicht auf!

Treiber: Resilient dank Team

Vielleicht haben Sie bei den letzten Seiten gedacht: »Ich kann aber bei der Arbeit nicht Gas geben für mehr Leistungslust, weil mein Chef ein Idiot und der Stress gigantisch ist, meine Kollegen Faulpelze, meine Arbeitsbedingungen unterirdisch und unsere Kunden Neurotiker sind!« Da haben Sie Recht.

Es kann der Frömmste nicht in Leistungslust leben, wenn es dem bösen Nachbarn nicht gefällt. Doch böse Nachbarn, Krisen, Katastrophen und Stress-Attacken gibt es in unseren disruptiven Zeiten leider immerzu und immer mehr. Wir leben schon lange nicht mehr in VUCA-Zeiten. In Zeiten voller Volatilität, Ungewissheit, Komplexität und Ambiguität. Wir leben ganz offiziell in der BANI-Ära. In einer Welt also, die brittle ist (brüchig), anxious (ängstlich), non-linear (nicht-linear) und incomprehensible (unbegreiflich). Kurz: Wir leben in der Dauerkrise oder auch Polykrise. Das ist das Problem. Die Lösung lautet: Resilienz.

Das Schlagwort kursiert schon seit Jahren. Doch wir sind deshalb nicht resilienter geworden. Nicht als Welt und nicht als Individuen. Jede neue Krise wirft uns wieder aus der Bahn – finden Sie nicht auch? Dass wir uns zu sehr von all diesen Krisen stressen, verunsichern, schwächen und nerven lassen?

Aber wir wehren uns ja! Wir bauchatmen und brummen »Ommm« im Yoga-Training, gehen zum Moos-Wandern in den Wald, zum Über-glühende-Kohlen-gehen beim Team-Event, besuchen Kloster-Retreats und üben Mindfulness. Das sind schöne Dinge. Steigern Sie unsere Resilienz?

Nicht über einen marginalen Effekt hinaus. Warum nicht? Weil »Ommm« zwar schön entspannt, Entspannung aber keine sachdienliche Lösung für Krisen und Probleme ist. Wenn der bärbeißige Chef mich zweimal die Woche ungerechtfertigt anbrüllt und mir damit jede Leistungslust vergällt, kann ich nach Feierabend noch so lange »Ommm« brummen – davon wird mein Selbstbewusstsein nicht größer oder meine Konfliktkompetenz oder meine Bereitschaft, die Führungskraft endlich ordentlich einzunorden. Entspannungstraining ist keine Resilienz.

Das wird schnell klar, wenn wir die ursprüngliche Resilienzstudie von Emmy Werner querlesen. Die von ihr auf Kauai untersuchten Kinder von alkoholsüchtigen und drogenabhängigen Eltern wurden nicht deshalb resilient, weil sie Yoga machten oder ein Wellness-Retreat buchten. Sie wurden es vor allem, weil sie nicht selten eine Bezugsperson in der näheren oder weiteren Verwandtschaft hatten, die selber resilient war, die helfen konnte, sich überhaupt als wirkungsvoller Mensch zu erleben:

Soziale Ankerpunkte sind immens starke Resilienz-Anker!

Warum? Weil ein Baum mir keine Krisenlösung aufzeigen kann, auch wenn ich ihn noch so innig umarme – ein kompetenter Mensch jedoch kann das. Er kann mich mit Tipps, Hacks, Tools, Taktiken, Rezepten und Strategien versorgen, die in

der Praxis funktionieren, weil sie praxiserprobt sind. Er kann mir zu verstehen geben, dass ich etwas wert bin, weil ich etwas kann – oder einfach nur, weil ich da bin.

Das ahnen wir im Prinzip auch alle, wie unser instinktives Verhalten zeigt: Wem klagen wir in beruflichen Krisen als erstes, häufigstes und am intensivsten unser Leid, unseren Stress und unseren Erfolgsdruck? Nicht dem Baum, sondern der eigenen Familie – was nur natürlich erscheint. Man spricht in Krisen und Stresszeiten geradezu von der »Flucht in die Familie«. Hilft das?

Rein emotional zunächst, kurzfristig und geringfügig ja. Leider kann uns das nicht langfristig und wesentlich helfen. Denn was versteht unsere Familie schon von unseren beruflichen Krisen und Problemen?

Der soziale Ankerpunkt in beruflichen Krisen muss daher das eigene Team sein oder – ist das Team toxisch oder dysfunktional oder selber Ursache der Krise – eine Mentorin, Nestor, Coachin, vertrauter Kollege, ein berufliches Netzwerk oder ein Action Learning Partner. Soziale Resilienz für Berufsprobleme muss in der beruflichen Sphäre gesucht und gepflegt werden. Suchen und pflegen Sie daher Ihre sozialen Resilienz-Anker im Unternehmen, als berufliches Support Network.

Fazit: Treiber und Barrieren

Wie gelingt Ihnen ein Leben mit viel Leistungslust? Indem Sie die Barrieren erkennen, sie umgehen und dann beschleunigen.

Wir alle stimmen dieser bildhaften Metapher spontan und gerne zu – doch wir handeln meist nicht danach (außer bei unseren Hobbys). Was machen wir stattdessen viel zu oft mit den vielen Hemmnissen, die unsere Leistungslust in Beruf und Familie dämpfen? Wir beklagen ihre Ungerechtigkeit, wir regen uns auf, wir jammern und zetern und hadern mit dem Schicksal, spielen das Blame Game und schieben die Schuld auf andere. Keine Frage: Das ist bequem und entlastet kurzfristig emotional. Doch das beseitigt keine Hindernisse. Im Gegenteil.

Es zementiert sie und verstärkt eine bedingte Ohnmacht: Da wir nichts gegen die Hindernisse tun, fühlen wir unsere auf diese Weise quasi erlernte Frustration immer stärker. Anstatt Leistungslust zu trainieren, konditionieren wir uns ungewollt, operant und unbewusst auf Dulden, Schlucken, Tolerieren und laut klagend Resignieren. Manche kapitulieren auch: »In meinem Job werde ich einfach mit so vielen Hindernissen, mit so vielen schwierigen Kollegen und blöden Chefs konfrontiert!« Das ist die falsche Strategie, ein zu hohes Ziel: »So viele« ist immer zu viel, weil man es gleich gar nicht versucht.

Wenn Sie dagegen heute auch nur die kleinstmögliche Aktion gegen das kleinstmögliche Hindernis unternehmen – und auf das Ergebnis pfeifen – werden Sie vom Hebeleffekt der Leistungslust profitieren: Schon die Beseitigung oder auch nur die Bekämpfung des kleinsten Hindernisses wird Ihre Leistungslust steigern.

Womit können Sie heute schon anfangen zu beschleunigen, für mehr Leistungslust? Wie können Sie hier und jetzt Ihre Kompetenz stärker erleben? Die kleinstmögliche Intervention bringt die beste Wirkung – weil sie von Ihnen spontan realisiert wird.

Eine ganz bestimmte Kompetenz-Minimalintervention kennen Sie bereits: Kritzeln Sie hier eine Bemerkung in den Seitenrand! Egal ob »So ein Quatsch!« oder »Genau! Richtig! Stimmt!« oder sonstwas. Fangen Sie an, etwas zu *tun*!

Leistungslust lauert in den kleinsten Dingen. Wecken Sie sie!

14

LEISTUNGSLUST ZUSAMMENGEFASST – IN 7 MAXIMEN

»If you change the way you look at things,
the things you look at change.«
Wayne Dyer

Machen macht glücklich – das ist die einfachste Definition von »Leistungslust«. Also mach was! Was? Das verraten die sieben Maximen der Leistungslust:

Die Weniger-ist-mehr-Maxime

Weniger denken, analysieren, rechtfertigen, entschuldigen und planen, weniger »Nein« sagen – mehr machen. Was Menschen im Innersten antreibt, ist nicht Chillen und Liken, Haten oder Influencen, nicht einmal denken – sondern ist neben sozialen Motiven und relativer Stabilität der Verhältnisse die eigene Selbstverwirklichung: etwas machen, etwas aus sich machen. Je mehr wir analysieren (»Paralysis through Analysis«), nachdenken, »Ideen entwickeln«, Strategien schmieden, Visionen entwerfen, Roadmaps konzeptionieren und die Beiträge anderer kommentieren, abonnieren und diskutieren, desto stärker verzichten wir auf das, was uns zu glücklichen Menschen macht: Machen, Anpacken, Gestaltungsdrang, Selbstwirksamkeit, Werkstolz. Weniger denken – mehr machen! Das Kolosseum in Rom ist kein Gedankengebäude, der Eiffelturm keine Idee.

Die Mach-trotzdem!-Maxime

Wir würden ja gerne viel öfter etwas machen, um Leistungslust zu erleben, jedoch: »Zu teuer, zu gefährlich, zu neu, zu aufwändig, keine Zeit!« Das jedoch sind keine Verbote, sondern Ausreden. 20 Jahrhunderte lang entstanden Kultur, Selbstverwirklichung, Kunst, Wertschöpfung, Leistung und Wohlstand nicht durch Verbote, sondern durch Machen. Die reale Welt gehört(e) den Machern. Echtes Machen ist selten frei von Restriktionen. Wer etwas machen möchte, wird es recht häufig »trotzdem« tun müssen; also über Hindernisse (s. Kapitel 13) hinweg. Das kostet Überwindung. Doch wer sich überwindet, wird belohnt; beim Kolosseum hat irgendjemand den ersten Stein gesetzt und beim Eifelturm die erste Schraube gedreht.

Die Mehr-statt-Meer-Maxime

Nicht »die Sehnsucht nach dem weiten, endlosen Meer« (wie St. Exupéry meinte) macht glücklich, sondern die Sehnsucht nach Mehr. Mehr Herausforderung, mehr Kompetenz, mehr Verantwortung, mehr Leistung. Shackleton wusste das. Für seine Südpol-Expedition annoncierte er: »Männer für gefährliche Reise gesucht, geringer Lohn, bittere Kälte (...) ständige Gefahr.« Kein Wort von Sehnsucht. Wer meldete sich? Hunderte Macher, Experten, Spezialisten, Seebären. Absolute Experten in ihrem Fach. Nicht Träumerei, sondern Herausforderung motiviert zum Handeln.

Die Mach's-passend!-Maxime

Was tun, wenn die Herausforderung schlicht überfordert? Dann ist sie *noch* zu groß: Job Crafting! Gestalte dir *selbst* deine Herausforderungen *so* (klein), dass du sie sofort und spontan und gerne anpackst, nicht weil du musst, sondern weil du es *kannst*! Job Crafting statt Body Shaping – passe nicht nur deine Herausforderungen, sondern auch deinen Job deinen Bedürfnissen und Kompetenzen an; nicht umgekehrt. Also nicht bloß »Dienst nach Vorschrift« machen, sondern Rahmenbedingungen und Aufgabenstellung so selbst gestalten, dass beides stimmt: Ergebnis und Erfüllung. Ja, das macht Arbeit – aber eben Arbeit, die sich lohnt.

Die Arbeit-statt-Kohle!-Maxime

Natürlich brauchst du das Geld – doch immer *mehr* Geld macht nicht immer *mehr glücklich*. Sondern? Arbeit an und für sich. Lass dich nicht von »Tischkickern & Co.« ködern, nicht von »Urlaub so viel du willst«, nicht von »Die Führungskraft ist dein bester Freund«. Was wirklich zählt, ist deine konkrete Arbeit und die tägliche Wertschätzung für das, was du ganz konkret tust. Der Tischkicker wird kaputt gehen, der Urlaub zu Ende und der Chef entlassen – aber dein Werk wird bleiben, und niemand wird dir deine Kompetenz nehmen können.

Die Trag-was-bei!-Maxime

»Abarbeiten« macht unglücklich. Glücklich macht dein Beitrag. Du weißt inzwischen dank der vorausgegangenen Kapitel, dass du einen sinnvollen und nützlichen Beitrag selbst in einem McJob finden kannst, wenn du nur suchst – und dabei nicht gleich die ganze Welt retten musst. Denn Kunden und Kundinnen, Kollegen und Kolleginnen zu *helfen*, ist bereits ein Beitrag, der Leistungslust spendet – wenn du ihn dir bewusst machst und nicht ständig über die mieseren Seiten des Jobs klagst.

Die Spitzensportler-Maxime

Spitzensportler erleben spitzenmäßige Leistungslust, eben weil sie so spitze sind? Sie sind also keine Vorbilder für normale Menschen? Ganz im Gegenteil, denn niemand wird mit Goldmedaille geboren, die Prinzipien der Talentförderung sind generalisierbar: Wenn eine Aufgabe dich Überwindung kostet und sie dich im mittleren Bereich anstrengt, machst du's richtig! Weitere Spitzensportler-Trainingsgrundsätze: Du willst nicht gut sein – du willst besser sein! Du kennst deine inneren Barrieren – und überwindest sie! Wer's falsch macht, macht's richtig! Denn Machen heißt Lernen! Wenn's die anderen falsch machen – noch besser, von *denen* zu lernen.

Falls du dich wunderst, warum wir plötzlich vom Sie zum du gewechselt sind: So sprechen Maximen besser an, führen einfacher und schneller in die Umsetzung, aktivieren und animieren stärker. Vor allem, wenn du dir die 7 Maximen auf eine Druckseite ziehst und an den Kühlschrank oder neben den Badspiegel hängst oder als Bildschirmschoner aufs den Büro-PC lädst.

15

SCHLUSSWORT ZUM LEISTUNGSGLÜCK

»Mut steht am Anfang des Handelns, Glück am Ende.«
Demokrit

Erst einmal: Herzlichen Glückwunsch, dass Sie sich tatsächlich bis zur letzten Seite durchgearbeitet haben. Das ist bereits eine Leistung an sich. Das wird immer seltener.

Hat Ihre Lektüre sich bereits positiv auf Ihren alltäglichen Level an Leistungslust ausgewirkt? Ich wünsche es Ihnen. Und dass es mehr werde. Sehr viel mehr, möglichst allumfassend. Kühner Gedanke: Ist es möglich, ein ganzes Leben in Leistungslust zu leben? Bei wirklich allen Aufgaben Leistungslust zu spüren? Ja. Nicht immer, aber immer öfter – wenn Sie es sich zum Ziel machen. Leistungslust kommt nicht von alleine; sie möchte intentional, also mit voller Absicht erzielt werden. Wenn ich also eine neue Aufgabe gestellt bekomme, überlege ich mir nicht nur, wie ich sie sachlich-fachlich anpacke, sondern auch, wie ich sie so anpacke, dass ich emotional möglichst viel dabei zurückbekomme: Leistungslust.

Es ist daher zielführend, wenn Sie anstehende Aufgaben und Projekte unter dem Primat der Leistungslust betrachten, planen, angehen und durchziehen; nach dem Motto: Hauptsache, ich kann dabei meine Kompetenz voll einbringen, mich im Tun verwirklichen. Das ist die beste Definition von »Leistung«.

Umgekehrt heißt das: Wenn Leistung stresst, ist es keine. Leistung ist Schaffenskraft, nicht Wirtschaftskraft, ist Werkstolz, nicht Bonus, ist Leistungslust nicht Erfolgsdruck. Leistungslust wird von Freude befeuert und nicht von Antreibern erzwungen.

Leistung ist nicht Quantität, sondern Qualität. Ist nicht einmal ausschließlich das Ergebnis, sondern psychologisch gesehen eine Handlung mit oder ohne Ergebnis. Das Handeln, das Wirken in der Welt ist oberste Maxime, sein Ergebnis erwünschte Nebenwirkung. Damit ist Leistung keine ausschließlich physikalische Größe mehr, sondern auch eine psychologische, ist Psychologie, nicht nur Ökonomie.

Leistungslust ist das höchste der Gefühle bei einer Tätigkeit. Leistungslust

erfährt man, wenn man seinem inneren Antrieb folgt – und nicht der Möhre, die die Führungskraft einem unter die Nase hält. Das bedeutet nicht unbedingt, gegen die Möhre zu rebellieren oder sie zu verschmähen. Es bedeutet lediglich, die Möhre nicht für das höchste der Gefühle bei der Arbeit misszuverstehen.

Fühlen Sie wie ein Kind – denn ein Kind lebt nach einem einzigen Prinzip: »Schau mal, was ich kann! Das hab' ich gemacht!«

Nicht Erfolg, sondern Wirkung spendet Zufriedenheit und Glücksgefühl. Selbstwirksamkeit macht glücklich.

Ich wünsche Ihnen möglichst viel von diesem »Werkstolz«.

Ich wünsche Ihnen ein Leben in Selbstwirksamkeit und Leistungslust.

»Ich liebe, was ich tue! Mit 85 liege ich jeden Morgen im Bett und denke: Oh Gott, wie toll, schon wieder ein neuer Tag. Und dann schaue ich voller Vorfreude auf die Herausforderungen, die vor mir liegen. Das hält die Dinge in meinem Kopf in Bewegung.«

Ridley Scott, Regisseur[102]

ANMERKUNGEN

1 Siehe die Studie »Bewerbermarkt 2023« des Personaldienstleisters Softgarden (Garipoglu, 2023)

2 Die Studie von McKinsey ist in deren Blog »Five Fifty« als Artikel digital abrufbar (»Most people find their managers to be far from ideal«, 2023)

3 Siehe die Studie des WSI Wirtschafts- und Sozialwissenschaftliches Institut der Hans-Böckler-Stiftung (Lott & Windscheid, 2023)

4 Siehe einen Artikel eines unbekannten Autors in der »Gießener Allgemeinen« (Anonymous, 2019), wobei der Artikel gleichlautend auch in anderen Regionalzeitungen erschienen ist

5 Siehe hierzu das Interview von Julia Giertz mit Markus Seibert in der Rhein-Neckar-Zeitung (Giertz, 2023)

6 In einem Klassiker zur psychologischen Interpretation von Autonomie, siehe hierzu etwa in der sagenhaften 31. Auflage (Gruen, 1992)

7 Der Job und auch die Motivation von Antonia Hammer wurde im Rahmen eines Interviews für die Website des Unternehmens Helios Gesundheit vorgestellt, zum Zweck der beruflichen Orientierung für junge Erwachsene (Anonymous, 2017)

8 Der mittlerweile gängige Ausdruck »Bullshit-Job« geht zurück auf den amerikanischen Anthropologen David Graeber (Graeber, 2019)

9 Siehe das ausführliche Interview mit Heinz Harbers von Stephan Schleim in Telepolis (Schleim, 2020)

10 Siehe Hauthal im Interview mit dem SPIEGEL (Schultz, 2023)

11 Siehe hier die Ausführungen Maslows aus den 40er Jahren (Maslow, 1943) und auch neue Interpretationen und Erweiterungen der bekannten Maslowsches Bedürfnishierachie, etwa von Rouse (Rouse, 2004)

12 Dieser Ansatz mit drei Dimensionen ist nicht zu verwechseln mit dem in der Psychologie sehr bekannten Ansatz von McLelland über drei Basis-Motive (McClelland, 1985). Ich verstehe die drei Dimensionen mit jeweiligen Endpunkten, also jeweils zwei widerstrebenden Basismotiven auf drei grundlegenden Dimensionen.

13 Eine ausführliche Herleitung mit jeweiligen Theorien und Quellen habe ich in einem vorangegangenen Buch im Kontext Konsumverhalten dargelegt (Hamm, 2019)

14 Für diese Grundüberlegung habe ich einige Gedanken von Harald Schmidbauer aufgegriffen, der aus einer psychoanalyti-

schen Überlegung heraus das Hier & Jetzt als Zeitalter der Angst beschrieben hat und eben unterscheidet zwischen der urzeitlichen heilen Welt der biologischen Angst und der neuzeitlichen sozialen Angst (Schmidbauer, 2013)

15 Das Flow-Konzept geht zurück auf den »Glücksforscher« Csikszentmihalyi und besagt im Wesentlichen, dass durch ein totales Aufgehen in einer Tätigkeit ein zutiefst glücklich machender mentaler Zustand erreich werden kann, siehe auch das Zitat am Eingang des Kapitels (Csikszentmihalyi, 2018)

16 Diese Skala ist eine wissenschaftlich fundierte Skala, d. h. intensiv validiert (Rheinberg et al., 2003)

17 Ein passionierter Felskletterer selbst, Steff Aelig, hat sich intensiv wissenschaftlich mit dem bzw. seinem Flow-Erlebnis auseinandergesetzt und vor allem den positiven Effekt auf das gesamte Wohlergehen untersucht (Aellig, 2004)

18 (Gallwey, 1997)

19 Taibi Kahler hat fünf sogenannte »Miniscripte« im Sinne von »inneren Antreibern« postuliert, die sowohl handlungsförderlich, aber auch hinderlich sein können. Im Sinne von Selbst- und Stressmanagement wird die Transaktionsanalyse üblicherweise gesehen und praktisch genutzt (Kahler & Capers, 1974)

20 Dieses Beispiel Motorrad hat tatsächlich der deutsche Psychologe Falko Rheinberg durchexerziert. Rheinberg hat sehr viel zum Thema Flow geforscht und als passionierter Motorradfahrer die Kehrseiten von Flow beschrieben (Rheinberg, 2016)

21 (Holodonsky & Oerter, 2008)

22 Im Wesentlichen baut dies auf die Grundlagenarbeiten des Motivationspsychologen Heinz Heckhausen, siehe (Heckhausen et al., 1985)

23 (Mahone, 1960)

24 Hierzu hat der amerikanische Psychologe Bernard Weiner nahezu bahnbrechende Grundlagenarbeiten geleistet, interessanterweise nicht nur für Motivation, sondern auch für Emotionen, denn auch diese können »falsch« attribuiert, also psychologisch ungünstig oder günstig jemanden oder einer Sache zugeordnet werden (Weiner, 1986)

25 Als erstes hatte der Psychologe Martin Seligman das Konzept der erlernten Hilflosigkeit ergründet, siehe hierzu eine neure Fassung seiner Arbeiten (Seligman et al., 2011)

26 Viktor Frankl hat in diesem Kontext nicht weniger als die psychologische Sinnfrage bearbeitet und meiner Meinung nach auch beantwortet – mit individueller Verantwortung für das eigene Tun, immer, überall, unter allen, auch noch so widrigen Umständen (Frankl, 1997 und 2005)

27 Siehe eine komplette Darstellung des Konzepts im Harvard Business Review (Morgan & Lynch, 2017)

28 Dieses Zitat von Kinski stammt aus einer späten Schaffensphase, in der Kinski sehr selbstkritisch, nahezu frustriert seine Beteiligung an drittklassigen Produktionen kommentiert

29 Mittlerweile ist Falko Rheinberg emeritiert, d. h. »in Rente«, galt zu seinen aktiven Dienstzeiten als führend in der Verknüpfung der Motivationspsychologie mit den neueren Strömungen der positiven Psychologie und auch der »Glücksforschung«

30 Siehe hierzu im Wesentlichen eine zusammenfassende Rede von Rheinberg zu seinen Erkenntnissen (Rheinberg, 2016), spezifisch interessant auch ein separater Forschungsbericht von Rheinberg (Rheinberg, 2002)

31 Konkret waren das die Ansätze von Strong (»Strong Ring« usw.) (Strong, 1971) und Donnay (Donnay et al., 2005), besser bekannt in der Praxis unter dem Modell-Namen RIASEC; die RIASEC-Variante von Holland (Holland, 1959 und 1997); weiterhin wurde verwendet das Tool Open-BIS (Psymetrix, o. J.), teilweise auch Hossieps Ansatz BIS (Hossiep & Paschen, 1998)

32 Hier empfiehlt sich für diese und auch andere, ähnliche psychologischen Tests ein Blick auf die Angebote von testzentrale.de (Hogrefe) oder auch opentest.ch (Psymetrix), die beide ganz konkrete Testmaterialien anbieten, in schriftlicher Form und auch teilweise online.

33 Das basiert ebenso auf den Überlegungen von Hossiep im BIS Ansatz (Hossiep & Paschen, 1998)

34 Ich habe mich hauptsächlich auf eine Meta-Perspektive auf die konkreten Werte-Dimensionen in dem Arbeiten von Milton Rokeach (Rokeach, 2012), Shalom Schwartz (Schwartz, 1992) und Geert Hofstede (Hofstede, 1980) fokussiert. Interessanterweise kommt Wolfgang Bilsky in »Psychologische

Arbeiten zur Struktur menschlicher Werte« (2015), Uni Münster, zu einer ähnlichen Schlussfolgerung, wie man grundlegende Werte auf Basis der Schwartz'schen Werte: »[Es] können diese von ihm [Schwartz] auch als *Grundwerte* bezeichneten Wertetypen auf einer allgemeineren Ebene zu vier *Werten höherer Ordnung* zusammengefasst werden. Sie bilden dann eine *zweidimensionale Wertestruktur*, in der sich *Selbsttranszendenz* (Universalismus und Benevolenz) und *Selbsterhöhung* (Macht und Leistung) gegenüberliegen und ebenso *Wahrung des Bestehenden* (Konformität, Tradition und Sicherheit) und *Offenheit für Neues* (Stimulation und Selbstbestimmung). Hedonismus ist in dieser Struktur ein Grenzfall, der nach Schwartz sowohl Gemeinsamkeiten mit Selbsterhöhung als auch mit Offenheit aufweist.«

35 Hier aus einer textlich gut kondensierten und dennoch praxisnahen Darstellung der IHK Nürnberg (Anonymous, 2015)

36 Siehe hierzu eine Übersicht der Arbeiten von Kant durch die Redakteure Bernd Kraft und Dieter Schönecker (Kant, 2016)

37 Quelle für alle drei folgenden Beispiele ist das Beratungsunternehmen Clevis Consult, »Unternehmenswerte« (Anonymous, 2023a)

38 Nach dem deutschen Gewinn der Weltmeisterschaft im Basketball (Müller, 2023)

39 Lesenswert ist Jochs Buch »Das sportliche Talent«, zwar klar ein empirisch vorgehendes Fachbuch, aber dabei dennoch nicht wissenschaftlich-abstrakt (Joch, 1994)

40 Galenson hat sich intensiv, in mehreren Arbeiten mit diesem Phänomen beschäftigt (D. W. Galenson & Jensen, 2001), (D. Galenson, 2007)

41 (D. W. Galenson, 2010; Robinson & Aronica, 2009)

42 (Gladwell, 2011)

43 Siehe als Ursprung das Modell von Renzulli (Renzulli, 1976), in den Jahren darauf folgten zahlreiche Veröffentlichungen Renzullis zu seinem Konzept

44 Siehe hierzu eine ausführliche Abhandlung von Pons Alcalá et al., auf die Seirul-lo Vargas zurückgreift (Pons Alcalá et al., 2020). Ein weiterer einführender Artikel findet sich bei Schollhorn (I. Schollhorn, 2012)

45 (Sack, 1980)

46 Gladwell in seinem Bestseller »Outliers«, s. o. (Gladwell, 2011)

47 (Gebauer, 1986)

48 Siehe Ufer im Interview mit Alexander Davydov in der FAZ, (Davydov, 2023)

49 Sie geschilderte Szene ist in einer Filmankündigung zum Film »Senna« vorhanden, die auf Youtube zu sehen ist, siehe (SENNAmovie, 2011), wobei jedoch die geschilderte Szene es offenbar nicht in den fertigen Film (Kapadia, 2010) geschafft hat. Der Film ist auch über das Thema Leistungslust und Flow höchst sehenswert, da er auch die Leadership-Qualitäten von Senna eindrucksvoll belegt.

50 Siehe das Standardwerk der beiden Autorinnen (Wrzesniewski & Dutton, 2001)

51 Siehe einen aktuellen Artikel von Kallwitz in der Zeitschrift ManagerSeminare (Kallwitz, 2023)

52 (Werner & Smith, 1995)

53 (Wolf, 2020)

54 Sie Erfahrungen von André Wiersig basieren auf einem ausführlichen Interview, dass ich im Rahmen eines Buchprojekts zu Führungsverhalten mit ihm geführt habe, siehe eine ausführliche Analyse und Darlegung der Interviewinhalte in (Hamm & Bismarck, 2021)

55 (Ruholl, 2007)

56 (*Jocko Willink »GOOD«(Official)*, 2016)

57 Siehe hierzu ein ausführliches Interview mit Lieb in WDR5 (Lieb & Erdenberger, o. J.)

58 Zitiert im oben schon aufgeführten Beitrag von Wolf (Wolf, 2020)

59 Ebenso zitiert im Beitrag von Wolf (Wolf, 2020)

60 Auch hierzu finden sich der Interviewbeitrag im Artikel von Wolf (Wolf, 2020)

61 Siehe hierzu ein Mitschnitt des Resilienz-Kongresses 2022 in Deutschlandfunk Nova (Ohlendorf, 2022)

62 Zitiert in einer Kolumne von Leander Steinkopf in der WELT (Steinkopf, 2023)

63 Das ist zumindest die Interpretation der Ergebnisse der Studie, die Leander Steinkopf in seinem Artikel aufgeführt hat (Steinkopf, 2023)

64 In einem Artikel über Terence Malick, und sein Leben und Werk, wobei die Filme, so Kilb, deutlich existenzialistische Züge aufweisen. Kilb verweist auf das Philosophie-Studiums Malicks hin, wo er sich intensiv mit Existenzphilosophie, konkret etwa auch

mit Martin Heidegger beschäftigt habe (Kilb, 2023)

65 Siehe hierzu Camus' Hauptwerk »Der Mythos des Sisyphos« im Kontext der Existenzphilosophie (Camus, 2013), sehr empfehlenswert ist eine Übersicht zu Leben und Werk Camus' von Onfray (Onfray, 2015)

66 Siehe in aller Kürze eine gute Einführung im Rahmen einer Radiosendung von Märte Burmeister in Deutsche Welle/DW (Burmeister, 2005)

67 im Interview mit Axel Westhof in der FAZ (Westhof, 2022)

68 (Pfeifer, 2018)

69 (Peck, 2012)

70 Siehe ein Interview mit Michael Quante zu »Grenzsituationen« im »Philosophischen Radio« in WDR5 (Große & Klüter, 2023)

71 (Seligman et al., 2011)

72 (May et al., 2007)

73 Basis hierfür ist ein Interview mit Reinhold Messner im Rahmen meines Buchprojekts »True Leadership« zu Führungsverhalten in Extremsituationen (Hamm & Bismarck, 2021)

74 Zitiert in einem Übersichtsartikel »Laufen um zu vergessen« von Christiane Gelitz in Spektrum der Wissenschaft (Gelitz, 2023)

75 Zitiert im Artikel » Wie Laufen dem Kopf auf die Sprünge hilft« von Annika Röcker in Spektrum der Wissenschaft (Röcker, 2023)

76 Siehe hierzu eine umfangreiche Meta-Analyse zur psychotherapeutischen Wirkung verschiedener Sportarten, erstellt vom Team um den Sportmediziner Ben Sing (Singh et al., 2023)

77 Dieses Zitat ist eine doppelte Anspielung, zum einen an Albert Camus, der davon sprach, dass »wir uns Sisyphos als einen glücklichen Menschen vorstellen müssen«. Zum anderen kam mir direkt eine aktuelle Bundestagsdebatte um Haushalt, Schuldenbremse (Ende November 2023) in den Sinn, wo die Opposition den Bundeskanzler als Klempner bezeichnete, ja eigentlich diffamierte, worauf die Koalitionsparteien dieses wenig geglückte Wortspielt gleich für sich vereinnahmten und sich – in voller Solidarität mit Handwerkern schlechthin – nichts auf den Klempner nehmen lassen wollten

78 Siehe eine faszinierende Studie der ikk classic in Kooperation mit der IU International University of Applied Sciences, zum Vergleich Handwerk versus Gesamtbevölkerung, auf verschiedenen Dimensionen bzw. Fragen zur Arbeitszufriedenheit, Sinnwahrnehmung etc. (Anonymous, 2023b)

79 Stand August 2023, Quelle: Statistisches Bundesamt

80 Siehe »Was treibt Hamster ins Hamsterrad?« von Gábor Paál am 15.2.2022 in SWR Wissen

81 (Bregman, 2020)

82 Ich stütze mich hier auf eine Zusammenstellung von Ingrid Strobl für einen Hörfunkbeitrag zu Selbstwirksamkeit (Strobl, 2015)

83 Dieses Zitat ist aus dem Lied »Personal Jesus«, welches von den Depeche Mode Musikern David Gahan und Martin Gore geschrieben wurde. Die Kritik im Text zielt auf die kommerziellen, in USA und Großbritannien verbreiteten Fernsehprediger, die Vergebung und Erlösung per Telefon verkaufen. Als Marketingmaßnahme zur Veröffentlichung des Songs schaltete Depeche Mode in einschlägigen Magazinen damals Anzeigen mit dem Text »Your own personal Jesus«, lediglich versehen mit einer Telefonnummer, die nicht zu einem kostenpflichtigen Tele-Prediger führte, sondern unter der einfach der Song zu hören war; zur Quelle dieser Anekdote siehe https://www.80s80s.de/musik/songinfos/depeche-mode-personal-jesus

84 Tanja Legenbauer, Professorin für Klinische Psychologie und Psychotherapie an der LWL Universitätsklinik Hamm forscht im Rahmen des Projekts »Essen-Bochum Obesity Treatment Study« (EBOTS) zur Behandlung von Übergewicht, auch über Abnehmerfolge. Sie kam zum Ergebnis, dass kurzfristig zwar viele Personen (ca. zwei Drittel) erfolgreich abnehmen, dann aber langfristig wieder zurückfallen auf ein altes (Über)Gewicht, und nur 20-30% der Personen schaffen dauerhaft eine Gewichtsreduzierung. Siehe Legenbauer im Interview mit Berit Uhlmann in der SZ (Uhlmann, 2018)

85 Im Interview mit Justina Schreiber und Michael Huppertz in BR2 radioWissen, (Schreiber, 2022)

86 Zur groben Rekonstruktion des Falls im Sinne dieser psychologischen, nicht juristischen Analyse, habe ich mich diverser Artikel aus den Tagesmedien bedient: »Grüßen Sie die Insel« (Ina-Maria Nissler, Hamburger Abendblatt, 23.01.2012); »Eine nette Tradi-

tion, normalissima« (Julia Stanek, Spiege Online, 16.01.2012,); »Was machte die Blonde auf der Brücke der »Costa Concordia«? (Anika Fischer, Der Westen, 19.01.2012); »Zurück, Sie Arsch!« – da verstummt Schettino kurz« (Tovias Bayer, Die Welt, 09.12.2013); »Als die Costa Concordia von einem Felsen aufgeschlitzt wurde« (Stern, 12.01.2022)

87 Siehe »Costa-Prozess: Zurück, Sie Arsch!« von Tobias Bayer, am 09.12.2013 in WELT

88 Siehe Artikel »Capitano dilettante« (Kim Son Hoang, Der Standard, 10.02.2015)

89 (Mischel et al., 1972)

90 Dies ist eine Abwandlung eines Satzfragments, was sowohl als Zitat von Erich Fromm überliefert ist (in: E. Fromm, Sozialpsychologischer Teil, 1936a, Seite 172), als auch im christlichen Kontext, interessanterweise als Zitat des italienischen Erfinders des Radios, Guglielmo Marconi, der seinen wissenschaftlichen Erfolg auf seinen unerschütterlichen Glauben zurückführt, in dem Gott »... has made of me merely an instrument of His own will...«. Und schließlich stößt man sogar bei Gottfried Fichte auf dieses sprachmalerische, ins Englische übersetzte Zitat, hier im Kontext der Rechtsphilosophie »All must be free and no one may violate the freedom of another ... each person possesses his own body as a free instrument of his own will.« (in: Rechtslehre, 1812, Seite 10).

91 Siehe eine Längsschnittstudie von Angela Duckworth und Martin Seligman, in der sie 140 Schüler über längere Zeit begleitet haben (Duckworth & Seligman, 2005)

92 Das ist gleichzeitig der Titel eines Interviews von Janina Hardung mit der Zukunftsforscherin, in der FAZ vom 16.2.2023 (Hardung, 2023)

93 (Eskreis-Winkler & Fishbach, 2022)

94 Dietmar Dath ist Journalist bei der FAZ, das Zitat entstammt interessanterweise einer Filmkritik zu »Matrix Resurrections« und bezieht sich auf einen Vergleich der im Film dargestellten dystopischen Arbeitswelt zu unserem, nach Ansicht von Dath, gar nicht so verschiedenen Büro-Alltag; siehe *https://www.faz.net/aktuell/feuilleton/kino/matrix-resurrections-die-informatik-des-widerstands-dietmar-dath-17695688.html*

95 (Graeber, 2019)

96 Siehe seine dafür zentrale Arbeit (Bergmann, 2004) oder zusammengefasst in einem späteren Werk von ihm (Bergmann, 2013)

97 Es gibt eine Studie Alfonso und Andrés Sousa-Poza aus dem Jahr 2000, die Deutschland im internationalen Vergleich der Arbeitszufriedenheit auf Platz 13 einsortiert, deutlich hinter Dänemark als Erstplatziertem oder der Schweiz auf Platz 3, und auch noch hinter Spanien, USA, Schweden, Italien (Sousa-Poza & Sousa-Poza, 2000)

98 In der Zeitschrift »ManagerSeminare« (Jankowski, 2023)

99 (Ebeling, 2023)

100 (Jankowski, 2023)

101 Typischerweise und häufig im Marketingkontext angewandt als »Drivers & Barriers« des Verbraucherverhaltens

102 Zitat aus einem Interview mit Andreas Borcholte und Oliver Kaever im Spiegel, 18.11.2023, »Es muss mehr sein als nur Sex, das wäre zu einfach«

QUELLENVERZEICHNIS

Aellig, S. (2004). *Über den Sinn des Unsinns: Flow-Erleben und Wohlbefinden als Anreize für autotelische Tätigkeiten: eine Untersuchung mit der Experience Sampling Method (ESM) am Beispiel des Felskletterns.* Münster New York München Berlin: Waxmann.

Anonymous. (2015). *Der Ehrbare Kaufmann.* Industrie- und Handelskammer Nürnberg für Mittelfranken. https://www.ihk-nuernberg.de/de/media/PDF/Publikationen/Hauptgeschaeftsfuehrung/Ehrbarer-Kaufmann.pdf

Anonymous. (2017). Ich arbeite als … Ärztin. *Ich arbeite als …* Unternehmenswebsite Helios Gesundheit. https://www.helios-gesundheit.de/350-berufe/klassiker/ich-arbeite-als-aerztin/

Anonymous. (2019, April 25). Fährmann zwischen den Ländern. *Gießener Allgemeine – Hessen.*

Anonymous. (2023a). Unternehmenswerte – Ihre Bedeutung und Beispiele. *Clevis Consult.* https://www.clevis.de/ratgeber/unternehmenswerte/#:~:text=Definition%3 A%20Was%20sind%20Unternehmenswerte%3F,erstrebenswert%20und%20moralisch%20gut%20betrachtete.

Anonymous. (2023b, Juli 1). Handwerk macht glücklich. *ikk classic.* Unternehmenswebsite. https://www.ikk-classic.de/information/machen-ist-gesund-presse

Bandura, A. (1977a). Self-efficacy: Toward a unifying theory of behavioral change. *Psychological Review, 84*(2), 191–215. https://doi.org/10.1037/0033-295X.84.2.191

Bandura, A. (1977b). *Social learning theory.* Englewood Cliffs, New Jersey: Prentice-Hall.

Bergmann, F. (2004). *Neue Arbeit, Neue Kultur.* Freiburg i.B.: Arbor.

Bergmann, F. (2013, Oktober 14). Neue Arbeitskultur gegen alte Denkmuster | The European. https://www.theeuropean.de/frithjof-bergmann/7353-alte-denkmuster-und-neue-arbeitskultur. Zugegriffen: 21. Juli 2021

Boone, T., Reilly, A. J., & Sashkin, M. (1977). Social Learning Theory Albert Bandura Englewood Cliffs, N.J.: Prentice-Hall, 1977. 247 pp., paperbound. *Group & Organization Studies, 2*(3), 384–385. https://doi.org/10.1177/105960117700200317

Bregman, R. (2020). *Humankind: a hopeful history.* (E. Manton & E. Moore, Übers.). London: Bloomsbury Publishing.

Camus, A. (2013). *Der Mythos des Sisyphos.* Rowohlt Verlag GmbH.

Csikszentmihalyi, M. (2018). *Flow. Das Geheimnis des Glücks.* Klett-Cotta.

Davydov, A. (2023, Januar 8). Mit dem Flow durch die Extreme. *Frankfurter Allgemeine Zeitung.*

Donnay, D. A. C., Morris, M. L., Schaubhut, N. A., & Thompson, R. C. (2005). *Strong Interest Inventory manual: Research, development, and strategies for interpretation.* Mountain View, CA: CPP.

Duckworth, A. L., & Seligman, M. E. P. (2005). Self-Discipline Outdoes IQ in Predicting Academic Performance of Adolescents. *Psychological Science, 16*(12), 939–944. https://doi.org/10.1111/j.1467-9280.2005.01641.x

Ebeling, R. (2023, Oktober 19). Berufsorientierung der Generation Z – Einfach nur lost – Ein Gastbeitrag von Ronja Ebeling. *Spiegel Online,* (19.10.2023). https://www.spiegel.de/start/berufsorientierung-der-gen-z-einfach-nur-lost-a-9cd9fbb2-0ae2-4bb0-914b-899e3a57b539

Eskreis-Winkler, L., & Fishbach, A. (2022). You Think Failure Is Hard? So Is Learning From It. *Perspectives on Psychological Science, 17*(6), 1511–1524. https://doi.org/10.1177/17456916211059817

Frankl, V. E. (1994). *Die Sinnfrage in der Psychotherapie* (2. Aufl.). Serie Piper.

Frankl, V. E. (2012). *Der Wille zum Sinn* (6. Aufl.). Bern: Huber.

Galenson, D. (2007). *Artists and the Market: From Leonardo and Titian to Andy Warhol and Damien Hirst* (NBER Working Papers No. 13377). National Bureau of Economic Research, Inc. https://ideas.repec.org/p/nbr/nberwo/13377.html

Galenson, D. W. (2010). *Understanding Creativity* (NBER Working Papers No. 16024). National Bureau of Economic Research, Inc. https://ideas.repec.org/p/nbr/nberwo/16024.html

Galenson, D. W., & Jensen, R. (2001). *Young Geniuses and Old Masters: The Life Cycles of Great Artists from Masaccio to Jasper Johns* (NBER Working Papers No. 8368). National Bureau of Economic Research, Inc. https://ideas.repec.org/p/nbr/nberwo/8368.html

Gallwey, W. T. (1997). *The inner game of tennis* (Rev. ed.). New York: Random House.

Garipoglu, D. (2023). *Bewerbermarkt 2023.* softgarden e-recruiting. https://go.softgarden.com/de/study/Bewerbermarkt2023

Gebauer, G. (1986). Beginn des Begehrens. In G. Hortleder & G. Gebauer (Hrsg.), *Sport – Eros – Tod.* Suhrkamp.

Gelitz, C. (2023, Mai 6). Laufen um zu vergessen. *Spektrum der Wissenschaft.*

Giertz, J. (2023, November 15). Nachwuchs gesucht für einen »geilen Job«. *Rhein-Neckar-Zeitung,* S. 16. Heidelberg.

Gladwell, M. (2011). *Outliers: the story of success* (1st, Back Bay paperb. ed Aufl.). New York: Back Bay Books.

Graeber, D. (2019). *Bullshit Jobs: The Rise of Pointless Work, and What We Can Do About It* (7. Aufl.). New York, NY: Penguin.

Große, G., & Klüter, J. (2023). Was passiert mit uns in Grenzsituationen? https://wdrmedien-a.akamaihd.net/medp/podcast/weltweit/fsk0/286/2863097/wdr5dasphilosophischeradio_2023-01-23_michaelquantekarljaspers_wdr5.mp3. Zugegriffen: 23. Januar 2023

Gruen, A. (1992). *Der Verrat am Selbst – Die Angst vor Autonomie bei Mann und Frau* (31. Aufl.). dtv.

Hamm, I. (2019). *Kauf-Instinkt: mit einem einfachen Modell des Konsumverhaltens zu zielsicheren Marketingstrategien* (1. Auflage.). Stuttgart: Schäffer-Poeschel.

Hamm, I., & Bismarck, W.-B. von. (2021). *True Leadership: Führung in Extremsituationen.* München: Hanser.

Hardung, J. (2023, Februar 16). Angst entsteht durch Ungewissheit. *Frankfurter Allgemeine Zeitung.*

Heckhausen, H., Schmalt, H.-D., & Schneider, K. (1985). *Achievement motivation in perspective.* Orlando [Fla.]: Academic Press.

Hofstede, G. H. (1980). *Culture's consequences: international differences in work-related values.* Beverly Hills, Calif: Sage Publications.
Holland, J. L. (1959). A theory of vocational choice. *Journal of Counseling Psychology, 6*(1), 35–45. https://doi.org/10.1037/h0040767
Holland, J. L. (1997). *Making vocational choices: a theory of vocational personalities and work environments* (3rd ed.). Odessa, Fla: Psychological Assessment Resources.
Holodonsky, M., & Oerter, R. (2008). Tätigkeitsregulation und die Entwicklung von Motivation, Emotion, Volition. In *Entwicklungspsychologie* (6. Aufl., S. 535–570). Weinheim: Beltz.
Hossiep, R. (o. J.). BIP-SI (Revision VI). Projektteam Testentwicklung – Ruhr Universität Bochum. http://www.testentwicklung.de/testverfahren/BIP/BIP-SI/index.html.de. Zugegriffen: 30. Oktober 2020
Hossiep, R., & Paschen, M. (1998). *BIP-Bochumer Inventar zur berufsbezogenen Persoenlichkeitsbeschreibung.* Göttingen: Hogrefe.
Howald, H., & Hahn, E. (Hrsg.). (1982). *Kinder im Leistungssport.* Basel: Birkhäuser Basel. https://doi.org/10.1007/978-3-0348-6699-6
I. Schollhorn, W. (2012). The Nonlinear Nature of Learning – A Differential Learning Approach. *The Open Sports Sciences Journal*, 5(1), 100–112. https://doi.org/10.2174/1875399X01205010100
Jankowski, J. (2023). Good Work statt New Work. *ManagerSeminare, 299*, 42–45.
Jean-Paul Sartre: Leitfigur des Existenzialismus. (2005, Juni 21). *Deutsche Welle.* https://www.dw.com/de/jean-paul-sartre-leitfigur-des-existentialismus/a-1622119
Joch, W. (1994). *Das sportliche Talent: Talenterkennung – Talentförderung – Talentperspektiven* (2., unveränd. Aufl.). Aachen: Meyer und Meyer.
Jocko Willink »GOOD« (Official). (2016). https://www.youtube.com/watch?v=IdTMDpizis8
Kahler, T., & Capers, H. (1974). The Miniscript. *Transactional Analysis Bulletin*, 4(1), 26–42. https://doi.org/10.1177/036215377400400110
Kallwitz, S. (2023). Selbstgestaltung herbeiführen. *ManagerSeminare, 299*, 26–30.
Kant, I. (2016). *Grundlegung zur Metaphysik der Sitten* (2., durchgesehene Auflage mit aktualisierter Einleitung und Bibliographie.). Hamburg: F. Meiner.
Kemp, N. (2023). Ikiga and Okinawa. https://ikigaitribe.com/vlog/ikigai-and-okinawa/
Kilb, A. (2023, November 30). Sein nächstes Projekt ist das Leben von Jesus. *Frankfurter Allgemeine Zeitung.* https://www.faz.net/aktuell/feuilleton/kino/der-amerikanische-filmregisseur-terrence-malick-wird-80-19348393.html
Lieb, K., & Erdenberger, R. (2022). Mit Resilienz gegen Krisen. https://wdrmedien-a.akamaihd.net/medp/podcast/weltweit/fsk0/285/2850882/wdr5neugiergenuegtredezeit_2022-12-30_mitresilienzgegenkrisenklauslieb_wdr5.mp3. Zugegriffen: 30. Dezember 2022
Lott, Y., & Windscheid, E. (2023, Mai). 4-TAGE-WOCHE – Vorteile für Beschäftigte und betriebliche Voraussetzungen für verkürzte Arbeitszeiten. WSI Wirtschafts- und Sozialwissenschaftliches Institut der Hans-Böckler-Stiftung.
Mahone, C. H. (1960). Fear of failure and unrealistic vocational aspiration. *The Journal of Abnormal and Social Psychology, 60*(2), 253–261. https://doi.org/10.1037/h0047588
Maslow, A. H. (1943). A Theory of Human Motivation. *Psychological Review, 50*, 370–396.
May, A., Hajak, G., Gänßbauer, S., Steffens, T., Langguth, B., Kleinjung, T., & Eichhammer, P. (2007). Structural Brain Alterations following 5 Days of Intervention: Dynamic Aspects of Neuroplasticity. *Cerebral Cortex, 17*(1), 205–210. https://doi.org/10.1093/cercor/bhj138
McClelland, D. C. (1985). How motives, skills, and values determine what people do. *American Psychologist, 40*(7), 812–825. https://doi.org/10.1037/0003-066X.40.7.812
Mischel, W., Ebbesen, E. B., & Raskoff Zeiss, A. (1972). Cognitive and attentional mechanisms in delay of gratification. *Journal of Personality and Social Psychology, 21*(2), 204–218. https://doi.org/10.1037/h0032198
Morgan, A., & Lynch, C. (2017, Februar 2). How the U.S. Marines Encourage Service-Based Leadership. *Harvard Business Review.* https://hbr.org/2017/02/how-the-u-s-marines-encourage-service-based-leadership. Zugegriffen: 23. Juli 2021

Most people find their managers to be far from ideal. (2023, Mai 1). *McKinsey Quarterly Five Fifty.*

Müller, R. (2023, September 12). Sattes Land. *Frankfurter Allgemeine Zeitung.*

Ohlendorf, K. (2022) Resilienz am Arbeitsplatz – Was Teams stark gegen Stress macht (Resilienz-Kongresses 2022, 14. März 2022). Zugegriffen: 15. Juli 2022

Onfray, M. (2015). *Im Namen der Freiheit: Leben und Philosophie des Albert Camus.* btb.

Peck, M. S. (2012). *The Road Less Traveled: a New Psychology of Love, Traditional Values, and Spiritual Growth* (25th ed.). New York: Touchstone.

Pfeifer, S. (2018). Der Sprung – Entwurf eines christlichen Existenzialismus. *Psychotherapie und Seelsorge,* (1/2018), 44.48.

Pons Alcalá, E., Martin Garcia, A., Guitart Trench, M., Guerrero Hernández, I., Ramon Tarragó, J., Seirul·lo Vargas, F., & Cos Morera, F. (2020). Training in Team Sports: Optimising Training at FCB. *Apunts Educación Física y Deportes,* (141), 55–66. https://doi.org/10.5672/apunts.2014-0983.es.(2020/4).142.07

Psymetrix. (o. J.). Open BIS – Opentest. https://opentest.ch/open-bis/. Zugegriffen: 23. Juli 2021

Renzulli, J. S. (1976). The Enrichment Triad Model: a Guide for Developing Defensible Programs for the Gifted and Talented. *Gifted Child Quarterly, 20*(3), 303–306. https://doi.org/10.1177/001698627602000327

Rheinberg, F. (2002). Freude am Kompetenzerwerb, Flow-Erleben und motivpassende Ziele1. In M. v. Salisch (Hrsg.), *Emotionale Kompetenz entwickeln.* (S. 179–206). Stuttgart: Kohlhammer.

Rheinberg, F. (2016, Mai 21). *Motivationale Kompetenz und Flow-Erleben.* Gehalten auf der 1. Konferenz der Deutschen Gesellschaft für Positiv-Psychologische Forschung (DGPPF), Universität Trier.

Rheinberg, F., Vollmeyer, R., & Engeser, S. (2003). Die Erfassung des Flow-Erlebens. https://doi.org/10.23668/PSYCHARCHIVES.8590

Robinson, K., & Aronica, L. (2009). *The element: how finding your passion changes everything.* New York, NY: Random House.

Röcker, A. (2023, Juli 4). Wie Laufen dem Kopf auf die Sprünge hilft. *Spektrum der Wissenschaft.*

Rokeach, M. (2012, Dezember 10). Rokeach Value Survey. https://doi.org/10.1037/t01381-000

Rouse, K. A. G. (2004). Beyond Maslow's hierarchy of needs what do people strive for? *Performance Improvement, 43*(10), 27–31. https://doi.org/10.1002/pfi.4140431008

Ruholl, S. (2007, Dezember 4). *Selbstwirksamkeit als Indikator für psychische Störungen : Status und Verlauf.* RWTH Aachen, Aachen.

Sack, H. G. (1980). *Zur Psychologie des jugendlichen Leistungssportlers.* Schorndorf: Hofmann.

Schleim, S. (2020, Oktober 21). Das Putzen hat meine Skepsis über den aufgeblasenen Intellektualismus voll und ganz bestätigt. *Telepolis.* https://www.telepolis.de/features/Das-Putzen-hat-meine-Skepsis-ueber-den-aufgeblasenen-Intellektualismus-voll-und-ganz-bestaetigt-4931812.html

Schmidbauer, W. (2013). *Lebensgefühl Angst.* Edel Elements.

Schreiber, J. (2022). Hier und Jetzt – Im Fokus der Achtsamkeit. https://media.neuland.br.de/file/1845851/c/website/hier-und-jetzt-im-fokus-der-achtsamkeit.mp3. Zugegriffen: 15. Mai 2023

Schüler, J. (2012). The dark side of the moon. *Advances in flow research,* 123–137.

Schultz, A. (2023, Juni 21). »Wir müssen dringend unser Verständnis von Leistung überdenken« – Interview mit Tom Hauthal, Leiter des deutschen Teams, Special Olympic World Games. *Spiegel Online, Spiegel Sport.* https://www.spiegel.de/sport/special-olympic-world-games-delegationsleiter-fordert-umdenken-im-leistungssport-a-53920fc9-7d2e-45e4-b718-348027f9f89c

Schumacher, B. N. (2014). *Jean-Paul Sartre: Das Sein und das Nichts.* Walter de Gruyter GmbH & Co KG.

Schwartz, S. H. (1992). Universals in the Content and Structure of Values: Theoretical Advances and Empirical Tests in 20 Countries. In *Advances in Experimental Social Psychology* (Bd. 25, S. 1–65). Elsevier. https://doi.org/10.1016/S0065-2601(08)60281-6

Selbstwirksamkeit: Wie man lernt, sich etwas zuzutrauen. (2015, November 5). *SWR2 Wissen.*

Seligman, M. E. P., Petermann, F., & Seligman, M. E. P. (2011). *Erlernte Hilflosigkeit* (4. Aufl.). Weinheim Basel: Beltz.

SENNA – Exclusive Clip ('88 Monte Carlo Grand Prix). (2011). https://www.youtube.com/watch?v=NeFqsWWG1qE

Senna – Genie.Draufgänger.Legende. (2010). Universal Pictures. https://www.youtube.com/watch?v=NeFqsWWG1qE

Singh, B., Olds, T., Curtis, R., Dumuid, D., Virgara, R., Watson, A., et al. (2023). Effectiveness of physical activity interventions for improving depression, anxiety and distress: an overview of systematic reviews. *British Journal of Sports Medicine, 57*(18), 1203–1209. https://doi.org/10.1136/bjsports-2022-106195

Sousa-Poza, A., & Sousa-Poza, A. A. (2000). Well-being at work: a cross-national analysis of the levels and determinants of job satisfaction. *The Journal of Socio-Economics, 29*(6), 517–538. https://doi.org/10.1016/S1053-5357(00)00085-8

Steinkopf, L. (2023, September 6). Der Schmerz des Ausgeschlossenseins. *Die Welt.*

Strong, E. K. (1971). *Vocational interests of men and women.* Stanford, Calif.: Stanford University Press.

The silent revolution: changing values and political styles among Western publics. (2021). Princeton: Princeton University Press.

Uhlmann, B. (2018, Februar 8). Abnehmen ist eine Lebensaufgabe. *Süddeutsche Zeitung.* https://www.sueddeutsche.de/gesundheit/erfolg-von-diaeten-abnehmen-ist-eine-lebensaufgabe-1.1264501#:~:text=Tanja%20Legenbauer%3 A%20 In%20unserer%20Studie,wesentlich%20 geringeres%20Gewicht%20als%20vorher.

Walter, H. (2023, Juni 26). *Anhedonie und die Lust am Leben. Was wir über Motivation von der Psychiatrie lernen können.* Gehalten auf der Was uns antreibt: Motivation und Emotion, Universität Mainz. https://video.uni-mainz.de/Panopto/Pages/Viewer.aspx?id=61091c89-2b8d-4975-bb76-b01e00fdd584

Weiner, B. (1986). *An Attributional Theory of Motivation and Emotion.* New York, NY: Springer US. https://doi.org/10.1007/978-1-4612-4948-1

Werner, E. E., & Smith, R. S. (1995). *Overcoming the odds: high risk children from birth to adulthood* (3rd print.). Ithaca, NY: Cornell University Press.

Westhof, A. (2022, Mai 13). »Perfektion gibt es leider kaum für einen Schiedsrichter«. *Frankfurter Allgemeine Zeitung.*

Wolf, C. (2020). Training für eine starke Psyche. *Bild der Wissenschaft,* (8), 30–32.

Wrzesniewski, A., & Dutton, J. E. (2001). Crafting a Job: Revisioning Employees as Active Crafters of Their Work. *The Academy of Management Review, 26*(2), 179. https://doi.org/10.2307/259118